中国蟋蟀次目昆虫受威胁状况评价

刘浩宇　许　菲　石福明　著

科学出版社

北　京

内 容 简 介

中国蟋蟀文化源远流长，有两千多年的历史。本书从科学角度出发，对符合《国际动物命名法规》且在中国有记录的蟋蟀次目 2 总科 6 科 16 亚科 90 属 386 种进行受威胁状况评价。全书共 8 章：第一章介绍蟋蟀分类地位与系统演化；第二章介绍蟋蟀的分类与多样性；第三章介绍物种濒危等级研究概况；第四章介绍物种受威胁状况研究方法；第五章列出生境、致危因素和保护措施；第六章详尽提供中国蟋蟀物种分布与等级评价信息等；第七章分析和讨论蟋蟀物种受威胁状况；第八章对蟋蟀多样性保护研究进行展望。

本书可作为生物学、植物保护、生态学、动物学、昆虫学等专业科研人员及高等院校师生进行生物多样性调查与评估研究、学习的参考资料。

审图号：GS 京（2022）0173 号

图书在版编目（CIP）数据

中国蟋蟀次目昆虫受威胁状况评价 / 刘浩宇，许菲，石福明著. —北京：科学出版社，2022.7

ISBN 978-7-03-072557-8

Ⅰ. ①中⋯ Ⅱ. ①刘⋯ ②许⋯ ③石⋯ Ⅲ. ①蟋蟀科－动物资源－资源调查－中国 Ⅳ. ① Q969.26

中国版本图书馆 CIP 数据核字（2022）第 107504 号

责任编辑：李　莎 / 责任校对：王万红
责任印制：吕春珉 / 封面设计：金舵手世纪

科 学 出 版 社 出版
北京东黄城根北街16号
邮政编码：100717
http://www.sciencep.com

北京九州迅驰传媒文化有限公司 印刷
科学出版社发行　各地新华书店经销

*

2022年7月第 一 版　　开本：787×1092　1/16
2022年7月第一次印刷　　印张：30
字数：709 000
定价：270.00 元
（如有印装质量问题，我社负责调换〈九州迅驰〉）
销售部电话 010-62136230；编辑部电话 010-62138978-2046（BN12）

蟋蟀因为善斗和善鸣而被人们所熟知。早在两千多年前，我们的祖先就对其有过准确的认知和描述，此后历经数代人的研究积累，如与蟋蟀相关的饲养、赏斗，以及虫体和虫具交易等研究，形成了中国特色的蟋蟀民俗文化，成为中国文化遗产的组成部分。但是，民间传统的蟋蟀研究明显区别于现代昆虫分类学与生物地理学研究，很多蟋蟀物种无法考证，多样性保护评价工作更是无从谈起。

　　近些年我国的蟋蟀分类与多样性研究发展迅速，已步入相对成熟发展时期。相对于其他昆虫类群，蟋蟀的相关研究工作大多由国内科研工作者完成。2004年，河北大学螽亚目研究室开始对中国及周边地区的蟋蟀开展系统分类和多样性分布等研究，之后不断收集研究标本并完善相关物种地理分布信息。同年，《中国物种红色名录》正式出版，参与编研的宋大祥院士、朱明生教授和吴珉教授曾多次提到评估工作的重要性与阶段意义，但当时作者对其了解与体会甚少。2008年，环境保护部（现生态环境部）联合中国科学院启动了《中国生物多样性红色名录》的编制工作，并于2013年9月、2015年5月先后发布《中国生物多样性红色名录——高等植物卷》《中国生物多样性红色名录——脊椎动物卷》，其中的物种受威胁程度和分布差异分析深深触动了作者。2016年，环境保护部委托中国环境科学研究院组织"生物多样性调查与评估"试点项目，项目运行过程中肖能文研究员多次提醒我们注意濒危昆虫种类的分析，但由于涉及昆虫种类有限，仅能将二者有限结合。2017年，相关部门将《中国生物多样性红色名录——昆虫卷》的编写工作列入日程，并委托有关专家进行了数次调研工作。这是一项任务艰巨而研究意义重大的工作。

　　也就是在此时，这些已公布的重要成果和调研建议拓宽了我们的研究思路。尽管蟋蟀不同类群研究深度参差不齐，但将我们已积累的大量数据用红色名录编研的思路和方法开展工作，力所能及地分析和研究自己所擅长的昆虫类群也是为我国生物多样性保护工作添砖加瓦的事情。在《中国生物多样性红色名录——大型真菌卷》（2018）出版后，我们加快了蟋蟀类昆虫分析评价进度，2018年年底完成了数据积累和框架搭建工作，并于2019年1月获得河北大学生物学学科出版经费支持。此时，中国环境科学研究院正式启动昆虫卷红色名录编研工作，其研究对象为广义昆虫纲，更具有全局性和通用性。我们的研究与之相比，更基于蟋蟀本身特有的实际现状，因地制宜地设置与调整蟋蟀类昆虫的等级与标准，包括区别对待新发现物种和使用地区水平应用指南等，在明确不同物种地理分布状况的同时，分析统计并提出相关保护建议。这些研究结果，虽然不能代表昆虫纲整体现状，但对于一些情况近似类群，具有一定代表性和参考性。更重要的是，物种的分析评价具有时间阶段性，希望5年或10年后，我们依然可以重新审视这些物种的状况，让本项研究具有延续性，更有效监测其中受威胁的物种，并为相关物种评估提供依据。

　　本书共包括8章。第一、二章较详细介绍了蟋蟀类昆虫的分类地位、分类系统演化，以及国内外多样性概况；第三至五章依次介绍生物多样性濒危状况、研究方法与等级标准调整等，以保证研究的可重复性和可操作性；第六章在提供蟋蟀物种已知地理分布图和分析濒危等级的同时，保留了红色名录评估需要的大部分信息，以利于未来其他相关工作的开展；第七章进行物种统计、受威胁现状和保护措施分析；第八章总结当前蟋蟀物种濒危评价面临的问题，并展望当前工作延续性的价值与意义。

本书得到国家自然科学基金（项目编号：31201731），生态环境部"生物多样性调查、观测与评估项目"（项目编号：2019HB2096001006），生态环境部"生物多样性调查与评估试点项目"（项目编号：2016HB20960010006），河北省自然科学基金（项目编号：C2019201192、C2014201043），教育部高等学校博士学科点专项科研基金（项目编号：20121301120007），河北大学"昆虫系统进化与多样性保护"优秀青年科研创新团队（项目编号：605020521005），河北大学生命科学与绿色发展研究院出版经费等项目资助。作者在15年的蟋蟀标本、文献积累及标本鉴定过程中，陆续得到陈军等众多专家学者们及相关科研机构大力支持（详见第四章），还有很多朋友在标本借阅或野外采集过程中给予了诸多帮助；刘存歧、张凤娟科研团队为此规划了出版经费；肖能文、杨星科、王兴民等先生在物种濒危评价方面的思维见解对我影响很大，在此一并致谢。

由于作者水平有限，书中不足之处，期待读者提出宝贵建议。

刘浩宇

2020 年 1 月于保定

目　录

第一章 蟋蟀分类地位与系统演化

蟋蟀是中国人民最早了解并记录的昆虫类群之一，对蟋蟀的定义及分类内涵由于研究出发点不同而差异明显。例如，民间民俗对物种的认知和自然科学对物种的认知差异很大，即使是在动物科学分类领域，"蟋蟀"一词因为所属分类阶元不同，所代表的类群范围也不一样。因此，本章较详细地介绍蟋蟀分类地位与内涵、系统演化及不同类群识别等情况，以体现不同蟋蟀学研究中出现的分类阶元差异与变化。

第一节 蟋蟀分类地位与内涵

蟋蟀的最早记载出现在《诗经》中，是历史上占有很显著地位的一种文化昆虫，其广泛影响延续至今。《诗经》的"蟋蟀在堂""十月蟋蟀"等金句至今家喻户晓。《尔雅》是我国最早的一部解释词义的专著，也是第一部按照词义系统和事物分类来编纂的词典，共20篇，关于动物的有5篇，分别是《释鸟》《释兽》《释畜》《释虫》《释鱼》。其中，《释虫》篇共列举动物80余种，蟋蟀也被列入其中。秦汉时期的五行动物分类法，用"赢"代替虫，蟋蟀以"蜻蛚"和"蚟孙"之名出现。之后，历经南北朝、唐宋明清，涉及蟋蟀的文献颇多，蟋蟀以纷繁名称出现在人们的生活中，大多涉及蟋蟀打斗、饲养、听鸣和药用等（邹树文，1981）。但这些文献所阐述的蟋蟀自然分类地位与现代昆虫分类进化关系格格不入，认识不清，依旧停留在我国古代劳动人民对自然界的朴素认知中。

瑞典生物学家林奈在1758年发表了著名的《自然系统》第10版，对自然界4500种左右的动物（含昆虫约2000种）统一使用双名法命名，并提出了界、门、纲、属、种等分类阶元，开创了生物学新的分类系统。最初的命名法规是在林奈对生物命名原则基础上制定的，在过去的200多年中逐渐发展并完善，包括相互独立的植物命名法规和动物命名法规两类，内容有所不同。我们现在使用的动物命名法规是1999年修订的《国际动物命名法规》第4版，从2000年1月1日开始实行。

昆虫的命名和分类系统也同样遵从《国际动物命名法规》，并不断更新和演变至今。伴随着研究方法多样化、技术不断更新及学术思想进步，学者们找到了更多科学证据，对蟋蟀类昆虫的起源和分类地位认知也更加清晰和深刻。广义的蟋蟀类昆虫应依据大多数学者公认的昆虫进化单系性原则，即源于共同的蟋蟀类祖先。蟋蟀隶属于动物界 Animalia，节肢动物门 Arthropoda，昆虫纲 Insecta，直翅目 Orthoptera，螽亚目 Ensifera，蟋蟀次目 Gryllidea，包括蟋蟀总科 Grylloidea 和蝼蛄总科 Gryllotalpoidea 两个总科。狭义的蟋蟀类昆虫定义非常困难，尤其是在我国不同地域的蟋蟀文化中，"蟋蟀"一词的含义可能专属于斗蟋类，也可能是蟋蟀科，或者是鸣虫类，甚至是外形或颜色近似的一些物种。在此，我们遵从生物的自然进化法则，使用广义蟋蟀内涵，既有利于相关科学研究的开展，又有利于提高昆虫学的科普知识。

第二节　蟋蟀分类系统演化

蟋蟀类昆虫的不同分类阶元及分类系统在研究历程中变化很大，不同学者依据不同的分类学证据所阐述的分类阶元内涵也处于不断变化过程中。蟋蟀作为属级阶元 *Gryllus* Linnaeus 被林奈在 1758 年归于鞘翅目 Coleoptera，后来 Laicharting 于 1781 年将蟋蟀从鞘翅目分出，并建立蟋蟀总科 Grylloidea（＝Grylloides，＝Gryllodea）和蟋蟀科 Gryllidae（＝Gryllides）（Konrad，2003）。Walker F.（1871）在研究英国自然历史博物馆昆虫标本时，将蝼蛄属 *Gryllotalpa* Latreille 和蟋蟀属等 61 属归于蟋蟀科，但未有亚科等阶元表述。Saussure（1874，1877，1878）最早提出蟋蟀的较高分类阶元，使用科和亚科代替原来的族和种组，并将蟋蟀作为科（＝Gryllides），分为 6 亚科。

蟋蟀亚科 Gryllinae（＝Grylliens）　　　　树蟋亚科 Oecanthinae（＝Oecanthiens）

蚁蟋亚科 Myrmecophilinae　　　　　　　蛣蟋亚科 Eneopterinae

（＝Myrmecophiliens）　　　　　　　　　（＝Eneopteriens）

蛉蟋亚科 Trigonidiinae　　　　　　　　蝼蛄亚科 Gryllotalpinae

（＝Trigonidiens）　　　　　　　　　　　（＝Gryllotalpiens）

日本学者 Shiraki 在 1911 年研究中国台湾蟋蟀科时，也使用了该分类系统。但是，他在 1930 年研究日本和中国台湾蟋蟀时，已将蝼蛄亚科提升为科 Gryllotalpidae，包括 2 亚科，蟋蟀科分为 14 亚科。这个分类系统后来被应用于早期中文昆虫书籍中，对我国早期蟋蟀分类研究产生了重要影响。

蝼蛄科 Gryllotalpidae　　　　　　　　　　蟋蟀科 Gryllidae

蝼蛄亚科 Gryllotalpinae　　　　　　　　促织亚科 Brachytrupinae

蚤蝼亚科 Tridactylinae　　　　　　　　　蛣蟋亚科 Eneopterinae

额蟋亚科 Itarinae

距蟋亚科 Podoscirtinae（＝Podoscyrtinae）

蛉蟋亚科 Trigonidiinae

长蟋亚科 Pentacentrinae

蛛蟋亚科 Phalangopsinae

树蟋亚科 Oecanthinae

貌蟋亚科 Gryllomorphinae

蟋蟀亚科 Gryllinae

促织亚科 Brachytrupinae

针蟋亚科 Nemobiinae

癞蟋亚科 Mogoplistinae

蚁蟋亚科 Myrmecophilinae

Brues 和 Melander（1932）也将蝼蛄作为科，即蝼蛄科 Gryllotalpidae，但是蟋蟀科内分类阶元仅是在 Saussure 研究基础上分出癞蟋亚科 Mogoplistinae，形成了新的 6 亚科系统。

蝼蛄科 Gryllotalpidae

蟋蟀科 Gryllidae
　蟋蟀亚科 Gryllinae
　蚁蟋亚科 Myrmecophilinae
　树蟋亚科 Oecanthinae
　癞蟋亚科 Mogoplistinae
　蛉蟋亚科 Trigonidiinae
　蛄蟋亚科 Eneopterinae

Brues、Melander 和 Carpenter（1954）将蟋蟀科 Gryllidae 科中的 5 个亚科提升为科，从原来的蟋蟀亚科 Gryllinae 中又分出针蟋亚科 Nemobiinae。

蝼蛄科 Gryllotalpidae

蟋蟀科 Gryllidae

蚁蟋科 Myrmecophilidae

　蟋蟀亚科 Gryllinae

树蟋科 Oecanthidae

　针蟋亚科 Nemobiinae

癞蟋科 Mogoplistidae

蛄蟋科 Eneopteridae

蛉蟋科 Trigonidiidae

法国学者 Chopard 于 1912～1970 年发表了 100 余篇有关蟋蟀论文，是 20 世纪杰出的蟋蟀分类研究学者之一，他的很多成果对蟋蟀的高级阶元进行了总结。1925 年，他就将蟋蟀类昆虫分为蝼蛄科 Gryllotalpidae 和蟋蟀科 Gryllidae，其中蟋蟀科包括 9 个亚科。1932 年，他在研究苏门答腊的蟋蟀时，又将蝼蛄作为蟋蟀科的亚科，并将蚤蝼作为蟋蟀科内亚科阶元，共分为 13 亚科。

蝼蛄亚科 Gryllotalpinae　　　　　树蟋亚科 Oecanthinae

蟋蟀亚科 Gryllinae　　　　　　　蛉蟋亚科 Trigonidiinae

针蟋亚科 Nemobiinae　　　　　　蛛蟋亚科 Phalangopsinae

蚤蝼亚科 Tridactylinae　　　　　　蛄蟋亚科 Eneopterinae

蚁蟋亚科 Myrmecophilinae　　　　额蟋亚科 Itarinae

癞蟋亚科 Mogoplistinae　　　　　距蟋亚科 Podoscirtinae

铁蟋亚科 Sclerogryllinae（＝Scleropterinae）

Chopard（1934）又增加了一些新亚科，并将其中的部分亚科提升为科；于 1949 年将原来的蟋蟀科分类阶元均作提升，分为 1 总科，包括 12 科，仅针蟋亚科保留原来的分类地位；Chopard（1967，1968），在编写蟋蟀类昆虫直翅目昆虫名录时，又将蟋蟀类昆虫分为 3 科 10 亚科，而针蟋亚科作为蟋蟀亚科的一个族。

蝼蛄科 Gryllotalpidae　　　树蟋科 Oecanthidae　　　蟋蟀科 Gryllidae
　　　　　　　　　　　　　　　　　　　　　　　　　蟋蟀亚科 Gryllinae
　　　　　　　　　　　　　　　　　　　　　　　　　癞蟋亚科 Mogoplistinae
　　　　　　　　　　　　　　　　　　　　　　　　　蚁蟋亚科 Myrmecophilinae
　　　　　　　　　　　　　　　　　　　　　　　　　铁蟋亚科 Sclerogryllinae
　　　　　　　　　　　　　　　　　　　　　　　　　（＝Scleropterinae）
　　　　　　　　　　　　　　　　　　　　　　　　　扩胸蟋亚科 Cachoplistinae

瓣蟋亚科 Pteroplistinae

蛛蟋亚科 Phalangopsinae

长蟋亚科 Pentacentrinae

蛉蟋亚科 Trigonidiinae

蛄蟋亚科 Eneopterinae

随后 Chopard（1969）在研究印度及周边地区的蟋蟀类昆虫时，又将蟋蟀提升为总科，下设 12 科，而将针蟋亚科作为蟋蟀科的亚科。

蝼蛄科 Gryllotalpidae	蟋蟀科 Gryllidae
树蟋科 Oecanthidae	蟋蟀亚科 Gryllinae
蚁蟋科 Myrmecophilidae	针蟋亚科 Nemobiinae
癞蟋科 Mogoplistidae	瓣蟋科 Pteroplistidae
铁蟋科 Scleropteridae	蛛蟋科 Phalangopsidae
长蟋科 Pentacentridae	蛄蟋科 Eneopteridae
扩胸蟋科 Cachoplistidae	蛄蟋亚科 Eneopterinae
蛉蟋科 Trigonidiidae	距蟋亚科 Podoscirtinae

同年，Harz（1969）在欧洲直翅目研究中，将蟋蟀类昆虫分为 1 总科 2 科，在蟋蟀科 Gryllidae 中提到了 5 亚科，而貌蟋族 Gryllomorphini、针蟋族 Nemobiini 和裸蟋族 Gymnogrillini 均隶属于蟋蟀亚科。

蝼蛄科 Gryllotalpidae	蟋蟀科 Gryllidae
	蟋蟀亚科 Gryllinae
	癞蟋亚科 Mogoplistinae
	蚁蟋亚科 Myrmecophilinae
	树蟋亚科 Oecanthinae
	蛉蟋亚科 Trigonidiinae

Vickery（1977）在对各分类系统进行研究后，提出一个新的分类系统，将蟋蟀类昆虫归入蟋蟀次目 Gryllidea，分为蝼蛄总科和蟋蟀总科 2 总科，前者包括蝼蛄科 1 科，蝼蛄亚科 Gryllotalpinae 和齿蝼亚科 Scapteriscinae 2 亚科，而后者包括 11 科。

蟋蟀科 Gryllidae	蛛蟋科 Phalangopsidae
蟋蟀亚科 Gryllinae	蛛蟋亚科 Phalangopsinae
促织亚科 Brachytrupinae	穴蟋亚科 Luzarinae
针蟋亚科 Nemobiinae	树蟋科 Oecanthidae
长蟋科 Pentacentridae	癞蟋科 Mogoplistidae
长蟋亚科 Pentacentrinae	草蟋亚科 Bothriophylacinae
滑蟋亚科 Lissotrachelinae	癞蟋亚科 Mogoplistinae
静蟋亚科 Aphemogryllinae	蛉蟋科 Trigonidiidae
蛄蟋科 Eneopteridae	蛉蟋亚科 Trigonidiinae
蛄蟋亚科 Eneopterinae	莺蟋亚科 Phylloscirtinae
额蟋亚科 Itarinae	蚁蟋科 Myrmecophilidae

距蟋亚科 Podoscirtinae

前蟋亚科 Prognathogryllinae

铁蟋科 Scleropteridae

扩胸蟋科 Cachoplistidae

瓣蟋科 Pteroplistidae

　　俄罗斯学者 Gorochov 是继 Chopard 之后又一位杰出的螽亚目研究学者。他在 1986 年的 2 篇文章中，研究了蟋蟀形态演化并将亚科组（group）的概念首次引入蟋蟀类昆虫中，将蟋蟀科分为 6 个亚科组，但没有探讨蝼蛄、蚁蟋等昆虫的分类地位。

亚科组 1（蛉蟋科 Trigonidiidae）

　　针蟋亚科 Nemobiinae

　　蛉蟋亚科 Trigonidiinae

亚科组 2（距蟋科 Podoscirtidae）

　　长蟋亚科 Pentacentrinae

　　距蟋亚科 Podoscirtinae

　　纤蟋亚科 Euscyrtinae

亚科组 3（蛣蟋科 Eneopteridae）

　　蛣蟋亚科 Eneopterinae

　　蛛蟋亚科 Phalangopsinae

　　半蟋亚科 Hemigryllinae

　　兰蟋亚科 Landrevinae

亚科组 4（蟋蟀科 Gryllidae）

　　非蟋亚科 Gryllomiminae

　　额蟋亚科 Itarinae

　　蟋蟀亚科 Gryllinae

　　貌蟋亚科 Gryllomorphinae

亚科组 5（扩胸蟋科 Cachoplistidae）

　　扩胸蟋亚科 Cachoplistinae

　　树蟋亚科 Oecanthinae

亚科组 6（瓣蟋科 Pteroplistidae）

　　瓣蟋亚科 Pteroplistinae

　　1995 年，Gorochov 在研究整个直翅目的系统发育关系时，又对蟋蟀类昆虫的分类系统进行了完善。但由于俄语语法关系，即俄语第二格为所属格，论文中体现的科组阶元，即为当前使用的亚科组关系。蟋蟀次目内含古蟋总科 Gryllavoidea 和蟋蟀总科，前者是一个化石类群，包括古蟋科 Gryllavidae 1 科；后者包括 6 科 27 亚科，其中蚁蟋科包括 2 亚科组 3 亚科，蟋蟀科包括 6 亚科组 17 现生亚科和 1 化石亚科（† 表示化石类群）。

蟋蟀科 Gryllidae

　　†Gryllospeculinae

　　蛉蟋亚科组 Trigonidiinae

　　　针蟋亚科 Nemobiinae

　　　蛉蟋亚科 Trigonidiinae

　　距蟋亚科组 Podoscirtinae

　　　长蟋亚科 Pentacentrinae

　　　距蟋亚科 Podoscirtinae

　　　纤蟋亚科 Euscyrtinae

　　蛣蟋亚科组 Eneopterinae

　　　蛣蟋亚科 Eneopterinae

　　　蛛蟋亚科 Phalangopsinae

　　　半蟋亚科 Hemigryllinae

　　　兰蟋亚科 Landrevinae

† 基蟋科 Baissogryllidae

　　†Baissogryllinae

　　†Bontzaganiinae

　　†Sharategiinae

蚁蟋科 Myrmecophilidae

　　亚科组 Malgasiinae

　　Malgasiinae

　　亚科组 Myrmecophilinae

　　Bothriophylacinae

　　Myrmecophilinae

† 原蟋科 Protogryllidae

　　†Protogryllinae

　　†Falsispeculinae

　　†Karataogryllinae

蟋蟀亚科组 Gryllinae
　非蟋亚科 Gryllomiminae
　额蟋亚科 Itarinae
　蟋蟀亚科 Gryllinae
　貌蟋亚科 Gryllomorphinae
树蟋亚科组 Oecanthinae
　扩胸蟋亚科 Cachoplistinae
　树蟋亚科 Oecanthinae
　亮蟋亚科 Phaloriinae
瓣蟋亚科组 Pteroplistinae
　瓣蟋亚科 Pteroplistinae

蝼蛄科 Gryllotalpidae
癞蟋科 Mogoplistidae

法国学者 Desutter-Grandcolas（1987）在对蟋蟀类昆虫雄性外生殖器结构和进化方向的研究中，将新热带区的蟋蟀次目昆虫分为蝼蛄总科和蟋蟀总科，并提出蚁蟋总科 Myrmecophiloidea（即癞蟋总科 Mogoplistoidea），其中蟋蟀总科 Grylloidea 包括 9 科。

树蟋科 Oecanthidae
奈蟋科 Neoaclidae
拟蟋科 Paragryllidae
蛛蟋科 Phalangopsidae
蟋蟀科 Gryllidae

距蟋科 Podoscirtidae
蛉蟋科 Trigonidiidae
蛄蟋科 Eneopterinae
瓣蟋科 Pteroplistidae

1990 年，他在进一步对蟋蟀次目昆虫的分类系统研究时，维持了 3 总科分类系统，并对总科内和科内阶元进行了详尽阐述。

蝼蛄总科 Gryllotalpoidea
　蝼蛄科 Gryllotalpidae
　　蝼蛄亚科 Gryllotalpinae
　　齿蝼亚科 Scapteriscinae
癞蟋总科 Mogoplistoidea
　蚁蟋科 Myrmecophilidae
　　草蟋亚科 Bothriophylacinae
　　蚁蟋亚科 Myrmecophilinae
　赛蟋科 Malgasiidae
　癞蟋科 Mogoplistidae

蟋蟀总科 Grylloidea
　蛛蟋科 Phalangopsidae
　　蛛蟋亚科 Phalangopsinae
　　穴蟋亚科 Luzarinae
　　同蟋亚科 Homoeogryllinae
　拟蟋科 Paragryllidae
　　拟蟋亚科 Paragryllinae
　　模蟋亚科 Rumeinae
　树蟋科 Oecanthidae
　距蟋科 Podoscirtidae
　　距蟋亚科 Podoscirtinae
　　盖蟋亚科 Hapithinae
　　纤蟋亚科 Euscyrtinae
　　长蟋亚科 Pentacentrinae
　　瓣蟋亚科 Pteroplistinae
　蛉蟋科 Trigonidiidae
　　针蟋亚科 Nemobiinae

                蛉蟋亚科 Trigonidiinae

         蛄蟋科 Eneopterinae

                蛄蟋亚科 Eneopterinae

                塔蟋亚科 Tafaliscinae

         蟋蟀科 Gryllidae

                非蟋亚科 Gryllomiminae

                额蟋亚科 Itarinae

                貌蟋亚科 Gryllomorphinae

                蟋蟀亚科 Gryllinae

                兰蟋亚科 Landrevinae

    同时期，美国著名直翅目学者 Otte 对美洲、澳洲、非洲和太平洋岛屿等地区直翅目昆虫做了大量研究，并于 1994～2000 年完成了世界直翅目名录编写工作。这也是目前直翅目在线网站（http://Orthoptera.SpeciesFile.org）的原始数据来源。他在 1994 年出版的世界直翅目昆虫名录中，只承认蟋蟀总科，包括 4 科：蚁蟋科 Myrmecophilidae、癞蟋科 Mogoplistidae、蝼蛄科 Gryllotalpidae 和蟋蟀科 Gryllidae，蟋蟀科包括 15 亚科。

蟋蟀科 Gryllidae   癞蟋科 Mogoplistidae

  蟋蟀亚科 Gryllinae   癞蟋亚科 Mogoplistinae

  促织亚科 Brachytrupinae   蚁蟋科 Myrmecophilidae

  针蟋亚科 Nemobiinae   蚁蟋亚科 Myrmecophilinae

  蛉蟋亚科 Trigonidiinae   蝼蛄科 Gryllotalpidae

  长蟋亚科 Pentacentrinae   蝼蛄亚科 Gryllotalpinae

  铁蟋亚科 Sclerogryllinae

  蛛蟋亚科 Phalangopsinae

  赛蟋亚科 Malgasiinae

  扩胸蟋亚科 Cachoplistinae

  额蟋亚科 Itarinae

  蛄蟋亚科 Eneopterinae

  纤蟋亚科 Euscyrtinae

  距蟋亚科 Podoscirtinae

  瓣蟋亚科 Pteroplistinae

  树蟋亚科 Oecanthinae

    美国学者 Nickle 和 Naskrecki（1997）在对螽亚目的系统研究时，只承认蟋蟀总科，包括 5 科 16 亚科，其中蟋蟀科包括 13 亚科。

蟋蟀科 Gryllidae   癞蟋科 Mogoplistidae

  蟋蟀亚科 Gryllinae   癞蟋亚科 Mogoplistinae

  促织亚科 Brachytrupinae   蚁蟋科 Myrmecophilidae

  针蟋亚科 Nemobiinae   蚁蟋亚科 Myrmecophilinae

  长蟋亚科 Pentacentrinae   蝼蛄科 Gryllotalpidae

铁蟋亚科 Sclerogryllinae

蝼蛄亚科 Gryllotalpinae

蛛蟋亚科 Phalangopsinae

树蟋科 Oecanthidae

赛蟋亚科 Malgasiinae

扩胸蟋亚科 Cachoplistinae

额蟋亚科 Itarinae

蛣蟋亚科 Eneopterinae

纤蟋亚科 Euscyrtinae

距蟋亚科 Podoscirtinae

瓣蟋亚科 Pteroplistinae

在这个时期，我国蟋蟀分类专家（殷海生和刘宪伟，1995；刘宪伟，1999）对中国蟋蟀类昆虫分类系统进行了研究，将蟋蟀总科和蝼蛄总科归入螽亚目。蝼蛄总科仅含蝼蛄科 1科，分为蝼蛄亚科和齿蝼亚科 Scapteriscinae，蟋蟀总科分为 9 科。

蟋蟀科 Gryllidae

貌蟋科 Gryllomorphidae

蚁蟋科 Myrmecophilidae

　长蟋亚科 Pentacentrinae

蛉蟋科 Trigonidiidae

　兰蟋亚科 Landrevinae

　蛉蟋亚科 Trigonidiinae

癞蟋科 Mogoplistidae

　针蟋亚科 Nemobiinae

　癞蟋亚科 Mogoplistinae

蛣蟋科 Eneopteridae

　铁蟋亚科 Scleropterinae

　蛣蟋亚科 Eneopterinae

扩胸蟋科 Cachoplistidae

　额蟋亚科 Itarinae

蛛蟋科 Phalangopsidae

　距蟋亚科 Podoscirtinae

树蟋科 Oecanthidae

　纤蟋亚科 Euscyrtinae

进入 21 世纪后，基因序列证据开始被应用于直翅目系统发育关系分析，Jost 和 Shaw（2006）将 18S、28S 和 16S rRNA 的序列应用于 51 个分类单元进行了螽亚目 Ensifera 的系统发育研究，发现基于分子证据系统发育关系与形态学等证据系统发育关系不一致，尤其是与基于鸣声特征的发育关系不同。他们认为蟋蟀总科是一个单系群，包括蟋蟀科、蝼蛄科、癞蟋科和蚁蟋科，并表明科内阶元关系较乱。

Song 等在 2015 年，基于综合特征和基因序列对直翅目系统发育关系进行了研究，进一步明确了蟋蟀次目的单系性，分为 2 总科，即由蝼蛄科、癞蟋科和蚁蟋科组成蝼蛄总科，以及蟋蟀总科，蟋蟀总科仅包含蟋蟀科，但依然没有明确蟋蟀科内阶元关系。

2016 年，Chintauan-Marquier 等根据更多的基因序列对蟋蟀类昆虫进行研究，再次验证了蟋蟀次目的单系性。蝼蛄总科包括蝼蛄科和蚁蟋科，蟋蟀总科包括癞蟋科、蛛蟋科、蛉蟋科和蟋蟀科 4 科，并对蟋蟀科内的亚科间关系和亚科的单系性进行了讨论，表明现有部分亚科的多起源特点。

这些研究成果体现在不同版本的直翅目在线名录（Orthoptera Species File Online）中。直翅目在线名录，最早来源于 Otte 整理出版的直翅目名录不同卷册纸质版和光盘版，并于1997 年开始可以在网络查阅。2001 年，直翅目在线名录 Version 2 上线，改进了数据库，更符合动物命名法规，增加更多的统计和查新功能，数据涵盖了完整的螽亚目类群。之后，随着数据库的完善和新研究成果的发表，系统经历了 2.2、2.8、2.0/4.0 等多个版本升级，近些年 Version 5.0/5.0 版趋于稳定，网站作者 Cigliano、Braun、Eades 和 Otte，以及主要贡献者 Naskrecki、Pereira 为世界直翅目进化分类与系统学研究做出了极大贡献。

　　同样，蟋蟀类昆虫的分类系统也随着数据库完善和新成果发表处于不断变化中。网站初期的蟋蟀分类系统基于 Otte（1994）研究结果，由于蟋蟀类昆虫亚科阶元关系混乱不清，Gorochov（1995）的亚科组系统后来被广泛接受。即使是在拥有更多分子证据的今天，也在总科和科级系统发育关系，以及亚科阶元系统发育关系中存在很多不确定性。

　　目前，最新的直翅目在线名录 Orthoptera Species File（Version 5.0/5.0）可以说采众家之长，采用蟋蟀次目系统，包括蟋蟀总科和蝼蛄总科 2 总科，前者包括 2 科，后者包括 6 科，而瓣蟋亚科 Pteroplistinae 分类地位不确定。

蝼蛄总科：

　　蝼蛄科 Gryllotalpidae

　　　蝼蛄亚科 Gryllotalpinae

　　　齿蝼亚科 Scapteriscinae

　　　†Marchandiinae

蟋蟀总科：

　　蟋蟀科 Gryllidae

　　　蟋蟀亚科组 Group Gryllinae

　　　　非蟋亚科 Gryllomiminae

　　　　额蟋亚科 Itarinae

　　　　蟋蟀亚科 Gryllinae

　　　　貌蟋亚科 Gryllomorphinae

　　　　†Gryllospeculinae

　　　　兰蟋亚科 Landrevinae

　　　　铁蟋亚科 Sclerogryllinae

　　　距蟋亚科组 Group Podoscirtinae

　　　　长蟋亚科 Pentacentrinae

　　　　距蟋亚科 Podoscirtinae

　　　　纤蟋亚科 Euscyrtinae

　　　　盖蟋亚科 Hapithinae

　　　树蟋亚科 Oecanthinae

　　　蛣蟋亚科 Eneopterinae

　　癞蟋科 Mogoplistidae

　　　赛蟋亚科 Malgasiinae

　　　癞蟋亚科 Mogoplistinae

　　　†Protomogoplistinae

蚁蟋科 Myrmecophilidae

　　草蟋亚科 Bothriophylacinae

　　蚁蟋亚科 Myrmecophilinae

† 基蟋科 Baissogryllidae

　　† Baissogryllinae

　　†Bontzaganiinae

　　†Cearagryllinae

　　†Olindagryllinae

　　†Sharategiinae

蛛蟋科 Phalangopsidae

　　蛛蟋亚科 Phalangopsinae

　　扩胸蟋亚科 Cachoplistinae

　　穴蟋亚科 Luzarinae

　　亮蟋亚科 Phaloriinae

　　拟蟋亚科 Paragryllinae

† 原蟋科 Protogryllidae

　　†Protogryllinae

　　†Falsispeculinae

　　†Karataogryllinae

蛉蟋科 Trigonidiidae

　　蛉蟋亚科 Trigonidiinae

　　针蟋亚科 Nemobiinae

第三节　蟋蟀不同阶元识别

不同蟋蟀类群的生境差异较大，从洞穴、枯枝落叶层到灌木、高大乔木树冠均有蟋蟀栖息（刘浩宇和石福明，2014a），加之其适应能力较强且为杂食性决定了蟋蟀的广泛地理分布；同时，蟋蟀又是直翅目昆虫中较为古老的类群（Carpenter，1992；Gorochov，1995；Ren，1998），不同生境的蟋蟀类群应对恶劣环境能力和扩散能力也不同，决定了蟋蟀分类阶元多样化。依据上述分类系统，现生种类有 2 总科 6 科 26 亚科。我国蟋蟀的科级阶元和亚科级阶元也非常丰富，现生种类的 2 总科和 6 科级阶元均有分布，共涉及 16 亚科。在我国分布的蟋蟀科级和亚科级阶元见表 1-1。

表 1-1　中国蟋蟀科级和亚科级阶元

总科级阶元	科级阶元	亚科级阶元
蟋蟀总科 Grylloidea	蟋蟀科 Gryllidae	蛄蟋亚科 Eneopterinae
		纤蟋亚科 Euscyrtinae
		蟋蟀亚科 Gryllinae
		额蟋亚科 Itarinae
		兰蟋亚科 Landrevinae
		树蟋亚科 Oecanthinae
		长蟋亚科 Pentacentrinae
		距蟋亚科 Podoscirtinae
		铁蟋亚科 Sclerogryllinae
	癞蟋科 Mogoplistidae	癞蟋亚科 Mogoplistinae
	蛛蟋科 Phalangopsidae	扩胸蟋亚科 Cachoplistinae
		亮蟋亚科 Phaloriinae
	蛉蟋科 Trigonidiidae	针蟋亚科 Nemobiinae
		蛉蟋亚科 Trigonidiinae
蝼蛄总科 Gryllotalpoidea	蝼蛄科 Gryllotalpidae	蝼蛄亚科 Gryllotalpinae
	蚁蟋科 Myrmecophilidae	蚁蟋亚科 Myrmecophilinae

蟋蟀次目昆虫体型变化较大，通常背腹较扁平，不同分类阶元体长差异明显（1.5～50.0mm）。头部球状，触角细长，一般明显长于体长。具翅种类通常右翅覆盖于左翅之上，基部具发声器。后足股节通常较强壮，跗节 3 节。产卵瓣发达，极少退化。

为更好地了解和认识蟋蟀次目不同分类阶元，本书提供了我国有分布蟋蟀的分类阶元特征，以及分总科、分科和分亚科检索表。

分总科检索表

1 触角明显长于体长；复眼正常，单眼通常 3 枚；前足为步行足，后足为跳跃足；产卵瓣发达……蟋蟀总科

- 触角短于体长；或单眼 2 枚，前足为挖掘足，后足非跳跃足，产卵瓣退化；或复眼退化，

前足非挖掘足，后足股节明显粗壮，产卵瓣端部分叉……………………………………………………蝼蛄总科

　　蟋蟀总科特征：体小型至大型，体色通常较暗，黄褐色至黑色，部分类群呈绿色或黄色，部分种类具鳞片。头通常球形，触角丝状，长于体长；复眼较大，单眼3枚。前胸背板背片较宽，扁平或隆起；侧片一般较平。前翅通常发达，少数种类前翅退化或缺失；一些种类后胸背腺具腺体。前足步行足，胫节听器位于近基部；后足为跳跃足，胫节背面具刺。雌性产卵瓣发达，呈刀状或矛状。世界已知蟋蟀科、蛉蟋科、癞蟋科和蛛蟋科4个现生科，我国均有分布。

分科检索表

1 后足胫节背面两侧缺小刺，具发达背刺……………………………………………………………………2
　后足胫节背面两侧具小刺，背刺有或无……………………………………………………………………3
2 后足胫节背刺较粗短，无毛，后足第1跗节背面具刺；产卵瓣长矛状……………………………蟋蟀科
　后足胫节背刺较细长，被毛，后足第1跗节背面无刺；产卵瓣弯刀状……………………………蛉蟋科
3 体或多或少被鳞片；后足胫节背面小刺间无背刺……………………………………………………癞蟋科
　体不被鳞片；后足胫节背面小刺间具背刺……………………………………………………………蛛蟋科

　　蟋蟀科特征：体小型至大型，体色通常黄褐色至黑色，部分类群呈绿色或黄色，缺鳞片。头通常球形，触角丝状，长于体长；复眼较大，单眼3枚。前胸背板背片较宽，扁平或稍隆起，部分种类两侧缘明显。前翅通常发达，部分种类前翅退化或缺失。前足听器位于胫节近基部，个别种类缺失；后足为跳跃足，胫节背面多具背刺。世界已知现生亚科12个，我国有9亚科分布。

分亚科检索表

1 第2跗节背腹扁平，约呈心脏形………………………………………………………………………………2
　第2跗节左右侧扁，微小………………………………………………………………………………………4
2 后足胫节中端距长于上、下端距；额突宽于触角柄节，不向前延伸……………………………蛄蟋亚科
　后足胫节外端距短且约等长；额突窄于触角柄节，向前延伸……………………………………………3
3 爪缺细齿；产卵瓣端部稍膨大………………………………………………………………………距蟋亚科
　爪具细齿；产卵瓣端部不膨大………………………………………………………………………纤蟋亚科
4 后足胫节背面两侧缘缺背刺，仅具小刺……………………………………………………………………5
　后足胫节背面两侧缘具背刺…………………………………………………………………………………6
5 前胸背板两侧缘具隆脊，缺刻点……………………………………………………………………扩胸蟋亚科
　前胸背板两侧缘缺隆脊，具刻点……………………………………………………………………铁蟋亚科
6 后足胫节背面两侧缘具小刺…………………………………………………………………………………7
　后足胫节背面两侧缘缺小刺…………………………………………………………………………蟋蟀亚科
7 头前口式；后足胫节背刺间具小刺…………………………………………………………………树蟋亚科
　头下口式；后足胫节端半部具背刺，基半部具小刺………………………………………………………8
8 前翅短，不超出腹端；雄性具发声器………………………………………………………………兰蟋亚科
　前翅长，超出腹端；雄性缺发声器…………………………………………………………………长蟋亚科

癞蟋科特征：体型较小，被鳞片，背腹扁平，通常红色至黑色。头圆形，额突较宽，唇基明显突出。前胸背板长，向后略或明显加宽。雄性通常具短翅，具较大镜膜，雌性通常缺翅。后足胫节背面两侧缘缺明显背刺，仅具小刺。产卵瓣剑状。世界已知现生亚科 2 个，我国仅有癞蟋亚科分布。

蛛蟋科特征：体大型。头较小，下口式。具翅的种类，雄性镜膜内至少具 2 条分脉。足较长，后足胫节背面两侧缘具背刺，刺间具小刺；跗节第 1 节较长，第 2 节甚短。产卵瓣剑状。世界已知现生亚科 5 个，我国有 2 亚科分布。

分亚科检索表

1 雄性前翅镜膜较宽，分脉近横向；后足胫节背面背刺非常发达，无微刺·················亮蟋亚科

雄性前翅镜膜明显宽，分脉纵向或倾斜；后足胫节背面仅具微刺或微刺间具少量长背刺·····
···扩胸蟋亚科

蛉蟋科特征：体小型，一般不超过 10mm。额突较短，宽于触角第 1 节，复眼突出。雄性前翅通常具发声器，如缺发声器，则雌、雄前翅脉序相似，或角质化，或退化。足较长，后足胫节背面侧缘背刺细长，具毛，后足第 1 跗节背面两侧缘缺刺。雌性产卵瓣弯刀状，端部尖锐，背缘一般具细齿。世界已知现生亚科 2 个，我国均有分布。

分亚科检索表

1 雄性前翅镜膜较不规则；足第 2 跗节侧扁，腹面缺明显绒毛·······················针蟋亚科

雄性前翅镜膜通常近圆形；足第 2 跗节扁平，腹面具明显绒毛·····················蛉蟋亚科

蝼蛄总科特征：包括蝼蛄和蚁蟋 2 类，前者中大型，前口式，复眼突出，单眼 2 枚；前胸背板卵形，较强隆起；具翅；雄性具发声器；前足为挖掘足；产卵瓣退化。后者小型，下口式，复眼退化，缺翅；前足步行足，后者明显粗大；产卵瓣端部分叉。世界已知蝼蛄科和蚁蟋科 2 个现生科，我国均有分布。

分科检索表

1 体中大型，前口式，具翅，前足挖掘足···蝼蛄科

体小型，下口式，无翅，前足步行足···蚁蟋科

蝼蛄科特征：体中大型，具短绒毛，褐色至黑褐色，强壮。头较小，前口式，触角较短，复眼突出，单眼 2 枚。前胸背板卵形，较强隆起，前缘内凹，向后明显加宽。前、后翅发达或退化；雄性具发声器。前足为挖掘足，胫节具 2~4 个趾状突，后足较短；跗节 3 节。产卵瓣退化。全球已知现生亚科 2 个，我国仅有蝼蛄亚科分布。

蚁蟋科特征：体型非常小，纤弱，近卵圆形。口器下口式，复眼退化，触角较短。前胸背板前缘明显宽于头，向后渐加宽；前后翅均缺失。后足股节明显粗壮，胫节背面两侧缘具长刺，第 1 跗节也具刺。尾须长，分节。产卵瓣端部分叉。世界已知现生亚科 2 个，我国仅有蚁蟋亚科分布。

第二章　蟋蟀的分类与多样性

　　尽管蟋蟀是世界性分布昆虫，在世界各地有很多物种多样性热点区域，但是没有哪个国家拥有 2000 多年的研究历史，也没有哪个民族将蟋蟀的研究提升到如此高度。因此在特定情况下，蟋蟀可以被认为是一类承载中华文化的民族昆虫。通过对我国古代至民国时期的蟋蟀文献研究发现，古人已经认识到不同生境中，蟋蟀体征不同，其行为存在明显的季节规律和昼夜节律等，可以运用不同人工手段调节温度和湿度进行人工饲养蟋蟀（陈天嘉和任定成，2011）。

第一节　古时的中国蟋蟀认知

　　蟋蟀最早作为观赏昆虫，早在《诗经》中就有"蟋蟀在堂"和"十月蟋蟀"之句，物种认知与其他虫类并无混淆。后在《尔雅》中将蟋蟀表述为"蛬"，杨雄在《方言》中将蟋蟀表述为"蜻蛚"和"蚟孙"。至此，蟋蟀已有 4 个名字。崔豹的《古今注·鱼虫第五》列有三条，阐述了蟋蟀、莎鸡和促织，意在表达所述之虫正名，但是此时没有现代分类学的意识，后人不易区分，反而容易混为一谈。南宋时朱熹《诗经集传》中的《豳风·七月》记有"斯螽、莎鸡、蟋蟀，一物随时变化而异其名"，严重混淆了 3 类直翅目昆虫。由于在儒家思想盛行的时期，朱熹的解释对后世影响非常大。在后来的《古今图书集成》中蟋蟀部释名，更是列举了 17 个异名，可谓研究越多异名也越多（邹树文，1981）。

　　这里的异名与现代动物命名法规中的同物异名（synonym）有异曲同工之处，都是强调优先原则而正名。当然我国古代对蟋蟀的研究，是依照我国自有的"《尔雅》动物分类""五行动物分类"等，不同朝代有着不同研究方法，缺乏系统性和延续性，其分类思想容易被统治阶级左右，给蟋蟀研究带来障碍。相对于现代动物分类的《国际动物命名法规》规定和约束，所有动物的中文名字都不是学名，动物的唯一学名是符合法规规定的拉丁学名，但我们仍追溯历史中蟋蟀的各种中文名字，以考证和搭建我国古代蟋蟀认知与现代科学研究之间的桥梁。

　　依照上面列举的文献，蟋蟀之名最早见于《诗经》，又较为常用，而当今蟋蟀分类学已经十分普及，以"蟋"为基本单元，命名相关蟋蟀类群的总科、科、亚科、属和种等。其次出现在《尔雅》的蛬，即蛩，在相关文献中多次出现，在古代不仅用于指蟋蟀，还被用于形容蝗虫类，在当前昆虫分类学中，被用于一类螽斯的中文名，即蛩螽科（或亚科）及下属单元。至于斯螽，有人认为就是螽斯，但我们认为两者不同，"五月斯螽动股"，根据雄虫发声行为认为是蝗虫类，因为蝗虫类可以通过足摩擦而发声，且在我国大部分地区农历五月已经成虫，而螽斯即我们现代所说的螽斯类昆虫，是通过一对前翅摩擦而发声。莎鸡，被大多数人认定为纺织娘，这是螽斯类昆虫，即纺织娘科（亚科）昆虫。再有促织一词，在汉魏时期就已经常用，南宋贾似道编写了世界第一部蟋蟀专著《促织经》，后有明朝学者周履靖续增二卷，又有刘侗撰写《促织志》等。所以在明清时期，蟋蟀和促织是两个常用名。在近代，尤其是当今蟋蟀一词使用频率最高，也广泛应用到生活学习中的各个领域，提到促织大家也能马上想到蟋蟀。

在唐代，人们就开始在室内喂养蟋蟀，以便能随时随地欣赏鸣虫独特的韵律；从宋朝开始，由于蟋蟀具有勇猛不屈的武士风采，斗蟋蟀发展成了一项风靡全国的娱乐活动。蟋蟀的娱乐价值可分为打斗类和鸣叫类，部分种类两者兼之，用于斗蟋蟀的种类不能人工饲养，必须通过自然生长才能斗性十足；而用于聆听的种类，可以人工繁殖驯化，并达到延长寿命的目的。

自宋朝贾似道的《促织经》开始，人们开始分类比较描记物种，记录产地并观察行为习性，涉及数十种蟋蟀（吴继传，2001；陈天嘉和任定成，2011）。但是，这些传统的蟋蟀研究多长期停留在民俗认知上，明显有别于现代的昆虫分类学与生物地理学研究，很多物种无法考证，对当今的蟋蟀次目昆虫研究帮助十分有限。

元朝时蟋蟀文化日渐衰落。明清时期，是中国蟋蟀文化史的鼎盛时期。明朝时，周履靖续编《促织经》二卷，《促织志》也有袁宏道和刘侗不同版本，相比于宋朝的"蟋蟀宰相"贾似道更有"蟋蟀皇帝"朱瞻基。此时的蟋蟀文化虽然褒贬不一，但内容更加丰富，养虫和斗虫技术也不断进步。到了清朝，赏斗蟋蟀活动格外受到宫廷权贵钟爱，尤其康熙和乾隆时期最为兴盛，延续明朝鼎盛，风靡全国上下，但此时有关蟋蟀赌博等不良嗜好也开始盛行。

近代的李文翀于1930年出版了《蟋蟀谱》一书。同年，李石孙、徐元礼等又编辑出版了一部集大成之作《蟋蟀谱》十二卷，虽编排整齐有所进步，但没有突破前人套路，特别是在物种认知方面，仍未受到西方分类学和科技进步影响。在相当长的一段时间内，中国蟋蟀研究发展缓慢，没有与世界研究思想相接轨。

徐荫祺是我国最早使用科学分类方法和技术，开展我国蟋蟀分类研究的专家。他在1928年发表 Crickets in China，对采自北京、山东、江苏、海南和浙江等地的蟋蟀进行研究，记述36种，其中包括一些未定名种（sp.）。他在1930年继续对东部沿海地区物种研究后，将中国蟋蟀增加至50种。同期，还有法国学者和日本学者对我国部分地区蟋蟀进行研究。

徐荫祺正式出版的第一篇中国蟋蟀研究的文章，基于科学分类学原理，且用英文发表，并在其中大量引用《诗经》《尔雅》《绘图蟋蟀谱》《本草纲目》等传统民俗专著，更重要的是他将中文民俗术语与蟋蟀科学术语相对应。在20世纪末，吴继传在《中国斗蟋》《中国宁津蟋蟀志》等著作中，将传统蟋蟀谱与拉丁学名相对应，很多俗名中的字被用作正式的中文名，如黄铃（蛉）、树铃（蛉）、石铃（蛉）、马铃（蛉）等。

进入21世纪，在山东、北京、上海、天津等地区拥有为数众多的蟋蟀交易市场并且还成立了蟋蟀协会等民间组织，尤其是山东宁津、宁阳等地区更是全国闻名的蟋蟀原产地，甚至建设了蟋蟀文化城，每年吸引着来自全国各地的众多蟋蟀收购商，振兴了当地经济。在传统蟋蟀文化传承方面，王世襄出版了《中国历代蟋蟀谱集成》，共收蟋蟀谱专著17部。进入网络普及时代后的"中国蟋蟀网""走进蟋蟀网""鸣虫论坛"等网站的建成，发展到当今自媒体时代的蟋蟀公众号等，都极大推动和繁荣了现代蟋蟀经济和文化的发展。最近，更是有学者在研究成果中提到，蟋蟀是一种承载中华文化的民俗昆虫（陈天嘉，2018）。

第二节　中国蟋蟀分类与多样性概况

相比于传统的中国蟋蟀文化研究，人类在探索和研究自然界的动物时，以《国际动物命名法规》加以指导和规范，并不断更新研究方法与技术命名和发现新物种。我国蟋蟀分类与多样性研究相对于其他昆虫类群，主要经历以下 4 个阶段。

1）起步孕育阶段。20 世纪初至 20 世纪中叶，我国蟋蟀区系分类研究刚刚起步，这段时间的新种均由国外学者发表，部分国外学者（Chopard，1933，1936，1939；Bei-Bienko，1956，1959）将发表的蟋蟀新种模式和研究材料保存在国外，为国内学者检视标本带来困难，庆幸的是发表的台湾新种（Shiraki，1911，1930）模式大部分保存在台湾省；同时，这段时间我国学者徐荫祺和胡经甫的研究工作，主要是进行相关探索或统计工作。由于处于战争和社会动荡时期，这一阶段的研究主要以局部地区为主，缺乏详细调查，而且仅涉及部分蟋蟀类群，缺乏系统性，其中混杂一些无效名。据作者统计，此阶段蟋蟀的已知有效种仅 50 余种。但是这一阶段的工作是非常重要的，将我国传统蟋蟀民俗研究导向了现代科学分类研究，为中国蟋蟀研究奠定了基础。

2）研究停滞阶段。20 世纪中叶至 20 世纪 80 年代，我国的昆虫学事业经历了初兴调整期，在接连而来的各种社会运动下处于停滞状态，很多优秀学术工作者的研究工作被迫中断。蟋蟀相关研究也中断了，幸运的是国外蟋蟀研究工作者这段时间也无法对我国蟋蟀进行研究。

3）快速发展阶段。20 世纪 80 年代到 21 世纪初，昆虫学领域的各项事业与其他科教领域一样快速恢复，同时我国的蟋蟀研究也一并恢复并快速发展。这一阶段中国蟋蟀的研究多由我国学者独立完成，包括中国农业科学院植物保护研究所吴福桢、郑彦芬和王音（1981～2002）对我国蟋蟀 8 属进行研究和报道；中国科学院原上海昆虫研究所夏凯龄、殷海生和刘宪伟（1991～2001）对我国蟋蟀 12 属进行分类研究，其中后两位编著的《中国蟋蟀总科和蝼蛄总科分类概要》一书，对我国蟋蟀次目物种进行了阶段性系统总结。还有，陕西师范大学陈军、谢令德和郑哲民等（1994～2006）对我国蟋蟀 9 属进行了形态学和分类学等研究；以及台湾中兴大学杨正泽等（1995～2001）对台湾蟋蟀进行了分类研究和保育工作。另外，俄罗斯分类学家 Gorochov（1984～2003）也研究了少部分中国蟋蟀种类。这一阶段的研究为中国蟋蟀系统分类和多样性格局研究奠定了坚实基础，物种的多样性得到了快速发展。据作者统计，此阶段已记载蟋蟀物种超过 230 种（亚种）。

4）发展新阶段。21 世纪初至今，伴随着蟋蟀外生殖器结构同源性分析、基因序列和鸣声行为等技术和方法在蟋蟀研究中的应用，蟋蟀区系分类与多样性研究也进入稳步发展时期。河北大学刘浩宇、华东师范大学何祝清和陕西师范大学马丽滨等陆续完成了 30 余属蟋蟀的分类研究（Liu et al.，2016；He，2018；Cigliano et al.，2020）。近年来，东北师范大学、中南林业大学等单位也陆续加入研究队伍中，但相对于数十万的民间蟋蟀爱好者来说，科学研究队伍依然渺小。相比于国外昆虫爱好者的科学研究专业化，我国的蟋蟀爱好者对科学研究贡献非常有限，但可以预见蟋蟀民俗研究与科学研究将不断协调发展，迎来中国蟋蟀文化的复兴与发展。我国蟋蟀次目共记载 2 总科 6 科 16 亚科 90 属 386 种（亚种），见表 2-1。

表 2-1　中国蟋蟀次目物种统计表

总科级阶元	科级阶元	亚科阶元	属级数量	种（亚种）数量
蟋蟀总科	蟋蟀科	蛣蟋亚科	3	8
		纤蟋亚科	4	19
		蟋蟀亚科	27	118
		额蟋亚科	2	10
		兰蟋亚科	2	14
		树蟋亚科	2	12
		长蟋亚科	2	13
		距蟋亚科	15	48
		铁蟋亚科	1	3
	癞蟋科	癞蟋亚科	5	16
	蛛蟋科	扩胸蟋亚科	2	5
		亮蟋亚科	4	11
	蛉蟋科	针蟋亚科	9	40
		蛉蟋亚科	10	54
蝼蛄总科	蝼蛄科	蝼蛄亚科	1	12
	蚁蟋科	蚁蟋亚科	1	3
总计	6	16	90	386

注：统计数据截至 2019 年 12 月。

第三节　世界蟋蟀多样性现状分析

蟋蟀次目昆虫世界性广泛分布，据直翅目在线名录统计，截至 2019 年 12 月，世界已记载蟋蟀现生种类 7 科 5900 余种，其中蟋蟀总科 5 科 5700 余种，蝼蛄总科 2 科 200 余种。在世界范围内，很多国家和地区均获得了较为完整的研究成果，针对蟋蟀的科级、亚科级、属级、种级阶元的分类、区系、地理分布等研究更是数不胜数，涉及地球各个角落，相关文献已达 800 余篇。特别是法国学者 Chopard、美国学者 Otte、俄罗斯学者 Gorochov 等对世界很多地区的蟋蟀分类与多样性研究做出杰出贡献。

在亚洲温带地区，苏联学者 Uvarov 和 Bei-Bienko、法国学者 Chopard、俄罗斯学者 Gorochov 和 Storozhenko、日本学者 Oshiro 和 Ichikawa 等都做了很多研究工作。较完整的蟋蟀区系研究主要有俄罗斯远东地区（Storozhenko，2004）、日本（Ichikawa et al.，2006）、朝鲜半岛（Storozhenko，Kim & Jeon，2015）等，但这些区系的蟋蟀多样性一般，经作者统计，亚洲温带地区仅知 113 属 576 种（亚种）。

亚洲热带地区蟋蟀多样性非常丰富，从最早的 Walker F.（1869）、Saussure（1877，1878）等的研究工作开始，到 Chopard 在南亚和东南亚各国的系列研究，以及近年 Gorochov 和 Ingrisch 的系列研究，极大丰富了本地区的多样性水平。由于亚洲热带地区涉及国家非常多，涉及文献非常广泛，较完整的区系研究总结较少，如印度（Chopard，1969），以及越南等（Kim & Pham，2014）。经作者统计，该地区蟋蟀已达223属1587种（亚种），其中半数以上物种为Chopard和Gorochov发表命名或记录。

在欧洲，蟋蟀多样性情况与亚洲温带地区近似，两者同属于古北动物地理区，虽地缘辽阔但多样性水平较低。Harz于1969年完成了《欧洲直翅目第一卷》，涉及蟋蟀类80余种，其余相关报道比较零散。到目前为止，欧洲蟋蟀类昆虫仅有31属127种（亚种）。

在非洲，Walker F.（1869）、Saussure（1877，1878，1899）、Bolívar（1910~1925）等共记录非洲蟋蟀130余种；Chopard发表的蟋蟀种类最多，其于1926~1969年共发表270余种；Otte及其合作者在20世纪80年代也进行了系统研究，陆续发表新种超过120种；Gorochov从20世纪80年代开始至今，持续做出了系列贡献。到目前为止，非洲蟋蟀类昆虫有176属1048种（亚种）。

在澳洲，最主要的工作是由Otte和Alexander在1983年完成的，他们提供了492种蟋蟀的分类学和生物学信息，对其中的376种进行了重新描述，其余报道较为零散。到目前为止，澳洲蟋蟀类昆虫有97属544种（亚种）。

在北美洲，蟋蟀的研究历史悠久，但研究较零散。其中涉及物种较多的研究主要有Saussure（1859~1897）、Walker T. J.（1962~2010）、Nickle（1992）、Desutter-Grandcolas（1993）、Gorochov（2007~2019）等，物种多样性水平较低，到目前为止，北美洲有64属335种（亚种）。

在太平洋岛屿，最受关注的是夏威夷群岛。Perkins早在1899年就对其开展了研究。Otte于1994年在夏威夷，对蟋蟀的系统进行了综合全面的研究，包含系统学、鸣声行为、生物地理、交配习惯和进化等，并在夏威夷岛原仅记录38种的基础上，又新发现2新属213新种。他还与Cowper（2007）等研究了多个岛屿的蟋蟀多样性，发现了大量新种。到目前为止，太平洋岛屿有81属551种（亚种）。

在南美洲，蟋蟀物种也非常丰富。早期的重要研究者有Walker F.（1869）、Saussure（1877，1878，1897）、Chopard（1912~1956）、Hebard（1928）等。从20世纪中后期开始，有更多学者涉及了南美洲蟋蟀研究。在这些研究中，Desutter-Grandcolas（1988~2017）、Otte（2006）、Perez-Gelabert（2009）、Gorochov（2007~2019）等的工作最为突出，大量蟋蟀物种被记录。到目前为止，南美洲已达226属1586种（亚种）。

依据直翅目在线名录地理划分单元进行统计，截至2019年12月的详细情况统计见表2-2。可以看出，亚洲（热带）和南美洲的属级阶元和种级阶元多样性最丰富，数量相差无几，物种已达1580种以上；其次是非洲，也超过千种，达到1048种；再次是亚洲（温带）、澳洲和太平洋地区，物种多样性近似，均达500余种，但后者为岛屿，面积非常小，表明在单位面积上物种更丰富；物种不丰富地区为北美洲和欧洲，其中最不丰富的地区为欧洲。

表 2-2 不同地理单元蟋蟀次目属种阶元统计

科名	亚洲（温带）	亚洲（热带）	非洲	南美洲	北美洲	澳洲	欧洲	太平洋地区
蟋蟀科	70属354种	141属999种	116属634种	81属765种	26属162种	49属313种	19属80种	29属218种
癞蟋科	10属28种	10属106种	12属81种	6属53种	6属27种	11属87种	4属9种	3属6种

科名	亚洲（温带）	亚洲（热带）	非洲	南美洲	北美洲	澳洲	欧洲	太平洋地区
蛛蟋科	7 属 17 种	32 属 278 种	21 属 177 种	104 属 481 种	15 属 68 种	13 属 41 种	1 属 2 种	7 属 39 种
蛉蟋科	21 属 114 种	35 属 165 种	23 属 125 种	29 属 248 种	13 属 65 种	21 属 84 种	5 属 12 种	41 属 286 种
蝼蛄科	1 属 17 种	2 属 23 种	1 属 18 种	5 属 38 种	3 属 8 种	2 属 12 种	1 属 14 种	
蚁蟋科	4 属 46 种	3 属 16 种	3 属 13 种	1 属 1 种	1 属 5 种	1 属 7 种	1 属 10 种	1 属 2 种
总计	113 属 576 种	223 属 1587 种	176 属 1048 种	226 属 1586 种	64 属 335 种	97 属 544 种	31 属 127 种	81 属 551 种

第三章　物种濒危等级研究概况

　　世界自然保护联盟（International Union for Conservation of Nature，IUCN）于 1963 年开始《IUCN 濒危物种红色名录》（*IUCN Red List of Threatened Species*）的评估与编制工作，是关于全球生物物种保护现状最全面的名录，也被认为是生物多样性状况最具权威的指标，有力地推动了各国生物多样性保护的进程，得到了国际认可。基于该机构的评估方法，结合国情，我国此前也发布了《中国生物多样性红色名录——高等植物卷》（2013）、《中国生物多样性红色名录——脊椎动物卷》（2015）和《中国生物多样性红色名录——大型真菌卷》（2018）等评估成果，同时其评估方法，可以有效了解局部地区不同分类单元的濒危状况，为地区物种多样性水平评估工作服务。

第一节　《IUCN 濒危物种红色名录》的发展

　　《IUCN 濒危物种红色名录》是根据严格准则去评估数以万计物种及亚种的绝种风险所编制而成的。经过 50 余年的不间断评估工作，评估物种名录和受威胁物种名录不断更新。由于中国科学家的持续勤奋工作，《中国物种红色名录》（2004）评估了 10211 种动植物，首次记录了中国濒危物种的现状，在对比 2000 年公布数据时，发现受威胁物种增加了 4544 种。另外，《中国生物多样性红色名录——脊椎动物卷》（2013）、《中国生物多样性红色名录——高等植物卷》（2015）和《中国生物多样性红色名录——大型真菌卷》（2018）共对我国 48109 种生物进行了再评估或补充评估。本书按时间顺序，提取部分近年公布的《IUCN 濒危物种红色名录》版本时间节点数据，以了解其近年的发展变化概况。

　　1）IUCN 于 2006 年 5 月更新的名录显示，评估的物种总共 40168 种及 2160 亚种等，其中 16118 种被视为受威胁。在 2007 年公布的数据中，显示有 16306 种受到威胁，比 2006 年增加 188 种。

　　2）在 2014 年 11 月更新的名录中，全球已有 76199 个物种得到评估，其中 22413 个物种受到灭绝威胁，新评估的近一半物种来自保护地。

　　3）IUCN 于 2016 年 9 月世界自然保护大会上，公布了新版《IUCN 濒危物种红色名录》。此次更新的名录，共收录了 82954 个物种，受威胁物种共有 23928 个，受威胁物种占比 28.8%。

　　4）IUCN 于 2018 年 12 月底启用网站 https://newredlist.iucnredlist.org/，并发布《IUCN 濒危物种红色名录》。此次更新的名录共收录 93577 个物种，其中 26197 个物种受威胁。与 2016 年的名录相比，收录的物种数量增加了 10623 个，受威胁物种数增加 2269 个。

　　5）2019 年 7 月公布更新的《IUCN 濒危物种红色名录》，又有超过 7000 个物种被列入名录，使该名录收录的濒危物种首次超过 10 万种，达到 105732 种，其中 28338 个物种面临灭绝风险；2019 年 12 月最新更新的内容中，已有 112432 个物种收录在名录中，其中有 30178 个物种面临灭绝风险。

当前全球的生物多样性正面临严峻的挑战，IUCN 建议全球政府、保护机构及社区能够共同努力，遏止生物多样性丧失的趋势，敦促加强保护地保护，遏制生物多样性下降趋势。虽然渔业、采伐、矿业、农业及其他人类活动，不断威胁并破坏着物种栖息地，但越来越多的研究表明全球气候变化对物种生存造成了负面影响。

在 IUCN 和全球各国科学家的共同努力下，《IUCN 濒危物种红色名录》的评估物种数在持续增加，对一些物种的濒危等级也会有更加科学的划分。但我们也看到有大量评估"数据不足"的物种，尤其是无脊椎动物中的昆虫纲。因此，包括蟋蟀类昆虫在内，大量的基础性工作数据还需要积累，以利于完善并厘定红色名录物种。

第二节　已评估昆虫物种的濒危等级情况

据 IUCN 濒危物种红色名录网站中的数据统计，节肢动物门（Arthropoda）昆虫纲（Insecta）共涉及蜻蜓目、膜翅目、鞘翅目、直翅目、鳞翅目、竹节虫目、半翅目、蜚蠊目、螳螂目、双翅目、革翅目、襀翅目、毛翅目、蛩蠊目、等翅目、蜉蝣目、石蛃目、脉翅目和虱目共 19 目，有 8359 种被收录在内，其中受威胁物种有 1577 种，占昆虫纲所有被收录物种数量的 18.87%。所有已评估物种的濒危等级和数量分别为灭绝 63 种（包括直翅目野外灭绝 1 种）、极危 301 种、濒危 540 种、易危 736 种、近危 507 种、无危 4002 种、数据不足 2210 种。

已评估物种中，蜻蜓目、膜翅目、鞘翅目、直翅目、鳞翅目和竹节虫目物种数较多，其中已评估最多的目为蜻蜓目，已达到 3873 种，但数据不足种类也达到 1135 种；直翅目受威胁物种数最多，占直翅目已评估物种数的 35.53%；其他各目已评估物种数相对较少，脉翅目和虱目最少，各为 1 种。不同类群的评估物种情况，详见表 3-1。

表 3-1 《IUCN 濒危物种红色名录》中昆虫的濒危等级概况统计表

昆虫纲各目	灭绝 EX	极危 CR	濒危 EN	易危 VU	近危 NT	无危 LC	数据不足 DD	总计
蜻蜓目 Odonata	1	58	121	128	141	2289	1135	3873
膜翅目 Hymenoptera		12	16	175	25	104	301	633
鞘翅目 Coleoptera	16	64	131	80	91	489	488	1359
直翅目 Orthoptera	4	112	177	201	159	553	173	1379
鳞翅目 Lepidoptera	27	18	59	130	71	480	86	871
竹节虫目 Phasmatodea	1	5	1	2	10	62	23	104

昆虫纲各目	灭绝 EX	极危 CR	濒危 EN	易危 VU	近危 NT	无危 LC	数据不足 DD	总计
半翅目 Hemiptera	2	15	20	9	8	6	0	60
蜚蠊目 Blattaria	1	8	7	0	0	8	1	25
螳螂目 Mantodea	0	1	1	3	0	5	3	13
双翅目 Diptera	3	0	3	3	0	0	0	9
革翅目 Dermaptera	1	3	1	0	0	1	0	6
襀翅目 Plecoptera	1	1	0	2	0	2	0	6
毛翅目 Trichoptera	4	0	0	0	1	0	0	5
蛩蠊目 Grylloblattodea	0	1	1	2	1	0	0	5
等翅目 Isoptera	0	2	0	0	0	2	0	4
蜉蝣目 Ephemeroptera	2	0	1	0	0	0	0	3
石蛃目 Archaeognatha	0	0	1	1	0	0	0	2
脉翅目 Neuroptera	0	0	0	0	0	1	0	1
虱目 Phthiraptera	0	1	0	0	0	0	0	1
总计	63	301	540	736	507	4002	2210	8359

第三节　已评估蟋蟀物种的受威胁现状分析

依照现有蟋蟀次目分类系统，据 IUCN 濒危物种红色名录网站中的数据统计（2019 年 12 月），全球直翅目蟋蟀次目共有 118 种被收录在内，受威胁物种有 38 种，占蟋蟀次目所有被收录物种数量的 32.20%，所有已评估物种的濒危等级数量分别为灭绝（野外灭绝）1 种、极危 7 种、濒危 16 种、易危 15 种、近危 7 种、无危 45 种、数据不足 26 种。

蟋蟀次目已知蝼蛄科、蚁蟋科、蟋蟀科、蛉蟋科、癞蟋科和蛛蟋科 6 个现生科均有涉及，其中被收录物种数最多的为蟋蟀科，共 55 种，直翅目中唯一的野外灭绝种在此分类阶元中，即 *Leptogryllus deceptor* Perkins，1910，这一物种自 1996 年被评估为野外灭绝。蝼蛄科和蚁蟋科所有已评估物种中，仅有无危和数据不足这两个等级，受威胁物种数为 0。蛛蟋科已评估物种数较少，但其受威胁物种数占总数的 75%，蛉蟋科有 1 种未予评估。全球范围内蟋蟀次目各个科的濒危等级见表 3-2。

表 3-2 《IUCN 濒危物种红色名录》中蟋蟀次目各科濒危等级

蟋蟀次目	野外灭绝 EW	极危 CR	濒危 EN	易危 VU	近危 NT	无危 LC	数据不足 DD	未予评估 NE	总计
蟋蟀科	1	1	3	8	6	24	12		55
癞蟋科	0	1	7	2	0	4	2	0	16
蛛蟋科	0	2	3	1	0	0	2	0	8
蛉蟋科	0	3	3	4	1	7	3	1	22
蝼蛄科	0	0	0	0	0	4	5	0	9
蚁蟋科	0	0	0	0	0	6	2	0	8
总计	1	7	16	15	7	45	26	1	118

《IUCN 濒危物种红色名录》中蟋蟀次目的大部分种类是在近 5 年完成评估的，少数种类在 2007 年（23 种）和 1996（9 种）年完成评估。除 *Leptogryllus deceptor* Perkins，1910（野外灭绝）未给出评估依据外，其余已评估物种的拉丁名、分布地区、评估等级、评估依据、评估时间等信息完整（表 3-3）。所使用的评估依据由 1996 年的 Ver2.3 版本升级到 Ver3.1 版本，使评估结果更加具有科学性。

表 3-3 蟋蟀次目已评估物种的具体信息

科名	物种拉丁名	分布区	评估等级	评估依据	评估时间	使用版本
蟋蟀科	*Abaxitrella hieroglyphica* Gorochov, 2002	越南	LC	Least Concern	2016	Ver3.1
	Acroneuroptila puddui Cadeddu, 1970	意大利（萨丁岛）	VU	Vulnerable D2	2015	Ver3.1
	Acroneuroptila sardoa Baccetti, 1960	意大利（萨丁岛）	VU	Vulnerable D2	2015	Ver3.1
	Aphonomorphus（*Aphonomorphus*）*variegatus* Chopard, 1912	法属圭亚那；苏里南	LC	Least Concern	2017	Ver3.1
	Cylindrogryllus（*Neometrypus*）*aculeatus*（Saussure, 1878）	阿根廷（布宜诺斯艾利斯）；巴西（圣卡塔琳娜州，巴拉那州）	LC	Least Concern	2018	Ver3.1
	Endodrelanva pubescens（Chopard, 1930）	马来西亚（沙捞越）	VU	Vulnerable B1ab（i, iii, iv, v）	2017	Ver3.1
	Eugryllodes escalerae escalerae（Bolívar, 1894）	葡萄牙（大陆）；西班牙（大陆）	LC	Least Concern	2016	Ver3.1
	Eugryllodes littoreus（Bolívar, 1885）	西班牙（大陆）	DD	Data Deficient	2016	Ver3.1
	Eugryllodes pipiens pipiens（Dufour, 1820）	法国（大陆）；西班牙（大陆）	LC	Least Concern	2015	Ver3.1
	Gryllapterus tomentosus Bolívar, 1912	塞舌尔（主要岛屿群）	CR	Critically Endangered B1ab（i, ii, iii）+2ab（i, ii, iii）	2007	Ver3.1

续表

科名	物种拉丁名	分布区	评估等级	评估依据	评估时间	使用版本
	Gryllomorpha（*Gryllomorpha*）*dalmatina cretensis* Ramme，1927	希腊（克里特岛）	DD	Data Deficient	2015	Ver3.1
	Gryllomorpha（*Gryllomorphella*）*albanica* Ebner，1910	阿尔巴尼亚；希腊（大陆）	DD	Data Deficient	2015	Ver3.1
	Gryllomorpha（*Gryllomorphella*）*canariensis* Chopard，1939	西班牙（加那利群岛）	NT	Near Threatened	2016	Ver3.1
	Gryllomorpha（*Gryllomorphella*）*uclensis* Pantel，1890	法国（大陆，科西嘉岛）；意大利（大陆，萨丁岛，西西里岛）；葡萄牙（大陆）；西班牙（大陆，巴利阿里）	LC	Least Concern	2016	Ver3.1
	Gryllomorpha（*Hymenoptila*）*lanzarotensis*（Kevan & Hsiung，1992）	西班牙（加那利群岛）	NT	Near Threatened	2016	Ver3.1
	Gryllopsis caspicus Gorochov，1986	俄罗斯（南部欧洲）	DD	Data Deficient	2015	Ver3.1
	Hapithus（*Hapithus*）*cerbatana* Otte & Perez-Gelabert，2009	多米尼加	LC	Least Concern	2018	Ver3.1
	Hapithus（*Laurepa*）*semnos*（Otte & Perez-Gelabert，2009）	多米尼加	VU	Vulnerable B1ab（iii，v）	2018	Ver3.1
	Leptogryllus deceptor Perkins，1910	美国（夏威夷）	EW	Extinct in the Wild	1996	Ver2.3
蟋蟀科	*Modicogryllus*（*Amodicogryllus*）*pseudocyprius* Gorochov，1996	塞浦路斯	DD	Data Deficient	2015	Ver3.1
	Modicogryllus（*Modicogryllus*）*angustulus*（Walker，1871）	印度（马哈拉施特拉邦）	DD	Data Deficient	2018	Ver3.1
	Modicogryllus（*Modicogryllus*）*cyprius*（Saussure，1877）	塞浦路斯	LC	Least Concern	2015	Ver3.1
	Nemobiopsis jabase Otte & Perez-Gelabert，2009	多米尼加	EN	Endangered B1ab（iii，v）	2018	Ver3.1
	Neogryllopsis tshokwane Otte，1983	南非（姆普马兰加省）	DD	Data Deficient	2018	Ver3.1
	Oecanthus exclamationis Davis，1907	加拿大；墨西哥；美国	LC	Least Concern	2018	Ver3.1
	Oecanthus laricis Walker，1963	美国	EN	Endangered B1＋2b	1996	Ver2.3
	Orthoxiphus nigrifrons（Bolívar，1912）	塞舌尔（主要岛屿群）	EN	Endangered B1ab（i，ii，iii）＋2ab（i，ii，iii）	2007	Ver3.1
	Ovaliptila kinzelbachi（Harz，1971）	希腊（克里特岛）	VU	Vulnerable D2	2015	Ver3.1
	Ovaliptila krueperi（Pantel，1890）	希腊（大陆）	NT	Near Threatened	2015	Ver3.1
	Ovaliptila lindbergi（Chopard，1957）	希腊（克里特岛）	LC	Least Concern	2015	Ver3.1
	Ovaliptila nana（Baccetti，1992）	希腊（东爱琴岛）	VU	Vulnerable D2	2015	Ver3.1
	Ovaliptila newmanae（Harz，1969）	希腊（大陆）	LC	Least Concern	2015	Ver3.1
	Ovaliptila wettsteini（Werner，1934）	希腊（东爱琴岛）	NT	Near Threatened	2015	Ver3.1

续表

科名	物种拉丁名	分布区	评估等级	评估依据	评估时间	使用版本
	Ovaliptila willemsei（Karaman, 1975）	阿尔巴尼亚；波斯尼亚和黑塞哥维那；黑山	LC	Least Concern	2015	Ver3.1
	Petaloptila andreinii Capra, 1937	法国（科西嘉岛）；意大利（大陆）	LC	Least Concern	2015	Ver3.1
	Petaloptila（*Petaloptila*）*aliena*（Brunner von Wattenwyl, 1882）	法国（大陆）；西班牙（大陆）	LC	Least Concern	2015	Ver3.1
	Petaloptila（*Petaloptila*）*clauseri*（Schmidt, 1991）	意大利（大陆）	DD	Data Deficient	2015	Ver3.1
	Petaloptila（*Petaloptila*）*fermini* Gorochov & Llorente del Moral, 2001	葡萄牙（大陆）；西班牙（大陆）	LC	Least Concern	2016	Ver3.1
	Petaloptila（*Petaloptila*）*fragosoi*（Bolívar, 1885）	西班牙（大陆）	DD	Data Deficient	2016	Ver3.1
	Petaloptila（*Petaloptila*）*isabelae* Gorochov & Llorente del Moral, 2001	西班牙（大陆）	LC	Least Concern	2016	Ver3.1
	Petaloptila（*Petaloptila*）*pallescens* Bolívar, 1927	西班牙（大陆）	LC	Least Concern	2016	Ver3.1
	Petaloptila（*Petaloptila*）*pyrenaea* Olmo-Vidal & Hernando, 2000	西班牙（大陆）	LC	Least Concern	2016	Ver3.1
蟋蟀科	*Petaloptila*（*Petaloptila*）*sbordonii*（Baccetti, 1979）	意大利	DD	Data Deficient	2015	Ver3.1
	Petaloptila（*Zapetaloptila*）*baenai* Barranco, 2004	西班牙（大陆）	NT	Near Threatened	2016	Ver3.1
	Petaloptila（*Zapetaloptila*）*barrancoi* Gorochov & Llorente del Moral, 2001	西班牙（大陆）	LC	Least Concern	2016	Ver3.1
	Petaloptila（*Zapetaloptila*）*bolivari*（Cazurro y Ruiz, 1888）	西班牙（大陆）	LC	Least Concern	2016	Ver3.1
	Petaloptila（*Zapetaloptila*）*carabajali* Barranco, 2004	西班牙（大陆）	NT	Near Threatened	2016	Ver3.1
	Petaloptila（*Zapetaloptila*）*venosa* Gorochov & Llorente del Moral, 2001	西班牙（大陆）	LC	Least Concern	2016	Ver3.1
	Petaloptila（*Zapetaloptila*）*llorenteae* Barranco, 2004	西班牙（大陆）	DD	Data Deficient	2016	Ver3.1
	Petaloptila（*Zapetaloptila*）*malacitana* Barranco, 2010	西班牙（大陆）	LC	Least Concern	2016	Ver3.1
	Petaloptila（*Zapetaloptila*）*mogon* Barranco, 2004	西班牙（大陆）	LC	Least Concern	2016	Ver3.1
	Sciobia（*Sciobia*）*boscai* Bolívar, 1925	西班牙（大陆）	LC	Least Concern	2016	Ver3.1
	Tartarogryllus sandanski Andreeva, 1982	保加利亚	DD	Data Deficient	2015	Ver3.1

续表

科名	物种拉丁名	分布区	评估等级	评估依据	评估时间	使用版本
蟋螽科	*Thaumatogryllus cavicola* Gurney & Rentz，1978	美国（夏威夷）	VU	Vulnerable D2	1996	Ver2.3
	Thaumatogryllus variegatus Perkins，1899	美国（夏威夷）	VU	Vulnerable B1＋2bd	1996	Ver2.3
癩蟋科	*Arachnocephalus medvedevi* Gorochov，1994	塞舌尔（阿尔达不拉岛）	CR	Critically Endangered B1ab（i，ii，iii，v）	2018	Ver3.1
	Arachnocephalus subsulcatus Saussure，1899	塞舌尔（阿尔达不拉岛，主要岛屿群）	EN	Endangered B1ab（i，ii）＋2ab（i，ii）	2007	Ver3.1
	Cycloptiloides canariensis（Bolívar，1914）	西班牙（加那利群岛）	LC	Least Concern	2014	Ver3.1
	Cycloptilum irregularis Love & Walker，1979	美国	VU	Vulnerable C2a，D2	1996	Ver2.3
	Ectatoderus aldabrae Gorochov，1994	塞舌尔（阿尔达不拉岛，主要岛屿群）	EN	Endangered B1ab（i，ii）＋2ab（i，ii）	2007	Ver3.1
	Ectatoderus nigriceps Bolívar，1912	塞舌尔（阿尔达不拉岛）	EN	Endangered B1ab（i，ii）＋2ab（i，ii）	2007	Ver3.1
	Ectatoderus squamiger Bolívar，1912	塞舌尔（阿尔达不拉岛，主要岛屿群）	EN	Endangered B1ab（i，ii）＋2ab（i，ii）	2007	Ver3.1
	Mogoplistes kinzelbachi Harz，1976	希腊	DD	Data Deficient	2015	Ver3.1
	Ornebius stenus Gorochov，1994	塞舌尔（阿尔达不拉岛，主要岛屿群）	EN	Endangered B1ab（i，ii）＋2ab（i，ii）	2007	Ver3.1
	Ornebius syrticus Bolívar，1912	塞舌尔（阿尔达不拉岛，主要岛屿群）	EN	Endangered B2ab（i，ii）	2007	Ver3.1
	Paramogoplistes dentatus Gorochov & Llorente del Moral，2001	葡萄牙（大陆）；西班牙（大陆）	LC	Least Concern	2016	Ver3.1
	Paramogoplistes novaki（Krauss，1888）	克罗地亚；希腊（大陆）	DD	Data Deficient	2016	Ver3.1
	Paramogoplistes ortini Llucià Pomares，2015	西班牙（大陆）	LC	Least Concern	2016	Ver3.1
	Pseudomogoplistes byzantius Gorochov，1995	希腊；乌克兰	EN	Endangered B2ab（iii，iv，v）	2015	Ver3.1
	Pseudomogoplistes madeirae Gorochov & Marshall，2001	葡萄牙（马德拉群岛）	LC	Least Concern	2016	Ver3.1
	Talia bandumu Otte & Alexander，1983	澳大利亚（昆士兰州，北领地）	VU	Vulnerable B2ab（iii，v）	2018	Ver3.1
蛛蟋科	*Phaeogryllus fuscus* Bolívar，1912	塞舌尔（主要岛屿群）	EN	Endangered B1ab（i，ii，iii）＋2ab（i，ii，iii）	2007	Ver3.1

科名	物种拉丁名	分布区	评估等级	评估依据	评估时间	使用版本
蛛蟋科	*Phalangacris alluaudi* Bolívar, 1895	塞舌尔（主要岛屿群）	CR	Critically Endangered B1ab（iii）+2ab（iii）	2015	Ver3.1
	Phalangacris phaloricephala Gorochov, 2006	塞舌尔（主要岛屿群）	VU	Vulnerable D2	2007	Ver3.1
	Phaloria（*Papuloria*）*insularis insularis*（Bolívar, 1912）	印度尼西亚（苏门答腊）；塞舌尔（主要岛屿群）	DD	Data Deficient	2012	Ver3.1
	Seychellesia longicercata Bolívar, 1912	塞舌尔（主要岛屿群）	EN	Endangered B1ab（i, ii, iii）+2ab（i, ii, iii）	2007	Ver3.1
	Seychellesia nitidula Bolívar, 1912	塞舌尔（主要岛屿群）	CR	Critically Endangered B1ab（i, ii, iii）+2ab（i, ii, iii）	2007	Ver3.1
	Seychellesia patellifera Bolívar, 1912	塞舌尔（主要岛屿群）	EN	Endangered B1ab（i, ii, iii）+2ab（i, ii, iii）	2007	Ver3.1
	Subtiloria succinea succinea（Bolívar, 1912）	塞舌尔	DD	Data Deficient	2007	Ver3.1
蛉蟋科	*Anaxipha natalensis* Chopard, 1955	南非（夸祖鲁-纳塔尔省）	DD	Data Deficient	2017	Ver3.1
	Caconemobius howarthi Gurney & Rentz, 1978	美国（夏威夷）	VU	Vulnerable D2	1996	Ver2.3
	Caconemobius schauinslandi（Alfken, 1901）	美国（夏威夷）	VU	Vulnerable D2	1996	Ver2.3
	Caconemobius varius Gurney & Rentz, 1978	美国（夏威夷）	VU	Vulnerable B1+2bd, C2a	1996	Ver2.3
	Dianemobius kimurae（Shiraki, 1911）	中国（大陆，台湾）	NT	Near Threatened B1b（iii, v）	2018	Ver3.1
	Metioche（*Metioche*）*bolivari* Chopard, 1968	塞舌尔（主要岛屿群）	EN	Endangered B1ab（i, ii, iii）+2ab（i, ii, iii）	2007	Ver3.1
	Metioche（*Metioche*）*luteolus*（Butler, 1876）	毛里求斯（罗得里格斯岛）	VU	Vulnerable D2	2014	Ver3.1
	Metioche（*Metioche*）*maorica*（Walker, 1869）	新西兰（南岛，北岛，克尔马德克岛）	LC	Least Concern	2018	Ver3.1
	Metioche（*Metioche*）*perpusilla*（Bolívar, 1912）	塞舌尔（主要岛屿群）	LC	Least Concern	2007	Ver3.1
	Metioche（*Superstes*）*payendeei* Hugel, 2012	毛里求斯（罗得里格斯岛）	CR	Critically Endangered B1ab（iii）+2ab（iii）	2014	Ver3.1

续表

科名	物种拉丁名	分布区	评估等级	评估依据	评估时间	使用版本
蛉蟋科	*Metioche*（*Superstes*）*superbus* Hugel，2012	毛里求斯（罗得里格斯岛）	CR	Critically Endangered B1ab（iii）+2ab（iii）	2014	Ver3.1
	Neonemobius eurynotus（Rehn & Hebard，1918）	美国	NE	Lower Risk/ conservation dependent	1996	Ver2.3
	Nemobius interstitialis Barranco, Gilgado & Ortuño，2013	西班牙（大陆）	DD	Data Deficient	2016	Ver3.1
	Polionemobius modestus Gorochov，1994	塞舌尔	LC	Least Concern	2007	Ver3.1
	Pteronemobius（*Stilbonemobius*）*lineolatus*（Brullé，1835）	安道尔；法国（大陆）；意大利（大陆）；葡萄牙（大陆）；西班牙（大陆）；瑞士	LC	Least Concern	2016	Ver3.1
	Pteronemobius（*Stilbonemobius*）*monochromus* Chopard，1955	加蓬；几内亚；马达加斯加；卢旺达；塞内加尔	DD	Data Deficient	2018	Ver3.1
	Scottiola salticiformis（Bolívar，1912）	塞舌尔（主要岛屿群）	EN	Endangered B1ab（i, ii，iii）+2ab（i, ii，iii）	2007	Ver3.1
	Trigonidium（*Trigonidomorpha*）*vittata*（Chopard，1954）	几内亚	LC	Least Concern	2018	Ver3.1
	Vitixipha axios Otte & Cowper，2007	斐济	LC	Least Concern	2017	Ver3.1
	Zarceomorpha abdita Gorochov，1994	塞舌尔（主要岛屿群）	LC	Least Concern	2007	Ver3.1
	Zarceus fallaciosus Bolívar，1895	塞舌尔（主要岛屿群）	LC	Least Concern	2007	Ver3.1
	Zarceus major Bolívar，1912	塞舌尔（主要岛屿群）	EN	Endangered B1ab（i, ii，iii）+2ab（i, ii，iii）	2007	Ver3.1
蝼蛄科	*Gryllotalpa krimbasi* Baccetti，1992	希腊（大陆，东爱琴岛）	LC	Least Concern	2015	Ver3.1
	Gryllotalpa major Saussure，1874	美国（俄克拉何马州，密苏里州，堪萨斯州，阿肯色州）	DD	Data Deficient	1996	Ver2.3
	Gryllotalpa octodecim Baccetti & Capra，1978	意大利（大陆，萨丁岛）	DD	Data Deficient	2015	Ver3.1
	Gryllotalpa quindecim Baccetti & Capra，1978	意大利（大陆，西西里岛）	LC	Least Concern	2015	Ver3.1
	Gryllotalpa sedecim Baccetti & Capra，1978	法国（科西嘉岛）；意大利（大陆，萨丁岛）	LC	Least Concern	2015	Ver3.1
	Gryllotalpa septemdecimchromosomica Ortiz，1958	法国（大陆）；意大利（大陆）；西班牙（大陆）	DD	Data Deficient	2016	Ver3.1
	Gryllotalpa viginti Baccetti & Capra，1978	意大利（大陆）	DD	Data Deficient	2015	Ver3.1
	Gryllotalpa vigintiunum Baccetti，1991	意大利（萨丁岛）	DD	Data Deficient	2015	Ver3.1

续表

科名	物种拉丁名	分布区	评估等级	评估依据	评估时间	使用版本
蝼蛄科	*Gryllotalpa vineae* Bennet-Clark, 1970	法国（大陆）；葡萄牙（大陆）；西班牙（大陆）	LC	Least Concern	2015	Ver3.1
蚁蟋科	*Myrmecophilus*（*Myrmecophilus*）*aequispina* Chopard, 1923	法国（大陆）；意大利（大陆）	LC	Least Concern	2015	Ver3.1
	Myrmecophilus（*Myrmecophilus*）*balcanicus* Stalling, 2013	马其顿	LC	Least Concern	2015	Ver3.1
	Myrmecophilus（*Myrmecophilus*）*fuscus* Stalling, 2013	法国（大陆，科西嘉岛）；意大利（西西里岛）；马耳他；西班牙（大陆，巴利阿里）	LC	Least Concern	2016	Ver3.1
	Myrmecophilus（*Myrmecophilus*）*hirticaudus* Fischer von Waldheim, 1846	保加利亚；克罗地亚；希腊（大陆）；马其顿；乌克兰	LC	Least Concern	2015	Ver3.1
蚁蟋科	*Myrmecophilus*（*Myrmecophilus*）*myrmecophilus*（Savi, 1819）	克罗地亚；法国（大陆，科西嘉岛）希腊（大陆，东爱琴岛，克里特岛）；意大利（大陆）	LC	Least Concern	2015	Ver3.1
	Myrmecophilus（*Myrmecophilus*）*nonveilleri* Ingrisch & Pavićević, 2008	保加利亚；匈牙利；塞尔维亚	LC	Least Concern	2015	Ver3.1
	Myrmecophilus（*Myrmecophilus*）*pallidithorax* Chopard, 1930	塞舌尔（主要岛屿群）	DD	Data Deficient	2007	Ver3.1
	Myrmecophilus（*Myrmecophilus*）*seychellensis* Gorochov, 1994	塞舌尔（主要岛屿群）	DD	Data Deficient	2007	Ver3.1

注：表中的评估等级和依据标准代码见第四章。

　　针对已列出的蟋蟀次目物种评估信息，我们对表 3-3 中的物种依照分布国家或地区进行统计，结果见表 3-4。

表 3-4　已评估蟋蟀次目物种分布区统计

洲名	国家（地区）与种数
亚洲	马来西亚 1 种、塞浦路斯 2 种、印度 1 种、印度尼西亚 1 种、越南 1 种、中国 1 种
欧洲	阿尔巴尼亚 2 种、安道尔 1 种、保加利亚 3 种、北马其顿 2 种、波斯尼亚和黑塞哥维那 1 种、俄罗斯 1 种、法国 11 种、葡萄牙 7 种、西班牙 29 种、黑山 1 种、克罗地亚 3 种、马耳他 1 种、瑞士 1 种、塞尔维亚 1 种、乌克兰 2 种、希腊 14 种、意大利 16 种、匈牙利 1 种
非洲	几内亚 2 种、加蓬 1 种、卢旺达 1 种、马达加斯加 1 种、毛里求斯 3 种、南非 2 种、塞内加尔 1 种、塞舌尔 26 种
大洋洲	澳大利亚 1 种、斐济 1 种、新西兰 1 种
北美洲	加拿大 1 种、多米尼加 3 种、美国 11 种、墨西哥 1 种
南美洲	阿根廷 1 种、法属圭亚那 1 种、巴西 1 种、苏里南 1 种

　　从表 3-4 的国家或地区分布统计分析看，蟋蟀次目已评估物种遍布全球，其中欧洲地

区最多，共涉及 18 国 80 种，其中西班牙最多，达 29 种，意大利、希腊和法国的评估物种也较多。其次评估种类较多的为非洲，涉及 8 国 32 种，主要是对塞舌尔物种的评估，已达 26 种。再次为北美洲，涉及 4 国 14 种，主要是美国 11 种。其他大洲或地区评估种数均不足 10 种，包括亚洲 6 国 7 种、南美洲 4 国 4 种及大洋洲 3 国 3 种。可以看出，蟋蟀多样性水平最低的欧洲，反而是评估物种最多的地区，因此我们认为这些评估工作有如下研究特点。

1）需要深厚昆虫分类文化底蕴。现代分类学起源于欧洲，在很多欧洲国家分类知识普及较广，认知这些体型微小昆虫不再是一件非常难的事情。

2）生物多样性研究热点地区的昆虫不易被评估。在相同生态地理空间，由于物种多样性水平高，会导致物种本身栖息生态空间小，种群也必然较小；而昆虫生活周期短，个体很难监测，其分布地信息是主要评估依据，小种群的调查难度必然增大；同时物种多样性水平高，必然是近缘属种较多，这需要非常专业的分类基础。

3）信息公开或共享是非常有利于这项工作的。在欧洲有大量生物多样性网站和著名自然历史博物馆，在收集评估依据信息方面更全面和便捷，结果更加可信。

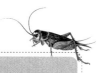

第四章　物种受威胁状况研究方法

第一节　蟋蟀野外调查方法

蟋蟀次目昆虫涉及不同蟋蟀类群的生境差异较大，从洞穴、枯枝落叶层到灌木、高大乔木树冠均有分布，甚至栖息于蚁巢与蚂蚁共生，因此野外调查方法需要多样化，以利于不同调查对象在相应环境中的针对性采集。

1. 搜索＋捕网法

采集蟋蟀时，首先要了解不同类群蟋蟀的生活习性，找到蟋蟀栖息的小环境，因此需要不断搜索。蟋蟀部分触肢结构脆弱，如足和触角，徒手捕捉时很难保证标本完整性，因此当观察搜索到蟋蟀时，应优先使用捕虫网。大多雄性成虫蟋蟀在夜间（或白天）通过鸣叫发声寻找配偶，可凭鸣声定位藏身地；即使有些时候蟋蟀不发声，但它们警觉性高，受到人类干扰时，大多通过跳跃逃离，进而留下踪迹被发现，尤其是地表栖息的类群，如蟋蟀亚科、针蟋亚科等。

2. 扫网法

尽管蟋蟀警觉性高且善于通过跳跃躲避敌害，但有些种类也是隐蔽躲藏高手，通过拟态或保护色达到保护自己的效果。这类蟋蟀通常栖息于植物枝叶上，尤其是在枝叶隐蔽一侧躲避不动，视觉上很难被发现，需要大量扫网而获得这类标本，如纤蟋亚科、树蟋亚科、距蟋亚科等。

3. 灯诱法

这种方法主要利用蟋蟀成虫的趋光性进行采集，但要保证诱虫灯亮度和射程。蟋蟀亚科、距蟋亚科、额蟋亚科、蝼蛄亚科等趋光性较强，在幕布上很容易收集到相关物种；但有些种类趋光性较差，表现为弱趋光性，如长蟋亚科，需要在距离诱虫灯较远处搜集。

4. 陷阱法

主要用于夜间在地表活动的蟋蟀种类，配以引诱剂，主要为糖醋酒混合液，对蟋蟀亚科、蝼蛄亚科部分种类效果明显。

5. 振击法

蟋蟀虽然不像许多昆虫一样具有假死性特点，但蟋蟀成虫期通常为七八月份，正值南方雨季，植被湿度很大，不利于扫网采集。气候或植被湿度大，造成了栖息于枝叶上的蟋蟀活动能力差，不能自如跳跃和飞翔，突然振击寄主植物，可使其自行落下，可用白色振布收集，如距蟋亚科、蛉蟋亚科等。

6. 饲养法

野外多样性调查时，大量蟋蟀若虫容易被捕获，但大多数若虫标本缺少关键鉴别特征无法鉴定到种，甚至无法鉴定到属。应将若虫放入饲养笼，使用寄主植物或栖息地植物、水果等喂养，待成虫后捕杀制作标本。最好选择末龄若虫饲养，以减少饲养时间。

7. 其他方法

还有一些方法使用较少，需要在特定条件下使用。例如，烟雾剂击倒法，通过喷雾器将药剂喷到树冠层，死亡或击昏的蟋蟀掉入地表提前准备好的收集布中，但这种方法杀伤面过大，也会产生烟雾，需要协调采集地相关部门；马来氏网法和飞行阻断法，可以收集大量飞行昆虫，也会获得部分蟋蟀，但需要较长的野外调查时间设置；协作法，与蚂蚁采集专家合作，专一收集蚁巢中的蚁蟋类；黄盘法，可以收集白天活动的蟋蟀，但获得种类有限，而且需要靠近水源。

第二节 文献与数据来源分析

河北大学螽亚目昆虫研究室，自 2004 年开始系统研究蟋蟀次目昆虫，早期文献积累主要依靠国内外专家赠送，以及查阅动物学记录等传统方式获得，后伴随着直翅目在线名录版本更新及功能增加，更多相关文献可以通过在线阅读或者下载方式查阅。同时，保持着与国内外相关专家交流合作，及时共享蟋蟀分类学最新研究进展。

在标本检视信息方面，河北大学博物馆具有专业昆虫标本室，是国内重要的昆虫标本收藏单位之一，拥有全国各个地区的珍贵昆虫标本，为本书完成奠定了坚实的工作基础。研究过程中，已借阅或交换国内外 20 余家单位或专家收藏的大量蟋蟀标本，包括中国科学院动物研究所、中国农业科学院植物保护所、中国农业大学、北京林业大学、西南林业大学、广西师范大学、华南农业大学、西南大学、大理大学、广西大学、长江大学、河南科技学院、西华师范大学、瑞士巴塞尔自然历史博物馆、法国巴黎自然历史博物馆和俄罗斯科学院动物研究所等。陆续得到陈军、A.V. Gorochov、S. Ingrisch、S.Y. Storozhenko、K.G. Heller、杨正泽、任国栋、毛本勇、徐吉山、杨自忠、石爱民、齐宝瑛、芦荣胜、杜喜翠、李枢强、郑国、周善义、黄建华、欧晓红、王剑锋、谢广林、陈志林、毛少利、王平、张东晓、吴山、王刚、周勇、张燕宁、白明、梁红斌、路园园、宋克清、王兴民、李虎、王国全、姚刚、王义平、杜予州、陈斌、虞国跃、李成、肖炜、王志良、李文亮、马丽滨、何祝清、沈子豪等专家的帮助和支持，此处一并致谢。

除去上述标本检视信息和公开发表专著及论文外，对中国台湾的蟋蟀物种分布情况，还参考了"台湾生物多样性资讯入口网"信息。另外，由于作者未实地检视上海昆虫博物馆、西北农林科技大学、陕西师范大学、华东师范大学和东北师范大学等单位收藏蟋蟀标本，为此参考了何祝清硕士论文（2010）、马丽滨博士论文（2011）和李晓强硕士论文（2011）等一些学位论文的部分物种信息；同时，对于部分鸣虫市场或网站的蟋蟀信息，也甄别了少量可靠信息，进而获得更全面信息数据。

第三节　物种分布图制作

本书制作了 386 个蟋蟀物种在中国的地理分布图，分布图生成来源于国家自然资源部标准地图服务系统（http://bzdt.ch.mnr.gov.cn/）。依据不同物种的地理分布情况，进行了 3 类针对性标记。

1）用纯色阴影表示物种地理分布区。大部分情况是物种在多省区广泛分布，至少在某一个较大行政区分布广泛；极少情况是用来表示狭域分布，这是因为这些物种明确分布在某个省区，但由于不知道详细分布地，故而用阴影表达。

2）用三角形标记分布较狭窄的物种。这些物种通常只有一个或几个分布点，可以在图中非常准确地表示；当物种仅分布在行政面积非常小的行政区域时，如香港或澳门，为更清晰表达分布位置也用三角形标记。

3）用虚线阴影标记的物种是在我国分布存在疑问的，或原错误鉴定导致有过记录的，或无明确记载信息的物种。依据物种情况不同进行标注：①曾有明确记载位置的，依据经纬度在对应区域进行标注；②无明确位置但有行政区记录的，标注在对应行政区；③仅笼统记载在我国的，标注在地图的近中部位置；④文献未正式出版发行的，标注在所属行政区。

第四节　物种濒危等级和标准借鉴

本次对蟋蟀物种濒危状况的分析评价，虽不同于物种的正式 IUCN 物种评估，但借鉴了《IUCN 濒危物种红色名录》中的等级和标准模式，对比与大型真菌、高等植物、脊椎动物在生物学特性上的差异，对《IUCN 濒危物种红色名录》标准做了适当调整后运用到本书中，即通过可靠的文献记载和标本检视信息来估计、推测或判断种群分布情况；以一定的时间段代替世代时长来估计、推测或判断种群变化情况。

本次评价借鉴的等级和标准主要依据以下 2 个标准：《IUCN 红色名录等级和标准 3.1 版》（*IUCN Red List Categories and Criteria: Version 3.1*）和《IUCN 红色名录标准在地区和国家的应用指南 4.0 版》（*Guidelines for Application of IUCN Red List Criteria at Regional and National Levels: Version 4.0.*）。在使用这些标准时，本书参考了《中国生物多样性红色名录大型真菌卷》和《中国物种红色名录》（汪松和解焱，2004）等级与标准的中文译本。

1. IUCN 评价等级与标准

IUCN 红色名录的评估等级（图 4-1）：灭绝（extinct，EX）、野外灭绝（extinct in the wild，EW）、极危（critically endangered，CR）、濒危（endangered，EN）、易危（vulnerable，VU）、近危（near threatened，NT）、无危（least concern，LC）、数据不足（data deficient，DD）、未予评估（not evaluated，NE）。

各等级的定义和评估标准如下。

灭绝（EX）是指如果没有理由怀疑某个物种的最后一个个体已经死亡，即认为该分类单元已经灭绝。但必须根据该物种的生活史和生物学规律来选择适当的调查时间，即在适当

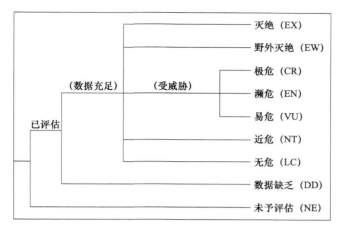

图 4-1　IUCN 红色名录评估等级

时间，对已知和可能的栖息地进行彻底调查，如果没有发现任何一个个体，即认为该分类单元属于灭绝。

野外灭绝（EW）是指如果已知某一物种只生活在栽培、圈养条件下或者只作为自然化种群（或种群）生活在远离其原栖息地时，即认为该分类单元属于野外灭绝。同灭绝等级一样，也要对栖息地进行彻底的调查。

极危（CR）、濒危（EN）、易危（VU）这 3 个等级是评估或评价过程中的受威胁等级。从极危（CR）、濒危（EN）到易危（VU），灭绝风险依次降低。当评价的某一物种符合任一标准时，该种被列为相应的受威胁等级。

近危（NT）是指当某一物种未达到极危、濒危或易危标准，但是在未来一段时间将接近符合或可能符合受威胁等级，该分类单元即列为近危。

无危（LC）是指当某一物种评估未达到极危、濒危、易危或近危标准，则该种为无危。广泛分布和个体数量庞大的物种都属于这个等级。

数据不足（DD）是指如果没有足够的资料来直接或者间接地根据一个物种的分布或种群状况来评估其灭绝的危险程度时，即认为该物种属于数据不足。列在该等级的物种需要更多的信息资料，通过进一步的研究，可以将其划分到适当的等级中。

未予评估（NE）是指如果一个物种未应用本标准进行评估，则可将该物种列为未予评估。

2. 极危、濒危及易危物种的评价标准

（1）极危（CR）

当某一物种面临即将灭绝的概率非常高，即符合以下（A~E）的任何一条标准时，该物种即列为极危。

A. 种群数量减少

A1. 根据以下任何一方面资料，观察、估计、推断或者猜测，过去 10 年或者 3 个世代内，种群至少减少 90%，其减少原因明显可逆，并可理解为已经终止的。

a. 直接观察。

　　b．适合该物种的丰富度指数。

　　c．占有面积、分布区的缩小和/或栖息地质量的衰退。

　　d．实际的或者潜在的开发影响。

　　e．由于外来生物、杂交、疾病、污染、竞争者或者寄生生物带来的不利影响。

　　A2．根据 A1 以下 a～e 任何一方面的资料，观察、估计、推断或者猜测，过去 10 年或者 3 个世代内，种群至少减少 80%，其减少原因是不可逆，不能理解，也不能终止的。

　　A3．根据 A1 以下 b～e 任何一方面的资料，估计、推断或者猜测，在未来 10 年或者 3 个世代内（最长为 100 年），种群将至少减少 80%。

　　A4．根据 A1 以下 a～e 任何一方面的资料，观察、估计、推断或者猜测，在任何 10 年（包括过去和将来）或者 3 个世代内（最长为 100 年），种群将至少减少 80%，减少因素是不可逆，不能理解，也不能终止的。

B．地理分布范围减少，或者分布地少、生境严重破碎或种群波动，至少符合 B1、B2 其中之一

　　B1．分布区：估计一物种的分布区少于 100km²，并且符合以下 a～c 中的任何 2 条。

　　B2．占有面积：估计一物种的占有面积少于 10km²，并且符合以下 a～c 中的任何 2 条。

　　　　a．生境严重分割破碎或者已知只有一个地点。

　　　　b．以下任何一方面持续衰退。

　　　　　　（i）分布范围。

　　　　　　（ii）占有面积。

　　　　　　（iii）生境面积、范围和/或质量。

　　　　　　（iv）地点或亚种群的数目。

　　　　　　（v）成熟个体数。

　　　　c．以下任何一方面发生极度波动。

　　　　　　（i）分布范围。

　　　　　　（ii）占有面积。

　　　　　　（iii）发生地点或亚种群的数目。

　　　　　　（iv）成熟个体数。

C．种群小且在衰退，成熟个体少于 250 个，并且符合如下其中 1 条标准

　　C1．预计今后 3 年或者一个世代内，成熟个体数将持续至少减少 25%。

　　C2．种群持续下降，至少符合如下任何一种形式。

　　　　a．亚种群成熟个体数量，至少符合以下任何 1 条。

　　　　　　（i）亚种群成熟个体数量少于 50。

　　　　　　（ii）一个亚种群个体数量占总数至少 90%。

　　　　b．成熟个体数极度波动。

D．种群小或局限分布

　　D1．种群成熟个体数量小于 50。

　　D2．容易受到人类活动影响，可能在极短时间内极危，甚至灭绝。

E．定量分析

通过定量模型评估表明，在今后 10 年或者 3 个世代内，野外灭绝的概率达不少于 50%。

（2）濒危（EN）

当一物种未达到极危标准，但在未来其野生种群面临灭绝的概率较高，即符合以下任何一条标准（A～E）时，该物种即列为濒危。

A. 种群数量减少

A1. 根据以下任何一方面资料，观察、估计、推断或者猜测，过去 10 年或者 3 个世代内，种群至少减少 70%，其减少原因明显可逆，并可理解为已经终止的。

　　a. 直接观察。

　　b. 适合该物种的丰富度指数。

　　c. 占有面积、分布区的缩小和 / 或栖息地质量的衰退。

　　d. 实际的或者潜在的开发影响。

　　e. 由于外来生物、杂交、疾病、污染、竞争者或者寄生生物带来的不利影响。

A2. 根据 A1 以下 a～e 任何一方面的资料，观察、估计、推断或者猜测，过去 10 年或者 3 个世代内，种群至少减少 50%，其减少原因是不可逆，不能理解，也不能终止的。

A3. 根据 A1 以下 b～e 任何一方面的资料，估计、推断或者猜测，在未来 10 年或者 3 个世代内（最长为 100 年），种群将至少减少 50%。

A4. 根据 A1 以下 a～e 任何一方面的资料，观察、估计、推断或者猜测，在任何 10 年（包括过去和将来）或者 3 个世代内（最长为 100 年），种群将至少减少 50%，减少因素是不可逆，不能理解，也不能终止的。

B. 地理分布范围减少，或者分布地少、生境严重破碎或种群波动，至少符合 B1、B2 其中之一

B1. 分布区：估计一物种的分布区少于 5000km²，并且符合以下 a～c 中的任何 2 条。

B2. 占有面积：估计一物种的占有面积少于 500km²，并且符合以下 a～c 中的任何 2 条。

　　a. 生境严重分割破碎或者已知分布地点不多于 5 个。

　　b. 以下任何一方面持续衰退。

　　　（i）分布范围。

　　　（ii）占有面积。

　　　（iii）生境面积、范围和 / 或质量。

　　　（iv）地点或亚种群的数目。

　　　（v）成熟个体数。

　　c. 以下任何一方面发生极度波动。

　　　（i）分布范围。

　　　（ii）占有面积。

　　　（iii）发生地点或亚种群的数目。

　　　（iv）成熟个体数。

C. 种群小且在衰退，成熟个体少于 2500，并且符合如下其中 1 条标准

C1. 预计今后 5 年或者 2 个世代内，成熟个体数将持续减少至少 20%。

C2. 种群持续下降，至少符合如下任何一种形式。

　　a. 亚种群成熟个体数量，至少符合以下任何 1 条。

　　　（i）亚种群成熟个体数量少于 250。

　　　（ii）一个亚种群个体数量占总数至少 95%。

　　b．成熟个体数极度波动。

D．种群小或局限分布

D1．种群成熟个体数量小于 250。

D2．容易受到人类活动影响，可能在极短时间内极危，甚至灭绝。

E．定量分析

通过定量模型评估表明，在今后 20 年或者 5 个世代内，野外灭绝的概率不少于 20%。

（3）易危（VU）

　　当某一物种未达到极危或濒危标准，但是在将来一段时间，其野生种群面临灭绝的概率较高，即符合以下任何一条标准（A～E）时，该物种即列为易危。

A．种群数量减少

A1．根据以下任何一方面资料，观察、估计、推断或者猜测，过去 10 年或者 3 个世代内，种群至少减少 50%，其减少原因明显可逆，并可理解为已经终止的。

　　a．直接观察。

　　b．适合该物种的丰富度指数。

　　c．占有面积、分布区的缩小和 / 或栖息地质量的衰退。

　　d．实际的或者潜在的开发影响。

　　e．由于外来生物、杂交、疾病、污染、竞争者或者寄生生物带来的不利影响。

A2．根据 A1 以下 a～e 任何一方面的资料，观察、估计、推断或者猜测，过去 10 年或者 3 个世代内，种群至少减少 30%，其减少原因是不可逆，不能理解，也不能终止的。

A3．根据 A1 以下 b～e 任何一方面的资料，估计、推断或者猜测，在未来 10 年或者 3 个世代内（最长为 100 年），种群将至少减少 30%。

A4．根据 A1 以下 a～e 任何一方面的资料，观察、估计、推断或者猜测，在任何 10 年（包括过去和将来）或者 3 个世代内（最长为 100 年），种群将至少减少 30%，减少因素是不可逆，不能理解，也不能终止的。

B．地理分布范围减少，或者分布地少、生境严重破碎或种群波动，至少符合 B1、B2 其中之一

B1．分布区：估计一物种的分布区少于 20000km²，并且符合以下 a～c 中的任何 2 条。

B2．占有面积：估计一物种的占有面积少于 2000km²，并且符合以下 a～c 中的任何 2 条。

　　a．生境严重分割破碎或者已知分布地点不多于 10 个。

　　b．以下任何一方面持续衰退。

　　　　（i）分布范围。

　　　　（ii）占有面积。

　　　　（iii）生境面积、范围和 / 或质量。

　　　　（iv）地点或亚种群的数目。

　　　　（v）成熟个体数。

　　c．以下任何一方面发生极度波动。

　　　　（i）分布范围。

　　　　（ii）占有面积。

　　　　（iii）发生地点或亚种群的数目。

　　　　（iv）成熟个体数。

C．种群小且在衰退，成熟个体少于 10000，并且符合如下其中 1 条标准

C1．预计今后 10 年或者 3 个世代内，成熟个体数将持续减少至少 10%。

C2．种群持续下降，至少符合如下任何一种形式。

　　a．亚种群成熟个体数量，至少符合以下任何一条。

　　　（i）亚种群成熟个体数量少于 1000。

　　　（ii）一个亚种群个体数量占总数为 100%。

　　b．成熟个体数极度波动。

D．种群小或局限分布

D1．种群成熟个体数量小于 1000。

D2．种群容易受到人类活动影响，占有面积小于 20km² 或地点少于 5 个，将来可能在极短时间内极危，甚至灭绝。

E．定量分析

通过定量模型评估表明，在今后 100 年内，野外灭绝的概率不少于 10%。

第五节　物种等级标准的调整与运用

1. 中国蟋蟀物种等级评价的"灭绝"问题

（1）中国蟋蟀物种的"灭绝"问题

按照《IUCN 濒危物种红色名录》的等级和标准，灭绝（EX）需要有可靠的证据判定物种的最后一个个体已经死亡。与植物和大型动物不同的是，蟋蟀类昆虫大多为一年一代，成虫生活史短，部分种类营洞穴生活，加之部分类群体型非常小，很难引起非专业人员的注意。当前的蟋蟀分类，主要依赖于雄性外生殖器特征，即使是专业人员也难以在有限的时间内发现并鉴定这些物种。要确认蟋蟀类物种是否已经灭绝，需要组织专家对其模式产地及可能的生境开展针对性的调查研究，并需要重复调查验证。

（2）中国蟋蟀物种的"野外灭绝"问题

蟋蟀是我国著名的历史文化昆虫，我国素来有饲养蟋蟀的习俗。自唐宋开始，人们开始在室内人工饲养蟋蟀，观察并记录不同种类或地理种群蟋蟀的行为特征。今天，我们仍能够在市场看到人工繁殖的蟋蟀，但是，这些用于繁殖的卵均为第 1 代野外种群产下，或者卵直接来源于野外。统计我国当前的蟋蟀饲养及研究记录，尚未发现完全人工饲养的种群，或证明野外的最后一个个体已经死亡，因此中国蟋蟀物种暂不存在野外灭绝（EW）问题。另外，在红色名录中已评估的蟋蟀种类中有 1 种，产地为夏威夷，长期未被在野外发现，在人工饲养方面也没有给出明确的介绍。

（3）中国蟋蟀物种的"疑似灭绝"问题

在《IUCN 物种红色名录等级和标准使用指南 12 版》中"极危"等级受威胁状态标识的"疑似灭绝"（possibly extinct，PE）是指如果某一物种经过 100 年长期，包括不同年度和季节，对已知及可能的栖息地进行全面观察和调查，未发现任何一个个体，但又没有确切证据表明其最后一个个体已经死亡，即认为该分类单元属于疑似灭绝。对中国蟋蟀种类的认知尤其独特之处是历史上记录了数十种蟋蟀，但仅停留在民俗认知上，与现代分类学格格不入，物种无法准确考证。而在 1758 年林奈发表《自然系统》第 10 版后的 150 余年中，几乎没有学者涉及中国的蟋蟀物种记录或者研究，直到 1911 年日本学者 Shiraki 对我国台湾蟋蟀的研究才开始真正的科学记录。虽然确实有极少数物种已经超过 100 年未见，但因未开展全面观察和调查，故本次分析级别暂不考虑疑似灭绝等级。

2. 中国蟋蟀物种的评价等级体系

本次评价按照《IUCN 物种红色名录等级和标准 3.1 版》对中国已知蟋蟀等级进行评价。因为包含所有蟋蟀种类，故不设未予评估等级。评价体系所采用的等级见图 4-2。

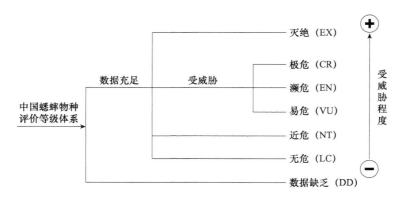

图 4-2　中国蟋蟀次目昆虫受威胁评价体系

3. 中国蟋蟀物种的评价等级标准调整

本书仅针对在中国分布的蟋蟀种类为国家蟋蟀类昆虫多样性保护服务，并根据 IUCN 物种红色名录标准在地区水平的应用指南调整了分析等级。同时，由于蟋蟀的生物学特性与植物和大型动物显著不同，大多世代生存时间非常短，部分类群生境特殊不易被发现，且约 2/3 的种类是在近 30 年被发现或者被新记录的，特别是有些种类是在近 10 年被记录的。与大型真菌也不同，蟋蟀还是世代连续的，且在大型真菌评估研究工作中，近 30 年新发现的物种是不考虑评估的。因此，本次在使用评价标准时，有针对性地调整了等级标准。

1）由于种群成熟个体数量难以统计，且缺少定量分析模型，标准 C、D 和 E 等尽量少使用或不使用；另外，物种栖息地质量或面积衰退等相关依据是一个当前普遍现象，因此在陈述评价理由时，有时未逐一列出。

2）基于部分类群生境特殊不易被发现的特点，在评价过程中标准 B 的地理分布点，以及分布区面积或占有面积在本次评价中较广泛使用。

3）单一分布的物种，即分布区不超过 1 个县域且为中国特有种，除非有模式标本以外的可靠物种记录，其评价等级为近危及以上。

4）根据 IUCN 物种红色名录在地区水平的应用指南，对于世界广布种或地区广布者，但在我国为次要分布区的稀少物种，适度降低评估指标 1～2 个等级。

5）对于那些在中国是否分布有争议（包括并不限于记录标签、物种鉴定等）的物种，或者由于有效分布数据不清晰的，则将其评为数据不足。

6）依据我国蟋蟀研究的阶段性，对部分蟋蟀等级进行了人为调整。由于在 1995 年，殷海生和刘宪伟较详尽地总结了之前的工作，被视为研究依据充分，之后的研究有待进一步验证；其次是在 2010 年前后，国内共有 4 本研究蟋蟀的学位论文陆续完成，此时的蟋蟀研究节点可视为一个新阶段，因为研究材料基本涵盖了国内主要昆虫标本馆。笔者认为相关依据相对充分，而之后发表的大量新种中，相当部分物种缺少充分时间和空间检验，对其认识程度和熟悉程度不深。因此，除非特殊说明外，1995 年及以后（1995~2009 年）较晚发表的新种，通常降低 1 个评价等级；而近 10 年内（2010~2019 年）新近发表的新种，一般降低 2 个评价等级。

第五章 生境、致危因素和保护措施

中国是世界上蟋蟀类昆虫多样性最丰富的国家，现有种类每年还在不断增加，当前的研究任务是分析这些物种现状如何？主要栖息在何种生境？有多少物种受到威胁？这些威胁主要是哪些致危因素？我们应当采取哪些保护措施？笔者深刻意识到，这是一项艰巨的工作，这些物种所受到的威胁因素是动态的，有时也是可逆的。这项工作的阶段性总结和今后长期性监测对于科学研究和保护工作更为重要。

本书采用《中国物种红色名录》中的生境、致危因素和保护措施代码，尽管部分代码并不适合蟋蟀类昆虫。保持代码统一，既有利于其他工作者验证与完善本项研究，也为其他类群红色名录编写工作提供参考价值，又有利于在 5 年或 10 年后的延续性工作，甚至更远的时间后重新评价这些物种，为我国物种濒危评估工作服务。

第一节 生境代码及说明

1.1　森林——北方

1.2　森林——亚北极

1.3　森林——亚南极

1.4　森林——温带

1.5　森林——亚热带 / 热带干旱区

1.6　森林——亚热带 / 热带湿润区

1.7　森林——亚热带 / 热带红树林

1.8　森林——亚热带 / 热带陆上沼泽

2.1　热带稀树草原——所有纬度

3.1　灌丛——亚北极

3.2　灌丛——亚南极

3.3　灌丛——北方

3.4　灌丛——温带

3.5　灌丛——亚热带 / 热带干旱区

3.6　灌丛——亚热带 / 热带湿润区

4.1　草地——高山冻土带

4.2　草地——亚北极

4.3　草地——亚南极

4.4　草地——温带

4.5　草地——亚热带 / 热带干旱区

4.6　草地——亚热带 / 热带湿润区

5.1　湿地——河流及溪流（常年）

5.2　湿地——河流及溪流（季节）

5.3　湿地——洪泛区

5.4　湿地——泥塘、沼泽、陆上沼泽、沼地、泥炭地

5.5　湿地——常年淡水湖（储水面积超过 8hm²）

5.6　湿地——季节性淡水湖（储水面积超过 8hm²）

5.7　湿地——常年淡水池塘（储水面积少于 8hm²）

5.8　湿地——季节性淡水池塘（储水面积少于 8hm²）

5.9　湿地——淡水泉及绿洲

5.10　湿地——高山冻土池塘及来自融

雪的短期水流

5.11 湿地——地热湿地

5.12 湿地——内陆三角洲

5.13 湿地——河口

5.14 湿地——咸水 / 半咸水沼泽

5.15 湿地——沿岸淡水潟湖

5.16 湿地——咸水 / 半咸水的沿岸潟湖

5.17 湿地——潮间带泥滩

5.18 湿地——咸水、半咸水或碱性的湖泊、浅滩及沼泽（常年和季节性的）

6 贫瘠的裸岩区（如岛屿的石崖、山峰）

7.1 洞穴

7.2 地下生境

8.1 沙漠——热

8.2 沙漠——温

8.3 沙漠——冷

9.1 海洋——外海

9.2 海洋——浅海

9.3 海洋——潮下海床（海藻 / 海草床）

9.4 海洋——珊瑚礁

10.1 海岸线——岩岸

10.2 海岸线——海滩及沙丘

11.1 人工陆地——耕地

11.2 人工陆地——牧场

11.3 人工陆地——种植园

11.4 人工陆地——乡间园地

11.5 人工陆地——市区

12.1 人工水体——蓄水区（面积超过 $8hm^2$）

12.2 人工水体——池塘（面积少于 $8hm^2$）

12.3 人工水体——养殖池

12.4 人工水体——盐田

12.5 人工水体——挖掘坑

12.6 人工水体——废水池

12.7 人工水体——水浇地及引水渠

12.8 人工水体——季节性洪泛耕地

13 引入外来植被

14 其他

第二节 致危因素代码及说明

1 生境退化或丧失

1.1 农业

1.1.1 作物

1.1.1.1 刀耕火种

1.1.1.2 小农耕作

1.1.1.3 规模农业

1.1.2 人工林

1.1.2.1 小规模

1.1.2.2 大规模

1.1.3 非材用林

1.1.3.1 小规模

1.1.3.2 大规模

1.1.4 家畜

1.1.4.1 游牧

1.1.4.2 家庭养殖

1.1.4.3 集约化养殖

1.1.5 撂荒地

1.1.6 海水养殖

1.1.7 淡水养殖

1.1.8 其他

1.1.9 不详

1.2 非农业用地管理

1.2.1　撂荒地

1.2.2　管理体制变更

1.2.3　其他

1.2.4　不详

1.3　开发利用

  1.3.1　采矿

  1.3.2　渔业

    1.3.2.1　维持生计

    1.3.2.2　群众渔业

    1.3.2.3　规模渔业

  1.3.3　木材

    1.3.3.1　维持生计的采伐

    1.3.3.2　择伐

    1.3.3.3　皆伐

  1.3.4　非林业植被采伐

  1.3.5　采集珊瑚

  1.3.6　开采地下水

  1.3.7　其他

  1.3.8　不详

1.4　基本建设

  1.4.1　工业

  1.4.2　居民安置

  1.4.3　旅游 / 娱乐业

  1.4.4　交通——陆运及空运

  1.4.5　交通——水运

  1.4.6　堤坝

  1.4.7　远程通信

  1.4.8　输电线路

  1.4.9　其他

  1.4.10　不详

1.5　外来入侵物种（直接影响生境）

1.6　地方物种种群动态已变更（直接影响生境）

1.7　火灾

1.8　其他

1.9　不详

2　外来入侵物种（直接影响物种）

2.1　竞争者

2.2　捕食者

2.3　杂交种

2.4　病原体及寄生物

2.5　其他

3　采捕

3.1　食物

  3.1.1　维持生计或本地贸易

  3.1.2　国内贸易

  3.1.3　国际贸易

3.2　药物

  3.2.1　维持生计或本地贸易

  3.2.2　国内贸易

  3.2.3　国际贸易

3.3　燃料

  3.3.1　维持生计或本地贸易

  3.3.2　国内贸易

  3.3.3　国际贸易

3.4　原材料

  3.4.1　维持生计或本地贸易

  3.4.2　国内贸易

  3.4.3　国际贸易

3.5　文化、科研或休闲活动

  3.5.1　维持生计或本地贸易

  3.5.2　国内贸易

  3.5.3　国际贸易

3.6　其他

3.7　不详

4　意外致死

4.1　误捕

  4.1.1　与渔业有关

    4.1.1.1　钩捕

    4.1.1.2　网捕

    4.1.1.3　缠网

    4.1.1.4　炸鱼

    4.1.1.5　毒鱼

  4.1.2　陆地

    4.1.2.1　陷捕、夹捕或网捕

    4.1.2.2　枪击

    4.1.2.3　毒杀

4.1.3 其他
4.1.4 不详
4.2 碰撞
    4.2.1 撞击建筑物
    4.2.2 撞击交通工具
    4.2.3 其他
    4.2.4 不详

5 杀灭
5.1 有害生物防治
5.2 其他
5.3 不详

6 污染（影响生境和／或物种）
6.1 大气污染
    6.1.1 全球变暖或海洋变暖
    6.1.2 酸雨
    6.1.3 臭氧洞效应
    6.1.4 烟雾
    6.1.5 其他
6.2 陆地污染
    6.2.1 农业
    6.2.2 日常生活
    6.2.3 商业及工业
    6.2.4 其他非农业活动
    6.2.5 光污染
    6.2.6 其他
6.3 水污染
    6.3.1 农业
    6.3.2 日常生活
    6.3.3 商业及工业
    6.3.4 其他非农业活动
    6.3.5 排热污染
    6.3.6 油污染
    6.3.7 沉积物
    6.3.8 污水
    6.3.9 固体废物
    6.3.10 噪声污染
    6.3.11 其他

7 自然灾害
7.1 旱灾
7.2 风暴或洪灾
7.3 温度极端异常
7.4 野火
7.5 火山
7.6 雪崩或泥石流
7.7 其他
7.8 不详

8 地方物种的种群动态变化
8.1 竞争者
8.2 捕食者
8.3 猎物或食物
8.4 杂交种
8.5 病原体或寄生物
8.6 互生
8.7 其他
8.8 不详

9 内在因素
9.1 扩散能力有限
9.2 补充、繁殖或增殖力弱
9.3 幼体死亡率高
9.4 近亲繁殖
9.5 种群密度低
9.6 性比失衡
9.7 生长缓慢
9.8 种群波动
9.9 分布区狭窄
9.10 其他
9.11 不详

10 人类干扰
10.1 旅游或娱乐业
10.2 科学研究
10.3 战争或国家动荡
10.4 交通
10.5 火灾
10.6 其他

10.7　不详

　　　　　　　　　　　　　　　　　　12　不详

11　其他

第三节　保护措施代码及说明

1　政策性保护行动
　1.1　管理计划
　　1.1.1　制订计划
　　1.1.2　实施
　1.2　立法
　　1.2.1　规划
　　　1.2.1.1　国际层次
　　　1.2.1.2　国家层次
　　　1.2.1.3　国家以下各层次
　　1.2.2　实施
　　　1.2.2.1　国际水平
　　　1.2.2.2　国内水平
　　　1.2.2.3　地区水平
　1.3　社区管理
　　1.3.1　管辖
　　1.3.2　资源管护
　　1.3.3　其他维持生计的途径
　1.4　其他

2　沟通与教育
　2.1　常规教育
　2.2　科普宣传
　2.3　能力建设
　2.4　其他

3　科学研究行动
　3.1　分类学
　3.2　种群数及分布范围
　3.3　生物学及生态学
　3.4　生境状况
　3.5　威胁
　3.6　利用及采捕程度

3.7　文化因素
3.8　保护措施
3.9　动态/监测
3.10　其他

4　生境与实地保护行动
　4.1　维持与保护
　4.2　恢复
　4.3　走廊
　4.4　保护地
　　4.4.1　确定新保护地
　　4.4.2　保护地建立
　　4.4.3　保护地管理
　　4.4.4　保护地扩建
　4.5　基于社区的行动
　4.6　其他

5　物种保护行动
　5.1　物种的重引入
　5.2　良性引种
　5.3　可持续利用
　　5.3.1　采捕管理
　　5.3.2　贸易管理
　5.4　恢复措施
　5.5　疾病、病原体及寄生物的管理
　5.6　限制种群增长
　5.7　异地保护行动
　　5.7.1　圈养或人工繁育
　　5.7.2　种质资源库
　5.8　其他

6　其他

第六章　中国蟋蟀物种分布与等级评价

一、蟋蟀总科 Grylloidea

（一）蟋蟀科 Gryllidae

1. 蛣蟋亚科 Eneopterinae

（1）　滴斑弯脉蟋 *Cardiodactylus guttulus*（Matsumura，1913）

分类地位：蟋蟀总科 Grylloidea 蟋蟀科 Gryllidae 蛣蟋亚科 Eneopterinae 乐脉蟋族 Lebinthini。

同物异名：*Cardiodactylus boharti* Otte，2007；*Cardiodactylus hainanensis* Ma & Zhang，2010。

中文别名：海南弯脉蟋。

中国种群占全球种群的比例：中国为次要分布区。

分析等级：近危 NT。

依据标准：地区水平指南应用。

理由：文献资料表明，本种在日本种群稳定且分布广泛，但在我国的种群信息记录极少，未来可能存在风险。

生境：1.6，3.6。

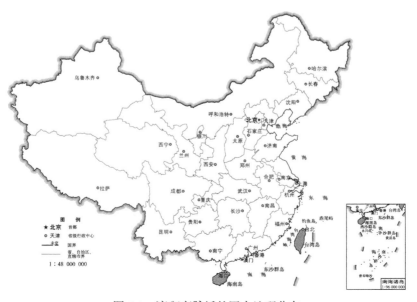

图 6-1　滴斑弯脉蟋的国内地理分布

生物学：通常栖息于森林边缘的植物叶片，白天躲在卷曲的叶子里，晚上觅食和交配，若虫具集群性，通常聚集在同一种植物上。

国内分布：海南、台湾（图6-1）；**国外分布**：越南、日本。

种群：国内种群少见，仅局限于海南和台湾部分地区。

致危因素

　　过去：1.1，1.3.3，1.4，10.1；**现在**：1.1，1.4，10.1；**将来**：1.1，1.4。

　　评述：本种已知主要栖息地为林缘地区，这些区域非常容易受到人类的干扰或破坏。

保护措施

　　已有：4.4.2，4.4.3；**建议**：2.1，3.2，4.1，4.5。

　　评论：在我国的已知分布地均位于自然保护区内或者保护区附近，应加大保护力度；同时，还应通过野外调查，明确本种在我国是否有更广泛的分布范围。

参考文献：Matsumura，1913；Shiraki，1930；Ichikawa et al.，2000；Robillard & Ichikawa，2009；Ma & Zhang，2010b；Robillard et al.，2014。

（2）新几内亚弯脉蟋 *Cardiodactylus novaeguineae*（Haan，1844）

分类地位：蟋蟀总科 Grylloidea 蟋蟀科 Gryllidae 蛣蟋亚科 Eneopterinae 乐脉蟋族 Lebinthini。

同物异名：*Orbega pallida* Walker，1869。

中文别名：黄斑钟蟋。

中国种群占全球种群的比例：疑似分布。

分析等级：数据缺乏 DD。

依据标准：物种在中国的分布存在疑问。

理由：本种模式产地为新几内亚，在1995年被作为新发现记录在中国，但之后的研究者多未采用，也未见研究标本，且疑似记录地有近缘种滴斑弯脉蟋的分布。

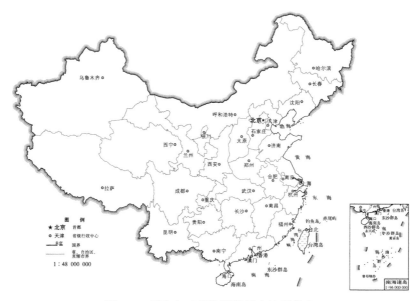

图6-2　新几内亚弯脉蟋的国内地理分布

生境：1.6，3.6。

生物学：推测与滴斑弯脉蟋近似。

国内分布：台湾（疑似）（图6-2）；国外分布：新几内亚岛。

种群：模式产地常见。

致危因素

过去：不详；现在：不详；将来：不详。

评述：数据缺乏。

保护措施

已有：不详；建议：3.1。

评论：深入开展分类学研究，核实地理分布情况。

参考文献：殷海生和刘宪伟，1995；Robillard & Ichikawa，2009；Robillard，2014；Robillard et al.，2014。

(3) 兰屿乐脉蟋 *Lebinthus lanyuensis* Oshiro，1996

分类地位：蟋蟀总科 Grylloidea 蟋蟀科 Gryllidae 蛣蟋亚科 Eneopterinae 乐脉蟋族 Lebinthini。

同物异名：无。

中文别名：无。

中国种群占全球种群的比例：中国特有。

分析等级：濒危 EN。

依据标准：CR A4cd＋B2ab（ii，iii）；评价等级标准调整。

理由：已知1个分布地点，占有面积小于10km²，本种自发表后尚无新的种群记载，符合极危等级，但由于本种发现时间较晚，降级评价为濒危。

生境：1.6，3.6。

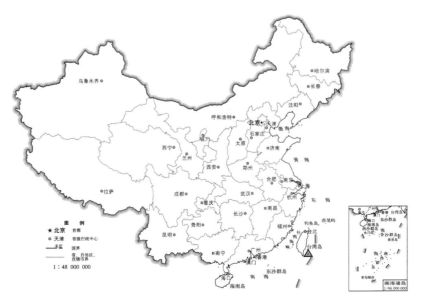

图6-3 兰屿乐脉蟋的国内地理分布

生物学：不详。

国内分布：台湾（兰屿）（图6-3）；**国外分布**：无。

种群：仅有原始记录。

致危因素

过去：1.1，1.3.3，1.4，10.1；现在：1.1，1.3.3，1.4，10.1；将来：1.1，1.3，1.4。

评述：模式产地范围较小，任何的威胁因素都可能带来严重的后果。

保护措施

已有：无；建议：2.2，3.1，3.2，3.3，4.4。

评论：目前已知在兰屿分布的特有种较多，与本种情况近似的物种也较多，建议完善保护带，加强科普宣传，进行综合保护。

参考文献：Oshiro，1996。

（4）条纹乐脉蟋 *Lebinthus striolatus*（**Brunner von Wattenwyl，1898**）

分类地位：蟋蟀总科 Grylloidea 蟋蟀科 Gryllidae 蛄蟋亚科 Eneopterinae 乐脉蟋族 Lebinthini。

同物异名：无。

中文别名：无。

中国种群占全球种群的比例：中国为次要分布区。

分析等级：近危 NT。

依据标准：地区水平指南应用。

理由：文献资料表明，在邻国分布广泛，种群数量可观，但在我国仅有台湾分布，未来可能存在风险。

生境：1.6，3.6。

生物学：不详。

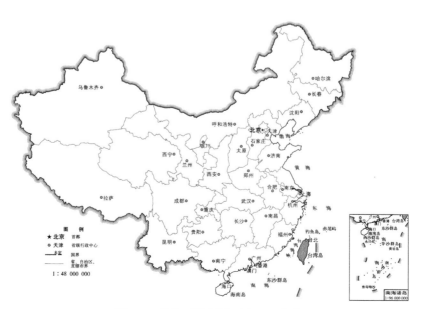

图6-4　条纹乐脉蟋的国内地理分布

国内分布：台湾（图 6-4）；**国外分布**：日本、马来西亚。

种群：仅有台湾 1 笔记录。

致危因素

    过去：1.1，9.11，10.7；**现在**：1.1，9.11，10.7；**将来**：1.1，9.11，10.7。

    评述：已知分布地为岛链分布，台湾岛位于过渡区，种群罕见的原因不详。

保护措施

    已有：无；**建议**：2.2，3.1，3.2，3.3。

    评论：建议对本种在我国的种群组成和地理分布情况进行有针对性的调查，进而维持其生境并进行保护。

参考文献：Brunner von Wattenwyl，1898；Shiraki，1930；Chopard，1968；Hsiung，1993；Ichikawa et al.，2000。

（5）八重山乐脉蟋 *Lebinthus yaeyamensis* Oshiro，1996

分类地位：蟋蟀总科 Grylloidea 蟋蟀科 Gryllidae 蛣蟋亚科 Eneopterinae 乐脉蟋族 Lebinthini。

同物异名：无。

中文别名：无。

中国种群占全球种群的比例：中国为次要分布区。

分析等级：近危 NT。

依据标准：地区水平指南应用。

理由：文献资料表明，本种在日本多地有记载，但在我国缺少有效分布信息，未来可能存在风险。

生境：1.6，3.6。

生物学：不详。

图 6-5 八重山乐脉蟋的国内地理分布

国内分布：台湾（图6-5）；**国外分布**：日本。

种群：在日本常见，在我国台湾有1笔记录。

致危因素

　　过去：1.1，9.11，10.7；**现在**：1.1，9.11，10.7；**将来**：1.1，9.11，10.7。

　　评述：本种在我国缺少有效种群信息，致危因素不详。

保护措施

　　已有：无；**建议**：2.2，3.1，3.2，3.3。

　　评论：很多在台湾岛分布的物种经常出现在日本学者的文献中，但都缺少有效信息，建议加强合作，进行有针对性的调查与研究。

参考文献：Oshiro，1996；Ichikawa et al.，2000；Ichikawa et al.，2006。

（6）麦州金蟋 *Xenogryllus maichauensis* Gorochov，1992

分类地位：蟋蟀总科 Grylloidea 蟋蟀科 Gryllidae 蛣蟋亚科 Eneopterinae 金蟋族 Xenogryllini。

同物异名：无。

中文别名：无。

中国种群占全球种群的比例：中国为次要分布区。

分析等级：无危 LC。

依据标准：未达到极危、濒危、易危和近危标准。

理由：在东南亚和我国部分地区分布广泛，且种群稳定。

生境：1.6，3.6。

生物学：主要栖息于较高大的灌木丛和乔木林。

国内分布：广东（深圳）、云南（西双版纳）（图6-6）；**国外分布**：越南、泰国。

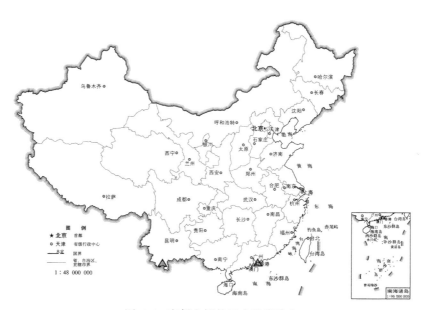

图6-6　麦州金蟋的国内地理分布

种群：在我国西双版纳地区常见。

致危因素

　　过去：无；**现在**：无；**将来**：无。

　　评述：在我国有较为稳定的种群分布，尚未发现明显致危因素。

保护措施

　　已有：4.4；**建议**：无。

　　评论：无须刻意保护的一种昆虫，已知很多种群，均位于自然保护区内。

参考文献：Gorochov，1992b；Kim & Pham，2014；Jing et al.，2018；Jaiswara et al.，2019。

（7）云斑金蟋 *Xenogryllus marmoratus*（Haan，1844）

分类地位：蟋蟀总科 Grylloidea 蟋蟀科 Gryllidae 蛣蟋亚科 Eneopterinae 金蟋族 Xenogryllini。

同物异名：*Heterotrypus unipartitus* Karny，1915。

中文别名：金蛣蛉。

中国种群占全球种群的比例：中国为主要分布区。

分析等级：无危 LC。

依据标准：未达到极危、濒危、易危和近危标准。

理由：在东亚和东南亚分布广泛。

生境：1.4，1.6，3.4，3.6，11.3，11.4。

生物学：主要栖息于较高大的灌木丛和乔木林。

国内分布：上海、江苏、浙江、安徽、福建、河南、广东、广西、海南、重庆、陕西、台湾（图 6-7）；**国外分布**：印度、韩国、日本、斯里兰卡。

种群：非常常见。

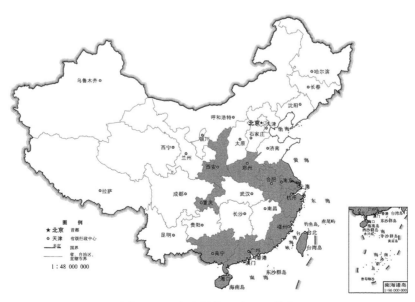

图 6-7　云斑金蟋的国内地理分布

致危因素

过去：无；**现在**：无；**将来**：无。

评述：本种是一种较常见的鸣虫，分布非常广泛，适应能力强。

保护措施

已有：无；**建议**：无。

评论：无须刻意保护的一种昆虫。

参考文献：陈德良等，1995；殷海生和刘宪伟，1995；俞立鹏和卢庭高，1998；王音等，1999；王音，2002；Hsu，1928；Shiraki，1930；Bei-Bienko，1956；Gorochov，1992b；Hsiung，1993；Jing et al.，2018；Jaiswara et al.，2019；Yang et al.，2019；Xu & Liu，2019。

（8）悠悠金蟋 *Xenogryllus ululiu* Gorochov，1990

分类地位：蟋蟀总科 Grylloidea 蟋蟀科 Gryllidae 蛣蟋亚科 Eneopterinae 金蟋族 Xenogryllini。

同物异名：无。

中文别名：无。

中国种群占全球种群的比例：中国为次要分布区。

分析等级：近危 NT。

依据标准：地区水平指南应用。

理由：文献资料表明，在东南亚分布广泛，没有受危害的趋势，但在我国仅有 1 笔记录，呈间断分布，未来可能存在风险，根据地区水平指南应用，评价为近危。

生境：1.6，3.6。

生物学：主要栖息于较高大灌木丛和乔木林。

国内分布：广东（梧桐山）（图 6-8）；**国外分布**：越南、泰国、柬埔寨。

种群：东南亚常见，在我国少见。

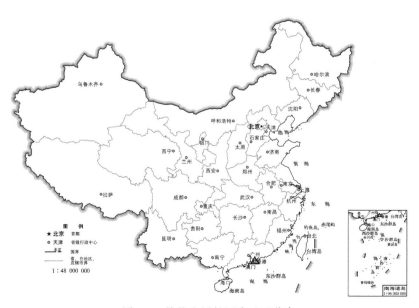

图 6-8　悠悠金蟋的国内地理分布

致危因素

过去：9.11，10.7；**现在**：9.11，10.7；**将来**：9.11，10.7。

评述：目前仅知在我国种群分布范围小，影响种群分布的因素未知。

保护措施

已有：无；**建议**：3.2，3.3，3.4。

评论：通过科学研究，了解本种的种群组成和地理分布，尤其是此种在我国的分布情况，从而进一步指导保护措施。

参考文献：Gorochov，1990；Gorochov，1992b；Jing et al.，2018；Jaiswara et al.，2019。

2. 纤蟋亚科 Euscyrtinae

（9）双梯窝贝蟋 *Beybienkoana ditrapeza* Liu & Shi，2012

分类地位：蟋蟀总科 Grylloidea 蟋蟀科 Gryllidae 纤蟋亚科 Euscyrtinae。

同物异名：无。

中文别名：无。

中国种群占全球种群的比例：中国特有。

分析等级：易危 VU。

依据标准：CR A4cd＋B2ab（ii，iii）；评价等级标准调整。

理由：已知 1 个分布地点，占有面积小于 $10km^2$，符合极危标准，但由于本种为新近发现，降级评价为易危。

生境：1.6，3.6，11.3，11.4。

生物学：主要栖息于林缘的草丛和灌木丛。

国内分布：海南（黎母山）（图 6-9）；**国外分布**：无。

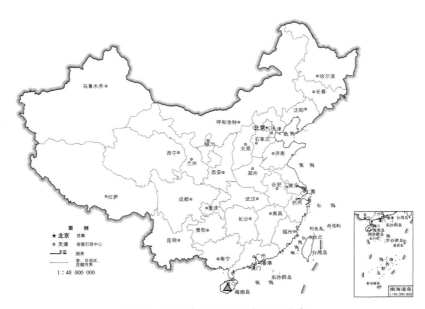

图 6-9　双梯窝贝蟋的国内地理分布

种群：模式地产常见。

致危因素

过去：1.3，1.4，4.1，9.1，9.2，10.1；**现在**：1.3，1.4，4.1，9.1，9.2；**将来**：1.3，1.4，4.1，9.1，9.2。

评述：此类蟋蟀对栖息地的要求看似简单，但实际分布相对较窄，因此植被变化是其致危的主要因素。另外，由于其外表与蝗虫等农业害虫近似，容易被误杀。

保护措施

已有：4.4.2；**建议**：2.2，3.1，3.2，3.3，3.4，4.4。

评论：本属蟋蟀体色近似，而且已知大多数种类分布狭窄，通过分类学研究有效识别近缘种，并加大野外调查力度是制定保护措施的前提。同时，应加强科普知识的宣传，提高人们的保护意识。

参考文献：Liu & Shi，2012a。

(10) 台湾贝蟋 *Beybienkoana formosana*（Shiraki，1930）

分类地位：蟋蟀总科 Grylloidea 蟋蟀科 Gryllidae 纤蟋亚科 Euscyrtinae。

同物异名：无。

中文别名：台湾贝纤蟋、台湾长额蛄蛉、台湾长额蟋。

中国种群占全球种群的比例：中国特有。

分析等级：无危 LC。

依据标准：未达到极危、濒危、易危和近危标准。

理由：在我国南方分布广泛。

生境：1.4，1.6，3.4，3.6，4.4，4.6，11.3，11.4。

生物学：主要栖息于林缘的草丛和灌木丛。

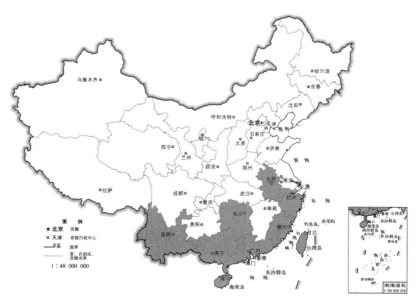

图 6-10　台湾贝蟋的国内地理分布

国内分布：浙江、安徽、福建、湖南、广东、广西、海南、云南、台湾（图6-10）；**国外分布**：无。

种群：常见。

致危因素

　　过去：无；**现在**：无；**将来**：无。

　　评述：本种数量较多，分布广泛，适应能力较强，尚未发现明显致危因素。

保护措施

　　已有：无；**建议**：无。

　　评论：无须刻意保护的一种昆虫。

参考文献：刘宪伟等，1993；殷海生和刘宪伟，1995；殷海生等，2001；王音，2002；石福明和刘浩宇，2007；刘浩宇和石福明，2014a；Shiraki，1930；Gorochov，1985c；Gorochov，1988b；Gu et al.，2018；Xu & Liu，2019。

（11）普通贝蟋 *Beybienkoana gregaria* Yang & Yang，2012

分类地位：蟋蟀总科 Grylloidea 蟋蟀科 Gryllidae 纤蟋亚科 Euscyrtinae。

同物异名：无。

中文别名：无。

中国种群占全球种群的比例：中国特有。

分析等级：近危 NT。

依据标准：EN B2ab（ii，iii）；评价等级标准调整。

理由：已知 2 个分布地点，占有面积可能少于 500km²，分布范围狭窄，符合濒危标准，但由于本种为新近发现，降级评价为近危。

生境：1.6，3.6，4.6。

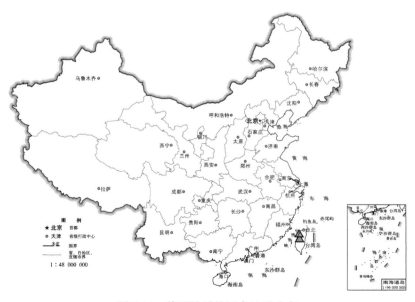

图6-11　普通贝蟋的国内地理分布

生物学：栖息于中低海拔的禾本科植物。

国内分布：台湾（苗栗、南投）（图6-11）；**国外分布**：无。

种群：模式产地及邻近地区常见。

致危因素

　　过去：1.2，1.3，1.4，4.1，9.9；**现在**：1.2，1.3，1.4，4.1，9.9；**将来**：1.2，1.3，1.4，4.1。

　　评述：尽管在模式产地及邻近地区较为常见，但整体分布区狭小。

保护措施

　　已有：无；**建议**：2.2，3.1，3.2，3.3，3.4。

　　评论：本种被发现时间较晚，还需要持续调查与检测。

参考文献：台湾生物多样性资讯入口网；Yang & Yang，2012。

（12）卡耐贝蟋 *Beybienkoana karnyi*（Shiraki，1930）

分类地位：蟋蟀总科 Grylloidea 蟋蟀科 Gryllidae 纤蟋亚科 Euscyrtinae。

同物异名：无。

中文别名：无。

中国种群占全球种群的比例：中国特有。

分析等级：无危 LC。

依据标准：未达到极危、濒危、易危和近危标准。

理由：在台湾北部、中南部和东部均有分布。

生境：1.6，3.6，4.6。

生物学：栖息于中低海拔林缘禾本科植物上。

国内分布：台湾（图6-12）；**国外分布**：无。

种群：较常见。

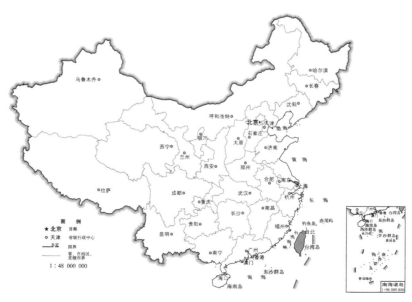

图6-12　卡耐贝蟋的国内地理分布

致危因素

　　过去：无；**现在**：无；**将来**：无。

　　评述：未发现明显致危因素。

保护措施

　　已有：无；**建议**：3.1。

　　评论：加强对其他相似种的了解和区分，并加强科普知识的宣传，提高人们的保护意识。

参考文献：台湾生物多样性资讯入口网；Shiraki，1930；Yang & Yang，2012。

(13) 长翅贝蟋 *Beybienkoana longipennis*（Liu & Yin，1993）

分类地位：蟋蟀总科 Grylloidea 蟋蟀科 Gryllidae 纤蟋亚科 Euscyrtinae。

同物异名：无。

中文别名：长翅贝纤蟋、长翅长额蛄蛉。

中国种群占全球种群的比例：中国特有。

分析等级：濒危 EN。

依据标准：EN A4cd＋B1ab（i，iii）。

理由：已知 2 个分布地点，分布面积小于 3000km²，种群数量少，仅有 2 笔有效记录。

生境：1.6，3.6。

生物学：栖息于林缘禾本科植物上。

国内分布：云南（勐海）（图 6-13）；**国外分布**：无。

种群：少见。

致危因素

　　过去：1.3，1.4，9.5，9.9；**现在**：1.3，1.4，9.5，9.9；**将来**：1.3，1.4，9.5，9.9。

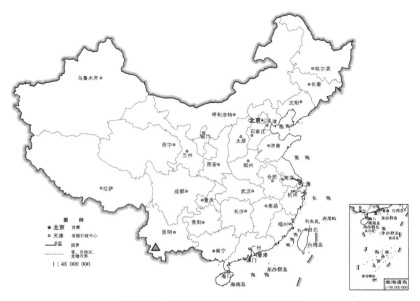

图 6-13　长翅贝蟋的国内地理分布

评述：除常规人为干扰破坏外，种群密度低和分布狭窄也是重要致危因素。

保护措施

已有：无；建议：2.2，3.2，4.4。

评论：产地生态环境保护良好，应通过深入调查以验证种群波动和分布特点。

参考文献：刘宪伟等，1993；殷海生和刘宪伟，1995；石福明和刘浩宇，2007。

(14) 浅黄贝蟋 *Beybienkoana luteola* Yang & Yang，2012

分类地位：蟋蟀总科 Grylloidea 蟋蟀科 Gryllidae 纤蟋亚科 Euscyrtinae。

同物异名：无。

中文别名：无。

中国种群占全球种群的比例：中国特有。

分析等级：近危 NT。

依据标准：EN A4ac＋B1ab（i，iii）；评价等级标准调整。

理由：已知 3 个分布地点，分布范围狭窄，符合濒危标准，但由于本种为新近发现，降级评价为近危。

生境：1.6，3.6，4.6，11.3，11.4。

生物学：栖息于中低海拔林缘禾本科植物。

国内分布：台湾（屏东、台东、台中）（图6-14）；**国外分布**：无。

种群：较为常见。

致危因素

过去：1.2，1.3，1.4，4.1，9.9；现在：1.2，1.3，1.4，4.1，9.9 将来：1.2，1.3，1.4，4.1。

评述：尽管本种较常见，但整体分布区狭小。

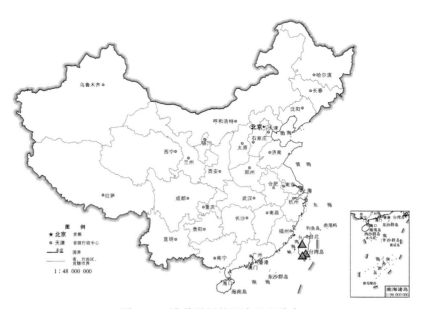

图6-14　浅黄贝蟋的国内地理分布

保护措施

　　已有：无；**建议**：2.2，3.1，3.2，3.3，3.4。

　　评论：本种被发现时间较晚，其种群变化还需要持续调查与检测。

参考文献：台湾生物多样性资讯入口网；Yang & Yang，2012。

(15) 大贝蟋 *Beybienkoana majora* Liu & Shi，2012

分类地位：蟋蟀总科 Grylloidea 蟋蟀科 Gryllidae 纤蟋亚科 Euscyrtinae。

同物异名：无。

中文别名：无。

中国种群占全球种群的比例：中国特有。

分析等级：易危 VU。

依据标准：CR A4cd＋B2ab（ii，iii）；评价等级标准调整。

理由：已知 1 个分布地点，占有面积小于 $10km^2$，符合极危标准，但由于本种为新近发现，降级评价为易危。

生境：1.4，1.6，4.4，4.6。

生物学：栖息于海拔较高林缘禾本科植物上。

国内分布：云南（瑞丽）（图 6-15）；**国外分布**：无。

种群：种群数量非常少，仅有原始记录。

致危因素

　　过去：9.1，9.5，9.9；**现在**：9.1，9.5，9.9；**将来**：9.1，9.5，9.9。

　　评述：原始记录的产地生态系统保持较好，其致危因素很可能是由自身引起的。

保护措施

　　已有：无；**建议**：2.2，3.1，3.2，3.3，3.4，4.4。

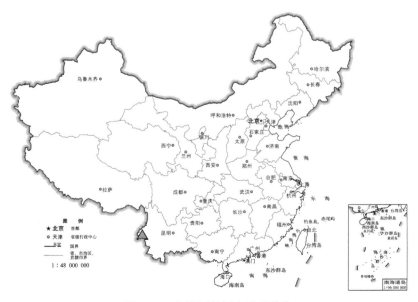

图 6-15　大贝蟋的国内地理分布

评论： 在云南高海拔发现的贝蟋属物种均表现出种群小和分布狭窄等特点，很可能与自身因素相关，需要持续监测观察。

参考文献： Liu & Shi，2012a。

(16) 小贝蟋 *Beybienkoana parvula* Shi & Liu，2007

分类地位： 蟋蟀总科 Grylloidea 蟋蟀科 Gryllidae 纤蟋亚科 Euscyrtinae。

同物异名： 无。

中文别名： 无。

中国种群占全球种群的比例： 中国特有。

分析等级： 濒危 EN。

依据标准： CR A4cd＋B2ab（ii，iii）；评价等级标准调整。

理由： 已知 1 个分布地点，占有面积小于 $10km^2$，符合极危标准，但由于本种发现时间较晚，降级评价为濒危。

生境： 1.6，3.6。

生物学： 栖息于林缘禾本科植物上。

国内分布： 广西（南丹）（图 6-16）；**国外分布：** 无。

种群： 种群数量非常少，仅有原始记录。

致危因素

  过去： 1.3，1.4，9.9；**现在：** 1.3，1.4，9.9；**将来：** 1.3，1.4，9.9。

  评述： 对模式产地没有进行后续调查，具体致危因素不详。

保护措施

  已有： 4.4.2；**建议：** 3.2，3.4，4.4。

  评论： 应对模式产地和邻近地区进行后续调查，再制定相关保护措施。

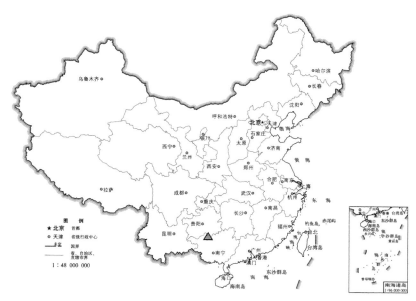

图 6-16 小贝蟋的国内地理分布

参考文献：石福明和刘浩宇，2007。

(17) 丽贝蟋 *Beybienkoana splendida* Yang & Yang，2012

分类地位：蟋蟀总科 Grylloidea 蟋蟀科 Gryllidae 纤蟋亚科 Euscyrtinae。

同物异名：无。

中文别名：无。

中国种群占全球种群的比例：中国特有。

分析等级：近危 NT。

依据标准：EN A4cd＋B2ab（ii，iii）；评价等级标准调整。

理由：已知 2 个分布地点，占有面积可能少于 500km²，分布范围狭窄，符合濒危标准，但由于本种为新近发现，降级评价为近危。

生境：1.6，3.6，4.6，11.3，11.4。

生物学：栖息于低海拔的禾本科植物。

国内分布：台湾（屏东、台东）（图 6-17）；**国外分布**：无。

种群：模式产地及附近较常见。

致危因素

过去：1.2，1.3，1.4，4.1，9.9；**现在**：1.2，1.3，1.4，4.1，9.9；**将来**：1.2，1.3，1.4，4.1。

评述：尽管较为常见，但已知分布区狭窄。

保护措施

已有：无；**建议**：2.2，3.1，3.2，3.3，3.4。

评论：本种被发现时间较晚，其种群变化还需要持续调查与检测。

参考文献：台湾生物多样性资讯入口网；Yang & Yang，2012。

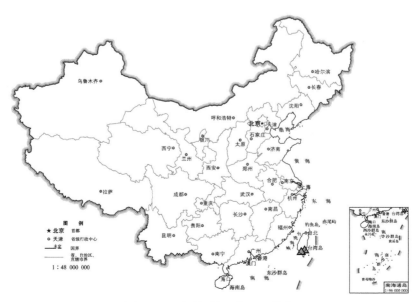

图 6-17　丽贝蟋的国内地理分布

（18）前梯窝贝蟋 *Beybienkoana trapeza* **Liu & Shi，2012**

分类地位：蟋蟀总科 Grylloidea 蟋蟀科 Gryllidae 纤蟋亚科 Euscyrtinae。

同物异名：无。

中文别名：无。

中国种群占全球种群的比例：中国特有。

分析等级：无危 LC。

依据标准：未达到极危、濒危、易危和近危标准。

理由：分布区面积可能小于 20000km²，虽然本种为近 10 年才发现，但后续野外调查显示种群稳定，发现了更多小分布地点。

生境：1.6，3.6，11.3，11.4。

生物学：无。

国内分布：海南（霸王岭、吊罗山）（图 6-18）；**国外分布：**无。

种群：常见。

致危因素

　　过去：10.1；**现在：**无；**将来：**无。

　　评述：种群在分布地常见，较为稳定，未发现明显致危因素。

保护措施

　　已有：4.4；**建议：**4.1。

　　评论：维持现有保护力度即可。

参考文献：Liu & Shi，2012a；Tan，2017。

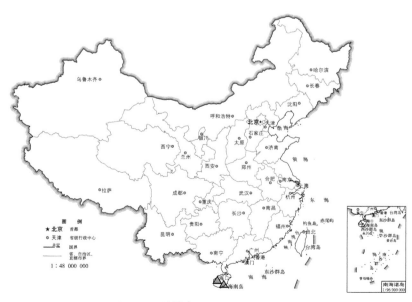

图 6-18　前梯窝贝蟋的国内地理分布

(19) **奥加拟纤蟋** *Euscyrtodes ogatai*（**Shiraki，1930**）

分类地位： 蟋蟀总科 Grylloidea 蟋蟀科 Gryllidae 纤蟋亚科 Euscyrtinae。

同物异名： 无。

中文别名： 奥加蛹蛄蛉、奥加突额蛄蛉。

中国种群占全球种群的比例： 中国特有。

分析等级： 无危 LC。

依据标准： 未达到极危、濒危、易危和近危标准。

理由： 在云南和海南分布广泛，馆藏标本记录显示种群稳定。

生境： 1.6，3.6，11.3，11.4。

生物学： 栖息于禾本科植物草丛间，尤其在林缘更多。

国内分布： 海南、云南、台湾（图 6-19）；**国外分布：** 无。

种群： 常见。

致危因素

　　过去： 无；**现在：** 无；**将来：** 无。

　　评述： 种群在分布地常见，较为稳定，未发现明显致危因素。

保护措施

　　已有： 4.4.2；**建议：** 无。

　　评论： 维持现有保护力度即可。

参考文献： 刘宪伟等，1993；殷海生和刘宪伟，1995；王音，2002；Shiraki，1930；Yang & Yang，2012。

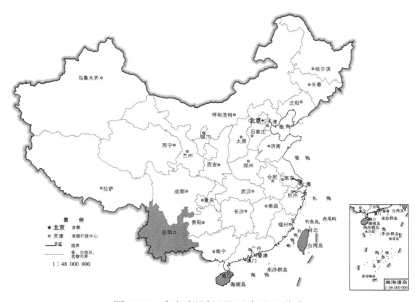

图 6-19　奥加拟纤蟋的国内地理分布

(20) 四斑纤蟋 *Euscyrtus*（*Euscyrtus*）*quadriopunctatus* Ingrisch，1987

分类地位： 蟋蟀总科 Grylloidea 蟋蟀科 Gryllidae 纤蟋亚科 Euscyrtinae。

同物异名： 无。

中文别名： 四点纤蟋。

中国种群占全球种群的比例： 中国为次要分布区。

分析等级： 无危 LC。

依据标准： 未达到极危、濒危、易危和近危标准。

理由： 在云南中部、西部和南部分布广泛，馆藏标本记录显示种群非常稳定。同时，在模式产地泰国，其地理分布和种群记录也非常稳定。

生境： 1.6，3.6，4.6，11.3，11.4。

生物学： 栖息于禾本科植物草丛和灌木，尤其在林缘更多。

国内分布： 云南（图 6-20）；**国外分布：** 泰国。

种群： 非常常见。

致危因素

　　过去： 无；**现在：** 无；**将来：** 无。

　　评述： 尚未发现明显致危因素。

保护措施

　　已有： 4.4.2；**建议：** 4.1。

　　评论： 维持现有保护力度即可。

参考文献： Ingrisch，1987。

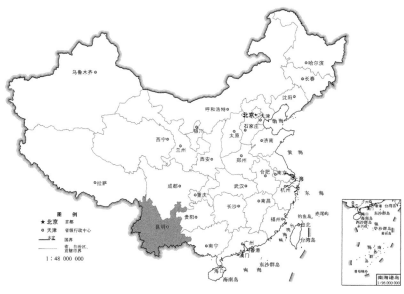

图 6-20　四斑纤蟋的国内地理分布

(21) **弯曲纤蟋** *Euscyrtus（Euscyrtus）sigmoidalis* **Saussure，1878**

分类地位： 蟋蟀总科 Grylloidea 蟋蟀科 Gryllidae 纤蟋亚科 Euscyrtinae。

同物异名： 无。

中文别名： 无。

中国种群占全球种群的比例： 中国疑似分布。

分析等级： 数据缺乏 DD。

依据标准： 物种是否在中国分布有疑问。

理由： 本种的模式产地为菲律宾，在 1995 年被作为新发现记录在中国，但之后的研究者多未采用，也未见任何研究标本记录。

生境： 1.6，3.6。

生物学： 推测与四斑纤蟋近似。

国内分布： 上海（疑似）（图 6-21）；**国外分布：** 菲律宾。

种群： 不详。

致危因素

　　过去： 不详；**现在：** 不详；**将来：** 不详。

　　评述： 已知信息有限，致危因素不详。

保护措施

　　已有： 不详；**建议：** 3.1。

　　评论： 本种很可能不在我国分布，应注意近缘种识别。

参考文献： 殷海生和刘宪伟，1995；Saussure，1878。

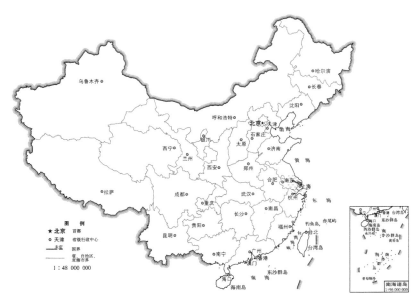

图 6-21　弯曲纤蟋的国内地理分布

(22) 灵巧纤蟋 *Euscyrtus*（*Osus*）*concinnus*（Haan，1844）

分类地位：蟋蟀总科 Grylloidea 蟋蟀科 Gryllidae 纤蟋亚科 Euscyrtinae。

同物异名：无。

中文别名：灵巧蛡蛄蛉、雅突额蛄蛉。

中国种群占全球种群的比例：中国为主要分布区。

分析等级：无危 LC。

依据标准：未达到极危、濒危、易危和近危标准。

理由：在东亚和东南亚分布广泛，尤其在我国种群稳定。

生境：1.4，1.6，3.4，3.6，4.6，11.3，11.4。

生物学：主要栖息于禾本科植物，在矮小灌木丛也有分布。

国内分布：广东、海南、云南、台湾（图6-22）；**国外分布：**越南、马来西亚、斯里兰卡、新加坡。

种群：常见。

致危因素

　　过去：无；**现在：**无；**将来：**无。

　　评述：尚未发现明显致危因素。

保护措施

　　已有：4.4；**建议：**4.1。

　　评论：无须刻意保护的一种昆虫，在很多自然保护区均有分布。

参考文献：刘宪伟等，1993；殷海生和刘宪伟，1995；王音，2002；Tan，2017。

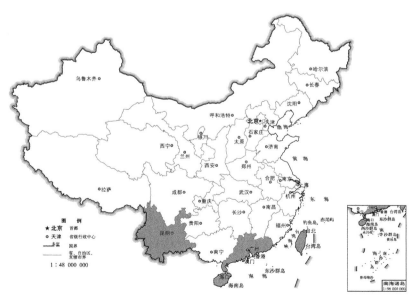

图 6-22　灵巧纤蟋的国内地理分布

(23)　半翅纤蟋 *Euscyrtus*（*Osus*）*hemelytrus*（**Haan，1844**）

分类地位：蟋蟀总科 Grylloidea 蟋蟀科 Gryllidae 纤蟋亚科 Euscyrtinae。

同物异名：*Euscirtus subapterus* Stål，1877。

中文别名：短翅突额蛣蛉、半翅蛣蛣蛉、半翅突额蛣蛉、半翅突额蟋。

中国种群占全球种群的比例：中国为主要分布区。

分析等级：无危 LC。

依据标准：未达到极危、濒危、易危和近危标准。

理由：在东亚、东南亚和澳洲分布广泛。

生境：1.4、1.5、1.6、3.4、3.5、3.6、4.4、4.5、4.6、11.3、11.4。

生物学：主要栖息于草丛或矮小灌木丛。

国内分布：上海、江苏、浙江、福建、江西、山东、湖北、湖南、广西、海南、四川、贵州、云南、陕西（图6-23）；**国外分布**：朝鲜、缅甸、印度、日本、马来西亚、印度尼西亚、斯里兰卡、澳大利亚。

种群：非常常见，数量巨大。

致危因素

　　过去：无；**现在**：无；**将来**：无。

　　评述：尚未发现明显致危因素。

保护措施

　　已有：无；**建议**：无。

　　评论：无须刻意保护的一种昆虫。

参考文献：夏凯龄和刘宪伟，1992；刘宪伟等，1993；殷海生和刘宪伟，1995；尤平等，1997；殷海生等，2001；王音，2002；谢令德，2005；刘浩宇和石福明，2007b；刘宪伟

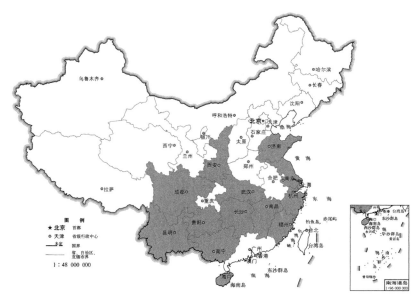

图 6-23　半翅纤蟋的国内地理分布

和毕文烜，2010；刘浩宇和石福明，2012；刘浩宇和石福明，2014a；刘浩宇和石福明，2014b；刘宪伟和毕文烜，2014；卢慧等，2018；Shiraki，1930；Bei-Bienko，1956；Yang & Yang，2012；Tan，2017；Gu et al.，2018；Xu & Liu，2019；Yang et al.，2019。

（24）日本纤蟋 *Euscyrtus*（*Osus*）*japonicus* Shiraki，1930

分类地位：蟋蟀总科 Grylloidea 蟋蟀科 Gryllidae 纤蟋亚科 Euscyrtinae。

同物异名：无。

中文别名：无。

中国种群占全球种群的比例：中国为次要分布区。

分析等级：无危 LC。

依据标准：未达到极危、濒危、易危和近危标准。

理由：在东亚分布广泛。

生境：1.4，1.6，3.4，3.6，4.4，4.6。

生物学：栖息于低海拔森林底层的禾本科杂草丛。

国内分布：台湾（图 6-24）；**国外分布**：朝鲜、日本。

种群：较常见。

致危因素

　　过去：无；**现在**：无；**将来**：无。

　　评述：分布区多为农业区，受人为干扰大。

保护措施

　　已有：无；**建议**：2.1；2.2。

　　评论：尽管分布广泛，但在台湾可能为边缘分布，仍需关注种群动态。

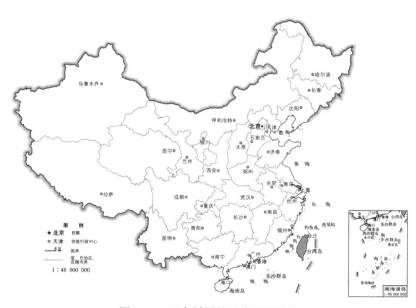

图 6-24　日本纤蟋的国内地理分布

参考文献：台湾生物多样性资讯入口网；Shiraki，1930；Storozhenko & Paik，2007；Yang & Yang，2012。

(25) 短翅长额蟋 *Patiscus brevipennis* Chopard，1969

分类地位：蟋蟀总科 Grylloidea 蟋蟀科 Gryllidae 纤蟋亚科 Euscyrtinae。

同物异名：无。

中文别名：短翅长额蛣蛉、短翅纤蟋。

中国种群占全球种群的比例：中国为次要分布区。

分析等级：近危 NT。

依据标准：几近符合易危 VU D2。

理由：本种最初被记录在我国时有多个记录地点，但之后无有效记录，原记录地点生境近年有不同程度破坏。

生境：1.6，3.6，4.4，4.6。

生物学：栖息于禾本科草丛间。

国内分布：广西、云南（图 6-25）；**国外分布**：安达曼群岛。

种群：较少见。

致危因素

　　过去：1.3；1.4；4.1；9.5；**现在**：1.3；1.4；4.1；9.5；**将来**：1.3；1.4；4.1；9.5。

　　评述：扩散能力弱，分布范围狭窄，容易被人类干扰。

保护措施

　　已有：无；**建议**：3.1；3.2；3.3；3.4。

　　评论：通过科学研究，了解本种的种群组成和地理分布，加强对其他相似种的识别区分，并加强科普知识的宣传，提高人们的保护意识。

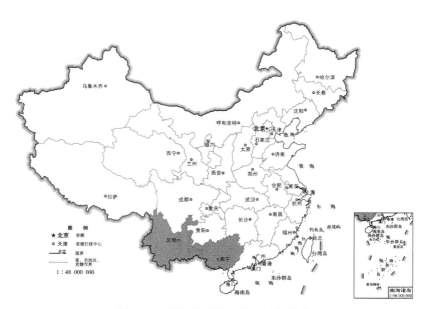

图 6-25 短翅长额蟋的国内地理分布

参考文献：刘宪伟等，1993；殷海生和刘宪伟，1995；谢令德和刘宪伟，2004；Chopard，1969。

(26) 宽头长额蟋 *Patiscus cephalotes*（Saussure，1878）

分类地位：蟋蟀总科 Grylloidea 蟋蟀科 Gryllidae 纤蟋亚科 Euscyrtinae。

同物异名：无。

中文别名：宽头长额蛞蛉。

中国种群占全球种群的比例：中国为主要分布区。

分析等级：无危 LC。

依据标准：未达到极危、濒危、易危和近危标准。

理由：在东亚和东南亚分布广泛。

生境：1.4，1.6，3.4，3.6，4.4，4.5，4.6。

生物学：栖息于禾本科草丛间，灌木丛亦可见。

国内分布：安徽、福建、海南、云南、西藏、台湾（图 6-26）；**国外分布**：越南、印度。

种群：常见，数量较多。

致危因素

　　过去：无；**现在**：无；**将来**：无。

　　评述：分布范围广泛，适应能力强，尚未发现明显致危因素。

保护措施

　　已有：无；**建议**：无。

　　评论：无须刻意保护的一种昆虫。

参考文献：刘宪伟等，1993；殷海生和刘宪伟，1995；王音，2002；Yang & Yang，2012；Kim & Pham，2014。

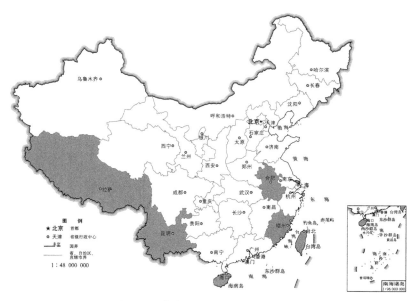

图 6-26　宽头长额蟋的国内地理分布

（27）马来长额蟋 _Patiscus malayanus_ Chopard，1969

分类地位：蟋蟀总科 Grylloidea 蟋蟀科 Gryllidae 纤蟋亚科 Euscyrtinae。

同物异名：无。

中文别名：马来长额蛄蛉。

中国种群占全球种群的比例：中国为主要分布区。

分析等级：无危 LC。

依据标准：未达到极危、濒危、易危和近危标准。

理由：在东亚和东南亚分布广泛。

生境：1.4，1.5，1.6，4.4，4.5，4.6。

生物学：无。

国内分布：浙江、安徽、湖南、湖北、广西、海南、贵州、云南（图 6-27）；**国外分布**：马来西亚、新加坡。

种群：常见，数量较多。

致危因素

　　过去：无；**现在**：无；**将来**：无。

　　评述：分布非常广泛，尚未发现明显致危因素。

保护措施

　　已有：无；**建议**：无。

　　评论：无须刻意保护的一种昆虫。

参考文献：夏凯龄和刘宪伟，1992；殷海生和刘宪伟，1995；王音，2002；谢令德和刘宪伟，2004；刘浩宇等，2010；刘浩宇和石福明，2013；刘浩宇和石福明，2014b；Chopard，1969；Yang & Yang，2012；Tan，2017；Gu et al.，2018；Xu & Liu，2019。

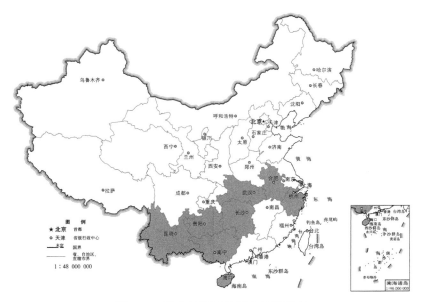

图 6-27　马来长额蟋的国内地理分布

3．蟋蟀亚科 Gryllinae

(28) 缅甸甲蟋 *Acanthoplistus birmanus* Saussure，1877

分类地位：蟋蟀总科 Grylloidea 蟋蟀科 Gryllidae 蟋蟀亚科 Gryllinae 蟋蟀族 Gryllini。

同物异名：无。

中文别名：无。

中国种群占全球种群的比例：中国为主要分布区。

分析等级：无危 LC。

依据标准：未达到极危、濒危、易危和近危标准。

理由：在南亚、东亚和东南亚分布广泛。

生境：1.6，3.6，4.6。

生物学：栖息于杂草丛或灌木丛底层。

国内分布：上海、江苏、广东、海南、云南、台湾（图 6-28）；**国外分布**：越南、缅甸、印度。

种群：非常常见，数量巨大。

致危因素

　　过去：无；**现在**：无；**将来**：无。

　　评述：栖息于植物底层，不易被人类干扰，尚未发现明显致危因素。

保护措施

　　已有：无；**建议**：无。

　　评论：无须刻意保护的一种昆虫。

参考文献：郑彦芬和吴福桢，1992；殷海生和刘宪伟，1995；王音，2002；Saussure，1877；Shiraki，1930；Bhowmik，1977b；Vasanth，1993；Shishodia et al.，2010；Kim & Pham，2014。

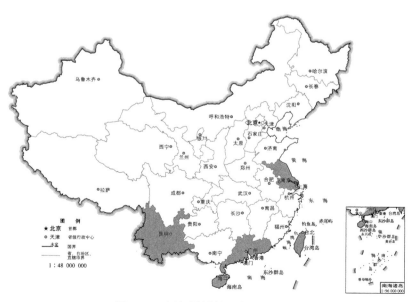

图 6-28　缅甸甲蟋的国内地理分布

（29）黑胫甲蟋 *Acanthoplistus nigritibia* Zheng & Woo，1992

分类地位：蟋蟀总科 Grylloidea 蟋蟀科 Gryllidae 蟋蟀亚科 Gryllinae 蟋蟀族 Gryllini。

同物异名：无。

中文别名：无。

中国种群占全球种群的比例：中国特有。

分析等级：极危 CR。

依据标准：CR B2ab（ii，iii）。

理由：已知 1 个分布地点，占有面积可能小于 10km²，分布范围狭窄，近 30 年未发现新个体，栖息生境存在质量下降趋势，符合极危标准。

生境：1.6，3.6，4.6。

生物学：不详。

国内分布：浙江（丽水）（图 6-29）；**国外分布：**无。

种群：仅有原始记录。

致危因素

过去：1.1，1.4，9.1，9.5，9.10，10.1；现在：1.1，1.4，9.1，9.5，9.10，10.1；将来：1.1，1.4，9.1，9.5，9.10。

评述：种群较小，模式产地近年受人为干扰较大。

保护措施

已有：4.4.2；建议：3.2，3.3，3.4，4.4。

评论：本种栖息环境隐蔽，不易被人类干扰，应通过科学研究了解种群状况与地理分布，对栖息地进行保护。

参考文献：郑彦芬和吴福桢，1992；殷海生和刘宪伟，1995；Xu & Liu，2019。

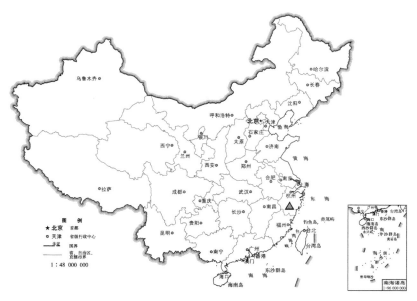

图 6-29　黑胫甲蟋的国内地理分布

(30) 赤褐甲蟋 *Acanthoplistus testaceus* Zheng & Woo，1992

分类地位： 蟋蟀总科 Grylloidea 蟋蟀科 Gryllidae 蟋蟀亚科 Gryllinae 蟋蟀族 Gryllini。

同物异名： 无。

中文别名： 无。

中国种群占全球种群的比例： 中国特有。

分析等级： 濒危 EN。

依据标准： EN B2ab（ii，iii）。

理由： 已知 2 个分布地点，占有面积可能小于 500km²，分布范围狭窄且生境质量存在下降趋势，符合濒危标准。

生境： 1.6，3.6，4.6。

生物学： 无。

国内分布： 云南（景洪、勐腊）（图 6-30）；**国外分布：** 无。

种群： 少见。

致危因素

　　过去： 1.1，1.4，9.1，9.5，9.10；**现在：** 1.1，1.4，9.1，9.5，9.10；**将来：** 1.1，1.4，9.1，9.5，9.10。

　　评述： 扩散能力弱，种群密度低，分布范围狭窄。

保护措施

　　已有： 4.4.2；**建议：** 3.2，3.3，3.4，4.4。

　　评论： 需要通过科学研究，了解种群与地理分布状况。此类蟋蟀夜间活动为主，不易被人类干扰，应加强保护地维护。

参考文献： 郑彦芬和吴福桢，1992；刘宪伟等，1993；殷海生和刘宪伟，1995。

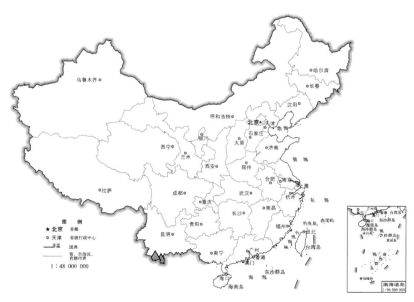

图 6-30　赤褐甲蟋的国内地理分布

（31）**无翅革翅蟋** *Agryllus apterus* He，2018

分类地位：蟋蟀总科 Grylloidea 蟋蟀科 Gryllidae 蟋蟀亚科 Gryllinae 蟋蟀族 Gryllini。

同物异名：无。

中文别名：无。

中国种群占全球种群的比例：中国特有。

分析等级：易危 VU。

依据标准：CR A4cd＋B2ab（ii，iii）；评价等级标准调整。

理由：已知 1 个分布地点，占有面积小于 $10km^2$，符合极危标准，但由于本种为新近发现，降级评价为易危。

生境：3.6，4.6。

生物学：推测主要栖息于植被底部的枯枝落叶层中。

国内分布：云南（盈江）（图 6-31）；**国外分布**：无。

种群：仅见模式标本记录。

致危因素

过去：8.1，8.2，9.1，9.5，9.10；**现在**：8.1，8.2，9.1，9.5，9.10；**将来**：8.1，8.2，9.1，9.5，9.10。

评述：本属昆虫警觉性高，栖息地隐蔽性高，除非大规模植被破坏，一般不被人类干扰。目前对本属昆虫认知较少，可能的原因是种群密度较低，而且容易受到自然的捕食者或竞争者影响。

保护措施

已有：无；**建议**：2.2，3.2，3.3，3.4。

评论：通过科学研究，了解本种的种群组成和地理分布，掌握其生物学特性，维持其生

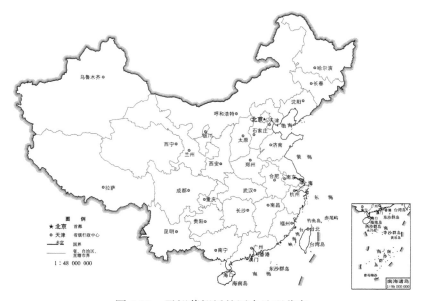

图 6-31　无翅革翅蟋的国内地理分布

境和保护其自然繁殖，并加强科普知识的宣传，提高人们的保护意识。

参考文献：Xu et al., 2018。

(32) 强茎革翅蟋 *Agryllus magnigenitalis* He & Gorochov，2017

分类地位：蟋蟀总科 Grylloidea 蟋蟀科 Gryllidae 蟋蟀亚科 Gryllinae 蟋蟀族 Gryllini。

同物异名：无。

中文别名：无。

中国种群占全球种群的比例：中国特有。

分析等级：近危 NT。

依据标准：EN A4cd；评价等级标准调整。

理由：已有 3 笔记录信息，栖息地存在质量下降趋势，符合濒危标准，但由于本种为新近发现，降级评价为近危。

生境：3.6，4.6。

生物学：主要栖息于枯枝落叶层中。

国内分布：云南（西双版纳）（图 6-32）；**国外分布**：无。

种群：种群小。

致危因素

　　过去：8.2，9.5，9.10；**现在**：8.2，9.5，9.10；**将来**：8.2，9.5，9.10。

　　评述：已知调查情况显示种群密度低，容易受到捕食者影响。

保护措施

　　已有：4.4；**建议**：2.2，3.2，3.3，3.4。

　　评论：通过科学研究，掌握其生物学特性，维持其生境和保护其自然繁殖，尤其是加强植被的维持。

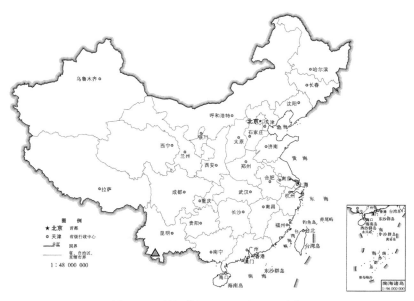

图 6-32　强茎革翅蟋的国内地理分布

参考文献：Gorochov & He，2017；Xu et al.，2018。

（33）光华静蟋 *Asonicogryllus kwanghua* Liu，Shen，Zhang & He，2019

分类地位：蟋蟀总科 Grylloidea 蟋蟀科 Gryllidae 蟋蟀亚科 Gryllinae 蟋蟀族 Gryllini。

同物异名：无。

中文别名：无。

中国种群占全球种群的比例：中国特有。

分析等级：无危 LC。

依据标准：VU A4cd；评价等级标准调整。

理由：尽管本种为新近发现，但在云南还有其他记录，需要更多的研究以核实其地理分布与种群状态，降级暂评价为无危。

生境：3.6，4.6。

生物学：森林、灌木丛和杂草丛的枯枝落叶层。

国内分布：云南（盈江）（图 6-33）；**国外分布**：无。

种群：不详。

致危因素

　　过去：10.7；**现在**：10.7；**将来**：10.7。

　　评述：推测可能有人类干扰的未知因素。

保护措施

　　已有：无；**建议**：3.1；3.2。

　　评论：其外部特征与若虫近似，而且外生殖器结构与蟋蟀族部分属种非常近似，应加强分类学研究，进而了解潜在分布范围。

参考文献：Liu et al.，2019。

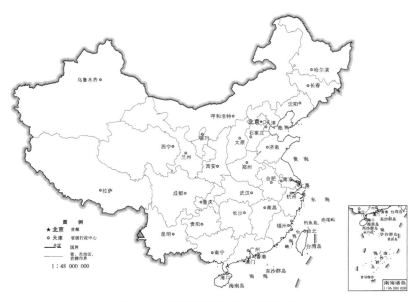

图 6-33　光华静蟋的国内地理分布

（34）云南短翅蟋 *Callogryllus yunnanus* **Wu & Zheng，1992**

分类地位：蟋蟀总科 Grylloidea 蟋蟀科 Gryllidae 蟋蟀亚科 Gryllinae。

同物异名：无。

中文别名：无。

中国种群占全球种群的比例：中国特有。

分析等级：极危 CR。

依据标准：CR B1ab（i，iii）。

理由：已知 1 个分布地点，分布范围狭窄，分布面积可能少于 100km²，近 30 年未发现新个体，分布区栖息地质量衰退。

生境：3.6，4.6。

生物学：推测栖息于植被的枯枝落叶层。

国内分布：云南（云龙）（图 6-34）；**国外分布**：无。

种群：仅有原始记录。

致危因素

　　过去：1.1，9.1，9.5，9.10；**现在**：1.1，9.1，9.5，9.10；**将来**：1.1，9.1，9.5，9.10。

　　评述：扩散能力弱，分布范围狭窄，容易被外部因素影响。

保护措施

　　已有：无；**建议**：2.2，3.2，3.3，3.4。

　　评论：通过科学研究，了解种群组成、地理分布状况及栖息地质量，再制定相关保护措施。

参考文献：吴福桢和郑彦芬，1992；殷海生和刘宪伟，1995。

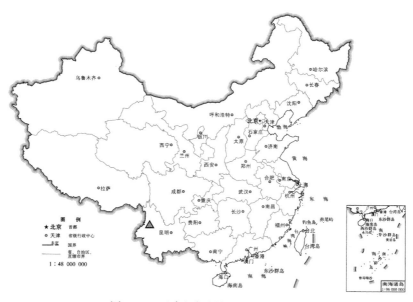

图 6-34　云南短翅蟋的国内地理分布

(35) 斧须毛蟋 *Capillogryllus dolabripalpis* Xie & Zheng，2003

分类地位： 蟋蟀总科 Grylloidea 蟋蟀科 Gryllidae 蟋蟀亚科 Gryllinae。

同物异名： 无。

中文别名： 无。

中国种群占全球种群的比例： 中国特有。

分析等级： 易危 VU。

依据标准： EN A4ac＋B2ab（ii，iii）；评价等级标准调整。

理由： 已知 2 个分布地点，占有面积小于 500km^2，栖息地质量下降，符合濒危标准，但由于本种发现时间较晚，降级评价为易危。

生境： 3.6，4.6。

生物学： 不详。

国内分布： 广西（金秀、那坡）（图 6-35）；**国外分布：** 无。

种群： 种群数量非常少，仅有原始记录。

致危因素

　　过去： 9.1，9.5，9.10；**现在：** 9.1，9.5，9.10；**将来：** 9.1，9.5，9.10。

　　评述： 仅知原始记录，多年未见新种群记录，可能主要是由内在因素造成的。

保护措施

　　已有： 4.4.2；**建议：** 3.2，3.3，4.4。

　　评论： 由于本种的模式产地位于自然保护区或及其附近，应在系统科学研究基础上，维持并加强保护地管理。

参考文献： 谢令德等，2003。

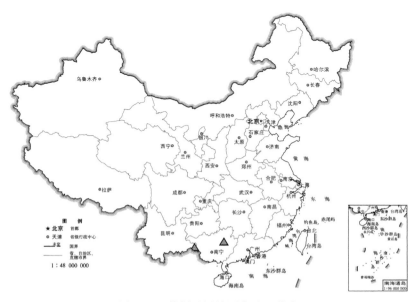

图 6-35　斧须毛蟋的国内地理分布

(36) 细须毛蟋 *Capillogryllus exilipalpis* Xie & Zheng，2003

分类地位：蟋蟀总科 Grylloidea 蟋蟀科 Gryllidae 蟋蟀亚科 Gryllinae。

同物异名：无。

中文别名：无。

中国种群占全球种群的比例：中国特有。

分析等级：濒危 EN。

依据标准：CR A4cd＋B2ab（ii，iii）；评价等级标准调整。

理由：已知 1 个分布地点，推测占有面积小于 $10km^2$，栖息地质量下降，符合极危标准，但由于本种发现时间较晚，降级评价为濒危。

生境：3.6，4.6。

生物学：无。

国内分布：广东（封开）（图 6-36）；**国外分布**：无。

种群：种群数量非常少，仅有原始记录。

致危因素

　　过去：9.1，9.5，9.10；**现在**：9.1，9.5，9.10；**将来**：9.1，9.5，9.10。

　　评述：仅知原始记录，多年未见新种群记录，可能主要为内在因素造成。

保护措施

　　已有：4.4.2；**建议**：3.2，3.3，4.4。

　　评论：由于本种的模式产地位于自然保护区或附近，应在系统科学研究基础上，维持并加强保护地管理。

参考文献：谢令德等，2003。

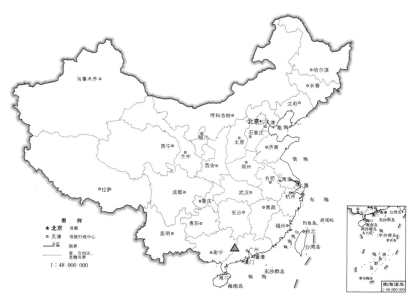

图 6-36　细须毛蟋的国内地理分布

（37）凹缘拟姬蟋 *Comidoblemmus excavatus* **Liu & Shi，2015**

分类地位：蟋蟀总科 Grylloidea 蟋蟀科 Gryllidae 蟋蟀亚科 Gryllinae。

同物异名：无。

中文别名：无。

中国种群占全球种群的比例：中国特有。

分析等级：易危 VU。

依据标准：CR A4cd＋B2ab（ii，iii）；评价等级标准调整。

理由：已知 1 个分布地点，占有面积小于 $10km^2$，发现地占有面积衰退，符合极危标准，但由于本种为新近发现，降级评价为易危。

生境：3.6，4.6。

生物学：林缘路旁的草地和枯枝落叶层。

国内分布：贵州（雷山）（图 6-37）；**国外分布：**无。

种群：仅有原始记录。

致危因素

　　过去：1.3，1.4；**现在：**1.3，1.4；**将来：**1.3，1.4。

　　评述：产地生态环境良好，但分布区受一定经济活动影响。

保护措施

　　已有：4.2.2；**建议：**2.2，3.2，3.3，4.4。

　　评论：此属蟋蟀是蟋蟀亚科在我国体形最小的类群，虽相对于蛉蟋科种类强壮，但种群和分布相对较小。

参考文献：Liu & Shi，2015c。

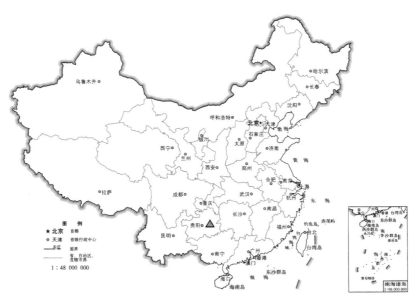

图 6-37　凹缘拟姬蟋的国内地理分布

(38) **斑拟姬蟋** *Comidoblemmus maculatus*（Shiraki，1930）

分类地位：蟋蟀总科 Grylloidea 蟋蟀科 Gryllidae 蟋蟀亚科 Gryllinae。

同物异名：无。

中文别名：无。

中国种群占全球种群的比例：中国特有。

分析等级：极危 CR。

依据标准：CR B1ab（i，iii）。

理由：已知 1 个分布地点，分布面积不到 $100km^2$，分布范围狭窄，自被发现至今仅有 1 笔有效记录。

生境：3.6；4.6。

生物学：不详。

国内分布：台湾（南投）（图 6-38）；**国外分布：**无。

种群：仅有原始记录。

致危因素

　　过去：1.1，1.3，9.1，9.10；**现在：**1.1，1.3，9.1，9.10；**将来：**1.1，1.3，9.1，9.10；

　　评述：由于有效研究记录仅有 1 笔，所以对这种蟋蟀的认识非常少，可以参考本属中的其他种致危因素。

保护措施

　　已有：无；**建议：**2.1；3.1；3.2；3.3；3.4。

　　评论：首先需要解决物种准确性的问题，模式标本仅是雌性，缺少有效识别特征；而后续的种级地位更正，也仅是根据图片，缺少说服力。

参考文献：殷海生和刘宪伟，1995；Shiraki，1930；Hsiung，1993；He，2018。

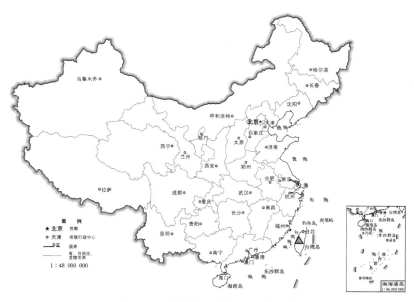

图 6-38　斑拟姬蟋的国内地理分布

(39) 日本拟姬蟋 *Comidoblemmus nipponensis*（Shiraki，1911）

分类地位： 蟋蟀总科 Grylloidea 蟋蟀科 Gryllidae 蟋蟀亚科 Gryllinae。

同物异名： 无。

中文别名： 日本松蛉蟋。

中国种群占全球种群的比例： 中国为次要分布区。

分析等级： 近危 NT。

依据标准： 地区水平指南应用。

理由： 在东亚分布广泛，种群稳定，符合无危标准。但在我国，仅有台湾有记录，仍需要关注分布状况。

生境： 3.6，4.6。

生物学： 栖息于林缘草地或枯枝落叶层。

国内分布： 台湾（台北）（图 6-39）；**国外分布：** 朝鲜、日本。

种群： 较常见。

致危因素

　　过去： 1.1，1.3；**现在：** 1.1，1.3；**将来：** 1.1，1.3。

　　评述： 容易受到人类的经济活动影响。

保护措施

　　已有： 无；**建议：** 3.1，3.2。

　　评论： 在大陆多地曾经有疑似物种记录，需要明确地理分布状况，如明确大陆有分布可无须关注，可视为无危。

参考文献： Shiraki，1911；Shiraki，1930；Ichikawa et al.，2000；Ichikawa et al.，2006；Storozhenko & Paik，2007；Storozhenko & Paik，2009；Storozhenko et al.，2015。

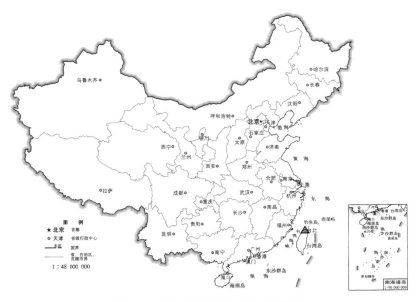

图 6-39　日本拟姬蟋的国内地理分布

(40) 姐妹拟姬蟋 *Comidoblemmus sororius* Liu & Shi，2015

分类地位：蟋蟀总科 Grylloidea 蟋蟀科 Gryllidae 蟋蟀亚科 Gryllinae。

同物异名：无。

中文别名：无。

中国种群占全球种群的比例：中国特有。

分析等级：无危 LC。

依据标准：未达到极危、濒危、易危和近危标准。

理由：在浙江 2 个大分布区，尤其是天目山有多个小分布地点，并在后续的调查中发现种群稳定，虽为近年才发现的物种，但应定为无危。

生境：3.6，4.6，11.3，11.4。

生物学：栖息于林缘草地或枯枝落叶层。

国内分布：浙江（清凉峰、天目山）（图 6-40）；**国外分布**：无。

种群：较常见。

致危因素

　　过去：无；**现在**：无；**将来**：无。

　　评述：在景区附近及人工园林中均有发现，表明其适应能力强，人类的干扰对其影响可以忽略。

保护措施

　　已有：4.4.2，4.4.3；**建议**：无。

　　评论：完善现有保护措施。

参考文献：Liu & Shi，2015c；Xu & Liu，2019。

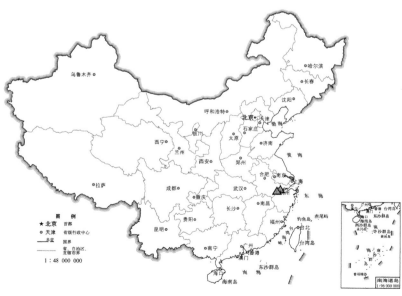

图 6-40　姐妹拟姬蟋的国内地理分布

(41) **易贡拟姬蟋** *Comidoblemmus yigongensis* **Wu & Liu，2017**

分类地位：蟋蟀总科 Grylloidea 蟋蟀科 Gryllidae 蟋蟀亚科 Gryllinae。

同物异名：无。

中文别名：无。

中国种群占全球种群的比例：中国特有。

分析等级：无危 LC。

依据标准：未达到极危、濒危、易危和近危标准。

理由：虽为近年才发现的物种，但在论文发表后又发现多笔记录，表明种群稳定，应定为无危。

生境：3.6，4.6，11.3。

生物学：栖息于林缘草地或枯枝落叶层。

国内分布：西藏（波密、墨脱）（图 6-41）；**国外分布**：无。

种群：较常见。

致危因素

　　过去：无；**现在**：无；**将来**：无。

　　评述：分布区受人类干扰较小，尚未发现明显致危因素。

保护措施

　　已有：无；**建议**：无。

　　评论：无。

参考文献：Wu & Liu，2017。

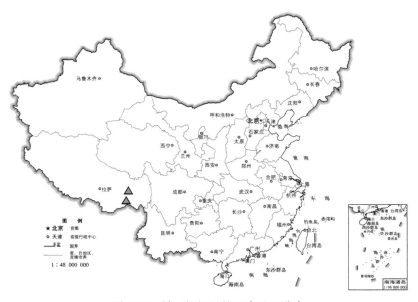

图 6-41　易贡拟姬蟋的国内地理分布

（42）尖角沙蟋 *Conoblemmus acutifrons* Chopard，1936

分类地位：蟋蟀总科 Grylloidea 蟋蟀科 Gryllidae 蟋蟀亚科 Gryllinae 蟋蟀族 Gryllini。

同物异名：无。

中文别名：无。

中国种群占全球种群的比例：中国特有。

分析等级：无危 LC。

依据标准：未达到极危、濒危、易危和近危标准。

理由：虽然自发表后无文献种群记录，但其自然栖息地及生态系统稳定，不受人类干扰，在近年调查中有新种群发现。

生境：7.1，7.2，8.2，8.3。

生物学：栖息于沙漠环境中。

国内分布：新疆（塔克拉玛干）（图 6-42）；**国外分布：**无。

种群：不常见。

致危因素

　　过去：无；**现在：**无；**将来：**8.2，9.5。

　　评述：能够适应极端恶劣环境，当前生态环境稳定，将来的致危因素很可能是自身种群密度低及捕食者。

保护措施

　　已有：无；**建议：**无。

　　评论：无。

参考文献：Chopard，1936b。

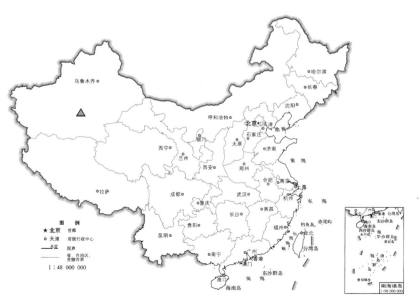

图 6-42　尖角沙蟋的国内地理分布

（43）萨瑟沙蟋 *Conoblemmus saussurei* Adelung，1910

分类地位： 蟋蟀总科 Grylloidea 蟋蟀科 Gryllidae 蟋蟀亚科 Gryllinae 蟋蟀族 Gryllini。

同物异名： *Conoblemmus hedini* Chopard，1933。

中文别名： 无。

中国种群占全球种群的比例： 中国特有。

分析等级： 无危 LC。

依据标准： 未达到极危、濒危、易危和近危标准。

理由： 虽然近年再无文献种群记录，但其自然栖息地及生态系统稳定，不受人类干扰，早期曾有多笔记录，故认为无危。

生境： 7.1，7.2，8.2，8.3。

生物学： 栖息于沙漠环境中。

国内分布： 新疆（罗布泊）（图 6-43）；**国外分布：** 无。

种群： 较常见。

致危因素

　　过去： 无；**现在：** 无；**将来：** 8.2，9.5。

　　评述： 能够适应极端环境，生态环境稳定，将来的致危因素很可能是自身种群密度低及捕食者。

保护措施

　　已有： 无；**建议：** 无。

　　评论： 无。

参考文献： Adelung，1910；Mistshenko & Gorochov，1981；Gorochov，1996a。

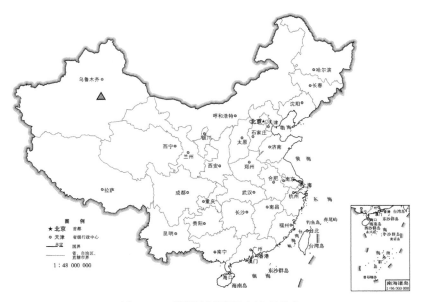

图 6-43 萨瑟沙蟋的国内地理分布

(44) **布德真姬蟋指名亚种** *Eumodicogryllus bordigalensis bordigalensis*（Latreille，1804）

分类地位：蟋蟀总科 Grylloidea 蟋蟀科 Gryllidae 蟋蟀亚科 Gryllinae 姬蟋族 Modicogryllini。

同物异名：*Gryllus arvensis* Rambur，1838；*Gryllus cerisyi* Serville，1838；*Acheta chinensis* Weber，1801；*Gryllus cinereus* Costa，1852；*Gryllus chinensis intermedia* Bolívar，1927；*Gryllus eversmanni* Jakovlev，1871；*Gryllodes ferdinandi* Bolívar，1899；*Gryllus geminus* Serville，1838；*Gryllus hygrophilus* Krauss，1902；*Gryllus marginatus* Eversmann，1859；*Gryllus pygmaeus* Walker，1869。

中文别名：中国姬蟋、布德悍蟋、小悍蟋、布哈拉悍蟋、中华蟋。

中国种群占全球种群的比例：中国为主要分布区。

分析等级：无危 LC。

依据标准：未达到极危、濒危、易危和近危标准。

理由：在东亚、东南亚、欧洲南部和非洲北部分布广泛。

生境：1.4，1.6，3.4，3.6，4.4，4.6，11.1，11.2，11.3，11.4。

生物学：推测这种蟋蟀可以适应多种生境的地表或地下空间。

国内分布：河北、内蒙古、江苏、浙江、福建、山东、湖南、广东、广西、四川、云南、新疆、台湾（图6-44）；**国外分布**：非洲北部、欧洲南部、伊朗、阿富汗、哈萨克斯坦。

种群：非常常见。

致危因素

　　过去：无；**现在**：无；**将来**：无。

　　评述：数量较多，分布广泛，适应能力较强，尚未发现明显致危因素。

保护措施

　　已有：无；**建议**：无。

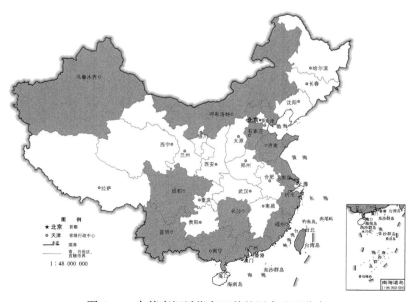

图 6-44　布德真姬蟋指名亚种的国内地理分布

评论：无须刻意保护的一种昆虫。
参考文献：刘宪伟等，1993；陈德良等，1995；殷海生和刘宪伟，1995；俞立鹏和卢庭高，1998；刘宪伟和毕文烜，2010；刘宪伟和毕文烜，2014；Hsu，1928；Xu & Liu，2019。

（45）**粗点哑蟋** *Goniogryllus asperopunctatus* **Wu & Wang，1992**

分类地位：蟋蟀总科 Grylloidea 蟋蟀科 Gryllidae 蟋蟀亚科 Gryllinae 聋蟋族 Cophogryllini。
同物异名：无。
中文别名：无。
中国种群占全球种群的比例：中国特有。
分析等级：无危 LC。
依据标准：未达到极危、濒危、易危和近危标准。
理由：在东亚和东南亚分布广泛。
生境：1.6，3.6，4.6，11.2，11.3，11.4。
生物学：喜好潮湿的地表草地或在枯枝落叶层中栖息。
国内分布：浙江、湖南、广西、云南（图 6-45）；**国外分布**：无。
种群：非常常见，数量巨大。
致危因素
　　过去：无；**现在**：无；**将来**：无。
　　评述：分布非常广泛，适应能力强。
保护措施
　　已有：无；**建议**：无。
　　评论：目前尚无须刻意保护的一种昆虫。
参考文献：吴福桢和王音，1992；殷海生和刘宪伟，1995；殷海生等，2001；谢令德和郑哲民，

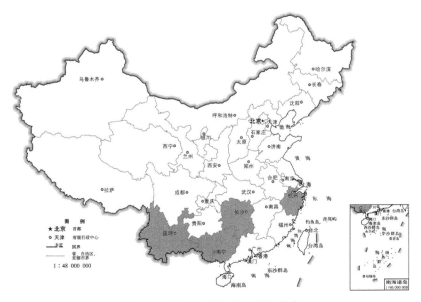

图 6-45　粗点哑蟋的国内地理分布

2002；刘宪伟和毕文烜，2010；刘浩宇和石福明，2014a；Gu et al.，2018；Xu & Liu，2019。

（46）黑须哑蟋 *Goniogryllus atripalpulus* Chen & Zheng，1996

分类地位：蟋蟀总科 Grylloidea 蟋蟀科 Gryllidae 蟋蟀亚科 Gryllinae 聋蟋族 Cophogryllini。

同物异名：无。

中文别名：无。

中国种群占全球种群的比例：中国特有。

分析等级：无危 LC。

依据标准：未达到极危、濒危、易危和近危标准。

理由：在陕西秦岭有多个小分布地点，近年野外调查显示种群稳定。

生境：1.4，3.4，11.3，11.4。

生物学：喜好在潮湿的地表草地或枯枝落叶层中栖息。

国内分布：陕西（宁陕、洋县、旬阳）（图6-46）；**国外分布：**无。

种群：较常见。

致危因素

　　过去：无；**现在：**无；**将来：**无。

　　评述：尚未发现明显致危因素。

保护措施

　　已有：4.4.2；**建议：**无。

　　评论：秦岭地区是哑蟋属蟋蟀种群非常丰富的地区，现有自然保护区管理及保护政策完善。

参考文献：陈军和郑哲民，1996；尤平等，1997；谢令德，2005；卢慧，何祝清和李恺，2018；Yang et al.，2019。

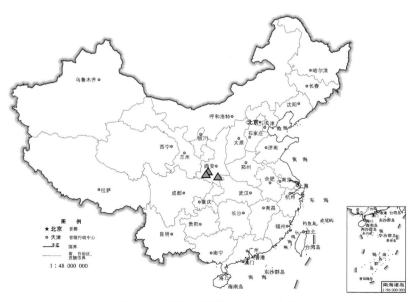

图 6-46　黑须哑蟋的国内地理分布

(47) 双纹哑蟋 *Goniogryllus bistriatus* **Wu & Wang，1992**

分类地位： 蟋蟀总科 Grylloidea 蟋蟀科 Gryllidae 蟋蟀亚科 Gryllinae 聋蟋族 Cophogryllini。

同物异名： 无。

中文别名： 无。

中国种群占全球种群的比例： 中国特有。

分析等级： 无危 LC。

依据标准： 未达到极危、濒危、易危和近危标准。

理由： 在大理多地常见，尤其是苍山东坡和西坡，种群稳定。

生境： 1.4，3.4，11.3，11.4。

生物学： 喜好在较潮湿的地表草地或枯枝落叶层中栖息。

国内分布： 云南（大理）（图 6-47）；**国外分布：** 无。

种群： 常见。

致危因素

过去：无；**现在：** 1.1；**将来：** 无。

评述：尚未发现明显致危因素。

保护措施

已有：4.4.2；**建议：** 4.4.3。

评论：栖息地近年遭到较严重破坏，但目前对这种蟋蟀的影响未显现，建议加强管理。

参考文献： 吴福桢和王音，1992；殷海生和刘宪伟，1995。

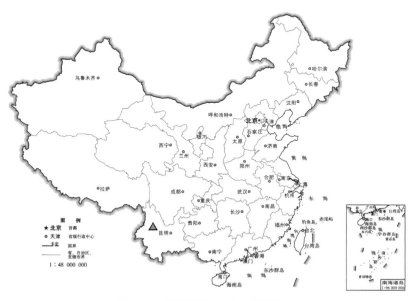

图 6-47　双纹哑蟋的国内地理分布

（48）　**波密哑蟋** *Goniogryllus bomicus* **Wu & Wang，1992**

分类地位：蟋蟀总科 Grylloidea 蟋蟀科 Gryllidae 蟋蟀亚科 Gryllinae 聋蟋族 Cophogryllini。

同物异名：无。

中文别名：无。

中国种群占全球种群的比例：中国特有。

分析等级：濒危 EN。

依据标准：EN B1ab（i，iii）。

理由：在波密地区有 2～3 个小分布地点，分布区面积可能小于 5000km²，符合濒危标准。

生境：1.6，3.6。

生物学：喜好在较潮湿的地表草地或枯枝落叶层中栖息。

国内分布：西藏（波密）（图 6-48）；**国外分布**：无。

种群：较少见。

致危因素

　　过去：9.1，9.9，9.10；**现在**：9.1，9.9，9.10；**将来**：9.1，9.9，9.10。

　　评述：由于不具飞行能力，扩散能力弱，分布范围狭窄。

保护措施

　　已有：无；**建议**：3.2，3.3，3.4。

　　评论：了解本种的种群组成和地理分布，掌握其生物学特性，维持其生境和保护其自然繁殖。

参考文献：吴福桢和王音，1992；殷海生和刘宪伟，1995。

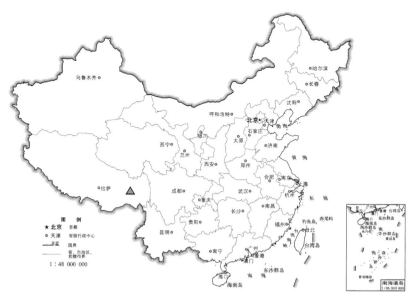

图 6-48　波密哑蟋的国内地理分布

（49）**陈氏哑蟋** *Goniogryllus cheni* Xie & Zheng，2003

分类地位：蟋蟀总科 Grylloidea 蟋蟀科 Gryllidae 蟋蟀亚科 Gryllinae 聋蟋族 Cophogryllini。

同物异名：无。

中文别名：无。

中国种群占全球种群的比例：中国特有。

分析等级：濒危 EN。

依据标准：CR B2ab（ii，iii）；评价等级标准调整。

理由：仅知 1 个分布地点，面积可能不到 $100km^2$，符合极危标准，但由于本种发现时间较晚，降级评价为濒危。

生境：1.4，3.4。

生物学：推测其在较潮湿的地表草地或枯枝落叶层中栖息。

国内分布：甘肃（康县）（图 6-49）；**国外分布**：无。

种群：仅有原始记录。

致危因素

　　过去：1.1，1.4，5.1，9.1，9.9；现在：1.1，1.4，5.1，9.1，9.9；将来：1.1，1.4，5.1，9.1，9.9。

　　评述：扩散能力弱，分布范围狭窄。

保护措施

　　已有：无；**建议**：3.1，3.2，3.3，3.4。

　　评论：由于本种仅知雌性标本，首先应通过分类研究及野外调查，明确物种认知特征，其次了解本种的种群组成和地理分布。

参考文献：谢令德和郑哲民，2003b。

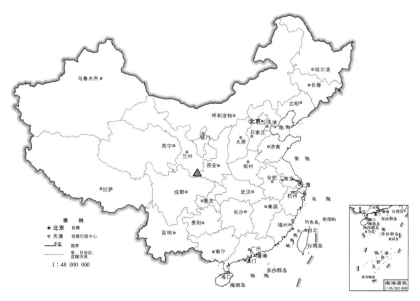

图 6-49　陈氏哑蟋的国内地理分布

(50) **重庆哑蟋** *Goniogryllus chongqingensis* Chen & Zheng，1995

分类地位：蟋蟀总科 Grylloidea 蟋蟀科 Gryllidae 蟋蟀亚科 Gryllinae 聋蟋族 Cophogryllini。

同物异名：无。

中文别名：无。

中国种群占全球种群的比例：中国特有。

分析等级：无危 LC。

依据标准：未达到极危、濒危、易危和近危标准。

理由：通过检视标本，发现本种在模式产地及邻近地区有多笔采集记录，表明种群稳定，分布区不断扩大，处于无危状态。

生境：1.6，3.6。

生物学：喜好在较潮湿的地表草地或枯枝落叶层中栖息。

国内分布：重庆（北碚）（图 6-50）；**国外分布：**无。

种群：较常见。

致危因素

　　过去：无；**现在：**无；**将来：**无。

　　评述：种群稳定，栖息地环境适宜物种繁衍。

保护措施

　　已有：4.4.2；**建议：**无。

　　评论：无须刻意保护的一种昆虫，自然保护区内外均有分布。

参考文献：陈军和郑哲民，1995b。

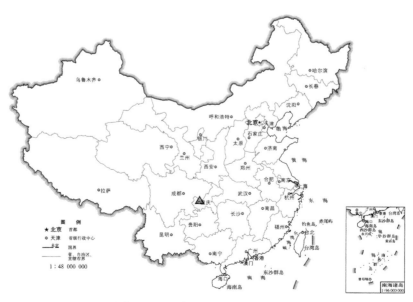

图 6-50　重庆哑蟋的国内地理分布

（51） **川南哑蟋** *Goniogryllus chuannanensis* **Chen & Zheng，1995**

分类地位： 蟋蟀总科 Grylloidea 蟋蟀科 Gryllidae 蟋蟀亚科 Gryllinae 聋蟋族 Cophogryllini。

同物异名： 无。

中文别名： 无。

中国种群占全球种群的比例： 中国特有。

分析等级： 近危 NT。

依据标准： 几近符合易危 VU D2。

理由： 模式产地生态环境良好，小分布地点较多，但分布区相对狭窄且种群密度较低，易受到人类影响，需要持续关注。

生境： 1.6，3.6。

生物学： 喜好在潮湿的枯枝落叶层中栖息。

国内分布： 四川（古蔺）（图 6-51）；**国外分布：** 无。

种群： 模式产地常见。

致危因素

　　过去： 9.5；**现在：** 9.5；**将来：** 9.5。

　　评述： 扩散能力弱，分布范围狭窄。

保护措施

　　已有： 4.4；**建议：** 3.2。

　　评论： 本种处于自然保护区范围内，自然生态环境良好，已进行的调查显示分布稳定，但种群密度相对偏低，应关注种群稳定性。

参考文献： 陈军和郑哲民，1995a。

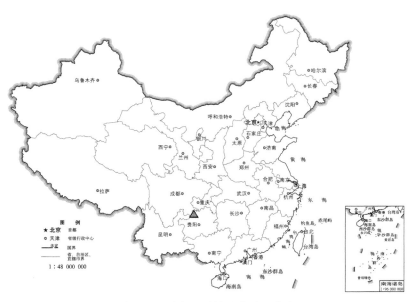

图 6-51　川南哑蟋的国内地理分布

(52) 环纹哑蟋 *Goniogryllus cirilinears* Xie，2005

分类地位：蟋蟀总科 Grylloidea 蟋蟀科 Gryllidae 蟋蟀亚科 Gryllinae 聋蟋族 Cophogryllini。

同物异名：无。

中文别名：无。

中国种群占全球种群的比例：中国特有。

分析等级：濒危 EN。

依据标准：CR A4cd＋B1ab（i，iii）；评价等级标准调整。

理由：已知 1 个分布地点，分布面积不到 $100km^2$，发布新种后再无新记载，符合极危标准，但由于本种发现时间较晚，降级评价为濒危。

生境：1.4，3.4，4.4。

生物学：推测栖息在地表草地或枯枝落叶层中。

国内分布：甘肃（文县）（图 6-52）；**国外分布**：无。

种群：仅有原始记录。

致危因素

　　过去：1.1，9.1，9.9，10.7；**现在**：1.1，9.1，9.9，10.7；**将来**：1.1，9.1，9.9，10.7。

　　评述：扩散能力弱，分布范围狭窄，容易受到人为干扰。

保护措施

　　已有：无；**建议**：3.1，3.2。

　　评论：已知物种为单性标本，应通过调查了解种群情况，并获取新的分类特征。

参考文献：谢令德，2005。

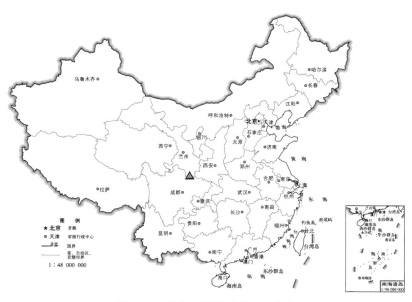

图 6-52　环纹哑蟋的国内地理分布

(53) **峨眉哑蟋** *Goniogryllus emeicus* **Wu & Wang，1992**

分类地位： 蟋蟀总科 Grylloidea 蟋蟀科 Gryllidae 蟋蟀亚科 Gryllinae 聋蟋族 Cophogryllini。

同物异名： 无。

中文别名： 无。

中国种群占全球种群的比例： 中国特有。

分析等级： 无危 LC。

依据标准： 未达到极危、濒危、易危和近危标准。

理由： 已知 2 个分布区，通过近年调查发现多个小分布点，尤其是在峨眉山地区，调查显示种群稳定。

生境： 1.6，3.6。

生物学： 喜好在潮湿的枯枝落叶层中栖息。

国内分布： 四川（峨眉山、雅安）（图 6-53）；**国外分布：** 无。

种群： 在峨眉山中低海拔常见。

致危因素

　　过去： 无；**现在：** 无；**将来：** 无。

　　评述： 虽然部分分布区位于旅游风景区，但人为干扰对其影响尚未显现。

保护措施

　　已有： 无；**建议：** 无。

　　评论： 无须刻意保护的一种昆虫。

参考文献： 吴福桢和王音，1992；殷海生和刘宪伟，1995；陈军和郑哲民，1996。

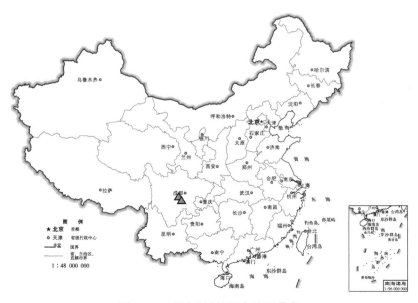

图 6-53　峨眉哑蟋的国内地理分布

（54）甘肃哑蟋 *Goniogryllus gansuensis* Xie，Yu & Tang，2006

分类地位：蟋蟀总科 Grylloidea 蟋蟀科 Gryllidae 蟋蟀亚科 Gryllinae 聋蟋族 Cophogryllini。

同物异名：无。

中文别名：无。

中国种群占全球种群的比例：中国特有。

分析等级：濒危 EN。

依据标准：CR A4cd＋B1ab（i，iii）；评价等级标准调整。

理由：已知 1 个分布地点，分布面积可能不到 100km²，发布新种后再无新记载，符合极危标准，但由于本种发现时间较晚，降级评价为濒危。

生境：1.4，3.4，4.4。

生物学：推测栖息在地表草地或枯枝落叶层中。

国内分布：甘肃（康县）（图 6-54）；**国外分布：**无。

种群：仅有原始记录。

　　过去：1.1，9.1，9.9，10.7；**现在：**1.1，9.1，9.9，10.7；**将来：**1.1，9.1，9.9，10.7。

　　评述：扩散能力弱，分布范围狭窄，容易受到人为干扰。

保护措施

　　已有：无；**建议：**3.1，3.2。

　　评论：产地是我国蟋蟀调查较薄弱地区，建议了解本种的种群组成和地理分布，进一步分析级别，再完善保护措施。

参考文献：谢令德等，2006。

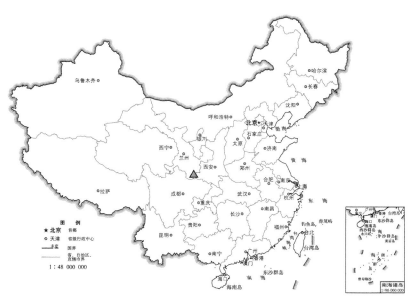

图 6-54　甘肃哑蟋的国内地理分布

（55）光亮哑蟋 *Goniogryllus glaber* Wu & Wang，1992

分类地位： 蟋蟀总科 Grylloidea 蟋蟀科 Gryllidae 蟋蟀亚科 Gryllinae 聋蟋族 Cophogryllini。

同物异名： 无。

中文别名： 无。

中国种群占全球种群的比例： 中国特有。

分析等级： 无危 LC。

依据标准： 未达到极危、濒危、易危和近危标准。

理由： 通过野外调查显示本种在模式产地及邻近地区种群稳定，分布区不断扩大，推测处于无危状态。

生境： 1.6，3.6。

生物学： 喜好在较潮湿的地表草地或枯枝落叶层中栖息。

国内分布： 云南（泸水）（图 6-55）；**国外分布：** 无。

种群： 模式产地较常见。

致危因素

    过去： 9.1，9.9；**现在：** 无；**将来：** 无。

    评述： 推测尚无明显致危因素。

保护措施

    已有： 无；**建议：** 2.1。

    评论： 分布区生态地形复杂，适宜种群发展。

参考文献： 吴福桢和王音，1992；殷海生和刘宪伟，1995。

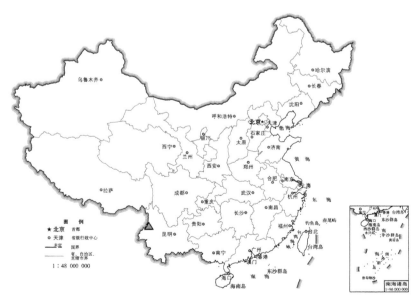

图 6-55 光亮哑蟋的国内地理分布

(56) 庐山哑蟋 *Goniogryllus lushanensis* Chen & Zheng，1995

分类地位：蟋蟀总科 Grylloidea 蟋蟀科 Gryllidae 蟋蟀亚科 Gryllinae 聋蟋族 Cophogryllini。

同物异名：无。

中文别名：无。

中国种群占全球种群的比例：中国特有。

分析等级：濒危 EN。

依据标准：CR B1ab（i，iii）；评价等级标准调整。

理由：已知 1 个分布地点，分布面积不到 100km²，分布范围狭窄，自新种发布后再无新记载，符合极危标准，但由于本种发现时间较晚，降级评价为濒危。

生境：1.6，3.6

生物学：推测与哑蟋属其他种近似。

国内分布：江西（庐山）（图 6-56）；**国外分布：**无。

种群：仅有原始记录。

致危因素

过去：9.1，9.9，9.10，10.6；现在：9.1，9.9，9.10，10.6；将来：9.1，9.9，9.10，10.6。

评述：具体致危因素不详。

保护措施

已有：无；建议：4.4。

评论：本种的模式产地位于著名自然风景区，受人为干扰是不可避免的，但调查研究力度不足，也是造成当前评估结果的原因，建议了解本种的种群组成和地理分布，再进行合理评价。

参考文献：陈军和郑哲民，1995b。

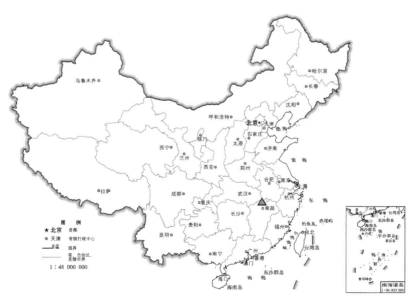

图 6-56　庐山哑蟋的国内地理分布

(57)　八刺哑蟋 *Goniogryllus octospinatus* Chen & Zheng，1995

分类地位： 蟋蟀总科 Grylloidea 蟋蟀科 Gryllidae 蟋蟀亚科 Gryllinae 聋蟋族 Cophogryllini。

同物异名： 无。

中文别名： 无。

中国种群占全球种群的比例： 中国特有。

分析等级： 无危 LC。

依据标准： 未达到极危、濒危、易危和近危标准。

理由： 模式产地生态环境良好，野外调查显示种群稳定。

生境： 1.6，3.6。

生物学： 喜好在潮湿的枯枝落叶层中栖息。

国内分布： 四川（古蔺）（图 6-57）；**国外分布：** 无。

种群： 模式产地常见。

致危因素

　　过去： 无；**现在：** 无；**将来：** 无。

　　评述： 模式产地适宜物种繁衍。

保护措施

　　已有： 4.4；**建议：** 无。

　　评论： 在四川画稿溪国家级自然保护区范围内，种群数量庞大，已有保护地可以满足物种不受外部因素威胁。

参考文献： 陈军和郑哲民，1995b；Han et al.，2015。

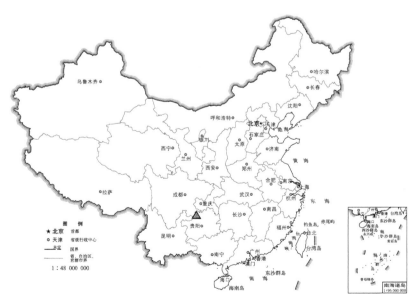

图 6-57　八刺哑蟋的国内地理分布

(58) **卵翅哑蟋** *Goniogryllus ovalatus* **Chen & Zheng，1996**

分类地位： 蟋蟀总科 Grylloidea 蟋蟀科 Gryllidae 蟋蟀亚科 Gryllinae 聋蟋族 Cophogryllini。

同物异名： 无。

中文别名： 无。

中国种群占全球种群的比例： 中国特有。

分析等级： 无危 LC。

依据标准： 未达到极危、濒危、易危和近危标准。

理由： 野外调查显示，在陕西多地有分布，且种群稳定。

生境： 1.4，4.4。

生物学： 喜好栖息在潮湿草地和枯枝落叶层中。

国内分布： 陕西（鄠邑、宁陕、旬阳）、甘肃（图 6-58）；**国外分布：** 无。

种群： 常见。

致危因素

　　过去： 无；**现在：** 无；**将来：** 无。

　　评述： 研究记录显示，目前尚无明显致危因素。

保护措施

　　已有： 4.4.2；**建议：** 无。

　　评论： 多个分布地点位于自然保护区内，保护措施适当。

参考文献： 陈军和郑哲民，1996；尤平等，1997；李恺和郑哲民，2001；谢令德，2005；卢慧等，2018；Yang et al.，2019。

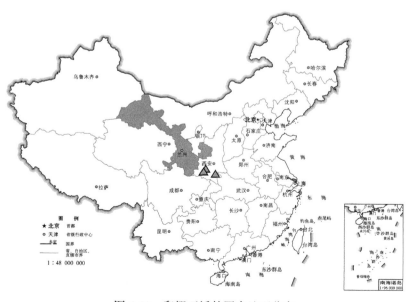

图 6-58　卵翅哑蟋的国内地理分布

（59）藏蜀哑蟋 *Goniogryllus potamini* Bey-Bienko，1956

分类地位：蟋蟀总科 Grylloidea 蟋蟀科 Gryllidae 蟋蟀亚科 Gryllinae 聋蟋族 Cophogryllini。

同物异名：无。

中文别名：无。

中国种群占全球种群的比例：中国特有。

分析等级：无危 LC。

依据标准：未达到极危、濒危、易危和近危标准。

理由：研究记录显示，分布范围广泛。

生境：1.4，3.4。

生物学：喜好栖息在潮湿草地和枯枝落叶层中。

国内分布：湖北、四川（合江、石棉）、甘肃（文县）（图 6-59）；**国外分布**：无。

种群：四川部分地区较常见。

致危因素

　　过去：无；**现在**：无；**将来**：无。

　　评述：尚未发现明显致危因素。

保护措施

　　已有：无；**建议**：无。

　　评论：无。

参考文献：殷海生和刘宪伟，1995；谢令德，2005；Bei-Bienko，1956。

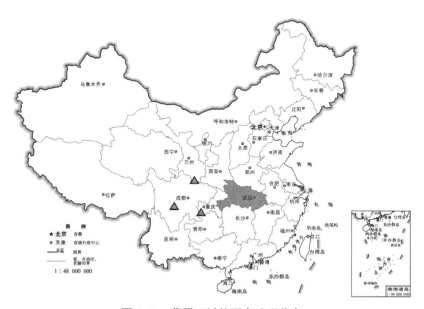

图 6-59　藏蜀哑蟋的国内地理分布

（60）多毛哑蟋 *Goniogryllus pubescens* Wu & Wang，1992

分类地位： 蟋蟀总科 Grylloidea 蟋蟀科 Gryllidae 蟋蟀亚科 Gryllinae 聋蟋族 Cophogryllini。

同物异名： 无。

中文别名： 无。

中国种群占全球种群的比例： 中国特有。

分析等级： 极危 CR。

依据标准： CR B1ab（i，iii）。

理由： 分布范围窄，已知 1 个分布地点，近 30 年未发现新的有效记录。

生境： 1.4，3.4，4.4。

生物学： 推测与该属其他种近似。

国内分布： 四川（德格）（图 6-60）；**国外分布：** 无。

种群： 仅知原始记录。

致危因素

　　过去： 1.3，1.4，9.1，9.9；**现在：** 1.3，1.4，9.1，9.9；**将来：** 9.1，9.9。

　　评述： 扩散能力弱，分布范围狭窄。

保护措施

　　已有： 无；**建议：** 3.2，3.3，3.4，4.2。

　　评论： 高海拔分布的物种经常表现为分布范围狭窄，一方面是由于自身原因造成不利于扩散，另一方面也体现出特有的生物学习性。

参考文献： 吴福桢和王音，1992；殷海生和刘宪伟，1995。

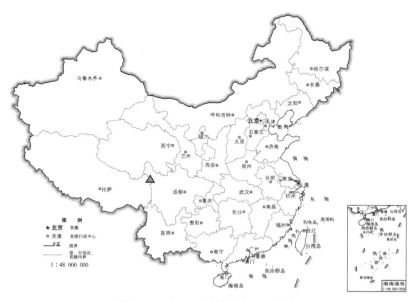

图 6-60　多毛哑蟋的国内地理分布

（61）刻点哑蟋 *Goniogryllus punctatus* Chopard，1936

分类地位： 蟋蟀总科 Grylloidea 蟋蟀科 Gryllidae 蟋蟀亚科 Gryllinae 聋蟋族 Cophogryllini。
同物异名： 无。
中文别名： 细点哑蟋、疹哑蟋。
中国种群占全球种群的比例： 中国特有。
分析等级： 无危 LC。
依据标准： 未达到极危、濒危、易危和近危标准。
理由： 在东亚和东南亚分布广泛。
生境： 1.4、1.6、3.4、3.6、4.4、4.6。
生物学： 推测与该属其他种近似。
国内分布： 浙江、福建、河南、湖北、湖南、广西、四川、贵州、云南（图 6-61）；**国外分布：** 无。
种群： 非常常见，数量巨大。
致危因素
　　过去： 无；**现在：** 无；**将来：** 无。
　　评述： 数量较多，分布广泛，未发现明显致危因素。
保护措施
　　已有： 无；**建议：** 无。
　　评论： 无须刻意保护的一种昆虫。
参考文献： 吴福桢和郑彦芬，1992；夏凯龄和刘宪伟，1992；殷海生和刘宪伟，1995；王音等，1999；殷海生等，2001；刘浩宇和石福明，2007b；刘浩宇和石福明，2012；刘浩宇和石福明，2014a；刘宪伟和毕文烜，2014；Chopard，1936a；Gu et al.，2018；Xu & Liu，2019。

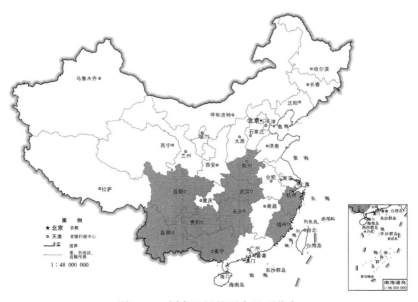

图 6-61　刻点哑蟋的国内地理分布

(62) 六孔哑蟋 *Goniogryllus sexflorus* Xie & Zheng，2003

分类地位：蟋蟀总科 Grylloidea 蟋蟀科 Gryllidae 蟋蟀亚科 Gryllinae 聋蟋族 Cophogryllini。

同物异名：无。

中文别名：无。

中国种群占全球种群的比例：中国特有。

分析等级：近危 NT。

依据标准：几近符合易危 VU D2。

理由：模式产地的生态环境较好，但种群密度较低且易受到人类活动影响，已知研究记录较少，需要持续关注。

生境：1.4，3.4。

生物学：喜好在潮湿的枯枝落叶层中栖息。

国内分布：陕西（宁陕）（图 6-62）；**国外分布**：无。

种群：较少见。

致危因素

　　过去：9.5；**现在**：9.5；**将来**：9.5。

　　评述：扩散能力弱，分布范围狭窄。

保护措施

　　已有：4.4；**建议**：3.1。

　　评论：本种处于自然保护区范围内，自然生态环境良好，由于有近缘种交叉分布，应关注种群稳定性和有效分类识别，尤其是补充雄性分类特征。

参考文献：谢令德和郑哲民，2003b。

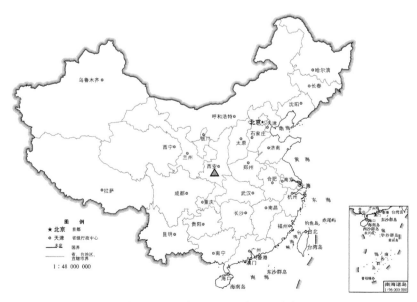

图 6-62　六孔哑蟋的国内地理分布

(63) 云南哑蟋 *Goniogryllus yunnanensis* Xie & Ou，2005

分类地位：蟋蟀总科 Grylloidea 蟋蟀科 Gryllidae 蟋蟀亚科 Gryllinae 聋蟋族 Cophogryllini。

同物异名：无。

中文别名：无。

中国种群占全球种群的比例：中国特有。

分析等级：无危 LC。

依据标准：未达到极危、濒危、易危和近危标准。

理由：虽然物种发现较晚，但通过研究标本检视表明其在云南分布广泛。

生境：1.4，1.6，3.4，3.6，4.4，4.6。

生物学：喜好在潮湿的枯枝落叶层中栖息。

国内分布：云南（丽江、南涧、师宗、新平）（图 6-63）；**国外分布**：无。

种群：常见。

致危因素

　　过去：无；**现在**：无；**将来**：无。

　　评述：分布广泛，适应能力较强，未发现明显致危因素。

保护措施

　　已有：无；**建议**：无。

　　评论：无须刻意保护的一种昆虫。

参考文献：谢令德和欧晓红，2005。

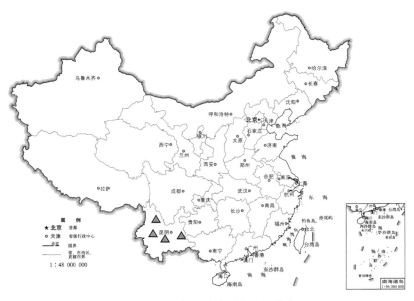

图 6-63　云南哑蟋的国内地理分布

(64) 短翅灶蟋 *Gryllodes sigillatus*（Walker，1869）

分类地位： 蟋蟀总科 Grylloidea 蟋蟀科 Gryllidae 蟋蟀亚科 Gryllinae 蟋蟀族 Gryllini。

同物异名： *Gryllolandrevus abyssinicus* Bolívar，1922；*Zaora bifasciata* Walker，1875；*Scapsipedus fuscoirroratus* Bolívar，1895；*Homaloblemmus indicus* Bolívar，1900；*Gryllus nanus* Walker，1869；*Gryllodes poeyi* Saussure，1874；*Gryllus pustulipes* Walker，1869；*Gryllodes subapterus* Chopard，1912；*Acheta tokyonis* Okazaki，1926；*Miogryllus transversalis* Scudder，1901；*Cophogryllus walkeri* Saussure，1877。

中文别名： 灶马。

中国种群占全球种群的比例： 中国为主要分布区。

分析等级： 无危 LC。

依据标准： 未达到极危、濒危、易危和近危标准。

理由： 分布广泛，人类生产生活不影响其生存。

生境： 7.1，11.1，11.2，11.3，11.4，11.5。

生物学： 植食性鸣虫，喜温暖，常喜好栖息于人类生活区或附近。

国内分布： 北京、山西、辽宁、吉林、黑龙江、上海、江苏、浙江、安徽、福建、江西、山东、湖南、广东、广西、海南、贵州、云南、陕西（图6-64）；**国外分布：** 朝鲜、日本、印度、缅甸、巴基斯坦、孟加拉国、斯里兰卡、尼泊尔、德国、古巴、美国、哥伦比亚、巴西、澳大利亚、埃塞俄比亚、留尼旺、法属圭亚那。

种群： 在人类生活区较常见。

致危因素

　　过去： 无；**现在：** 无；**将来：** 无。

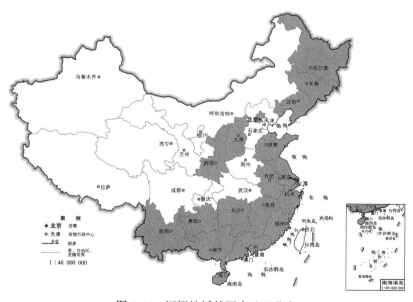

图 6-64　短翅灶蟋的国内地理分布

评述：爱好人类生活区，分布非常广泛，适应能力强。

保护措施

　　已有：无；**建议**：无。

　　评论：无须刻意保护的一种昆虫。

参考文献：夏凯龄和刘宪伟，1992；刘宪伟等，1993；陈德良等，1995；殷海生和刘宪伟，1995；尤平等，1997；王音等，1999；林育真等，2001；卢荣胜等，2002；王音，2002；谢令德，2004；刘浩宇和石福明，2007b；卢慧等，2018；Hsu，1928；Shiraki，1930；Chopard，1933；Gu et al.，2018；Xu & Liu，2019；Yang et al.，2019。

(65) 双斑蟋 *Gryllus*（*Gryllus*）*bimaculatus* De Geer，1773

分类地位：蟋蟀总科 Grylloidea 蟋蟀科 Gryllidae 蟋蟀亚科 Gryllinae 蟋蟀族 Gryllini。

同物异名：*Gryllus ater* Saussure，1877；*Acheta capensis* Fabricius，1775；*Gryllus interruptus* Walker，1869；*Gryllus lugubris* Stål，1855；*Gryllus marginalis* Walker，1869；*Gryllus*（*Acheta*）*rubricollis* Stoll，1813。

中文别名：双斑蟋蟀。

中国种群占全球种群的比例：中国为主要分布区。

分析等级：无危 LC。

依据标准：未达到极危、濒危、易危和近危标准。

理由：在东亚、东南亚、欧洲和非洲分布广泛。

生境：1.6，3.6，4.6，11.1，11.2，11.3，11.4。

生物学：适应能力很强，栖息于草丛间、石块下及枯枝落叶层，种群数量巨大时危害农业。

国内分布：浙江、福建、江西、广东、广西、海南、四川、云南、西藏、台湾、香港

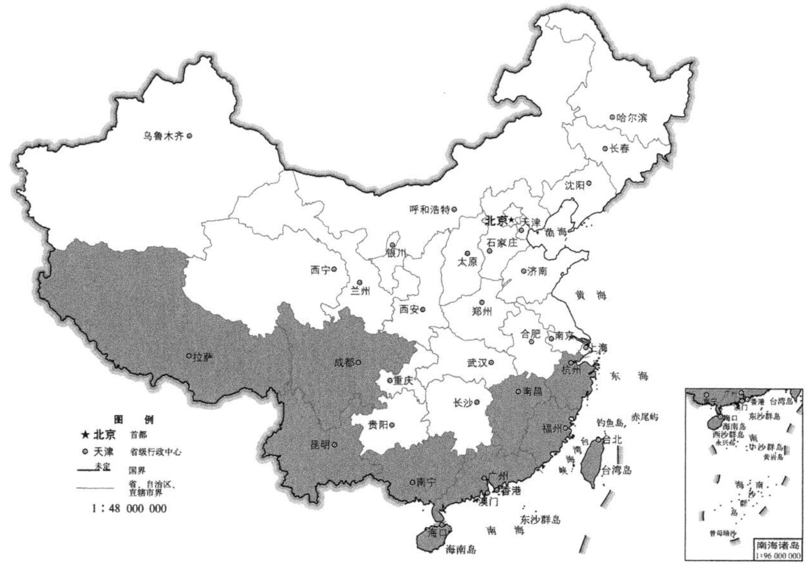

图 6-65 双斑蟋的国内地理分布

（图 6-65）；**国外分布**：印度、新加坡、巴基斯坦、斯里兰卡、伊朗、阿富汗，欧洲和非洲部分地区。

种群：非常常见，数量巨大。

致危因素

　　过去：无；**现在**：无；**将来**：无。

　　评述：分布非常广泛，适应能力强。

保护措施

　　已有：无；**建议**：无。

　　评论：有时危害农作物，无须保护的一种昆虫。

参考文献：吴福祯，1987；吴福桢和郑彦芬，1992；刘宪伟等，1993；殷海生和刘宪伟，1995；尤平等，1997；王音等，1999；王音，2002；Hsu，1928；Shishodia et al.，2010；Gorochov，2017；Xu & Liu，2019。

(66) 狭膜裸蟋 *Gymnogryllus contractus* Liu，Yin & Liu，1995

分类地位：蟋蟀总科 Grylloidea 蟋蟀科 Gryllidae 蟋蟀亚科 Gryllinae 蟋蟀族 Gryllini。

同物异名：无。

中文别名：无。

中国种群占全球种群的比例：中国特有。

分析等级：近危 NT。

依据标准：几近符合易危 VU D2。

理由：已知 1 个分布区，分布区种群密度低，受到人类活动影响，可能有逐渐衰退趋势。

生境：1.6，3.6。

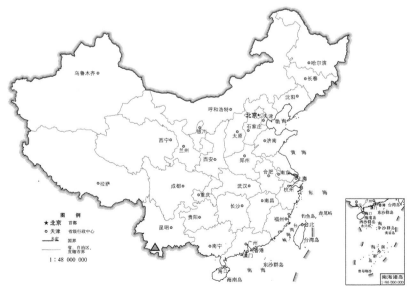

图 6-66　狭膜裸蟋的国内地理分布

生物学：栖息于植被底层。

国内分布：云南（西双版纳）（图6-66）；**国外分布**：无。

种群：少见。

致危因素

过去：1.3，1.4，9.5，9.10；**现在**：1.3，1.4，9.5，9.10；**将来**：9.5，9.10。

评述：栖息地减少，生存环境面临破坏，种群数量有减少的趋势。

保护措施

已有：4.4.2；**建议**：2.2，3.2，3.3，3.4，4.1。

评论：这是一种体形强壮的蟋蟀，需要通过科学研究了解本种的种群组成和地理分布，并维持其生境保护状态。

参考文献：刘举鹏等，1995；殷海生和刘宪伟，1995。

(67) 长突裸蟋 *Gymnogryllus dolichodens* Ma & Zhang，2011

分类地位：蟋蟀总科 Grylloidea 蟋蟀科 Gryllidae 蟋蟀亚科 Gryllinae 蟋蟀族 Gryllini。

同物异名：无。

中文别名：无。

中国种群占全球种群的比例：中国特有。

分析等级：近危 NT。

依据标准：EN B2ab（ii，iii）；评价等级标准调整。

理由：已知2个分布地点，占有面积小于 500km²，符合濒危标准，但由于本种为新近发现，降级评价为近危。

生境：1.6，3.6。

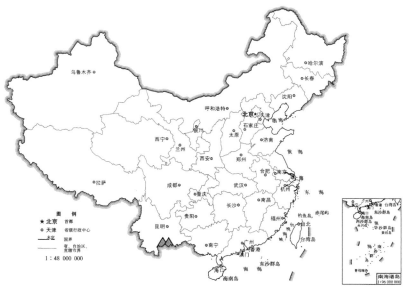

图 6-67　长突裸蟋的国内地理分布

生物学：栖息于植被底层。

国内分布：云南（金平、绿春）（图 6-67）；**国外分布：**无。

种群：有持续标本记录。

致危因素

　　过去：1.3，1.4，9.5，9.10；**现在：**1.3，1.4，9.5，9.10；**将来：**9.5，9.10。

　　评述：栖息地减少，生存环境面临破坏。

保护措施

　　已有：4.4.2；**建议：**2.2，3.2，3.3，3.4，4.1。

　　评论：这类蟋蟀体形强壮，但标本记录较少，需了解本种的种群组成和地理分布，并维持其生态环境保护状态。

参考文献：Ma & Zhang，2011b。

(68) 外突裸蟋 *Gymnogryllus extrarius* Ma & Zhang，2011

分类地位：蟋蟀总科 Grylloidea 蟋蟀科 Gryllidae 蟋蟀亚科 Gryllinae 蟋蟀族 Gryllini。

同物异名：无。

中文别名：无。

中国种群占全球种群的比例：中国特有。

分析等级：易危 VU。

依据标准：CR A4cd＋B2ab（ii，iii）；评价等级标准调整。

理由：已知 1 个分布地点，占有面积小于 $10km^2$，栖息地质量衰退，符合极危标准，但由于本种为新近发现，降级评价为易危。

生境：1.6，3.6。

生物学：推测栖息于植被底层。

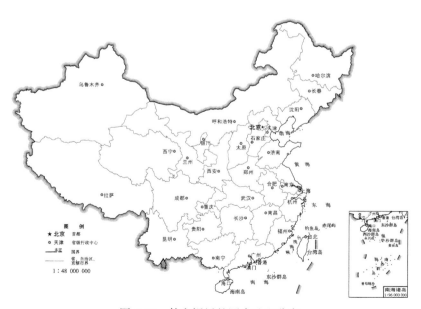

图 6-68　外突裸蟋的国内地理分布

国内分布：云南（勐腊）（图 6-68）；**国外分布**：无。

种群：仅有原始记录。

致危因素

    过去：1.3，1.4，9.5，9.10；**现在**：1.3，1.4，9.5，9.10；**将来**：9.5，9.10。

    评述：栖息地减少，生存环境面临破坏。

保护措施

    已有：4.4.2；**建议**：2.1，3.1，3.2，4.1。

    评论：通过野外调查显示，在模式产地有近缘种分布，应通过严谨分类学研究，详尽了解本种的种群组成和地理分布情况。

参考文献：Ma & Zhang，2011b。

（69）长翅裸蟋 *Gymnogryllus longus* Ma & Zhang，2011

分类地位：蟋蟀总科 Grylloidea 蟋蟀科 Gryllidae 蟋蟀亚科 Gryllinae 蟋蟀族 Gryllini。

同物异名：无。

中文别名：无。

中国种群占全球种群的比例：中国特有。

分析等级：近危 NT。

依据标准：EN A4cd＋B2ab（ii，iii）；评价等级标准调整。

理由：已知 2 个分布地点，占有面积小于 500km^2，栖息地质量衰退，符合濒危标准，但由于本种为新近发现，降级评价为近危。

生境：1.6，3.6。

生物学：推测栖息于植被底层。

国内分布：广西（崇左、上思）（图 6-69）；**国外分布**：无。

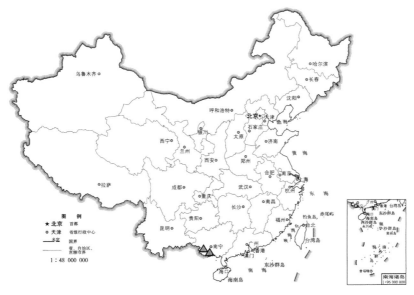

图 6-69 长翅裸蟋的国内地理分布

种群：密度低。

致危因素

过去：1.3，1.4，9.5，9.10；**现在**：1.3，1.4，9.5，9.10；**将来**：9.5，9.10。

评述：栖息地减少，生存环境面临破坏。

保护措施

已有：4.4.2；**建议**：2.1，3.1，3.2，4.1。

评论：虽然本种为新近发现，但有新种群记录，通过检视记录表明已知种群密度低，需要持续观察与检测。

参考文献：Ma & Zhang，2011b。

(70) 齿瓣裸蟋 *Gymnogryllus odonopetalus* Xie & Zheng，2003

分类地位：蟋蟀总科 Grylloidea 蟋蟀科 Gryllidae 蟋蟀亚科 Gryllinae 蟋蟀族 Gryllini。

同物异名：无。

中文别名：无。

中国种群占全球种群的比例：中国特有。

分析等级：濒危 EN。

依据标准：CR B2ab（ii，iii）；评价等级标准调整。

理由：已知 1 个分布地点，占有面积小于 $10km^2$，栖息地质量衰退，符合极危标准，但由于本种发现时间较晚，降级评价为濒危。

生境：1.6，3.6。

生物学：推测栖息于植被底层。

国内分布：云南（勐腊）（图 6-70）；**国外分布**：无。

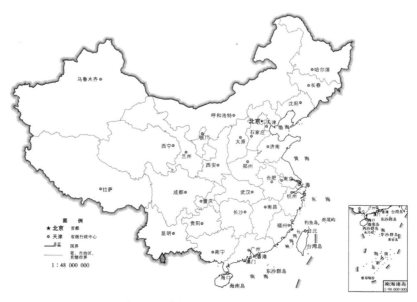

图 6-70　齿瓣裸蟋的国内地理分布

种群：非常少见。

致危因素

　　过去：1.3，1.4，9.5，9.10；**现在**：1.3，1.4，9.5，9.10；**将来**：9.5，9.10。

　　评述：栖息地减少，生存环境面临破坏。

保护措施

　　已有：4.4.2；**建议**：2.1，3.1，3.2，4.1。

　　评论：通过野外调查显示，模式产地有近缘种分布，应通过严谨分类学研究，详尽了解本种的种群组成和地理分布情况。

参考文献：谢令德和郑哲民，2003c。

(71) 条斑裸蟋 *Gymnogryllus striatus* Ma & Zhang，2011

分类地位：蟋蟀总科 Grylloidea 蟋蟀科 Gryllidae 蟋蟀亚科 Gryllinae 蟋蟀族 Gryllini。

同物异名：无。

中文别名：无。

中国种群占全球种群的比例：中国特有。

分析等级：易危 VU。

依据标准：CR A4cd＋B2ab（ii，iii）；评价等级标准调整。

理由：已知 1 个分布地点，占有面积小于 $10km^2$，栖息地质量衰退，符合极危标准，但由于本种为新近发现，降级评价为易危。

生境：1.6，3.6。

生物学：推测栖息于植被底层。

国内分布：云南（勐海）（图 6-71）；**国外分布**：无。

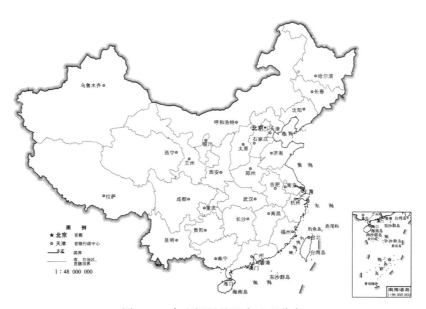

图 6-71　条斑裸蟋的国内地理分布

种群：仅有原始记录。

致危因素

　　过去：1.3，1.4，9.5，9.10；现在：1.3，1.4，9.5，9.10；将来：9.5，9.10。

　　评述：栖息地减少，生存环境面临破坏。

保护措施

　　已有：无；建议：2.1，3.2，4.4。

　　评论：本种为新近发现，仅有原始记录，表明本种种群密度低，需要持续观察并实施保护行动。

参考文献：Ma & Zhang，2011b。

---

(72)　扩胸裸蟋 *Gymnogryllus tumidulus* Ma & Zhang，2011

分类地位：蟋蟀总科 Grylloidea 蟋蟀科 Gryllidae 蟋蟀亚科 Gryllinae 蟋蟀族 Gryllini。

同物异名：无。

中文别名：无。

中国种群占全球种群的比例：中国特有。

分析等级：易危 VU。

依据标准：CR A4cd＋B2ab（ii，iii）；评价等级标准调整。

理由：已知 1 个分布地点，占有面积小于 $10km^2$，栖息地质量衰退，符合极危标准，但由于本种为新近发现，降级评价为易危。

生境：1.6，3.6。

生物学：推测栖息于植被底层。

国内分布：广东（深圳）（图 6-72）；**国外分布**：无。

种群：仅有原始记录。

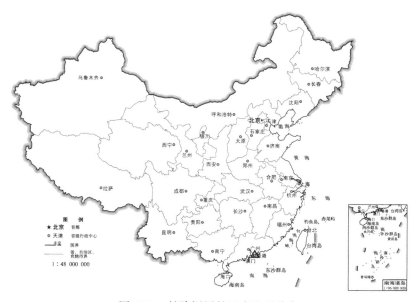

图 6-72　扩胸裸蟋的国内地理分布

致危因素

过去：1.3，1.4，9.5，9.10；**现在**：1.3，1.4，9.5，9.10；**将来**：9.5，9.10。

评述：栖息地减少，生存环境面临破坏。

保护措施

已有：无；**建议**：3.1，3.2，3.3。

评论：情况与该属其他种近似，虽体型大而强壮，但被发现的个体极少，很可能是密度低或者是其他因素造成的。

参考文献：Ma & Zhang，2011b。

(73) 云南裸蟋 *Gymnogryllus yunnanensis* **Ma & Zhang，2011**

分类地位：蟋蟀总科 Grylloidea 蟋蟀科 Gryllidae 蟋蟀亚科 Gryllinae 蟋蟀族 Gryllini。

同物异名：无。

中文别名：无。

中国种群占全球种群的比例：中国特有。

分析等级：易危 VU。

依据标准：CR A4cd＋B2ab（ii，iii）；评价等级标准调整。

理由：已知 1 个分布地点，占有面积小于 $10km^2$，栖息地质量衰退，符合极危标准，但由于本种为新近发现，降级评价为易危。

生境：1.6，3.6，4.6。

生物学：推测栖息于植被底层。

国内分布：云南（勐腊）（图 6-73）；**国外分布**：无。

种群：仅有原始记录。

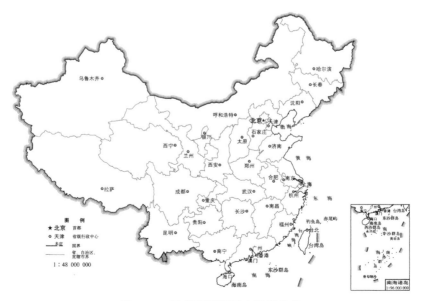

图 6-73 云南裸蟋的国内地理分布

致危因素

过去：1.3，1.4，9.5，9.10；**现在：**1.3，1.4，9.5，9.10；**将来：**9.5，9.10。

评述：栖息地减少，生存环境面临破坏。

保护措施

已有：4.4.2；**建议：**3.1，3.2，3.3，4.1。

评论：通过野外调查显示，模式产地有多近缘种分布，通过比较形态分析，发现可能存在过渡种的情况。

参考文献：Ma & Zhang，2011b。

（74）瘦拟额蟋 *Itaropsis tenella*（Walker，1869）

分类地位：蟋蟀总科 Grylloidea 蟋蟀科 Gryllidae 蟋蟀亚科 Gryllinae。

同物异名：*Gryllus parviceps* Walker，1871。

中文别名：无。

中国种群占全球种群的比例：疑似分布。

分析等级：数据缺乏 DD。

依据标准：物种分布记录信息为非正式发表。

理由：仅记录于学位论文，非正式发表。

生境：不详。

生物学：不详。

国内分布：重庆（北碚）、云南（金平）（图 6-74）；**国外分布：**印度、斯里兰卡。

种群：少见。

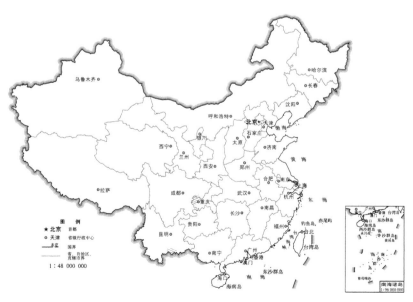

图 6-74 瘦拟额蟋的国内地理分布

致危因素

过去：不详；现在：不详；将来：不详。

评述：无。

保护措施

已有：不详；建议：3.1。

评论：本种或者疑似种，均为我国少见物种，值得今后研究关注。

参考文献：马丽滨，2011；Walker，1869。

(75) 小棺头蟋 *Loxoblemmus aomoriensis* Shiraki，1930

分类地位：蟋蟀总科 Grylloidea 蟋蟀科 Gryllidae 蟋蟀亚科 Gryllinae 蟋蟀族 Gryllini。

同物异名：无。

中文别名：青森扁头蟋。

中国种群占全球种群的比例：中国为主要分布区。

分析等级：无危 LC。

依据标准：未达到极危、濒危、易危和近危标准。

理由：在东亚分布广泛。

生境：3.4，3.6，4.4，4.6，7.1，11.1，11.2，11.3，11.4，11.5。

生物学：适应能力强，可以在枯枝落叶层、洞穴或石块下栖息，通常夜间活动。

国内分布：浙江、安徽、山东、河南、湖北、湖南、广西、海南、四川、云南、陕西（图 6-75）；**国外分布**：日本。

种群：非常常见，数量巨大。

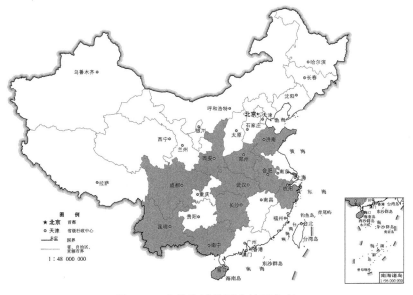

图 6-75　小棺头蟋的国内地理分布

致危因素

  过去：无；现在：无；将来：无。

  评述：尚未发现明显致危因素。

保护措施

  已有：无；建议：无。

  评论：无须刻意保护的一种昆虫。

参考文献：夏凯龄和刘宪伟，1992；殷海生和刘宪伟，1995；尤平等，1997；王音等，1999；林育真等，2001；王音，2002；谢令德，2004；刘浩宇和石福明，2014b；Shiraki，1930；Yang，1998；Han et al.，2015；Gu et al.，2018；Xu & Liu，2019。

（76）附突棺头蟋 *Loxoblemmus appendicularis* Shiraki，1930

分类地位：蟋蟀总科 Grylloidea 蟋蟀科 Gryllidae 蟋蟀亚科 Gryllinae 蟋蟀族 Gryllini。

同物异名：*Loxoblemmus angulatus* Bey-Bienko，1956。

中文别名：尖角棺头蟋、三角扁头蟋、尖额棺头蟋。

中国种群占全球种群的比例：中国特有。

分析等级：无危 LC。

依据标准：未达到极危、濒危、易危和近危标准。

理由：在我国南部分布非常广泛。

生境：3.4，3.6，4.4，4.6，7.1，11.1，11.2，11.3，11.4，11.5。

生物学：适应能力强，可以在枯枝落叶层、洞穴或石块下栖息，通常夜间活动。

国内分布：福建、江西、湖南、广西、海南、四川、云南、陕西、甘肃、台湾（图6-76）；

国外分布：无。

种群：非常常见，数量巨大。

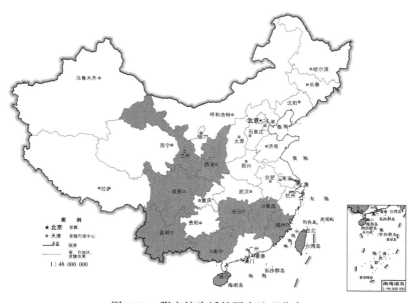

图 6-76　附突棺头蟋的国内地理分布

致危因素

　　过去：无；**现在**：无；**将来**：无。

　　评述：尚未发现明显致危因素。

保护措施

　　已有：无；**建议**：无。

　　评论：无须刻意保护的一种昆虫。

参考文献：刘宪伟等，1993；殷海生和刘宪伟，1995；王音，2002；谢令德，2004；谢令德，2005；卢慧等，2018；Shiraki，1930；Bei-Bienko，1956；Yang，1998；He & Takeda，2014；Gu，et al.，2018。

(77)　平突棺头蟋 *Loxoblemmus applanatus* Wang，Zheng & Woo，1999

分类地位：蟋蟀总科 Grylloidea 蟋蟀科 Gryllidae 蟋蟀亚科 Gryllinae 蟋蟀族 Gryllini。

同物异名：无。

中文别名：平突扁头蟋。

中国种群占全球种群的比例：中国特有。

分析等级：濒危 EN。

依据标准：CR B2ab（ii，iii）；评价等级标准调整。

理由：已知 1 笔记录，推测占有面积不到 $10km^2$，栖息地质量衰退，符合极危标准，但由于发现时间较晚，降级评价为濒危。

生境：1.6，4.6，7.1。

生物学：推测与本属其他种近似。

国内分布：福建（图 6-77）；**国外分布**：无。

种群：仅有原始记录。

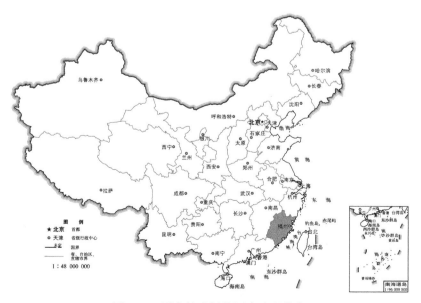

图 6-77　平突棺头蟋的国内地理分布

致危因素

　　过去：5.1，8.8，9.11，10.6；**现在**：5.1，8.8，9.11，10.6；**将来**：5.1，8.8，9.11，10.6。

　　评述：棺头蟋属的很多种类种群数量大，常被视为农林业害虫，存在被误杀的风险；但是，一个物种被人类发现后，长时间未再记录，很可能是我们未知的原因造成的。

保护措施

　　已有：无；**建议**：3.1，3.2。

　　评论：物种模式标本标签不详细，物种发表无特征图，并被很多学者所忽视。应首先对模式标本进行分类学研究，掌握更多的形态学特征，让大家重新认识这种蟋蟀；其次是进行野外调查，以明确濒危现状。

　　参考文献：王音等，1999。

(78)　蛮棺头蟋 *Loxoblemmus arietulus* Saussure，1877

分类地位：蟋蟀总科 Grylloidea 蟋蟀科 Gryllidae 蟋蟀亚科 Gryllinae 蟋蟀族 Gryllini。

同物异名：*Loxoblemmus campestris* Matsuura，1988。

中文别名：黄扁头蟋。

中国种群占全球种群的比例：中国为次要分布区。

分析等级：无危 LC。

依据标准：未达到极危、濒危、易危和近危标准。

理由：在东亚和东南亚分布广泛。

生境：1.4，1.6，3.4，3.6，4.4，4.6，7.1，11.1，11.2，11.3，11.4。

生物学：适应能力强，可以在枯枝落叶层、洞穴或石块下栖息，通常夜间活动。

国内分布：北京、广西、台湾（图6-78）；**国外分布**：朝鲜、日本、泰国、马来西亚、新加

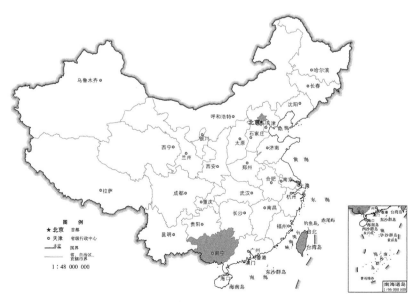

图 6-78　蛮棺头蟋的国内地理分布

坡、印度尼西亚、俄罗斯（远东）。

种群：非常常见，数量巨大。

致危因素

　　过去：无；现在：无；将来：无。

　　评述：尚未发现明显致危因素。

保护措施

　　已有：无；建议：无。

　　评论：无须刻意保护的一种昆虫。

参考文献：殷海生和刘宪伟，1995；Saussure，1877；Ichikawa et al.，2000；Storozhenko，2004；Storozhenko & Paik，2007；Storozhenko et al.，2015。

（79）窃棺头蟋 *Loxoblemmus detectus*（Serville，1838）

分类地位：蟋蟀总科 Grylloidea 蟋蟀科 Gryllidae 蟋蟀亚科 Gryllinae 蟋蟀族 Gryllini。

同物异名：*Platyblemmus delectus* Serville，1838。

中文别名：无。

中国种群占全球种群的比例：中国为次要分布区。

分析等级：无危 LC。

依据标准：未达到极危、濒危、易危和近危标准。

理由：在东亚、南亚和东南亚分布广泛。

生境：1.4，1.6，3.4，3.6，4.4，4.6，7.1，11.1，11.2，11.3，11.4，11.5。

生物学：适应能力强，可以在枯枝落叶层、洞穴或石块下栖息，通常夜间活动。

国内分布：北京、江苏、浙江、安徽、福建、江西、山东、广西、四川、贵州、陕西、台湾

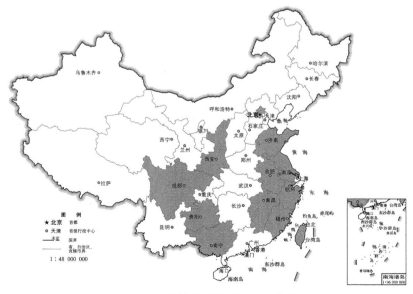

图 6-79　窃棺头蟋的国内地理分布

（图 6-79）；**国外分布**：尼泊尔、印度、巴基斯坦、印度尼西亚。

种群：非常常见，数量巨大。

致危因素

　　过去：无；**现在**：无；**将来**：无。

　　评述：尚未发现明显致危因素。

保护措施

　　已有：无；**建议**：无。

　　评论：无须刻意保护的一种昆虫。

参考文献：殷海生和刘宪伟，1995；尤平等，1997；林育真等，2001；殷海生等，2001；刘浩宇和石福明，2007b；刘浩宇和石福明，2014a；Xu & Liu，2019；Yang et al.，2019。

(80) 多伊棺头蟋 *Loxoblemmus doenitzi* Stein，1881

分类地位：蟋蟀总科 Grylloidea 蟋蟀科 Gryllidae 蟋蟀亚科 Gryllinae 蟋蟀族 Gryllini。

同物异名：*Loxoblemmus dönitzi* Stein，1881；*Loxoblemmus frontalis* Shiraki，1911。

中文别名：德齐棺头蟋、大扁头蟋。

中国种群占全球种群的比例：中国为主要分布区。

分析等级：无危 LC。

依据标准：未达到极危、濒危、易危和近危标准。

理由：在东亚和东南亚分布广泛。

生境：1.4，1.6，3.4，3.6，4.4，4.6，7.1，7.2，11.1，11.2，11.3，11.4，11.5。

生物学：适应能力强，可以在枯枝落叶层、洞穴或石块下栖息，通常在夜间活动。

国内分布：北京、河北、山西、辽宁、上海、江苏、浙江、安徽、江西、山东、河南、湖

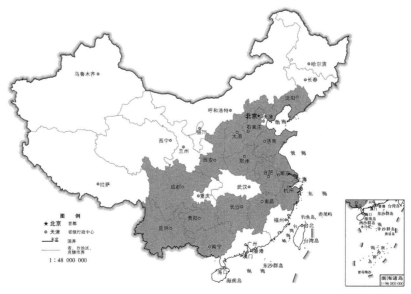

图 6-80　多伊棺头蟋的国内地理分布

南、广西、四川、贵州、云南、陕西（图 6-80）；**国外分布**：朝鲜、日本。

种群：非常常见，数量巨大。

致危因素

　　过去：无；**现在**：无；**将来**：无。

　　评述：尚未发现明显致危因素。

保护措施

　　已有：无；**建议**：无。

　　评论：无须刻意保护的一种昆虫，种群大量集群时，危害农作物。

参考文献：夏凯龄和刘宪伟，1992；陈德良等，1995；殷海生和刘宪伟，1995；尤平等，1997；俞立鹏和卢庭高，1998；林育真等，2001；谢令德，2005；刘浩宇，2013；刘浩宇等，2013；刘浩宇和石福明，2014a；刘浩宇和石福明，2014b；卢慧等，2018；Shiraki，1930；Bei-Bienko，1956；Yang，1998；Liu et al.，2013；Li et al.，2016；Gu et al.，2018；Xu & Liu，2019；Yang et al.，2019。

（81）石首棺头蟋 *Loxoblemmus equestris* Saussure，1877

分类地位：蟋蟀总科 Grylloidea 蟋蟀科 Gryllidae 蟋蟀亚科 Gryllinae 蟋蟀族 Gryllini。

同物异名：*Loxoblemmus equestris* var. *manipurensis* Bhowmik，1969；*Loxoblemmus satellitius* Stål，1877。

中文别名：小扁头蟋。

中国种群占全球种群的比例：中国为主要分布区。

分析等级：无危 LC。

依据标准：未达到极危、濒危、易危和近危标准。

理由：在东亚、南亚和东南亚分布广泛。

生境：1.4，1.6，3.4，3.6，4.4，4.6，7.1，7.2，11.1，11.2，11.3，11.4，11.5。

生物学：适应能力非常强，可以在枯枝落叶层、洞穴或石块等多种生境下栖息，通常夜间活动。

国内分布：河北、辽宁、江苏、浙江、安徽、福建、江西、湖北、湖南、广西、海南、重庆、四川、贵州、云南、西藏、陕西、台湾（图 6-81）；**国外分布**：朝鲜、越南、印度、日本、菲律宾、印度尼西亚、斯里兰卡。

种群：非常常见，数量巨大。

致危因素

　　过去：无；**现在**：无；**将来**：无。

　　评述：尚未发现明显致危因素。

保护措施

　　已有：无；**建议**：无。

　　评论：无须刻意保护的一种昆虫。

参考文献：夏凯龄和刘宪伟，1992；刘宪伟等，1993；陈德良等，1995；殷海生和刘宪伟，1995；尤平等，1997；王音等，1999；林育真等，2001；殷海生等，2001；王音，2002；谢令德，2004；谢令德，2005；刘浩宇和石福明，2007b；刘宪伟和毕文烜，2010；刘浩宇等，2013；刘浩宇和石福明，2014a；刘浩宇和石福明，2014b；卢慧等，2018；Saussure，1877；Shiraki，1930；Bei-Bienko，1956；Liu et al.，2013；Han et al.，2015；Li et al.，

2016；Gu et al.，2018；Xu & Liu，2019；Yang et al.，2019。

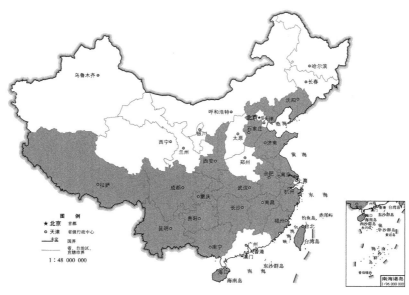

图 6-81　石首棺头蟋的国内地理分布

(82) 台湾棺头蟋 *Loxoblemmus formosanus* Shiraki，1930

分类地位：蟋蟀总科 Grylloidea 蟋蟀科 Gryllidae 蟋蟀亚科 Gryllinae 蟋蟀族 Gryllini。

同物异名：无。

中文别名：台湾扁头蟋。

中国种群占全球种群的比例：中国特有。

分析等级：无危 LC。

依据标准：未达到极危、濒危、易危和近危标准。

理由：在我国南部分布广泛。

生境：3.4，3.6，4.6，7.1，7.2，11.1，11.2，11.3，11.4，11.5。

生物学：适应能力非常强，可以在枯枝落叶层、洞穴或石块等多种生境下栖息，通常在夜间活动。

国内分布：浙江、广西、海南、云南、台湾（图 6-82）；**国外分布：**无。

种群：非常常见，数量巨大。

致危因素

　　过去：无；**现在：**无；**将来：**无。

　　评述：尚未发现明显致危因素。

保护措施

　　已有：无；**建议：**无。

　　评论：无须刻意保护的一种昆虫。

参考文献：殷海生和刘宪伟，1995；殷海生等，2001；王音，2002；刘浩宇和石福明，2013；刘浩宇和石福明，2014a；Shiraki，1930；Yang，1998；Xu & Liu，2019。

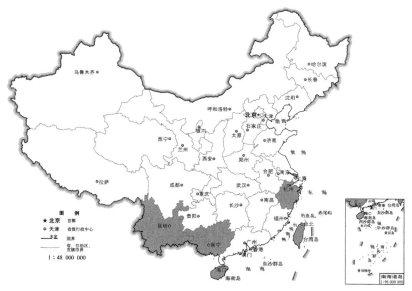

图 6-82　台湾棺头蟋的国内地理分布

(83) 哈尼棺头蟋 *Loxoblemmus haani* Saussure，1877

分类地位：蟋蟀总科 Grylloidea 蟋蟀科 Gryllidae 蟋蟀亚科 Gryllinae 蟋蟀族 Gryllini。

同物异名：*Loxoblemmus histrionicus* Stål，1877。

中文别名：无。

中国种群占全球种群的比例：中国为主要分布区。

分析等级：无危 LC。

依据标准：未达到极危、濒危、易危和近危标准。

理由：在东亚和东南亚分布广泛。

生境：3.4，3.6，4.6，7.1，7.2，11.1，11.2，11.3，11.4，11.5。

生物学：主要在枯枝落叶层、洞穴或石块等多种生境下栖息，通常在夜间活动。

国内分布：江苏、浙江、广西、贵州、云南、陕西、西藏、台湾（图 6-83）；**国外分布：**越南、菲律宾、印度尼西亚。

种群：非常常见，数量巨大。

致危因素

　　过去：无；**现在：**无；**将来：**无。

　　评述：尚未发现明显致危因素。

保护措施

　　已有：无；**建议：**无。

　　评论：无须刻意保护的一种昆虫。

参考文献：夏凯龄和刘宪伟，1992；刘宪伟等，1993；殷海生和刘宪伟，1995；尤平等，1997；谢令德，2004；Saussure，1877；Stein，1881；Hsu，1928；Shiraki，1930；Yang et al.，2019。

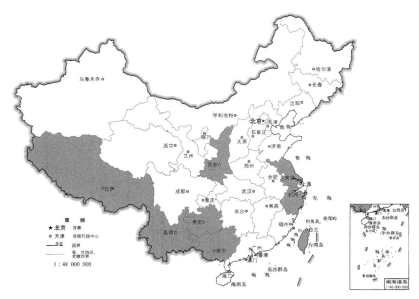

图 6-83　哈尼棺头蟋的国内地理分布

(84) 介棺头蟋 *Loxoblemmus intermedius* Chopard，1929

分类地位：蟋蟀总科 Grylloidea 蟋蟀科 Gryllidae 蟋蟀亚科 Gryllinae 蟋蟀族 Gryllini。

同物异名：无。

中文别名：介扁头蟋。

中国种群占全球种群的比例：中国为次要分布区。

分析等级：无危 LC。

依据标准：未达到极危、濒危、易危和近危标准。

理由：在东亚、南亚和东南亚分布广泛。

生境：3.4，3.6，4.6，7.1，7.2，11.1，11.2，11.3，11.4。

生物学：主要在枯枝落叶层、洞穴或石块等多种生境下栖息，通常在夜间活动。

国内分布：江西、湖南、广西、海南、重庆、贵州、云南（图 6-84）；**国外分布**：越南、印度、印度尼西亚。

种群：非常常见，数量巨大。

致危因素

　　过去：无；**现在**：无；**将来**：无。

　　评述：尚未发现明显致危因素。

保护措施

　　已有：无；**建议**：无。

　　评论：无须刻意保护的一种昆虫。

参考文献：刘宪伟等，1993；殷海生和刘宪伟，1995；王音，2002；刘浩宇等，2010；Chopard，1929b；Chopard，1954；Vasanth，1993；Shishodia et al.，2010；Kim & Pham，2014；Gu et al.，2018。

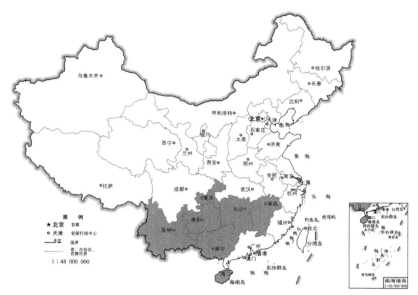

图 6-84 介棺头蟋的国内地理分布

(85) 雅棺头蟋 *Loxoblemmus jacobsoni* Chopard，1927

分类地位：蟋蟀总科 Grylloidea 蟋蟀科 Gryllidae 蟋蟀亚科 Gryllinae 蟋蟀族 Gryllini。

同物异名：无。

中文别名：雅科棺头蟋、雅扁头蟋。

中国种群占全球种群的比例：中国为主要分布区。

分析等级：无危 LC。

依据标准：未达到极危、濒危、易危和近危标准。

理由：在东亚和东南亚分布广泛。

生境：3.4，3.6，4.6，7.1，7.2，11.1，11.2，11.3，11.4。

生物学：主要在枯枝落叶层、洞穴或石块等多种生境下栖息，通常在夜间活动。

国内分布：江西、湖南、广西、海南、重庆、四川、云南（图 6-85）；**国外分布**：泰国、马来西亚、新加坡、印度尼西亚。

种群：非常常见，数量巨大。

致危因素

　　过去：无；**现在**：无；**将来**：无。

　　评述：尚未发现明显致危因素。

保护措施

　　已有：无；**建议**：无。

　　评论：无须刻意保护的一种昆虫。

参考文献：夏凯龄和刘宪伟，1992；刘宪伟等，1993；殷海生和刘宪伟，1995；王音，2002；Chopard，1927；Hsiung，1993；Vasanth，1993；Shishodia et al.，2010；Gu et al.，2018。

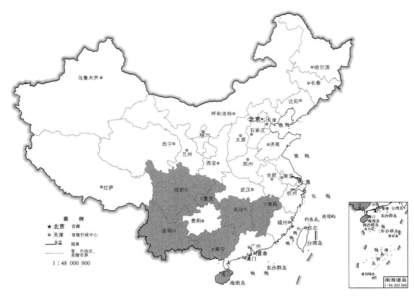

图 6-85　雅棺头蟋的国内地理分布

(86)　巨首棺头蟋 *Loxoblemmus macrocephalus* Chopard，1967

分类地位： 蟋蟀总科 Grylloidea 蟋蟀科 Gryllidae 蟋蟀亚科 Gryllinae 蟋蟀族 Gryllini。

同物异名： 无。

中文别名： 无。

中国种群占全球种群的比例： 中国为次要分布区。

分析等级： 近危 NT。

依据标准： 地区水平指南应用。

理由： 本种在南亚分布广泛，符合无危标准。但在我国仅知 1 个分布区，可能是分布的边缘，值得关注，升级评价为近危。

生境： 3.4，3.6。

生物学： 主要在枯枝落叶层、洞穴或石块等多种生境下栖息，通常在夜间活动。

国内分布： 西藏（墨脱）（图 6-86）；**国外分布：** 缅甸、印度。

种群： 较常见。

致危因素

　　过去： 1.1，1.3，1.4；**现在：** 1.1，1.3，1.4；**将来：** 1.1，1.3，1.4。

　　评述： 生存环境变化，可能导致种群数量减少。

保护措施

　　已有： 无；**建议：** 3.2。

　　评论： 进一步了解在我国的种群和地理分布情况。

参考文献： 殷海生和刘宪伟，1995；Chopard，1969b；Vasanth，1993；Shishodia，Chandra & Gupta，2010。

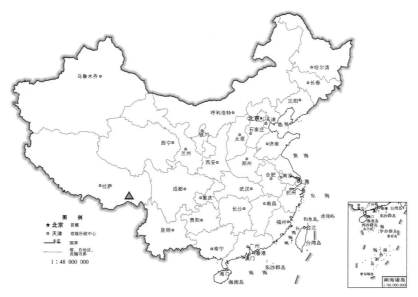

图 6-86　巨首棺头蟋的国内地理分布

（87）高山棺头蟋 *Loxoblemmus montanus* Liu，Zhang & Shi，2016

分类地位： 蟋蟀总科 Grylloidea 蟋蟀科 Gryllidae 蟋蟀亚科 Gryllinae 蟋蟀族 Gryllini。

同物异名： 无。

中文别名： 无。

中国种群占全球种群的比例： 中国特有。

分析等级： 易危 VU。

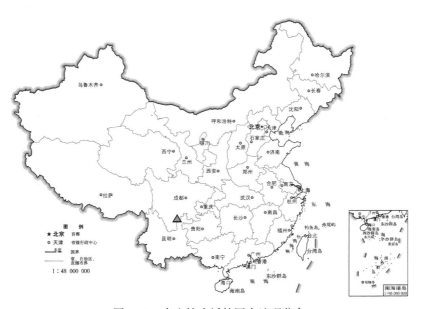

图 6-87　高山棺头蟋的国内地理分布

依据标准：CR A4cd＋B2ab（ii，iii）；评价等级标准调整。

理由：已知 1 个分布地点，占有面积小于 10km²，符合极危标准，但由于本种为新近发现，降级评价为易危。

生境：1.4，3.4。

生物学：主要在高海拔的枯枝落叶层、洞穴或石块等多种生境下栖息，通常在夜间活动。

国内分布：四川（昭觉）（图 6-87）；**国外分布**：无。

种群：原始记录显示种群较大。

致危因素

　　过去：1.1，1.3，1.4，4.1，9.9；**现在**：1.1，1.3，1.4，9.9；**将来**：4.1，9.9。

　　评述：栖息地减少，种群数量可能有减少的趋势。

保护措施

　　已有：无；**建议**：3.2。

　　评论：野外调查显示，模式产地种群数量较大，但仅知 1 处分布区，需要保持关注。

参考文献：Liu et al.，2016b。

(88) 网膜棺头蟋 *Loxoblemmus reticularus* Liu，Yin & Liu，1995

分类地位：蟋蟀总科 Grylloidea 蟋蟀科 Gryllidae 蟋蟀亚科 Gryllinae 蟋蟀族 Gryllini。

同物异名：无。

中文别名：无。

中国种群占全球种群的比例：中国特有。

分析等级：近危 NT。

依据标准：几近符合易危 VU D2。

理由：尽管本种发现时间较晚，但文献资料表明近 20 年种群信息记录少，分布范围较狭窄，

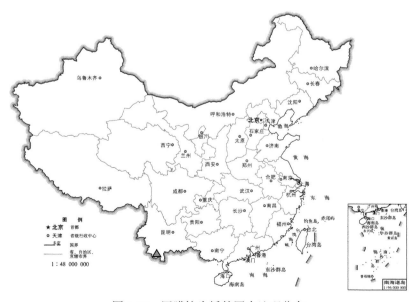

图 6-88　网膜棺头蟋的国内地理分布

未来可能存在风险。

生境：3.6，4.6。

生物学：推测与该属内其他种近似。

国内分布：云南（西双版纳）（图6-88）；**国外分布**：无。

种群：不详。

致危因素

过去：1.1，1.3，1.4，4.1，5.1；**现在**：1.1，1.3，1.4，4.1，5.1；**将来**：1.1，1.3，1.4，4.1，5.1。

评述：分布区内有多种近缘种，存在误杀或有害灭杀的可能性。

保护措施

已有：4.4.2；**建议**：3.1，3.2，3.4。

评论：通过分类研究，有效识别近缘种，了解不同种地理分布情况，以利于保护措施完善。

参考文献：刘举鹏等，1995；殷海生和刘宪伟，1995。

（89）亚角棺头蟋 *Loxoblemmus subangulatus* Yang，1992

分类地位：蟋蟀总科 Grylloidea 蟋蟀科 Gryllidae 蟋蟀亚科 Gryllinae 蟋蟀族 Gryllini。

同物异名：无。

中文别名：无。

中国种群占全球种群的比例：中国特有。

分析等级：近危 NT。

依据标准：几近符合易危 VU D2。

理由：分布范围较狭窄，文献资料表明，近30年有效信息记录少，未来可能存在风险。

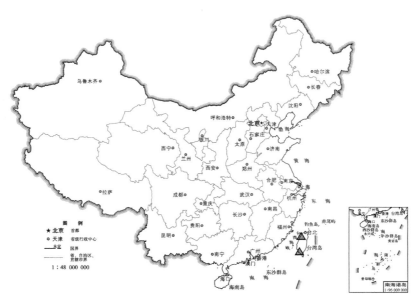

图 6-89　亚角棺头蟋的国内地理分布

生境：3.6，4.6，11.1，11.2，11.3，11.4。

生物学：栖息于林缘或果园草地。

国内分布：台湾（高雄、苗栗）（图 6-89）；**国外分布：**无。

种群：少见。

致危因素

　　过去：4.1，5.1，9.5；**现在：**4.1，5.1，9.5；**将来：**4.1，5.1，9.5。

　　评述：棺头蟋属昆虫通常适应能力较强，可能由于种群密度低，或者是由于有害生物灭杀造成。

保护措施

　　已有：无；**建议：**2.2，3.2，3.3，3.4。

　　评论：通过野外调查了解不同种地理分布情况。

参考文献：Yang，1992；Hsiung，1993；台湾生物多样性资讯入口网。

（90）泰康棺头蟋 *Loxoblemmus taicoun* Saussure，1877

分类地位：蟋蟀总科 Grylloidea 蟋蟀科 Gryllidae 蟋蟀亚科 Gryllinae 蟋蟀族 Gryllini。

同物异名：无。

中文别名：无。

中国种群占全球种群的比例：中国为主要分布区。

分析等级：无危 LC。

依据标准：未达到极危、濒危、易危和近危标准。

理由：在东亚和东南亚分布广泛。

生境：1.4，1.6，3.4，3.6，4.6，7.1，7.2，11.1，11.2，11.3，11.4。

生物学：主要栖息于枯枝落叶层、洞穴或石块等多种生境下，通常在夜间活动。

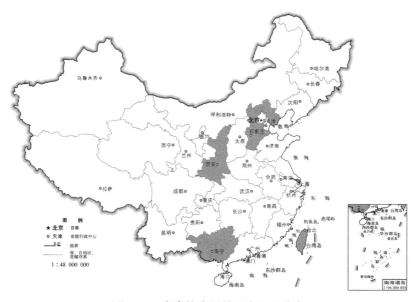

图 6-90　泰康棺头蟋的国内地理分布

国内分布：河北、广西、陕西、台湾（图6-90）；**国外分布**：日本。

种群：非常常见，数量巨大。

致危因素

　　过去：无；**现在**：无；**将来**：无。

　　评述：数量较多，分布广泛，适应能力较强。

保护措施

　　已有：无；**建议**：无。

　　评论：无须刻意保护的一种昆虫。

参考文献：殷海生和刘宪伟，1995；尤平等，1997；Saussure，1877；Kirby，1906；Chopard，1933；Ichikawa et al.，2000；Yang et al.，2019。

(91) 双线黑蟋 *Melanogryllus bilineatus* Yang & Yang，1994

分类地位：蟋蟀总科 Grylloidea 蟋蟀科 Gryllidae 蟋蟀亚科 Gryllinae 蟋蟀族 Gryllini。

同物异名：无。

中文别名：无。

中国种群占全球种群的比例：中国为主要分布区。

分析等级：濒危 EN。

依据标准：EN A4cd＋B1ab（i，iii）。

理由：已知2个分布区，分布面积可能小于5000km²，缺少有效记录信息，推测种群个体数量少并逐渐衰退。

生境：3.4，3.6，4.6。

生物学：生活在低海拔草地。

国内分布：台湾（屏东、宜兰）（图6-91）；**国外分布**：日本。

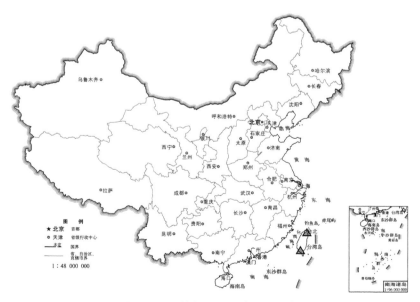

图 6-91　双线黑蟋的国内地理分布

种群：少见。

致危因素

　　过去：1.3，1.4；**现在**：1.3，1.4；**将来**：1.3，1.4。

　　评述：栖息地减少，生存环境面临破坏。

保护措施

　　已有：无；**建议**：3.2，3.4。

　　评论：栖息地人口密集，干扰程度较大，建议做好种群调查和生态环境评估工作。

参考文献：台湾生物多样性资讯入口网；Yang & Yang，1994；Ichikawa et al.，2000。

（92）沙漠黑蟋 *Melanogryllus desertus*（Pallas，1771）

分类地位：蟋蟀总科 Grylloidea 蟋蟀科 Gryllidae 蟋蟀亚科 Gryllinae 蟋蟀族 Gryllini。

同物异名：*Acheta agricola* Rambur，1838；*Gryllus alata* Ramme，1921；*Acheta melas* Charpentier，1825；*Gryllus tomentosus* Eversmann，1859；*Gryllus tristis* Serville，1838。

中文别名：无。

中国种群占全球种群的比例：中国为次要分布区。

分析等级：无危 LC。

依据标准：未达到极危、濒危、易危和近危标准。

理由：在中亚、欧洲和北非分布广泛，在我国新疆也有较多分布区。

生境：4.4，7.1，7.2，8.1。

生物学：栖息于荒漠半荒漠地区的草地及洞穴中。

国内分布：新疆（阿克苏、石河子、乌鲁木齐）（图6-92）；**国外分布**：蒙古、哈萨克斯坦、俄罗斯、伊朗、土耳其、欧洲部分地区。

种群：中亚地区常见。

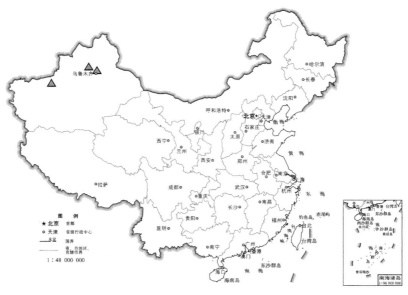

图 6-92　沙漠黑蟋的国内地理分布

致危因素

过去：无；现在：无；将来：无。

评述：栖息地受人为干扰小，尚未发现明显致危因素。

保护措施

已有：无；建议：无。

评论：生存在自然环境恶劣的地区，自身适应能力非常强。

参考文献：殷海生和刘宪伟，1995；Pallas，1771；Saussure，1877；Karny，1907；Chopard，1933；Chopard，1959；Chopard，1960；Storozhenko，2004；Massa et al.，2012；Skejo et al.，2018。

(93) 融合素蟋 *Mitius blennus*（Saussure，1877）

分类地位：蟋蟀总科 Grylloidea 蟋蟀科 Gryllidae 蟋蟀亚科 Gryllinae 姬蟋族 Modicogryllini。

同物异名：无。

中文别名：无。

中国种群占全球种群的比例：中国为次要分布区。

分析等级：无危 LC。

依据标准：未达到极危、濒危、易危和近危标准。

理由：在东洋区分布广泛，我国台湾分布广泛。

生境：1.6，3.6，4.6，11.2，11.3，11.4。

生物学：主要栖息于中低海拔山区的草地、果园、苗圃和农田等。

国内分布：台湾（嘉义、南投、屏东、台中）（图 6-93）；**国外分布**：缅甸、印度、斯里兰卡、马来西亚、印度尼西亚、澳大利亚。

种群：较常见。

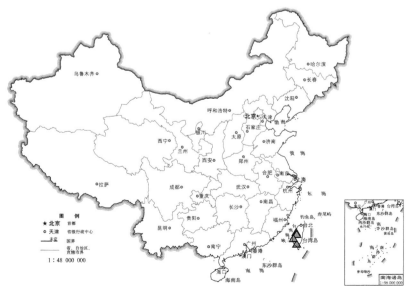

图 6-93　融合素蟋的国内地理分布

致危因素

过去：无；现在：无；将来：无。

评述：尚未发现明显致危因素。

保护措施

已有：无；建议：无。

评论：无须刻意保护的一种昆虫。

参考文献：台湾生物多样性资讯入口网；Saussure，1877；Kirby，1906；Chopard，1931；Chopard，1936c；Chopard，1969；Vasanth，1993；Yang & Yang，1995a；Ingrisch，1998。

(94) 黄足素蟋 *Mitius flavipes*（Chopard，1928）

分类地位：蟋蟀总科 Grylloidea 蟋蟀科 Gryllidae 蟋蟀亚科 Gryllinae 姬蟋族 Modicogryllini。

同物异名：无。

中文别名：无。

中国种群占全球种群的比例：中国为主要分布区。

分析等级：无危 LC。

依据标准：未达到极危、濒危、易危和近危标准。

理由：西南地区较常见。

生境：1.6，3.6，4.6，11.3，11.4。

生物学：栖息于植被底层。

国内分布：江苏、广西、海南、贵州、云南（图6-94）；**国外分布**：斯里兰卡。

种群：较常见。

致危因素

过去：无；现在：无；将来：无。

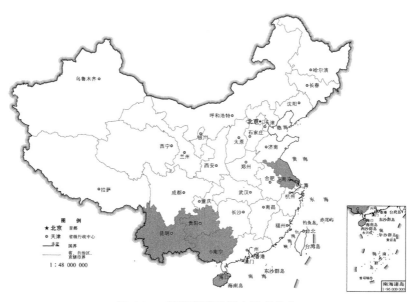

图 6-94　黄足素蟋的国内地理分布

评述：尚未发现明显致危因素。

保护措施

已有：无；建议：无。

评论：无须刻意保护的一种昆虫。

参考文献：刘宪伟等，1993；殷海生和刘宪伟，1995；王音，2002；刘浩宇等，2010；Chopard，1928a；Gorochov，1985c。

(95)　小素蟋 *Mitius minor*（**Shiraki，1911**）

分类地位：蟋蟀总科 Grylloidea 蟋蟀科 Gryllidae 蟋蟀亚科 Gryllinae 姬蟋族 Modicogryllini。

同物异名：无。

中文别名：无。

中国种群占全球种群的比例：中国为主要分布区。

分析等级：无危 LC。

依据标准：未达到极危、濒危、易危和近危标准。

理由：在东亚分布广泛。

生境：1.6，3.6，4.6，11.3，11.4。

生物学：栖息于植被底层。

国内分布：上海、江苏、浙江、湖南、海南、陕西、台湾（图6-95）；**国外分布**：朝鲜、日本。

种群：非常常见，数量巨大。

致危因素

过去：无；**现在**：无；**将来**：无。

评述：分布非常广泛，适应能力强。

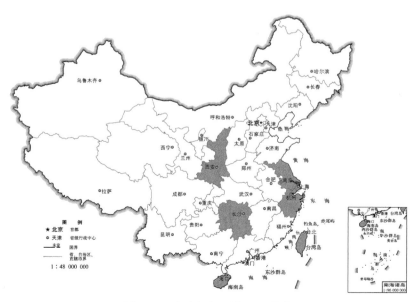

图 6-95　小素蟋的国内地理分布

保护措施

　　已有：无；建议：无。

　　评论：无须刻意保护的一种昆虫。

参考文献：殷海生和刘宪伟，1995；尤平等，1997；Shiraki，1911；Hsu，1928；Shiraki，1930；Hsu，1931；Chopard，1936a；Ichikawa et al.，2000；Storozhenko & Paik，2009；Storozhenko et al.，2015；Xu & Liu，2019。

(96) 极小素蟋 *Mitius minutulus* Yang & Yang，1995

分类地位：蟋蟀总科 Grylloidea 蟋蟀科 Gryllidae 蟋蟀亚科 Gryllinae 姬蟋族 Modicogryllini。

同物异名：无。

中文别名：无。

中国种群占全球种群的比例：中国特有。

分析等级：濒危 EN。

依据标准：CR B1ab（i，iii）；评价等级标准调整。

理由：已知 1 个分布地点，分布范围狭窄，仅有 1 笔记录，符合极危标准，但由于发现时间较晚，降级评价为濒危。

生境：3.6，4.6。

生物学：不详。

国内分布：台湾（高雄）（图 6-96）；**国外分布**：无。

种群：仅有原始记录。

致危因素

　　过去：1.1，9.9，9.10；现在：1.1，9.9，9.10；将来：1.1，9.9，9.10。

　　评述：栖息地减少，生存环境面临破坏，分布范围狭窄。

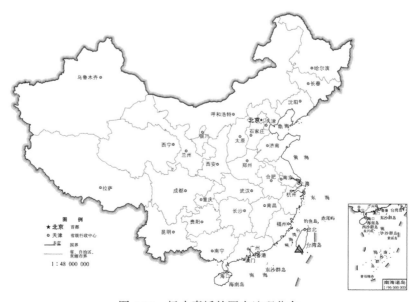

图 6-96　极小素蟋的国内地理分布

保护措施

　　已有：无；建议：2.2，3.2，3.3，3.4。

　　评论：通过科学研究，了解本种的种群组成和地理分布，掌握其生物学特性，维持其生境和保护其自然繁殖，并加强科普知识的宣传，提高人们的保护意识。

参考文献：台湾生物多样性资讯入口网；Yang & Yang，1995a。

（97）靓素蟋 *Mitius splendens*（Shiraki，1930）

分类地位：蟋蟀总科 Grylloidea 蟋蟀科 Gryllidae 蟋蟀亚科 Gryllinae 姬蟋族 Modicogryllini。

同物异名：无。

中文别名：无。

中国种群占全球种群的比例：中国特有。

分析等级：无危 LC。

依据标准：未达到极危、濒危、易危和近危标准。

理由：虽然分布地狭窄，但在台湾岛内分布广泛且常见。

生境：1.6，3.6，4.6，11.3，11.4。

生物学：低海拔山区草地、苗圃及农田等。

国内分布：台湾（嘉义、南投、屏东、台中）（图 6-97）；**国外分布**：无。

种群：常见。

致危因素

　　过去：9.9；**现在**：9.9；**将来**：9.9。

　　评述：分布地局限于岛内。

保护措施

　　已有：无；建议：无。

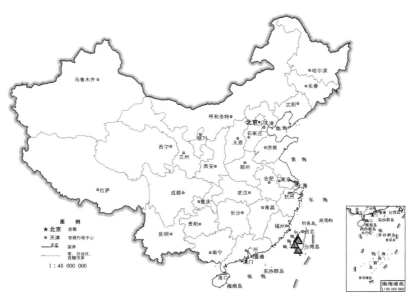

图 6-97　靓素蟋的国内地理分布

评论： 无须刻意保护的一种昆虫。

参考文献： 殷海生和刘宪伟，1995；台湾生物多样性资讯入口网；Shiraki，1930；Chopard，1967；Yang & Yang，1995a。

(98) 曲脉姬蟋 *Modicogryllus（Modicogryllus）confirmatus*（Walker，1859）

分类地位： 蟋蟀总科 Grylloidea 蟋蟀科 Gryllidae 蟋蟀亚科 Gryllinae 姬蟋族 Modicogryllini。

同物异名： 无。

中文别名： 姬蟋、叽蟋。

中国种群占全球种群的比例： 中国为次要分布区。

分析等级： 无危 LC。

依据标准： 未达到极危、濒危、易危和近危标准。

理由： 在东亚和东南亚分布广泛。

生境： 1.6，4.6，11.1，11.2，11.3，11.4。

生物学： 植被底栖生活。

国内分布： 福建、江西、广东、广西、海南、贵州、云南（图 6-98）；**国外分布：** 印度、巴基斯坦、尼泊尔、斯里兰卡、利比亚、孟加拉国。

种群： 非常常见，数量巨大。

致危因素

过去：无；**现在：** 无；**将来：** 无。

评述： 分布广泛，适应能力强。

保护措施

已有：无；**建议：** 无。

评论： 无须刻意保护的一种昆虫。

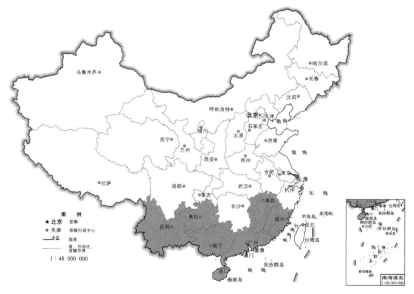

图 6-98　曲脉姬蟋的国内地理分布

参考文献：刘宪伟等，1993；殷海生和刘宪伟，1995；王音等，1999；王音，2002；谢令德，2004；Walker，1859；Chopard，1933；Chopard，1936c；Chopard，1969；Ingrisch，1998；Shishodia et al.，2010；Xu & Liu，2019。

（99）广布姬蟋 *Modicogryllus*（*Modicogryllus*）*consobrinus*（**Saussure，1877**）

分类地位： 蟋蟀总科 Grylloidea 蟋蟀科 Gryllidae 蟋蟀亚科 Gryllinae 姬蟋族 Modicogryllini。

同物异名： 无。

中文别名： 无。

中国种群占全球种群的比例： 中国为主要分布区。

分析等级： 无危 LC。

依据标准： 未达到极危、濒危、易危和近危标准。

理由： 在东亚和东南亚分布广泛。

生境： 1.6，4.6，11.1，11.2，11.3，11.4。

生物学： 植被底栖生活。

国内分布： 浙江、广东、广西、云南、台湾（图 6-99）；**国外分布：** 泰国、菲律宾、尼泊尔。

种群： 非常常见，数量巨大。

致危因素

　　过去： 无；**现在：** 无；**将来：** 无。

　　评述： 分布广泛，适应能力强。

保护措施

　　已有： 无；**建议：** 无。

　　评论： 无须刻意保护的一种昆虫。

参考文献： Saussure，1877；Bolívar，1889；Ingrisch，1998；Ingrisch & Garai，2001；Chen

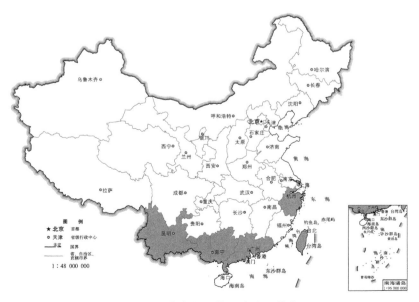

图 6-99　广布姬蟋的国内地理分布

et al., 2018；He, 2018。

（100） **弱姬蟋** *Modicogryllus*（*Modicogryllus*）*imbecillus*（**Saussure, 1877**）

分类地位：蟋蟀总科 Grylloidea 蟋蟀科 Gryllidae 蟋蟀亚科 Gryllinae 姬蟋族 Modicogryllini。

同物异名：无。

中文别名：无。

中国种群占全球种群的比例：疑似分布。

分析等级：数据缺乏 DD。

依据标准：物种是否在中国分布有争议。

理由：在中国的记录缺少有效标本信息支撑，仅出现在殷海生和刘宪伟于 1995 年的记录中，后续研究未被其他蟋蟀工作者引用。

生境：1.6，3.6。

生物学：不详。

国内分布：江西（九江）（图 6-100）；**国外分布**：婆罗洲。

种群：不详。

致危因素

　　过去：不详；**现在**：不详；**将来**：不详。

　　评述：暂不评述。

保护措施

　　已有：不详；**建议**：3.1。

　　评论：建议依据疑似分布地，对本地区该属蟋蟀进行分类研究，确认地理分布情况。

参考文献：殷海生和刘宪伟，1995；Saussure，1877；Kirby，1906；Chopard，1936a；Chopard，1961。

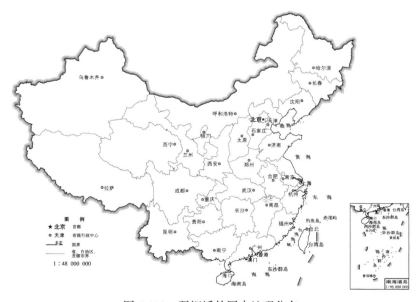

图 6-100　弱姬蟋的国内地理分布

(101) 雷恩姬蟋 *Modicogryllus*（*Modicogryllus*）*rehni* Chopard，1961

分类地位：蟋蟀总科 Grylloidea 蟋蟀科 Gryllidae 蟋蟀亚科 Gryllinae 姬蟋族 Modicogryllini。

同物异名：无。

中文别名：无。

中国种群占全球种群的比例：疑似分布。

分析等级：数据缺乏 DD。

依据标准：物种分布记录信息为非正式发表。

理由：仅记录于学位论文（被列为拟姬蟋属），非正式发表。

生境：不详。

生物学：不详。

国内分布：广西（猫儿山）、云南（勐腊）（图 6-101）；**国外分布：**缅甸、印度。

种群：不详。

致危因素

　　过去：不详；**现在：**不详；**将来：**不详。

　　评述：不做评述。

保护措施

　　已有：不详；**建议：**3.1。

　　评论：建议核实分类结果，尽快明确物种是否在我国分布。

参考文献：马丽滨，2011；Chopard，1961；Chopard，1969。

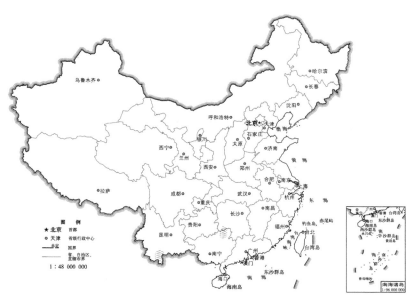

图 6-101　雷恩姬蟋的国内地理分布

(102) 西伯利亚墨蟋 *Nigrogryllus sibiricus*（Chopard，1925）

分类地位：蟋蟀总科 Grylloidea 蟋蟀科 Gryllidae 蟋蟀亚科 Gryllinae 蟋蟀族 Gryllini。

同物异名： *Gryllus*（*Gryllus*）*nigrohirsutus* Alexander，1991。

中文别名：无。

中国种群占全球种群的比例：中国为次要分布区。

分析等级：无危 LC。

依据标准：未达到极危、濒危、易危和近危标准。

理由：在东北亚分布广泛。

生境：1.1，1.4，3.3，4.4，7.1。

生物学：栖息于植被底层洞穴、石块或枯枝落叶层。

国内分布：内蒙古、吉林、黑龙江（图 6-102）；**国外分布：**朝鲜、俄罗斯（远东）。

种群：较常见。

致危因素

  过去：无；**现在：**无；**将来：**无。

  评述：栖息地广泛，适应能力强。

保护措施

  已有：无；**建议：**无。

  评论：栖息地隐蔽性强，目前尚无须刻意保护的一种昆虫。

参考文献：殷海生和刘宪伟，1995；Chopard，1925a；Gorochov，1983a；Storozhenko，2004；Ichikawa，2006；Storozhenko & Paik，2007；Storozhenko et al.，2015。

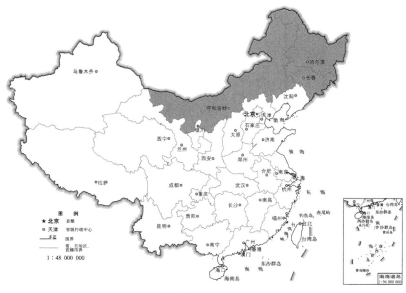

图 6-102　西伯利亚墨蟋的国内地理分布

（103）黄足音蟋 *Phonarellus（Phonarellus）flavipes* **Xia，Liu & Yin，1991**

分类地位： 蟋蟀总科 Grylloidea 蟋蟀科 Gryllidae 蟋蟀亚科 Gryllinae 蟋蟀族 Gryllini。

同物异名： 无。

中文别名： 无。

中国种群占全球种群的比例： 中国特有。

分析等级： 无危 LC。

依据标准： 未达到极危、濒危、易危和近危标准。

理由： 在我国华南和西南部分地区种群稳定。

生境： 1.6，3.6，4.6。

生物学： 栖息于植被底层洞穴、石块或枯枝落叶层。

国内分布： 广西、海南、云南（图 6-103）；**国外分布：** 无。

种群： 较常见。

致危因素

　　过去： 无；**现在：** 无；**将来：** 无。

　　评述： 栖息地隐蔽，适应能力强。

保护措施

　　已有： 无；**建议：** 无。

　　评论： 目前尚无须刻意保护的一种昆虫。

参考文献： 夏凯龄等，1991；刘宪伟等，1993；殷海生和刘宪伟，1995；王音，2002。

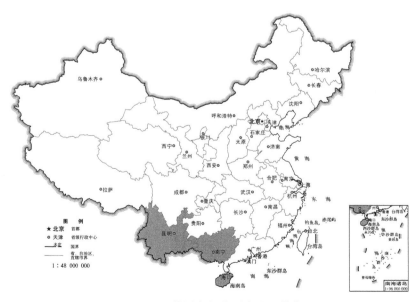

图 6-103　黄足音蟋的国内地理分布

（104）小音蟋 Phonarellus（Phonarellus）minor（Chopard，1959）

分类地位：蟋蟀总科 Grylloidea 蟋蟀科 Gryllidae 蟋蟀亚科 Gryllinae 蟋蟀族 Gryllini。

同物异名：无。

中文别名：无。

中国种群占全球种群的比例：中国为次要分布区。

分析等级：无危 LC。

依据标准：未达到极危、濒危、易危和近危标准。

理由：在东亚和东南亚分布广泛。

生境：1.6，3.6，4.6。

生物学：栖息于植被底层洞穴、石块或枯枝落叶层。

国内分布：湖南、广西、贵州、云南（图 6-104）；**国外分布：**越南、缅甸、印度、巴基斯坦、印度尼西亚。

种群：常见，数量巨大。

致危因素

　　过去：无；**现在：**无；**将来：**无。

　　评述：分布广泛，适应能力强。

保护措施

　　已有：无；**建议：**无。

　　评论：无须刻意保护的一种昆虫。

参考文献：刘宪伟等，1993；殷海生和刘宪伟，1995；谢令德，2004；Chopard，1959；Chopard，1969；Saeed et al.，2000；Kim & Pham，2014；Gu et al.，2018。

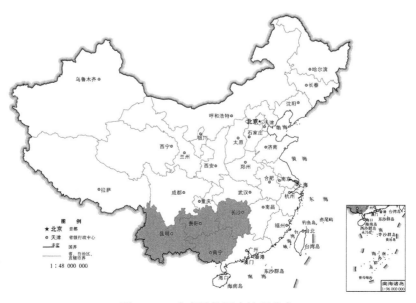

图 6-104　小音蟋的国内地理分布

(105) 利特音蟋 *Phonarellus* (*Phonarellus*) *ritsemae* (Saussure, 1877)

分类地位： 蟋蟀总科 Grylloidea 蟋蟀科 Gryllidae 蟋蟀亚科 Gryllinae 蟋蟀族 Gryllini。

同物异名： 无。

中文别名： 无。

中国种群占全球种群的比例： 中国为主要分布区。

分析等级： 无危 LC。

依据标准： 未达到极危、濒危、易危和近危标准。

理由： 在东亚和东南亚分布广泛。

生境： 1.6，3.6，4.6。

生物学： 栖息于植被底层洞穴、石块或枯枝落叶层。

国内分布： 上海、江苏、福建、广西（图6-105）；**国外分布：** 日本。

种群： 常见，数量巨大。

致危因素

    过去： 无；**现在：** 无；**将来：** 无。

    评述： 分布广泛，适应能力强。

保护措施

    已有： 无；**建议：** 无。

    评论： 无须刻意保护的一种昆虫。

参考文献： 殷海生和刘宪伟，1995；Saussure，1877；Shiraki，1930；Chopard，1936a；Chopard，1961；Ichikawa，1987；Ichikawa et al.，2000；Storozhenko et al.，2015。

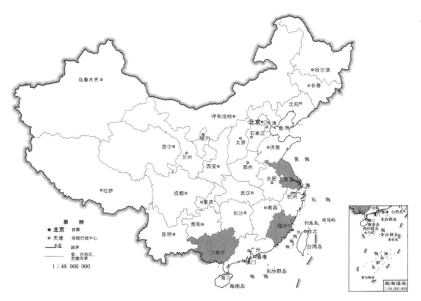

图 6-105　利特音蟋的国内地理分布

（106）珠腹珀蟋指名亚种 *Plebeiogryllus guttiventris guttiventris*（Walker，1871）

分类地位：蟋蟀总科 Grylloidea 蟋蟀科 Gryllidae 蟋蟀亚科 Gryllinae 蟋蟀族 Gryllini。

同物异名： *Gryllus configuratus* Walker，1871；*Gryllus ferricollis* Walker，1871。

中文别名：纹腹珀蟋、斑腹普蟋。

中国种群占全球种群的比例：中国为主要分布区。

分析等级：无危 LC。

依据标准：未达到极危、濒危、易危和近危标准。

理由：在东亚和南亚分布广泛。

生境：1.6，3.6，4.6。

生物学：栖息于植被底层洞穴、石块或枯枝落叶层。

国内分布：福建、广东、广西、云南（图6-106）；**国外分布：**印度、斯里兰卡。

种群：常见，数量巨大。

致危因素

　　过去：无；**现在：**无；**将来：**无。

　　评述：分布广泛，适应能力强。

保护措施

　　已有：无；**建议：**无。

　　评论：无须刻意保护的一种昆虫。

参考文献：殷海生和刘宪伟，1995；王音等，1999；王音，2002；谢令德，2004；Walker，1871。

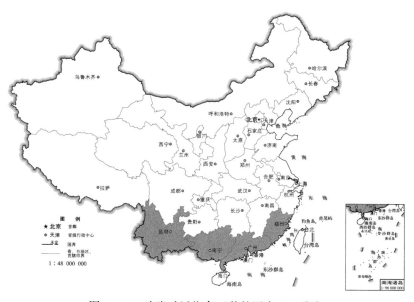

图 6-106　珠腹珀蟋指名亚种的国内地理分布

(107)　珠腹珀蟋暗色亚种 *Plebeiogryllus guttiventris obscurus*（Chopard，1969）

分类地位：蟋蟀总科 Grylloidea 蟋蟀科 Gryllidae 蟋蟀亚科 Gryllinae 蟋蟀族 Gryllini。

同物异名：无。

中文别名：无。

中国种群占全球种群的比例：中国为次要分布区。

分析等级：近危 NT。

依据标准：几近符合易危 VU D2。

理由：分布范围较狭窄，文献资料表明，近 30 年缺少种群信息记录，未来可能存在风险。

生境：1.6，3.6，4.6。

生物学：栖息于植被底层洞穴、石块或枯枝落叶层。

国内分布：福建、贵州（图 6-107）；**国外分布：**斯里兰卡。

种群：比较少见。

致危因素

　　过去：1.1，1.3，8.7，9.10；**现在：**1.1，1.3，8.7，9.10；**将来：**1.1，1.3，8.7，9.10。

　　评述：栖息地隐蔽，生存环境面临破坏，都可能是导致缺少种群信息的原因。

保护措施

　　已有：无；**建议：**3.1，3.2，3.3。

　　评论：缺少有效种群信息，很有可能是由于分类学研究基础薄弱，未能有效识别物种，应通过科学研究丰富鉴别特征，并了解本种的种群组成和地理分布。

参考文献：殷海生和刘宪伟，1995；Chopard，1969。

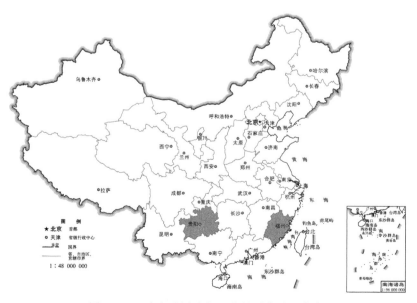

图 6-107　珠腹珀蟋暗色亚种的国内地理分布

（108） 贱珀蟋 *Plebeiogryllus plebejus*（Saussure，1877）

分类地位：蟋蟀总科 Grylloidea 蟋蟀科 Gryllidae 蟋蟀亚科 Gryllinae 蟋蟀族 Gryllini。

同物异名：无。

中文别名：普蟋。

中国种群占全球种群的比例：中国为主要分布区。

分析等级：无危 LC。

依据标准：未达到极危、濒危、易危和近危标准。

理由：在东亚和东南亚分布广泛。

生境：1.6，3.6，4.6。

生物学：栖息于植被底层洞穴、石块或枯枝落叶层。

国内分布：福建、海南、台湾（图 6-108）；**国外分布：**越南、菲律宾。

种群：常见，数量巨大。

致危因素

　　过去：无；**现在：**无；**将来：**无。

　　评述：分布广泛，适应能力强。

保护措施

　　已有：无；**建议：**无。

　　评论：无须刻意保护的一种昆虫。

参考文献：殷海生和刘宪伟，1995；王音，2002；Saussure，1877；Hsu，1928；Shiraki，1930；Bei-Bienko，1956；Kim & Pham，2014。

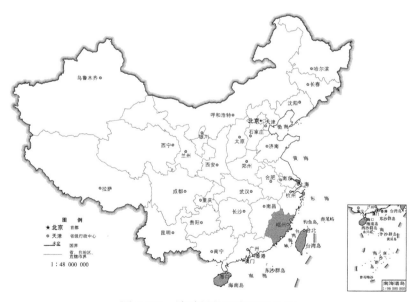

图 6-108　贱珀蟋的国内地理分布

（109）脏珀蟋 *Plebeiogryllus spurcatus*（Walker，1869）

分类地位：蟋蟀总科 Grylloidea 蟋蟀科 Gryllidae 蟋蟀亚科 Gryllinae 蟋蟀族 Gryllini。

同物异名：无。

中文别名：无。

中国种群占全球种群的比例：中国特有。

分析等级：极危 CR。

依据标准：CR A4cd＋B1ab（i，iii）。

理由：已知 2 个分布地点，推测原始分布区面积小于 $100km^2$，已超过百年缺少有效文献记录；另外，栖息地已发生重要变化，其中在香港通过多次野外实地调查未采集到。

生境：1.6，3.6，4.6。

生物学：推测栖息于植被底层洞穴、石块或枯枝落叶层。

国内分布：香港、澳门（图 6-109）；**国外分布：**无。

种群：仅有原始记录。

致危因素

过去：1.1，1.3，9.9，10.1；现在：1.1，1.3，9.9，10.1；将来：1.1，1.3，9.9，10.1。

评述：近百年来栖息地自然生态环境变化大，物种生存环境面临破坏，人为因素干扰可能是主要致危因素。

保护措施

已有：4.4；建议：2.2，3.2，3.3，3.4。

评论：当前已非常重视生态环境保护与维持，但其种群与地理分布信息一直未见记录，应通过科学研究完成基本信息采集，再完善相关保护措施。

参考文献：Walker，1869；Chopard，1961；Chopard，1967。

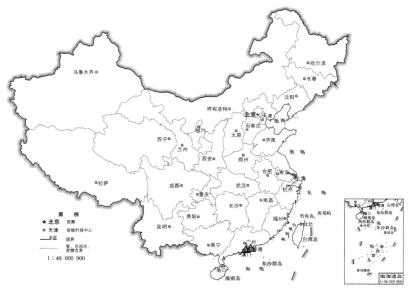

图 6-109　脏珀蟋的国内地理分布

(110) 鸡冠山秦蟋 *Qingryllus jiguanshanensis* **Liu，Zhang & Shi，2017**

分类地位： 蟋蟀总科 Grylloidea 蟋蟀科 Gryllidae 蟋蟀亚科 Gryllinae 聋蟋族 Cophogryllini。

同物异名： 无。

中文别名： 无。

中国种群占全球种群的比例： 中国特有。

分析等级： 易危 VU。

依据标准： CR B2ab（ii，iii）；评价等级标准调整。

理由： 已知 1 个分布地点，占有面积小于 $10km^2$，符合极危标准，但由于本种为新近发现，降级评价为易危。

生境： 1.6，3.6。

生物学： 栖息于乔木树干或树枝上。

国内分布： 四川（崇州）（图 6-110）；**国外分布：** 无。

种群： 仅见于模式产地。

致危因素

　　过去： 9.9，9.10；**现在：** 9.9，9.10；**将来：** 9.9，9.10。

　　评述： 所知致危因素不详。

保护措施

　　已有： 4.4.2；**建议：** 2.2，3.1，3.2，3.3。

　　评论： 发现地位于自然保护区内，生态环境良好，但此类蟋蟀无发声器和听器，在生物学习性和适应性方面值得关注；并需要加强科普知识的宣传，提高人们的保护意识。

参考文献： Liu et al.，2017。

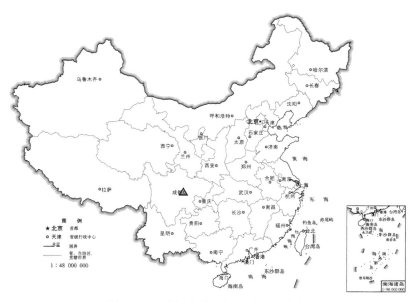

图 6-110　鸡冠山秦蟋的国内地理分布

(111)　纹股秦蟋 *Qingryllus striofemorus* Chen & Zheng，1995

分类地位： 蟋蟀总科 Grylloidea 蟋蟀科 Gryllidae 蟋蟀亚科 Gryllinae 聋蟋族 Cophogryllini。

同物异名： 无。

中文别名： 无。

中国种群占全球种群的比例： 中国特有。

分析等级： 近危 NT。

依据标准： VU A4cd；评价等级标准调整。

理由： 近年有持续种群记录，地理分布区呈现不断扩大趋势，但部分栖息地出现衰退趋势。由于发表时间较晚，降级评价为近危。

生境： 1.4，3.4。

生物学： 栖息于乔木树干或树枝。

国内分布： 陕西（鄠邑、宁陕、太白）（图 6-111）；**国外分布：** 无。

种群： 秦岭部分地区较常见。

致危因素

　　过去： 9.10；**现在：** 9.10；**将来：** 9.10。

评述：致危因素不详。

保护措施

　　已有： 4.4.4；**建议：** 2.1，3.3。

　　评论： 发现地位于自然保护区内，生态环境相对良好，但此类蟋蟀无发声器和听器，在生物学习性和适应性方面值得关注。

参考文献： 陈军和郑哲民，1995a；尤平等，1997；李恺和郑哲民，2001；谢令德，2005；卢慧等，2018。

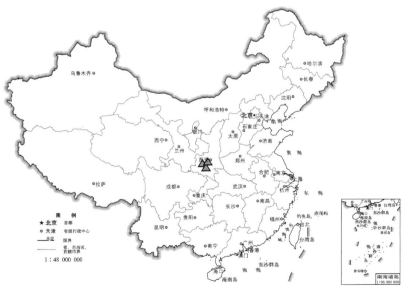

图 6-111　纹股秦蟋的国内地理分布

(112) 萨姆冷蟋 *Svercacheta siamensis*（Chopard，1961）

分类地位：蟋蟀总科 Grylloidea 蟋蟀科 Gryllidae 蟋蟀亚科 Gryllinae 姬蟋族 Modicogryllini。

同物异名：*Modicogryllus nigrivertex* Kaltenbach，1979；*Modicogryllus pacificus* Otte，1994。

中文别名：黑顶姬蟋、长翅姬蟋。

中国种群占全球种群的比例：中国为次要分布区。

分析等级：无危 LC。

依据标准：未达到极危、濒危、易危和近危标准。

理由：在东亚和东南亚分布广泛。

生境：1.6，3.6，4.6。

生物学：主要栖息于植被底层。

国内分布：上海、浙江、福建、江西、广东、广西、四川、贵州、云南、陕西、台湾（图 6-112）；**国外分布**：朝鲜、印度、泰国、日本、沙特阿拉伯、尼泊尔、美国（夏威夷）。

种群：常见，数量巨大。

致危因素

过去：无；**现在**：无；**将来**：无。

评述：分布广泛，适应能力强。

保护措施

已有：无；**建议**：无。

评论：无须刻意保护的一种昆虫。

参考文献：王音等，1999；Chopard，1961；Ingrisch，1998a；Ichikawa et al.，2000；Ingrisch & Garai，2001；Storozhenko et al.，2015；Xu & Liu，2019。

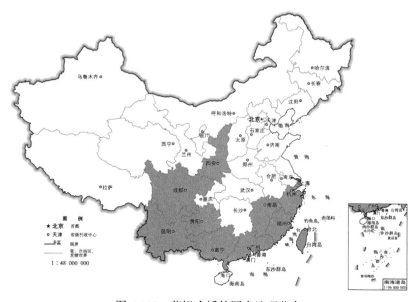

图 6-112　萨姆冷蟋的国内地理分布

（113）东方大蟋 *Tarbinskiellus orientalis*（Fabricius，1775）

分类地位：蟋蟀总科 Grylloidea 蟋蟀科 Gryllidae 蟋蟀亚科 Gryllinae 蟋蟀族 Gryllini。

同物异名：*Brachytrypes bisignatus* Walker，1869；*Apterogryllus deplanatus* Brunner von Wattenwyl，1893；*Brachytrypes ferreus* Walker，1869；*Brachytrypes fulvus* Walker，1869；*Brachytrypes robustus* Walker，1869；*Brachytrypes truculentus* Walker，1869。

中文别名：无。

中国种群占全球种群的比例：中国为次要分布区。

分析等级：无危 LC。

依据标准：未达到极危、濒危、易危和近危标准。

理由：在南亚和东南亚分布广泛。

生境：1.6，3.6，7.1，11.1，11.2，11.3，11.4。

生物学：栖息于植被底层，主要以植物的根茎、嫩叶为食。

国内分布：广西、海南（图 6-113）；**国外分布：**越南、印度、巴基斯坦、菲律宾、斯里兰卡。

种群：华南地区较常见。

致危因素

　　过去：无；**现在：**无；**将来：**无。

　　评述：虽然目前在我国已知分布不广泛，但依据其生物学习性和适应性，推测有更广泛的地理分布。

保护措施

　　已有：无；**建议：**无。

　　评论：目前尚无须刻意保护的一种昆虫。

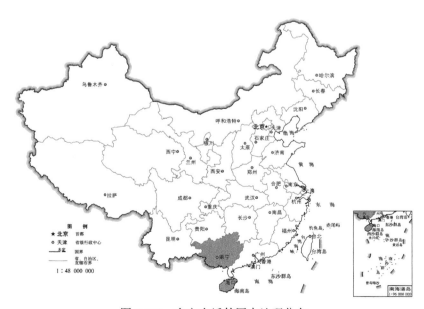

图 6-113　东方大蟋的国内地理分布

参考文献：殷海生和刘宪伟，1995；王音，2002；Fabricius，1775；Gorochov，1983b；Gorochov，1985c；Vasanth，1993；Shishodia et al.，2010；Kim & Pham，2014。

(114) 花生大蟋 *Tarbinskiellus portentosus*（Lichtenstein，1796）

分类地位：蟋蟀总科 Grylloidea 蟋蟀科 Gryllidae 蟋蟀亚科 Gryllinae 蟋蟀族 Gryllini。

同物异名：*Gryllus*（*Acheta*）*achatinus* Stoll，1813；*Liogryllus formosanus* Matsumura，1910；*Gryllus*（*Acheta*）*fuliginosa* Stoll，1813；*Brachytrupes ustulatus* Serville，1838。

中文别名：台湾大蟋蟀、花生巨蟋、华南大蟋蟀。

中国种群占全球种群的比例：中国为次要分布区。

分析等级：无危 LC。

依据标准：未达到极危、濒危、易危和近危标准。

理由：在东亚和东南亚分布广泛。

生境：1.1，1.4，1.5，1.6，4.4，4.5，4.6，7.1，7.2，11.1，11.2，11.3，11.4，11.5。

生物学：栖息于植被底层，经常以植物的根茎、嫩叶为食，咬食多种乔灌木及农作物和蔬菜。

国内分布：浙江、福建、江西、广东、广西、海南、云南、西藏、青海、陕西、台湾（图6-114）；**国外分布**：越南、缅甸、印度、巴基斯坦、马来西亚。

种群：非常常见，数量巨大。

致危因素

　　过去：无；**现在**：无；**将来**：无。

　　评述：一种危害农作物非常严重的害虫，尚未发现明显致危因素。

保护措施

　　已有：无；**建议**：无。

　　评论：无须保护的一种昆虫，当其种群大发生时，应注意毒杀以防止其对农田等生态系

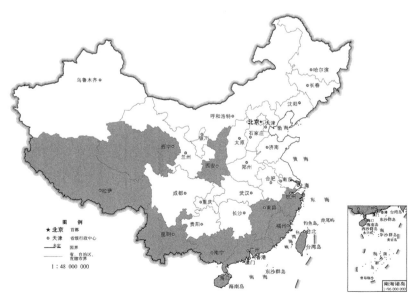

图 6-114　花生大蟋的国内地理分布

统造成破坏。

参考文献：吴福祯，1987；尤其儆和黎天山，1990；陈德良等，1995；殷海生和刘宪伟，1995；俞立鹏和卢庭高，1998；王音等，1999；王音，2002；谢令德，2004；Hsu，1928；Shiraki，1930；Hsiung，1993；Yang & Yang，1995b；Gu et al.，2018；Xu & Liu，2019；Yang et al.，2019。

(115) 澳洲油葫芦 *Teleogryllus*（*Brachyteleogryllus*）*commodus*（**Walker，1869**）

分类地位：蟋蟀总科 Grylloidea 蟋蟀科 Gryllidae 蟋蟀亚科 Gryllinae 蟋蟀族 Gryllini。

同物异名：*Gryllus carbonarius* Serville，1838；*Gryllus fuliginosus* Serville，1838；*Gryllus servillii* Saussure，1877。

中文别名：无。

中国种群占全球种群的比例：中国为次要分布区。

分析等级：无危 LC。

依据标准：未达到极危、濒危、易危和近危标准。

理由：本种原产于澳大利亚，在我国的分布推测为入侵种。本种适应能力强，已知分布地与原产地生态环境近似，推测会有更广泛的分布。

生境：1.6，4.6，7.1，11.1，11.2，11.3，11.4，11.5。

生物学：通常一年一代，栖息于植被底层洞穴、石块或枯枝落叶层，杂食性，危害多种农林作物。

国内分布：上海（金山、浦东）、广西（北海）（图 6-115）；**国外分布**：日本、澳大利亚。

种群：当前较少见。

致危因素

过去：无；现在：无；将来：无。

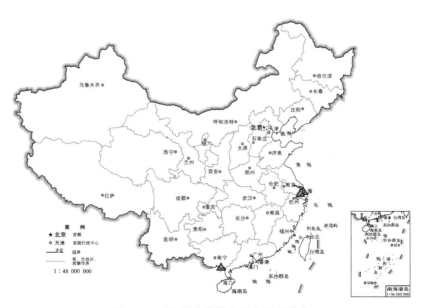

图 6-115　澳洲油葫芦的国内地理分布

评述：一种潜在危害农作物害虫，原产地分布非常广泛，适应能力强，预测在中国的分布地会不断扩大。

保护措施

　　已有：无；**建议：**5.6。

　　评论：建议杀灭这种外来入侵蟋蟀，至少做到限制种群增长。

参考文献：马丽滨等，2015；Walker，1869；Lu et al.，2018；Zhang et al.，2019。

（116）黄脸油葫芦 *Teleogryllus*（*Brachyteleogryllus*）*emma*（**Ohmachi & Matsuura，1951**）

分类地位：蟋蟀总科 Grylloidea 蟋蟀科 Gryllidae 蟋蟀亚科 Gryllinae 蟋蟀族 Gryllini。

同物异名：无。

中文别名：北京油葫芦。

中国种群占全球种群的比例：中国为主要分布区。

分析等级：无危 LC。

依据标准：未达到极危、濒危、易危和近危标准。

理由：在东亚分布广泛。

生境：1.1，1.4，1.5，1.6，3.4，3.6，4.4，4.5，4.6，7.1，11.1，11.2，11.3，11.4，11.5。

生物学：通常一年一代，杂食性，栖息于植被底层洞穴、石块或枯枝落叶层，危害多种农作物，具有趋光性。

国内分布：北京、河北、山西、吉林、上海、江苏、浙江、安徽、福建、山东、河南、湖北、湖南、广东、广西、海南、四川、贵州、云南、陕西、甘肃、香港（图 6-116）；**国外分布：**朝鲜、日本。

种群：非常常见，数量巨大。

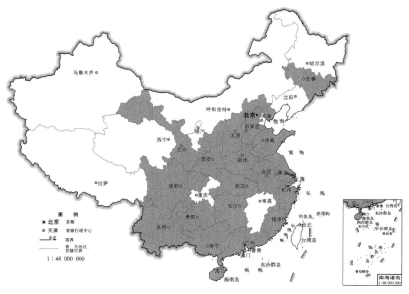

图 6-116　黄脸油葫芦的国内地理分布

致危因素

过去：无；**现在**：无；**将来**：无。

评述：一种危害农作物非常严重的害虫，分布非常广泛，适应能力强，尚无有效手段彻底防治。

保护措施

已有：无；**建议**：无。

评论：无须保护的一种昆虫，应有效控制大种群发生，防止其对农田等生态系统造成破坏。

参考文献：王音和吴福桢，1992a；夏凯龄和刘宪伟，1992；刘宪伟等，1993；陈德良等，1995；殷海生和刘宪伟，1995；尤平等，1997；林育真等，2001；殷海生等，2001；王音，2002；谢令德，2004；谢令德，2005；刘浩宇，2013；刘浩宇等，2013；刘浩宇和石福明，2014a；刘浩宇和石福明，2014b；马丽滨等，2015；卢慧等，2018；Ohmachi & Matsuura，1951；He et al.，2017；Gu et al.，2018；Lu et al.，2018；Xu & Liu，2019；Yang et al.，2019。

(117) 银川油葫芦 *Teleogryllus*（*Brachyteleogryllus*）*infernalis*（Saussure，1877）

分类地位：蟋蟀总科 Grylloidea 蟋蟀科 Gryllidae 蟋蟀亚科 Gryllinae 蟋蟀族 Gryllini。

同物异名：*Gryllulus kawara* Ohmachi & Matsuura，1951；*Gryllulus yezoemma* Ohmachi & Matsuura，1951。

中文别名：无。

中国种群占全球种群的比例：中国为主要分布区。

分析等级：无危 LC。

依据标准：未达到极危、濒危、易危和近危标准。

理由：在东亚分布广泛。

生境：1.1，1.4，1.5，1.6，4.4，4.5，4.6，7.1，11.1，11.2，11.3，11.4，11.5。

生物学：通常一年一代，杂食性，栖息于植被底层洞穴、石块或枯枝落叶层，危害多种农作物，具有趋光性。

国内分布：河北、山西、内蒙古、辽宁、吉林、黑龙江、山东、四川、陕西、甘肃、青海、宁夏（图 6-117）；**国外分布**：朝鲜、日本、俄罗斯（远东）。

种群：非常常见，数量巨大。

致危因素

过去：无；**现在**：无；**将来**：无。

评述：一种危害农作物非常严重的害虫，分布非常广泛，适应能力强，尚无有效手段彻底防治。

保护措施

已有：无；**建议**：无。

评论：无须保护的一种昆虫，应有效控制大种群发生，防止其对农田等生态系统造成破坏。

参考文献：王音和吴福桢，1992a；殷海生和刘宪伟，1995；尤平等，1997；卢荣胜等，2002；谢令德，2005；刘浩宇，2013；刘浩宇等，2013；马丽滨等，2015；Saussure，1877；Chopard，1933；Bei-Bienko，1956；Lu et al.，2018。

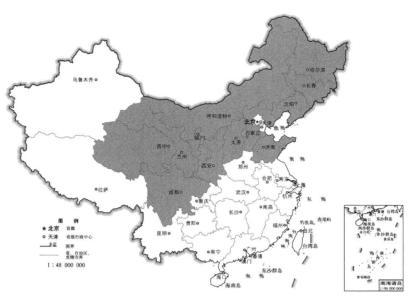

图 6-117　银川油葫芦的国内地理分布

（118）黑脸油葫芦指名亚种 *Teleogryllus*（*Brachyteleogryllus*）*occipitalis occipitalis*（Serville，1838）

分类地位：蟋蟀总科 Grylloidea 蟋蟀科 Gryllidae 蟋蟀亚科 Gryllinae 蟋蟀族 Gryllini。

同物异名：*Gryllus consimilis* Walker，1869；*Cophogryllus kuhlgatzi* Karny，1908；*Gryllulus taiwanemma* Ohmachi & Matsuura，1951；*Teleogryllus meghalayanus* Lahiri & Ghosh，1975；*Gryllus perspicillatus* Serville，1838。

中文别名：库聋蟋、拟亲油葫芦、拟京油葫芦。

中国种群占全球种群的比例：中国为主要分布区

分析等级：无危 LC。

依据标准：未达到极危、濒危、易危和近危标准。

理由：在东亚和东南亚分布广泛。

生境：1.1，1.4，1.5，1.6，4.4，4.5，4.6，7.1，11.1，11.2，11.3，11.4，11.5。

生物学：通常一年一代，杂食性，栖息于植被底层洞穴、石块或枯枝落叶层，危害多种农作物，具有趋光性。

国内分布：河北、吉林、浙江、福建、江西、山东、湖北、湖南、广东、广西、海南、四川、贵州、云南、西藏、陕西（图6-118）；**国外分布：**越南、缅甸、泰国、日本、马来西亚、菲律宾、斯里兰卡、印度尼西亚。

种群：非常常见，数量巨大。

致危因素

　　过去：无；**现在：**无；**将来：**无。

　　评述：一种危害农作物非常严重的害虫，分布非常广泛，适应能力强，尚无有效手段彻底防治。

保护措施

已有：无；建议：无。

评论：无须保护的一种昆虫，应有效控制大种群发生，防止其对农田等生态系统造成破坏。

参考文献：王音和吴福桢，1992a；刘宪伟等，1993；殷海生和刘宪伟，1995；尤平等，1997；王音等，1999；王音，2002；谢令德，2004；谢令德，2005；刘浩宇和石福明，2007b；刘浩宇等，2010；刘浩宇，2013；刘浩宇，程紫薇和王慧欣，2013；刘浩宇和石福明，2013；刘浩宇和石福明，2014b；马丽滨等，2015；Serville，1838［1839］；Liu et al.，2013；Li et al.，2016；He et al.，2017；Gu et al.，2018；Lu et al.，2018；Xu & Liu，2019。

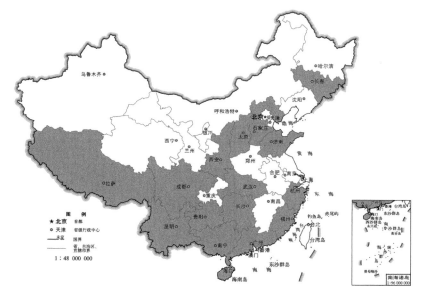

图 6-118　黑脸油葫芦指名亚种的国内地理分布

(119) 污褐油葫芦 *Teleogryllus*（*Macroteleogryllus*）*derelictus* Gorochov，1985

分类地位：蟋蟀总科 Grylloidea 蟋蟀科 Gryllidae 蟋蟀亚科 Gryllinae 蟋蟀族 Gryllini。

同物异名：无。

中文别名：黄褐油葫芦。

中国种群占全球种群的比例：中国为次要分布区。

分析等级：无危 LC。

依据标准：未达到极危、濒危、易危和近危标准。

理由：在东亚和东南亚分布广泛。

生境：1.5，1.6，4.5，4.6，7.1，11.1，11.2，11.3，11.4，11.5。

生物学：通常一年一代，杂食性，栖息于植被底层洞穴、石块或枯枝落叶层，危害多种农作物，具有趋光性。

国内分布：福建、广东、广西、海南、云南、甘肃、陕西、香港（图6-119）；**国外分布**：越南、印度、柬埔寨、印度尼西亚。

种群：非常常见，数量巨大。

致危因素

过去：无；现在：无；将来：无。

评述：一种危害农作物非常严重的害虫，分布非常广泛，适应能力强，尚无有效手段彻底防治。

保护措施

已有：无；建议：无。

评论：无须保护的一种昆虫，应有效控制大种群发生，防止其对农田等生态系统造成破坏。

参考文献：尤其儆和黎天山，1990；王音和吴福桢，1992a；尤平等，1997；王音，2002；谢令德，2004；Gorochov，1985b；Lu et al.，2018。

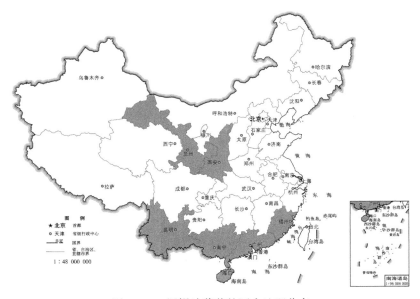

图 6-119　污褐油葫芦的国内地理分布

(120)　北京油葫芦 Teleogryllus（Macroteleogryllus）mitratus（Burmeister，1838）

分类地位：蟋蟀总科 Grylloidea 蟋蟀科 Gryllidae 蟋蟀亚科 Gryllinae 蟋蟀族 Gryllini。

同物异名：*Gryllus testaceus* Walker，1869。

中文别名：南方油葫芦、云南油葫芦、油葫芦。

中国种群占全球种群的比例：中国为次要分布区。

分析等级：无危 LC。

依据标准：未达到极危、濒危、易危和近危标准。

理由：在东亚和东南亚分布广泛。

生境：1.1，1.4，1.5，1.6，4.4，4.5，4.6，7.1，11.1，11.2，11.3，11.4，11.5。

生物学：通常一年一代，杂食性，栖息于植被底层洞穴、石块或枯枝落叶层，危害多种农作物，具有趋光性。

国内分布：北京、江苏、浙江、福建、广东、广西、海南、四川、贵州、云南、西藏、陕西、台湾（图 6-120）；**国外分布**：越南、缅甸、泰国、日本、印度、柬埔寨、马来西亚、新加坡、菲律宾、斯里兰卡、尼泊尔、不丹、印度尼西亚。

种群：非常常见，数量巨大。

致危因素

　　过去：无；**现在**：无；**将来**：无。

　　评述：一种危害农作物非常严重的害虫，分布非常广泛，适应能力强，尚无有效手段彻底防治。

保护措施

　　已有：无；**建议**：无。

　　评论：无须保护的一种昆虫，应有效控制大种群发生，防止其对农田等生态系统造成破坏。

参考文献：吴福桢，1987；王音和吴福桢，1992a；吴福桢和郑彦芬，1992；刘宪伟等，1993；陈德良等，1995；殷海生和刘宪伟，1995；尤平等，1997；俞立鹏和卢庭高，1998；王音等，1999；王音，2002；谢令德，2004；马丽滨等，2015；Burmeister，1838；Hsu，1928；Shiraki，1930；Chopard，1933；Bei-Bienko，1956；Gu et al.，2018；Lu et al.，2018；Xu & Liu，2019。

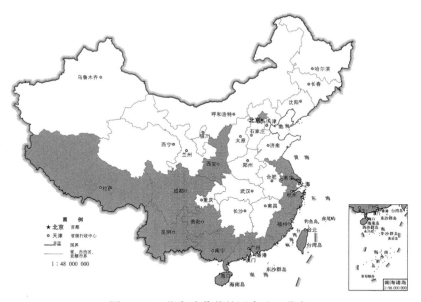

图 6-120　北京油葫芦的国内地理分布

（121） **白须油葫芦 *Teleogryllus*（*Teleogryllus*）*albipalpus* He，2018**

分类地位：蟋蟀总科 Grylloidea 蟋蟀科 Gryllidae 蟋蟀亚科 Gryllinae 蟋蟀族 Gryllini。

同物异名：无。

中文别名：无。

中国种群占全球种群的比例：中国特有。

分析等级： 无危 LC。

依据标准： 未达到极危、濒危、易危和近危标准。

理由： 虽然为新发现的物种，但通过检视馆藏标本，表明本种在保山地区种群稳定，小分布地点较多。

生境： 1.5，1.6，3.5，4.6，7.1，11.1，11.2，11.3，11.4。

生物学： 通常一年一代，杂食性，栖息于植被底层洞穴、石块或枯枝落叶层，危害多种农作物，具有趋光性。

国内分布： 云南（保山）（图6-121）；**国外分布：** 无。

种群： 模式产地较常见。

致危因素

　　过去： 无；**现在：** 无；**将来：** 无。

　　评述： 适应能力强，推测有更广泛分布区，尚未发现明显致危因素。

保护措施

　　已有： 无；**建议：** 无。

　　评论： 种群大量发生，可能会对农作物产生危害。

参考文献： Liu et al.，2018。

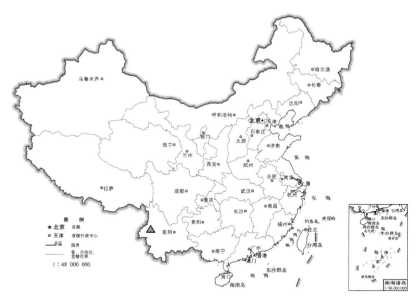

图 6-121　白须油葫芦的国内地理分布

(122) **法拉油葫芦 Teleogryllus（Teleogryllus）fallaciosus（Shiraki，1930）**

分类地位： 蟋蟀总科 Grylloidea 蟋蟀科 Gryllidae 蟋蟀亚科 Gryllinae 蟋蟀族 Gryllini。

同物异名： 无。

中文别名： 无。

中国种群占全球种群的比例： 中国特有。

分析等级： 极危 CR。

依据标准：CR B2ab（ii，iii）。

理由：文献资料表明，自本种发表以来无有效种群记录，推测占有面积可能小于 $10km^2$，未来可能存在风险。

生境：1.6，3.6，4.5，4.6，11.1，11.2，11.3。

生物学：推测与油葫芦属其他种近似。

国内分布：台湾（图6-122）；**国外分布**：无。

种群：仅有原始记录。

致危因素

　　过去：1.1，4.1，5.1，9.9；**现在**：1.1，4.1，5.1，9.9；**将来**：1.1，4.1，5.1，9.9。

　　评述：推测物种在栖息地种群较低，可能由于生存环境面临破坏，种群数量有减少的趋势，也可能是由于人类在毒杀其他农业害虫时而被误杀。

保护措施

　　已有：无；**建议**：3.1，3.2，3.3，3.4。

　　评论：通过科学研究认知这种蟋蟀，了解种群组成和地理分布，以及潜在生态环境并分析特点。

参考文献：殷海生和刘宪伟，1995；Shiraki，1930；Chopard，1961。

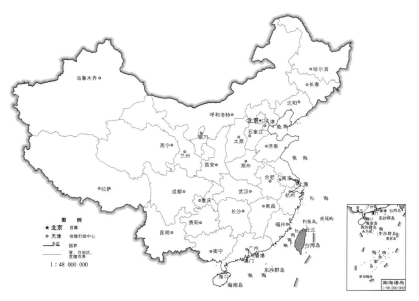

图6-122　法拉油葫芦的国内地理分布

(123)　滨海油葫芦 *Teleogryllus*（*Teleogryllus*）*oceanicus*（Le Guillou，1841）

分类地位：蟋蟀总科 Grylloidea 蟋蟀科 Gryllidae 蟋蟀亚科 Gryllinae 蟋蟀族 Gryllini。

同物异名：*Gryllus innotabilis* Walker，1869。

中文别名：无。

中国种群占全球种群的比例：疑似分布。

分析等级：数据缺乏 DD。

依据标准：物种是否在中国分布有疑问。

理由：在中国的明确分布仅见1笔，认为在台湾有分布，但相关资料显示应该是其毗邻的琉球群岛。

生境：1.4，1.6，3.4，4.6，7.1，11.1，11.2，11.3，11.4。

生物学：推测与油葫芦属其他种近似。

国内分布：台湾（疑似）（图6-123）；**国外分布**：印度、日本、澳大利亚。

种群：不详。

致危因素

 过去：不详；**现在**：不详；**将来**：不详。

 评述：致危因素不详。

保护措施

 已有：不详；**建议**：3.1，3.2。

 评论：需要确认地理分布情况。

参考文献：殷海生和刘宪伟，1995；Ichikawa et al.，2000；Shishodia et al.，2010；Tinghitella et al.，2011。

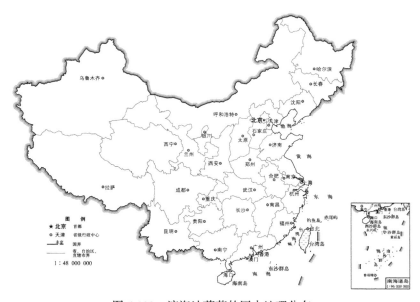

图6-123 滨海油葫芦的国内地理分布

（124）东方特蟀 *Turanogryllus eous* Bey-Bienko，1956

分类地位：蟋蟀总科 Grylloidea 蟋蟀科 Gryllidae 蟋蟀亚科 Gryllinae 特蟀族 Turanogryllini。

同物异名：*Turanogryllus melasinotus* Li & Zheng，1998。

中文别名：黑背特蟀。

中国种群占全球种群的比例：中国为主要分布区。

分析等级：无危 LC。

依据标准：未达到极危、濒危、易危和近危标准。

理由：在东亚和东南亚分布广泛。

生境：1.4，1.6，4.4，4.6。

生物学：栖息于植被底层洞穴、石块或枯枝落叶层。

国内分布：江苏、山东、湖南、广西、陕西（图 6-124）；**国外分布：**朝鲜。

种群：常见。

致危因素

　　过去：无；**现在：**无；**将来：**无。

　　评述：分布广泛，隐蔽能力强。

保护措施

　　已有：无；**建议：**无。

　　评论：无须刻意保护的一种昆虫。

参考文献：殷海生和刘宪伟，1995；尤平等，1997；李恺和郑哲民，1998；林育真等，2001；卢慧等，2018；Bei-Bienko，1956；Storozhenko et al.，2015；Gu et al.，2018；Yang et al.，2019。

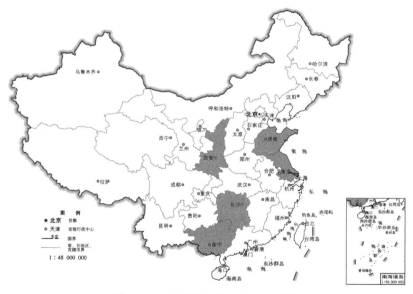

图 6-124　东方特蟋的国内地理分布

(125) 恒春特蟋 *Turanogryllus koshunensis*（Shiraki，1911）

分类地位：蟋蟀总科 Grylloidea 蟋蟀科 Gryllidae 蟋蟀亚科 Gryllinae 特蟋族 Turanogryllini。

同物异名：无。

中文别名：恒春干蟋。

中国种群占全球种群的比例：中国特有。

分析等级：濒危 EN。

依据标准：EN A4cd＋B1ab（i，iii）。

理由：已知分布面积小于 5000km^2，位于人类活动干扰区，生态环境处于不断衰退中。

生境：1.6，3.6，4.6。

生物学：栖息于低海拔林缘草地和石块间，夜间活动。

国内分布：台湾（恒春）（图6-125）；**国外分布**：无。

种群：模式产地较常见。

致危因素

　　过去：1.3，1.4；**现在**：1.3，1.4；**将来**：1.3，1.4。

　　评述：栖息地减少，生存环境面临破坏，种群数量有减少的趋势。

保护措施

　　已有：无；**建议**：1.3，2.1，2.2，3.1，5.4。

　　评论：此类蟋蟀机敏，适应能力较强，建议在科学宣传的基础上，创造微生态环境以利于种群维持与保护；同时，这个种的分类地位也是很多学者感兴趣的。

参考文献：殷海生和刘宪伟，1995；台湾生物多样性资讯入口网；Shiraki，1911；Shiraki，1930；Kim，2012。

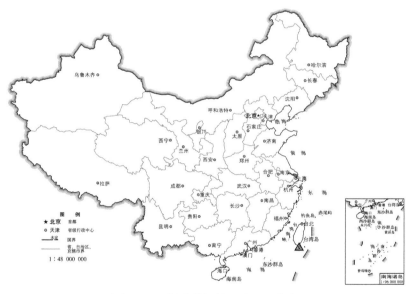

图6-125　恒春特蟋的国内地理分布

（126）侧斑特蟋 *Turanogryllus lateralis*（Fieber，1853）

分类地位：蟋蟀总科 Grylloidea 蟋蟀科 Gryllidae 蟋蟀亚科 Gryllinae 特蟋族 Turanogryllini。

同物异名：*Gryllodes terrestris* Saussure，1877。

中文别名：无。

中国种群占全球种群的比例：中国为次要分布区。

分析等级：无危 LC。

依据标准：未达到极危、濒危、易危和近危标准。

理由：在中亚分布广泛。

生境：3.4，4.4，8.3。

生物学：栖息于植被底层或石块下、洞穴内。

国内分布：北京、新疆（图6-126）；**国外分布：**土耳其、哈萨克斯坦、伊拉克、乌克兰、希腊。

种群：中亚地区的种群较大。

致危因素

　　过去：无；**现在：**无；**将来：**无。

　　评述：适应能力强。

保护措施

　　已有：无；**建议：**3.1，3.2。

　　评论：在我国北方仍有疑似种群分布，应通过分类研究核实。

参考文献：殷海生和刘宪伟，1995；Fieber，1853；Saussure，1877；Bei-Bienko，1956；Gorochov，1986；Hollier et al.，2013；Mol et al.，2016。

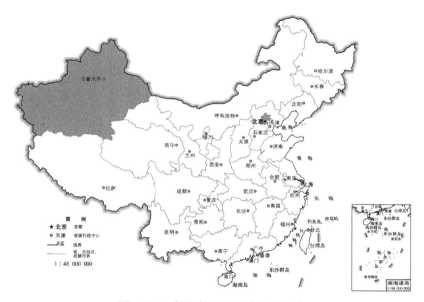

图6-126 侧斑特蟋的国内地理分布

(127) 红背特蟋 *Turanogryllus rufoniger*（Chopard，1925）

分类地位：蟋蟀总科 Grylloidea 蟋蟀科 Gryllidae 蟋蟀亚科 Gryllinae 特蟋族 Turanogryllini。

同物异名：无。

中文别名：红背纺锤蟋、赤褐特蟋。

中国种群占全球种群的比例：中国为次要分布区。

分析等级：无危LC。

依据标准：未达到极危、濒危、易危和近危标准。

理由：在东亚和东南亚分布广泛。

生境：1.6，4.6。

生物学：主要栖息于植被底层石块下、洞穴内及枯枝落叶层中。

国内分布：广东、广西、海南、云南（图6-127）；**国外分布：**越南、老挝、缅甸、印度。

种群：较常见。

致危因素

过去：无；现在：无；将来：无。

评述：分布广泛，适应能力强。

保护措施

已有：无；建议：无。

评论：无须刻意保护的一种昆虫。

参考文献：刘宪伟等，1993；殷海生和刘宪伟，1995；王音，2002；谢令德，2004；Chopard，1925a；Gorochov，1985c；Vasanth，1993；Shishodia et al.，2010；Kim & Pham，2014。

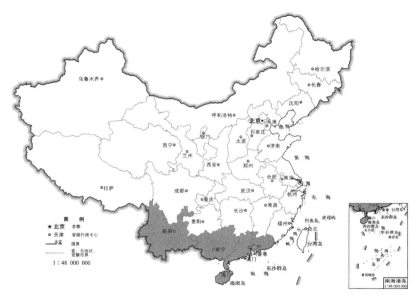

图 6-127　红背特蟋的国内地理分布

（128）灵斗蟋指名亚种 *Velarifictorus*（*Velarifictorus*）*agitatus agitatus* Ma，2019

分类地位：蟋蟀总科 Grylloidea 蟋蟀科 Gryllidae 蟋蟀亚科 Gryllinae 蟋蟀族 Gryllini。

同物异名：*Velarifictorus agitatus shaanxiensis* Ma，2019。

中文别名：无。

中国种群占全球种群的比例：中国特有。

分析等级：无危 LC。

依据标准：未达到极危、濒危、易危和近危标准。

理由：本种为新近发现，分布点较多，分布区为人类密集生活区，表明能够与人类和平相处。

生境：4.4，11.1，11.2，11.3，11.4，11.5。

生物学：主要栖息于植被底层石块下、洞穴内及枯枝落叶层中，有斗性。

国内分布：陕西（长安、咸阳、雁塔、杨陵）（图 6-128）；**国外分布**：无。

种群：常见。

致危因素

过去：无；现在：无；将来：3.5。

评述：该属昆虫是我国著名的文化昆虫，即斗蟋蟀活动的主角，应监测是否存在过度捕捉现象。

保护措施

已有：无；建议：1.1，1.3，2.1。

评论：通过调查研究，应该有更广泛分布区；同时应加强政策性保护行为。

参考文献： Ma，2019a；Ma，2019b。

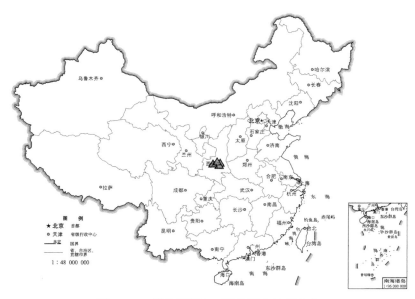

图 6-128 灵斗蟋指名亚种的国内地理分布

（129）灵斗蟋云南亚种 *Velarifictorus*（*Velarifictorus*）*agitatus minutus* Ma，2019

分类地位： 蟋蟀总科 Grylloidea 蟋蟀科 Gryllidae 蟋蟀亚科 Gryllinae 蟋蟀族 Gryllini。

同物异名： *Velarifictorus agitatus yunnanensis* Ma，2019。

中文别名： 无。

中国种群占全球种群的比例： 中国特有。

分析等级： 无危 LC。

依据标准： 未达到极危、濒危、易危和近危标准。

理由： 本种为新近发现，分布点较多，分布区为人类活动密集区，表明人类干扰对其生存影响有限。

生境： 1.6，3.6，4.6，11.1，11.2，11.3，11.4。

生物学： 主要栖息于植被底层石块下、洞穴内及枯枝落叶层中，有斗性。

国内分布： 云南（勐腊）（图 6-129）；**国外分布：** 无。

种群： 常见。

致危因素

　　过去：无；**现在**：无；**将来**：3.5。

　　评述：作为文化昆虫在云南文化底蕴不深，但仍需要密切关注。

保护措施

　　已有：4.4.2；**建议**：1.1，1.3，2.1。

　　评论：通过调查研究，应该有更广泛分布区。同时，应加强政策性保护宣传。

参考文献：Ma，2019a；Ma，2019b。

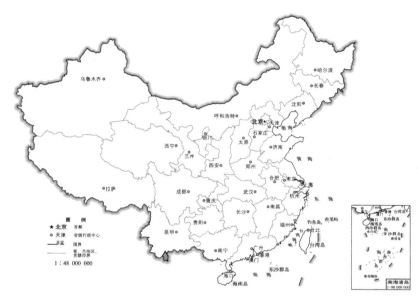

图 6-129　灵斗蟋云南亚种的国内地理分布

(130) 阿里山斗蟋 *Velarifictorus*（*Velarifictorus*）*arisanicus*（Shiraki，1930）

分类地位：蟋蟀总科 Grylloidea 蟋蟀科 Gryllidae 蟋蟀亚科 Gryllinae 蟋蟀族 Gryllini。

同物异名：无。

中文别名：无。

中国种群占全球种群的比例：中国特有。

分析等级：近危 NT。

依据标准：几近符合易危 VU D2。

理由：在台湾岛低海拔森林边缘枯枝落叶层中较常见，分布较广泛，但本种局限于台湾岛。由于中华民族的斗蟋文化影响，这种岛屿状分布的物种值得关注。

生境：1.6，3.6，7.1。

生物学：主要栖息于植被底层枯枝落叶层中，有斗性，鸣叫优雅。

国内分布：台湾（嘉义、南投）（图 6-130）；**国外分布**：无。

种群：在台湾局部地区常见。

致危因素

　　过去：1.3，3.5，4.1，5.1；**现在**：1.3，3.5，4.1，5.1；**将来**：1.3，3.5，4.1，5.1。

评述：人类活动可能减少其适宜栖息环境，造成种群密度下降；另外，部分蟋蟀种类会危害农作物，可能引起误杀。

保护措施

已有：无；建议：1.1，1.3，3.4。

评论：对栖息地生态环境进行调查，了解其生境状况水平，评估未来可能致危因素。

参考文献：殷海生和刘宪伟，1995；台湾生物多样性资讯入口网；Shiraki，1930；Chen et al.，2018。

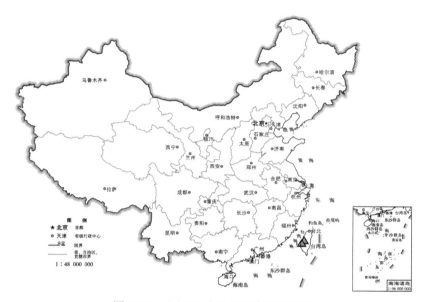

图 6-130　阿里山斗蟋的国内地理分布

（131）长颚斗蟋 *Velarifictorus*（*Velarifictorus*）*aspersus*（Walker，1869）

分类地位：蟋蟀总科 Grylloidea 蟋蟀科 Gryllidae 蟋蟀亚科 Gryllinae 蟋蟀族 Gryllini。

同物异名：*Velarifictorus asperses borealis* Gorochov，1985；*Velarifictorus aspersus japonicus* Matsuura，1976；*Gryllodes berthellus* Saussure，1877；*Scapsipedus mandibularis* Saussure，1877。

中文别名：长颚蟋。

中国种群占全球种群的比例：中国为主要分布区。

分析等级：无危 LC。

依据标准：未达到极危、濒危、易危和近危标准。

理由：在东亚、南亚和东南亚分布广泛，局部地区的捕捉不构成威胁。

生境：1.1，1.4，1.6，4.4，4.6，7.1，7.2，11.1，11.2，11.3，11.4，11.5。

生物学：主要栖息于植被底层石块下、洞穴内及枯枝落叶层中，好斗，善鸣，杂食性。

国内分布：河北、江苏、浙江、安徽、福建、江西、山东、河南、广东、广西、海南、四川、贵州、云南、陕西、甘肃（图 6-131）；**国外分布：**朝鲜、印度、日本、泰国、马来西亚、斯里兰卡。

种群：非常常见，数量巨大。

致危因素

　　过去：无；**现在：**无；**将来：**3.5。

　　评述：分布非常广泛，适应能力强，但作为斗蟋蟀的主角，存在被人类随意捕捉的风险。

保护措施

　　已有：无；**建议：**2.1。

　　评论：加强政策性保护宣传，防治过度捕捉。

参考文献：刘宪伟等，1993；尤平等，1997；王音等，1999；林育真等，2001；殷海生等，2001；王音，2002；谢令德，2004；刘浩宇等，2013；刘浩宇和石福明，2014a；卢慧等，2018；Walker，1869；Hsu，1928；Shiraki，1930；Bei-Bienko，1956；Chen et al.，2018；Gu et al.，2018；Xu & Liu，2019；Yang et al.，2019。

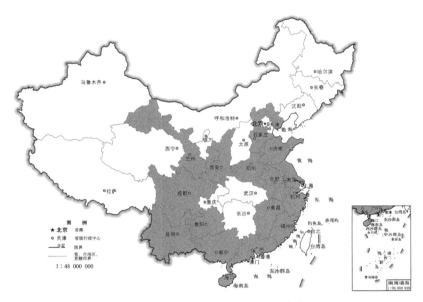

图 6-131   长颚斗蟋的国内地理分布

(132) **版纳斗蟋** *Velarifictorus（Velarifictorus）bannaensis* **Zhang，Liu & Shi，2017**

分类地位：蟋蟀总科 Grylloidea 蟋蟀科 Gryllidae 蟋蟀亚科 Gryllinae 蟋蟀族 Gryllini。

同物异名：无。

中文别名：无。

中国种群占全球种群的比例：中国特有。

分析等级：近危 NT。

依据标准：CR B2ab（ii，iii）；评价等级标准调整。

理由：已知 1 个分布地点，占有面积小于 $10km^2$，符合极危标准，但由于本种为新近发现，后续研究显示有小分布地点，降级评价为近危。

生境：1.6，3.6，7.1，7.2，11.1，11.2，11.3，11.4。

生物学：主要栖息于植被底层石块下、洞穴内及枯枝落叶层中，好斗，善鸣，杂食性。

国内分布：云南（勐腊）（图 6-132）；**国外分布：**无。

种群：模式产地已多笔记录。

致危因素

过去：1.3，3.5，4.1，5.1；现在：1.3，3.5，4.1，5.1；将来：1.3，3.5，4.1，5.1。

评述：人类活动可能减少其适宜栖息环境，造成种群密度下降；另外，部分蟋蟀种类会危害农作物，可能引起误杀。

保护措施

已有：4.4.2；建议：1.1，1.3，3.4。

评论：对栖息地生态环境进行调查，了解其生境状况水平，评估未来可能致危因素。

参考文献：Zhang et al.，2017a；Chen et al.，2018。

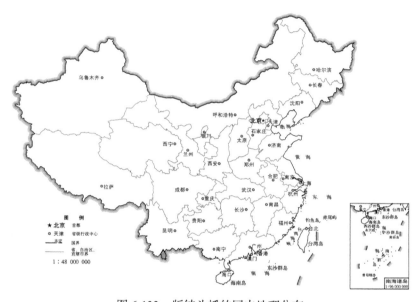

图 6-132　版纳斗蟋的国内地理分布

(133) 贝氏斗蟋 *Velarifictorus*（*Velarifictorus*）*beybienkoi* Gorochov，1985

分类地位：蟋蟀总科 Grylloidea 蟋蟀科 Gryllidae 蟋蟀亚科 Gryllinae 蟋蟀族 Gryllini。

同物异名：无。

中文别名：贝斗蟋。

中国种群占全球种群的比例：中国特有。

分析等级：无危 LC。

依据标准：未达到极危、濒危、易危和近危标准。

理由：在我国分布广泛。

生境：1.1，1.4，1.6，4.4，4.6，7.1，7.2，11.1，11.2，11.3，11.4。

生物学：主要栖息于植被底层石块下、洞穴内及枯枝落叶层中，好斗，善鸣，杂食性。

国内分布：天津、上海、浙江、山东、河南、海南、陕西、甘肃（图6-133）；**国外分布**：无。

种群：非常常见，数量巨大。

致危因素

　　过去： 无；**现在：** 无；**将来：** 3.5。

　　评述： 分布非常广泛，适应能力强，但作为斗蟋蟀的物种，存在被人类随意捕捉风险。

保护措施

　　已有： 无；**建议：** 2.1。

　　评论： 加强政策性保护宣传，防治过度捕捉。

参考文献： 殷海生和刘宪伟，1995；林育真等，2001；王音，2002；Gorochov，1985c；Chen et al.，2018。

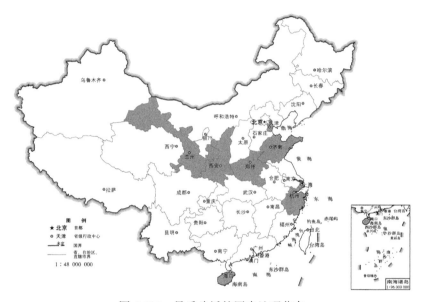

图 6-133　贝氏斗蟋的国内地理分布

（134）弧脉斗蟋 *Velarifictorus*（*Velarifictorus*）*curvinervis* Xie，2004

分类地位： 蟋蟀总科 Grylloidea 蟋蟀科 Gryllidae 蟋蟀亚科 Gryllinae 蟋蟀族 Gryllini。

同物异名： 无。

中文别名： 无。

中国种群占全球种群的比例： 中国特有。

分析等级： 濒危 EN。

依据标准： CR A4cd＋B2ab（ii，iii）；评价等级标准调整。

理由： 已知 1 个分布地点，占有面积可能小于 $10km^2$，栖息地有质量下降风险，符合极危标准，但由于本种发现时间较晚，降级评价为濒危。

生境： 1.6，3.6。

生物学： 主要栖息于植被底层石块下、洞穴内及枯枝落叶层中，好斗。

国内分布： 广西（防城港）（图 6-134）；**国外分布：** 无。

种群： 仅有原始记录。

致危因素

　　过去：1.1，1.3，3.5，9.5；**现在**：1.1，1.3，3.5，9.5；**将来**：1.3，3.5，9.5。

　　评述：模式产地位于自然保护区内，目前只有 1 笔有效记录，推测为栖息环境受到人为干扰较大，或者是自然种群密度低导致至今再未发现。

保护措施

　　已有：4.4.2；**建议**：2.2，3.2，3.3，3.4

　　评论：通过调查了解本种的种群组成和地理分布，掌握它的栖息地状况，以利于后期保护措施完善。

参考文献：谢令德，2004；Chen et al.，2018。

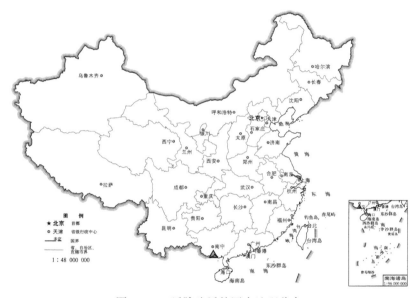

图 6-134　弧脉斗蟋的国内地理分布

---

(135) **滇西斗蟋** *Velarifictorus*（*Velarifictorus*）*dianxiensis* He，2018

分类地位：蟋蟀总科 Grylloidea 蟋蟀科 Gryllidae 蟋蟀亚科 Gryllinae 蟋蟀族 Gryllini。

同物异名：无。

中文别名：无。

中国种群占全球种群的比例：中国特有。

分析等级：无危 LC。

依据标准：未达到极危、濒危、易危和近危标准。

理由：已知模式产地有 4～5 个分布地点，分布面积小于 20000km^2，符合易危标准，但由于本种为新近发现，降级评价为无危。

生境：1.6，3.6，7.1，11.1，11.2，11.3，11.4。

生物学：主要栖息于植被底层石块下、洞穴内及枯枝落叶层中，好斗，善鸣，杂食性。

国内分布：云南（盈江）（图 6-135）；**国外分布**：无。

种群：模式产地种群较大。

致危因素

　　过去：无；**现在：**无；**将来：**3.5。

　　评述：局部地区常见，适应能力强，但作为斗蟋蟀的物种，存在被人类随意捕捉风险。

保护措施

　　已有：无；**建议：**2.1。

　　评论：加强政策性保护宣传，防治过度捕捉。

参考文献：Chen et al.，2018。

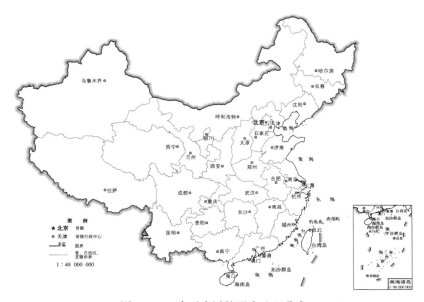

图 6-135　滇西斗蟋的国内地理分布

(136) 黄额斗蟋 Velarifictorus（Velarifictorus）flavifrons Chopard，1966

分类地位：蟋蟀总科 Grylloidea 蟋蟀科 Gryllidae 蟋蟀亚科 Gryllinae 蟋蟀族 Gryllini。

同物异名：*Scapsipedus arorai* Tandon & Shishodia，1972；*Scapsipedus bhadurii* Bhowmik，1967；*Velarifictorus dehradunensis* Tandon & Shishodia，1974；*Velarifictorus jaintianus* Biswas & Ghosh，1975；*Scapsipedus lohitensis* Tandon & Shishodia，1972；*Scapsipedus sikkimensis* Bhowmik，1967；*Velarifictorus yunnanensis* Liu & Yin，1993。

中文别名：无。

中国种群占全球种群的比例：中国为次要分布区。

分析等级：无危 LC。

依据标准：未达到极危、濒危、易危和近危标准。

理由：在南亚和东南分布广泛，而且在我国西南种群稳定。

生境：1.6、3.6、4.6、7.1、7.2、11.1、11.2、11.3、11.4。

生物学：主要栖息于植被底层石块下、洞穴内及枯枝落叶层中，好斗，善鸣，杂食性。

国内分布：广东（深圳）、云南（德宏、屏边、思茅）（图 6-136）；**国外分布：**越南、印度、尼泊尔。

种群：在云南常见。

致危因素

过去：无；**现在**：无；**将来**：3.5。

评述：适应能力强，但作为斗蟋蟀的物种，存在被人类随意捕捉风险。

保护措施

已有：无；**建议**：2.1。

评论：加强政策性保护宣传，防治过度捕捉。

参考文献：刘宪伟等，1993；Chopard，1966；Gorochov，2001［2000］；Shishodia et al.，2010；Kim & Pham，2014；Chen et al.，2018。

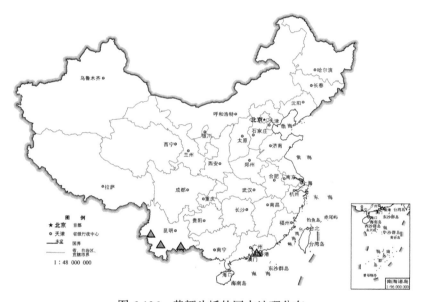

图 6-136　黄额斗蟋的国内地理分布

（137）卡西斗蟋 *Velarifictorus*（*Velarifictorus*）*khasiensis* Vasanth & Ghosh，1975

分类地位：蟋蟀总科 Grylloidea 蟋蟀科 Gryllidae 蟋蟀亚科 Gryllinae 蟋蟀族 Gryllini。

同物异名：无。

中文别名：拟斗蟋。

中国种群占全球种群的比例：中国为主要分布区。

分析等级：无危 LC。

依据标准：未达到极危、濒危、易危和近危标准。

理由：在东亚和东南亚分布广泛。

生境：1.4，1.6，3.4，3.6，4.4，4.6，7.1，7.2，11.1，11.2，11.3，11.4。

生物学：主要栖息于植被底层石块下、洞穴内及枯枝落叶层中，好斗，善鸣，杂食性。

国内分布：浙江、福建、江西、河南、湖南、广西、海南、贵州、云南（图 6-137）；**国外分布**：印度、巴基斯坦、尼泊尔。

种群： 非常常见。

致危因素

过去：无；现在：无；将来：3.5。

评述：适应能力强，但作为斗蟋蟀的物种，是常见的文化昆虫，存在被人类随意捕捉风险。

保护措施

已有：无；建议：2.1。

评论：分布广泛，加强政策性保护宣传，防治过度捕捉。

参考文献： 陈德良等，1995；王音等，1999；王音，2002；Vasanth et al.，1975；Gu et al.，2018；Xu & Liu，2019。

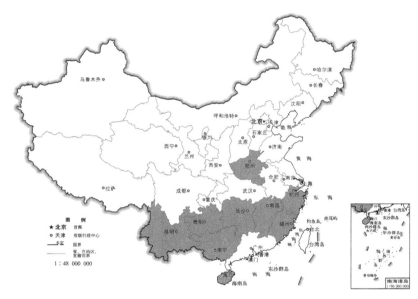

图 6-137　卡西斗蟋的国内地理分布

（138）兰斗蟋 *Velarifictorus（Velarifictorus）landrevus* Ma，Qiao & Zhang，2019

分类地位： 蟋蟀总科 Grylloidea 蟋蟀科 Gryllidae 蟋蟀亚科 Gryllinae 蟋蟀族 Gryllini。

同物异名： 无。

中文别名： 无。

中国种群占全球种群的比例： 中国特有。

分析等级： 近危 NT。

依据标准： EN B2ab（ii，iii）；评价等级标准调整。

理由： 已知 1 个分布区，包括 2～3 个分布地点，占有面积可能小于 500km^2，符合濒危标准，但由于本种为新近发现，降级评价为近危。

生境： 1.6，3.6，11.1，11.2，11.3，11.4。

生物学： 主要栖息于植被底层石块下、洞穴内及枯枝落叶层中，好斗，善鸣。

国内分布： 云南（勐腊）（图 6-138）；**国外分布：** 无。

种群：较少见。

致危因素

　　过去：1.3，3.5，4.1，5.1，9.9；**现在：**1.3，3.5，4.1，5.1，9.9；**将来：**1.3，3.5，4.1，5.1，9.9。

　　评述：人类活动可能破坏其适宜栖息的环境，造成种群密度下降。另外，部分蟋蟀种类会危害农作物，可能引起误杀。

保护措施

　　已有：4.4.2；**建议：**1.1，1.3，3.4。

　　评论：对栖息地生态环境进行调查，了解其生境状况水平，分析未来可能致危因素和潜在地理分布范围。

参考文献：Ma et al.，2019。

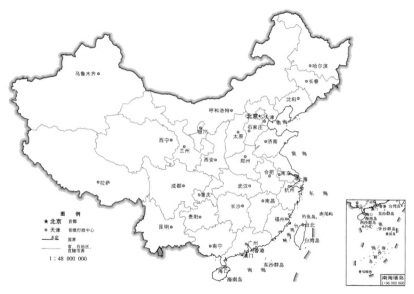

图 6-138　兰斗蟋的国内地理分布

---

(139)　迷卡斗蟋 _Velarifictorus_（_Velarifictorus_）_micado_（Saussure，1877）

分类地位：蟋蟀总科 Grylloidea 蟋蟀科 Gryllidae 蟋蟀亚科 Gryllinae 蟋蟀族 Gryllini。

同物异名：_Velarifictorus latefasciatus_（Chopard，1933）。

中文别名：宽纹斗蟋、斗蟋。

中国种群占全球种群的比例：中国为主要分布区。

分析等级：无危 LC。

依据标准：未达到极危、濒危、易危和近危标准。

理由：在东亚和东南亚分布广泛，虽作为最主要的文化昆虫被捕捉，但目前尚不构成威胁。

生境：1.1，1.4，1.6，3.4，3.6，4.4，4.6，7.1，7.2，11.1，11.2，11.3，11.4，11.5。

生物学：主要栖息于植被底层石块下、洞穴内及枯枝落叶层中，好斗，善鸣，杂食性；人类生活的村庄、城市也可见。

国内分布：北京、河北、山西、吉林、上海、江苏、浙江、福建、江西、山东、湖南、广东、广西、四川、贵州、云南、西藏、陕西、台湾（图6-139）；**国外分布**：朝鲜、越南、日本、菲律宾、俄罗斯（远东）、美国。

种群：非常常见，数量巨大。

致危因素

过去：无；**现在**：无；**将来**：3.5。

评述：适应能力强，但作为最常见的文化昆虫，是人类最经常的捕捉对象，已形成买卖虫体的商业链。除少数地区因为人类捕捉而造成种群密度低以外，大部分地区种群常见。

保护措施

已有：无；**建议**：2.1，2.2。

评论：尽管分布广泛和种群机警，但是也应加强政策性保护宣传，重视过度捕捉问题。

参考文献：吴福祯，1987；夏凯龄和刘宪伟，1992；刘宪伟等，1993；殷海生和刘宪伟，1995；尤平等，1997；王音等，1999；林育真等，2001；殷海生等，2001；卢荣胜等，2002；谢令德，2004；谢令德，2005；刘浩宇和石福明，2007b；刘浩宇等，2010；刘浩宇和石福明，2012；刘浩宇，2013；刘浩宇和石福明，2013；刘浩宇等，2013；刘浩宇和石福明，2014a；刘浩宇和石福明，2014b；卢慧等，2018；Saussure，1877；Shiraki，1930；Chopard，1933；Bei-Bienko，1956；Ichikawa et al.，2000；Han et al.，2015；Storozhenko et al.，2015；Chen et al.，2018；Gu et al.，2018；Xu & Liu，2019；Yang et al.，2019。

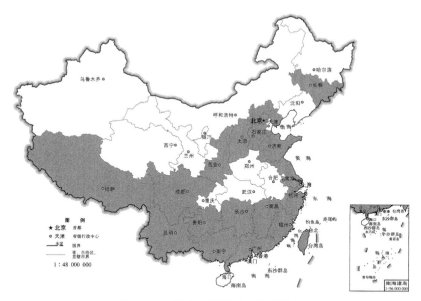

图6-139　迷卡斗蟋的国内地理分布

（140）丽斗蟋 *Velarifictorus*（*Velarifictorus*）*ornatus* Shiraki，1911

分类地位：蟋蟀总科 Grylloidea 蟋蟀科 Gryllidae 蟋蟀亚科 Gryllinae 蟋蟀族 Gryllini。

同物异名：*Gryllus caudatus* Shiraki，1930。

中文别名：无。

中国种群占全球种群的比例：中国为主要分布区。

分析等级：无危 LC。

依据标准：未达到极危、濒危、易危和近危标准。

理由：在东亚分布广泛。

生境：1.4，1.6，4.4，4.6，7.1，7.2，11.1，11.2，11.3，11.4。

生物学：主要栖息于植被底层石块下、洞穴内及枯枝落叶层中，好斗，善鸣，杂食性。

国内分布：上海、江苏、浙江、福建、江西、山东、河南、湖北、湖南、广西、重庆、四川、贵州、云南、陕西、台湾（图 6-140）；**国外分布：**朝鲜、日本。

种群：非常常见，数量巨大。

致危因素

　　过去：无；**现在：**无；**将来：**3.5。

　　评述：适应能力强，但作为常见的文化昆虫，是人类的捕捉对象。

保护措施

　　已有：无；**建议：**2.1，2.2。

　　评论：尽管分布广泛和行动机警，但仍需要加强政策性保护宣传和重视过度捕捉问题。

参考文献：夏凯龄和刘宪伟，1992；刘宪伟等，1993；殷海生和刘宪伟，1995；林育真等，2001；卢慧等，2018；Shiraki，1911；Shiraki，1930；Chen et al.，2018；Gu et al.，2018；Xu & Liu，2019。

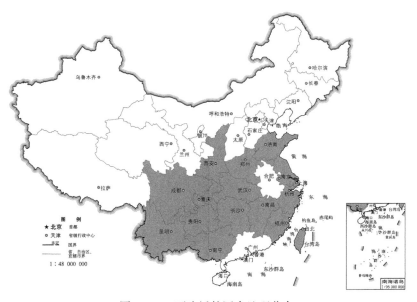

图 6-140　丽斗蟋的国内地理分布

(141) 小斗蟋 Velarifictorus（Velarifictorus）parvus（Chopard，1928）

分类地位：蟋蟀总科 Grylloidea 蟋蟀科 Gryllidae 蟋蟀亚科 Gryllinae 蟋蟀族 Gryllini。

同物异名：无。

中文别名：无。

中国种群占全球种群的比例：疑似分布。

分析等级： 数据缺乏 DD。

依据标准： 物种是否在中国分布存在疑问。

理由： 殷海生和刘宪伟（1995）认为在我国多个省市广泛分布，但后续蟋蟀工作者均未有检视标本信息而有确认记录，并有学者认为是错误的鉴定，故本次暂不评价。

生境： 推测与斗蟋属其他物种类似。

生物学： 主要栖息于植被底层石块下、洞穴内及枯枝落叶层中，杂食性。

国内分布： 上海、浙江、安徽、广西、海南、四川、贵州、云南、西藏（上述各省区均为疑似分布）（图 6-141）；**国外分布：** 印度。

种群： 不详。

致危因素

　　过去： 不详；**现在：** 不详；**将来：** 不详。

　　评述： 尚未发现明显致危因素。

保护措施

　　已有： 不详；**建议：** 3.1。

　　评论： 虽有疑似记录，需要确认物种鉴别可靠性及地理分布信息。

参考文献： 殷海生和刘宪伟，1995；Chopard，1928b；Bei-Bienko，1956；Shishodia et al.，2010；Chen et al.，2018。

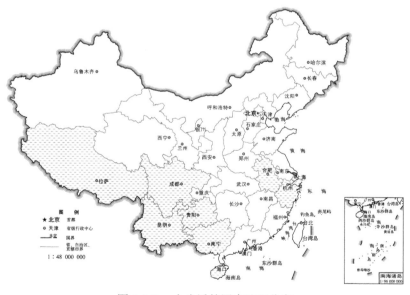

图 6-141　小斗蟋的国内地理分布

（142）斗蟋 *Velarifictorus*（*Velarifictorus*）*ryukyuensis* Oshiro，1990

分类地位： 蟋蟀总科 Grylloidea 蟋蟀科 Gryllidae 蟋蟀亚科 Gryllinae 蟋蟀族 Gryllini。

同物异名： 无。

中文别名： 无。

中国种群占全球种群的比例： 中国为主要分布区。

分析等级：无危 LC。

依据标准：未达到极危、濒危、易危和近危标准。

理由：在东亚分布广泛。

生境：1.6，3.6，7.1，7.2，11.1，11.2，11.3，11.4。

生物学：主要栖息于植被底层石块下、洞穴内及枯枝落叶层中，杂食性，善鸣，好斗。

国内分布：福建、湖南、广东、四川、贵州（图 6-142）；**国外分布**：日本。

种群：非常常见，数量巨大。

致危因素

　　过去：无；**现在**：无；**将来**：3.5。

　　评述：适应能力强，但作为常见的文化昆虫，是人类的捕捉对象。

保护措施

　　已有：无；**建议**：2.1，2.2。

　　评论：尽管物种分布广泛且行为机警，仍需要加强政策性保护宣传和重视过度捕捉问题。

参考文献：王音等，1999；Oshiro，1990b；Gu et al.，2018；He，2018。

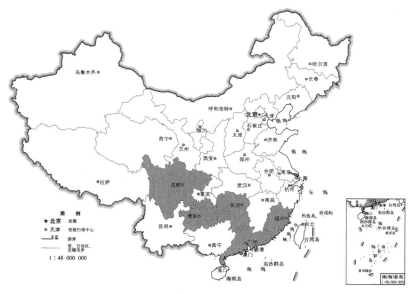

图 6-142　南斗蟋的国内地理分布

（143）愚斗蟋 *Velarifictorus*（*Velarifictorus*）*stultus* Ma，2019

分类地位：蟋蟀总科 Grylloidea 蟋蟀科 Gryllidae 蟋蟀亚科 Gryllinae 蟋蟀族 Gryllini。

同物异名：无。

中文别名：无。

中国种群占全球种群的比例：中国特有。

分析等级：近危 NT。

依据标准：EN B2ab（ii，iii）；评价等级标准调整。

理由：已知至少 2 个分布地点，占有面积可能小于 500km²，符合濒危标准，但由于本种为新近发现，降级评价为近危。

生境：1.6，3.6。

国内分布：云南（金平、蒙自）（图 6-143）；**国外分布**：无。

种群：不详。

致危因素

　　过去：1.3，1.4；**现在**：1.3，1.4；**将来**：1.3，1.4。

　　评述：分布地斗蟋文化底蕴不深，可能的危险因素是栖息地环境改变。

保护措施

　　已有：无；**建议**：3.2。

　　评论：通过科学研究，了解本种的种群组成和地理分布。

参考文献：Ma，2019a。

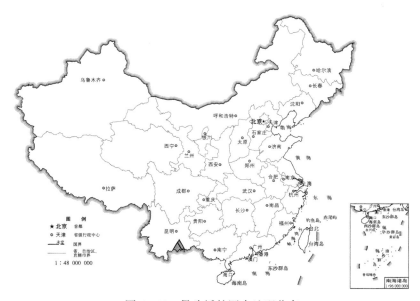

图 6-143　愚斗蟋的国内地理分布

（144）　**钩叶越蟋** *Vietacheta harpophylla* Ma，Liu & Xu，2015

分类地位：蟋蟀总科 Grylloidea 蟋蟀科 Gryllidae 蟋蟀亚科 Gryllinae 蟋蟀族 Gryllini。

同物异名：无。

中文别名：无。

中国种群占全球种群的比例：中国特有。

分析等级：无危 LC。

依据标准：VU A4cd＋B1ab（i，iii）；评价等级标准调整。

理由：已知至少 5 个分布地点，分布面积小于 20000km², 符合易危标准，但由于本种为新近发现，降级评价为无危。

生境：3.6。

生物学：不详。

国内分布：云南（沧源、金平、勐腊）（图 6-144）；**国外分布**：无。

种群：种群小。

致危因素

　　过去：无；现在：无；将来：无。

　　评述：尚未发现明显致危因素。

保护措施

　　已有：4.4.2；建议：无。

　　评论：分布区多位于自然保护区和边界地区，自然生态环境良好。

参考文献：Ma et al.，2015。

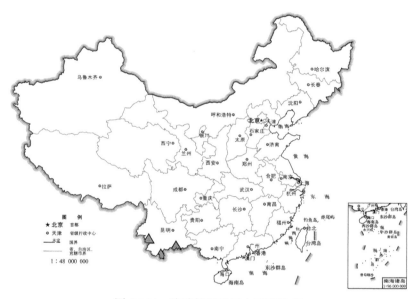

图 6-144　钩叶越蟋的国内地理分布

---

(145)　黑色越蟋 *Vietacheta picea* Gorochov，1992

分类地位：蟋蟀总科 Grylloidea 蟋蟀科 Gryllidae 蟋蟀亚科 Gryllinae 蟋蟀族 Gryllini。

同物异名：无。

中文别名：无。

中国种群占全球种群的比例：中国为次要分布区。

分析等级：濒危 EN。

依据标准：EN A1cd＋B1ab（i，iii）。

理由：已知 4～5 个分布地点，分布面积可能小于 5000km^2，我国云南仅有 1 笔记录，种群个体数量可能有逐渐衰退趋势。

生境：3.6。

生物学：不详。

国内分布：云南（勐腊）（图 6-145）；**国外分布**：越南。

种群：少见。

致危因素

　　过去：1.3，1.4；**现在**：1.3，1.4；**将来**：1.3，1.4。

　　评述：推测该类蟋蟀可能对植被环境要求较高，需要高质量栖息地。

保护措施

　　已有：4.4.2；**建议**：3.3。

　　评论：通过科学研究，掌握其生物学特性，维持其生境和保护其自然繁殖。

参考文献：Gorochov，1992〔1991〕；Kim & Pham，2014；Ma et al.，2015；He，2018。

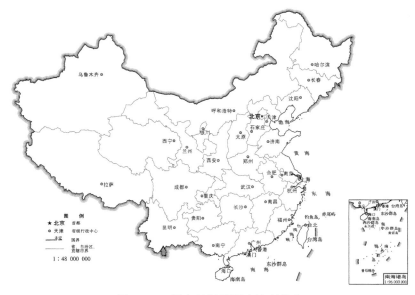

图 6-145　黑色越蟋的国内地理分布

4．额蟋亚科 Itarinae

（146）小突额蟋 Itara（Gryllitara）denudata Ma & Zhang，2015

分类地位：蟋蟀总科 Grylloidea 蟋蟀科 Gryllidae 额蟋亚科 Itarinae。

同物异名：无。

中文别名：无。

中国种群占全球种群的比例：中国特有。

评估等级：易危 VU。

依据标准：CR A4cd＋B2ab（ii，iii）；评价等级标准调整。

理由：已知仅有 1 个分布地点，占有面积小于 $10km^2$，符合极危标准，但由于本种为新近发现，降级评价为易危。

生境：1.6。

生物学：不详，推测栖息于乔木林树冠，具趋光性。

国内分布：云南（瑞丽）（图 6-146）；**国外分布**：无。

种群：不详。

致危因素

　　过去：1.1.2，1.3.3，1.4.3，6.2.4；**现在**：1.1.2，1.3.3，1.4.3，6.2.4；**将来**：1.1.2，1.3.3，1.4.3，6.2.4。

　　评述：已知分布范围非常狭窄，部分地区存在生境恶化风险。

保护措施

　　已有：无；**建议**：2.2，3.1，3.2，3.3，3.4，4.4。

　　评论：通过对瑞丽及邻近地区的额蟋属昆虫进行科学研究，了解本种的种群组成和地理分布，进一步明确濒危等级。

参考文献：Ma & Zhang，2015b。

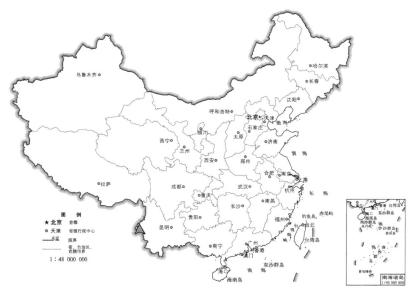

图 6-146　小突额蟋的国内地理分布

---

(147)　缺盖额蟋 *Itara*（*Itara*）*aperta* Gorochov，1996

分类地位：蟋蟀总科 Grylloidea 蟋蟀科 Gryllidae 额蟋亚科 Itarinae。

同物异名：无。

中文别名：宽膜额蟋。

中国种群占全球种群的比例：中国为次要分布区。

评估等级：无危 LC。

依据标准：未达到极危、濒危、易危和近危标准。

理由：已知在我国的分布地点不少于 10 个，在东南亚和我国云南连续分布，分布区广泛，种群稳定。

生境：1.6。

生物学：栖息于乔木林树冠，具趋光性。

国内分布：云南（景洪、勐腊）（图 6-147）；**国外分布**：越南、泰国。

种群：较为常见。

致危因素

过去：1.3.3；**现在**：1.3.3；**将来**：1.3.3。

评述：尽管当前种群稳定，但在我国分布范围相对狭窄，仍需要关注植被破坏对种群的影响。

保护措施

已有：4.4.2，4.4.3；**建议**：无。

评论：已有保护措施完善。

参考文献：Gorochov，1996a；Ma & Zhang，2015b。

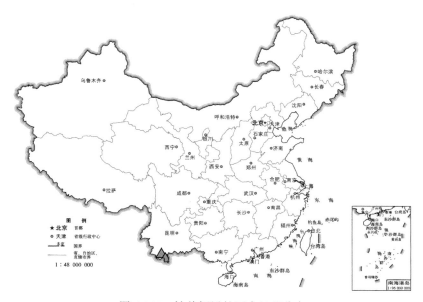

图 6-147　缺盖额蟋的国内地理分布

---

(148) **基齿额蟋** *Itara*（*Itara*）*basidentata* **Ma & Zhang，2015**

分类地位：蟋蟀总科 Grylloidea 蟋蟀科 Gryllidae 额蟋亚科 Itarinae。

同物异名：无。

中文别名：无。

中国种群占全球种群的比例：中国特有。

评估等级：近危 NT。

依据标准：EN A4cd＋B2ab（ii，iii）；评价等级标准调整。

理由：通过对原始记录和标本信息的检视，推测其占有面积应小于 500km²，符合濒危标准，但由于本种为新近发现，模式产地邻近地区也有疑似分布，降级评价为近危。

生境：1.6。

生物学：具趋光性，推测栖息于乔木林树冠。

国内分布：云南（勐海、文山）（图 6-148）；**国外分布**：无。

种群：已知种群较小。

致危因素

过去：1.1.2，1.1.3，1.3.4；**现在**：1.1.2，1.1.3，1.3.4；**将来**：1.1.2，1.1.3，1.3.4。

评述：与植被因素密切相关。

保护措施

已有：无；**建议**：3.1，3.2，3.3，3.4。

评论：通过科学研究，了解本种的种群组成和地理分布，掌握它的生物学特性，并加强科普知识的宣传，提高人们的保护意识。

参考文献：Ma & Zhang，2015b。

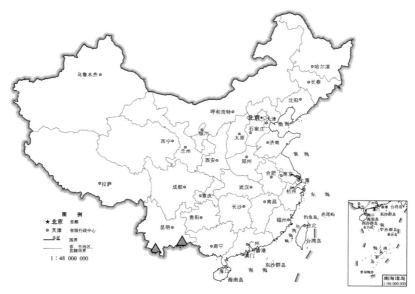

图 6-148 基齿额蟋的国内地理分布

---

(149) 普通额蟋 *Itara*（*Itara*）*communis* Gorochov，1997

分类地位：蟋蟀总科 Grylloidea 蟋蟀科 Gryllidae 额蟋亚科 Itarinae。

同物异名：无。

中文别名：无。

中国种群占全球种群的比例：中国为次要分布区。

评估等级：无危 LC。

依据标准：未达到极危、濒危、易危和近危标准。

理由：模式产地为越南，被发现时间较晚，但野外调查记录较多，尤其在我国云南南部，分布区连续。

生境：1.6。

生物学：不详。

国内分布：云南（景东、景洪、勐腊）（图6-149）；**国外分布**：越南、泰国。

种群：较为常见。

致危因素

过去：无；**现在**：无；**将来**：无。

评述：尚未发现明显致危因素。

保护措施

已有：4.4.2；**建议**：无。

评论：目前尚无须刻意保护的一种昆虫。

参考文献：Gorochov，1997；Ma & Zhang，2015b。

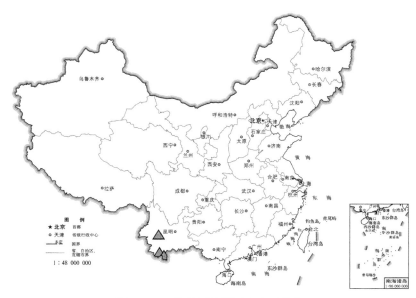

图 6-149　普通额蟋的国内地理分布

（150）双突额蟋 *Itara（Itara）dicrana* **Ma & Zhang，2015**

分类地位：蟋蟀总科 Grylloidea 蟋蟀科 Gryllidae 额蟋亚科 Itarinae。

同物异名：无。

中文别名：无。

中国种群占全球种群的比例：中国特有。

评估等级：无危 LC。

依据标准：未达到极危、濒危、易危和近危标准。

理由：本种为新近发现，发表记录和馆藏标本记录显示，近年野外调查记录较多，种群稳定。

生境：1.6。

生物学：主要栖息于乔木林树冠，具趋光性。

国内分布：海南（吊罗山、尖峰岭）（图 6-150）；**国外分布**：无。

种群：常见。

致危因素

过去：无；**现在**：无；**将来**：无。

评述：目前未发现明显致危因素。

保护措施

　　已有：4.4.2；**建议**：无。

　　评论：已发现种群均位于保护区内，可以保障种群稳定。

参考文献：Gorochov，1997；Ma & Zhang，2015b。

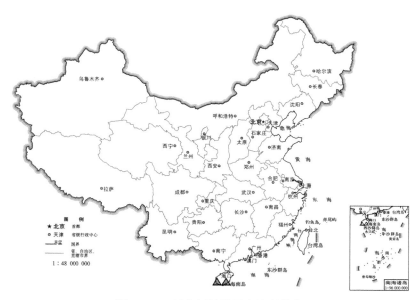

图 6-150　双突额蟋的国内地理分布

(151)　小额蟋 *Itara（Itara）minor* Chopard，1925

分类地位：蟋蟀总科 Grylloidea 蟋蟀科 Gryllidae 额蟋亚科 Itarinae。

同物异名：无。

中文别名：小鸣异蛄蛉。

中国种群占全球种群的比例：中国为主要分布区。

评估等级：无危 LC。

依据标准：未达到极危、濒危、易危和近危标准。

理由：文献显示分布范围广泛，并依据野外调查显示，种群稳定，尤其在云南和广西部分地区数量巨大。

生境：1.6。

生物学：多栖息于高大乔木林中，具有趋光性。

国内分布：广东、广西、海南、云南、西藏（图 6-151）；**国外分布**：越南、泰国。

种群：常见。

致危因素

　　过去：无；**现在**：无；**将来**：无。

　　评述：尚未发现明显致危因素。

保护措施

　　已有：无；**建议**：无。

评论：无须刻意保护的一种昆虫。

参考文献：殷海生和刘宪伟，1995；王音，2002；谢令德和刘宪伟，2004；Chopard，1925a；Ma & Zhang，2015b。

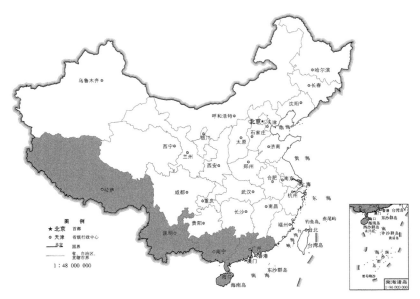

图 6-151　小额蟋的国内地理分布

(152) 越南额蟋 *Itara（Itara）vietnamensis* Gorochov，1985

分类地位：蟋蟀总科 Grylloidea 蟋蟀科 Gryllidae 额蟋亚科 Itarinae。

同物异名：无。

中文别名：无。

中国种群占全球种群的比例：中国为次要分布区。

评估等级：无危 LC。

依据标准：未达到极危、濒危、易危和近危标准。

理由：模式产地为越南，近年野外调查记录较多，尤其在我国南部，已成为主要分布区。

生境：1.6。

生物学：多栖息于高大乔木林中，具有一定趋光性。

国内分布：广东（石门台）、云南（勐腊、瑞丽）（图 6-152）；**国外分布：**越南、泰国。

种群：较常见。

致危因素

　　过去：无；**现在：**无；**将来：**无。

　　评述：尚未发现明显致危因素。

保护措施

　　已有：无；**建议：**无。

　　评论：推测本种有更广泛分布区。

参考文献：Gorochov，1985b；Ma & Zhang，2015b。

图 6-152　越南额蟋的国内地理分布

(153)　悦鸣额蟋 *Itara*（*Noctitara*）*sonabilis* Gorochov，1996

分类地位：蟋蟀总科 Grylloidea 蟋蟀科 Gryllidae 额蟋亚科 Itarinae。

同物异名：无。

中文别名：无。

中国种群占全球种群的比例：中国为次要分布区。

评估等级：无危 LC。

依据标准：未达到极危、濒危、易危和近危标准。

理由：目前中国海南已知至少 3 个分布地点，在邻国越南分布广泛，本种在中国被发现和记录的时间较晚，推测有更广泛分布。

生境：1.6。

生物学：多栖息于高大乔木林中，具有一定趋光性。

国内分布：海南（吊罗山、黎母山、五指山）（图 6-153）；**国外分布**：越南。

种群：在海南部分保护区较常见。

致危因素

　　过去：1.1.2，1.3.3，1.4.3；**现在**：无；**将来**：无。

　　评述：未发现明显致危因素。

保护措施

　　已有：4.4.2；**建议**：3.2。

　　评论：推测经过野外调查在我国有更广泛分布。

参考文献：Gorochov，1996a；Gorochov，1997b；Gorochov，2004；Ma & Zhang，2015b。

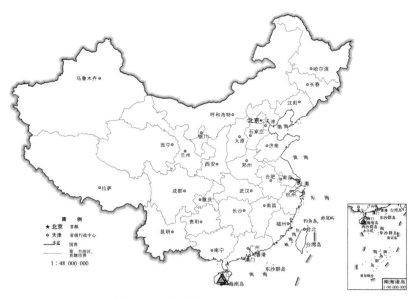

图 6-153　悦鸣额蟋的国内地理分布

(154) **台湾拟长蟋** *Parapentacentrus formosanus* Shiraki，1930

分类地位：蟋蟀总科 Grylloidea 蟋蟀科 Gryllidae 额蟋亚科 Itarinae。

同物异名：*Pseuditara lineaticeps* Chopard，1969。

中文别名：纹头拟长蟋、伪鸣蛄蛉。

中国种群占全球种群的比例：中国为主要分布区。

评估等级：无危 LC。

依据标准：未达到极危、濒危、易危和近危标准。

理由：在东亚和东南亚分布广泛。

生境：1.6。

生物学：多栖息在高大乔木林中，具有一定趋光性。

国内分布：浙江、福建、江西、湖南、广西、四川、贵州、云南、台湾（图 6-154）；**国外分布**：越南、缅甸。

种群：非常常见，数量巨大。

致危因素

　　过去：无；**现在**：无；**将来**：无。

　　评述：数量较多，分布广泛，扩散能力较强，尚未发现明显致危因素。

保护措施

　　已有：无；**建议**：无。

　　评论：无须刻意保护的一种昆虫，栖息于高大乔木林冠，受人为干扰有限。

参考文献：吴福桢和郑彦芬，1987；刘宪伟等，1993；殷海生和刘宪伟，1995；王音等，1999；谢令德和刘宪伟，2004；刘浩宇和石福明，2013；Shiraki，1930；Gorochov，1985a；Gu et al.，2018；Xu & Liu，2019。

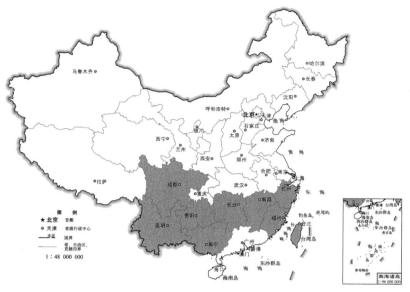

图 6-154　台湾拟长蟋的国内地理分布

(155) **暗色拟长蟋** *Parapentacentrus fuscus* **Gorochov，1988**

分类地位： 蟋蟀总科 Grylloidea 蟋蟀科 Gryllidae 额蟋亚科 Itarinae。
同物异名： 无。
中文别名： 无。
中国种群占全球种群的比例： 中国为主要分布区。

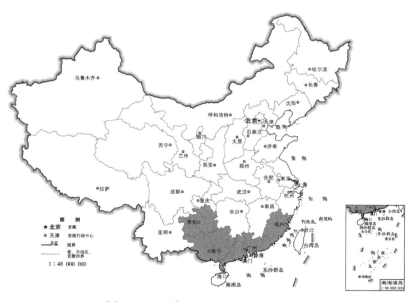

图 6-155　暗色拟长蟋的国内地理分布

评估等级：无危 LC。

依据标准：未达到极危、濒危、易危和近危标准。

理由：分布较为广泛，近年野外调查较常见。

生境：1.6。

生物学：多栖息在高大乔木林中，具有一定趋光性。

国内分布：福建、广东、广西、贵州（图 6-155）；**国外分布**：越南。

种群：常见，数量较多。

致危因素

　　过去：无；**现在**：无；**将来**：无。

　　评述：未发现明显致危因素。

保护措施

　　已有：无；**建议**：无。

　　评论：目前尚无须刻意保护的一种昆虫。

参考文献：刘浩宇和石福明，2012；刘浩宇和石福明，2013；Gorochov，1988b。

5. 兰蟋亚科 Landrevinae

(156) 版纳多兰蟋 *Duolandrevus*（*Duolandrevus*）*bannanus* Zhang，Liu & Shi，2017

分类地位：蟋蟀总科 Grylloidea 蟋蟀科 Gryllidae 兰蟋亚科 Landrevinae 兰蟋族 Landrevini。

同物异名：无。

中文别名：无。

中国种群占全球种群的比例：中国特有。

分析等级：易危 VU。

依据标准：CR A4cd＋B1ab（i，iii）；评价等级标准调整。

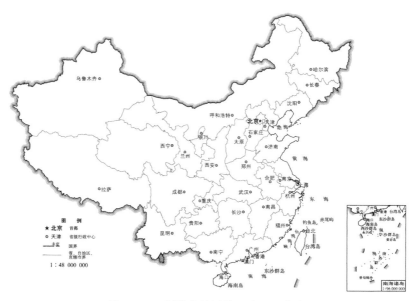

图 6-156　版纳多兰蟋的国内地理分布

理由：已知 1 个分布地点，1 笔记录，分布面积小于 100km²，栖息地质量衰退，符合极危标准，但由于本种为新近发现，降级评价为易危。

生境：1.6，3.6。

生物学：不详。

国内分布：云南（勐腊）（图 6-156）；**国外分布**：无。

种群：仅有原始记录。

致危因素

过去：1.1，1.3；**现在**：1.1，1.3；**将来**：1.1，1.3。

评述：模式产地受人类活动干扰严重。

保护措施

已有：4.4.2；**建议**：2.2，3.2，3.3，4.4.3。

评论：建议通过详细调查，以发现更多的分布区和地理种群；同时进行科普宣传，并加强保护地管理。

参考文献：Zhang et al.，2017b。

(157)　库仓多兰蟋 *Duolandrevus*（*Duolandrevus*）*coulonianus*（**Saussure，1877**）

分类地位：蟋蟀总科 Grylloidea 蟋蟀科 Gryllidae 兰蟋亚科 Landrevinae 兰蟋族 Landrevini。

同物异名：无。

中文别名：库伦优兰蟋、短翅蟋蟀。

中国种群占全球种群的比例：疑似分布。

分析等级：数据缺乏 DD。

依据标准：物种是否在中国分布有争议。

理由：本种模式产地为爪哇，在 1995 年被作为中国新记录种，但之后的研究者很少采用，

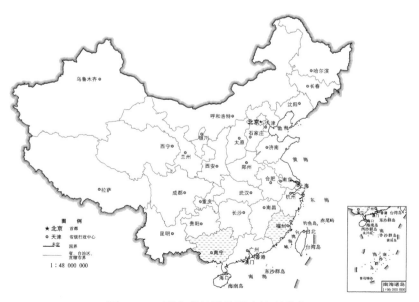

图 6-157　库仓多兰蟋的国内地理分布

有些记录后被证明无效或错误鉴定，疑似记录地有近缘种被发现。

生境：1.6，3.6，7.1。

生物学：在洞穴、石块、腐木及树皮下栖息。

国内分布：福建、广西（两省区均为疑似分布）（图6-157）；**国外分布**：印度尼西亚。

种群：不详。

致危因素

　　过去：不详；**现在**：不详；**将来**：不详。

　　评述：无。

保护措施

　　已有：无；**建议**：3.1，3.2。

　　评论：应通过分类学和比较形态学研究，确认我国是否实际分布。

参考文献：尤其儆和黎天山，1990；殷海生和刘宪伟，1995；刘浩宇和石福明，2007b；Saussure，1877；Shiraki，1930；Zhang et al.，2017c。

（158）斧状多兰蟋 *Duolandrevus*（*Eulandrevus*）*axinus* Zhang，Liu & Shi，2017

分类地位：蟋蟀总科 Grylloidea 蟋蟀科 Gryllidae 兰蟋亚科 Landrevinae 兰蟋族 Landrevini。

同物异名：无。

中文别名：无。

中国种群占全球种群的比例：中国特有。

分析等级：无危 LC。

依据标准：未达到极危、濒危、易危和近危标准。

理由：在我国海南岛分布非常广泛，种群稳定。

生境：1.6，3.6，7.1。

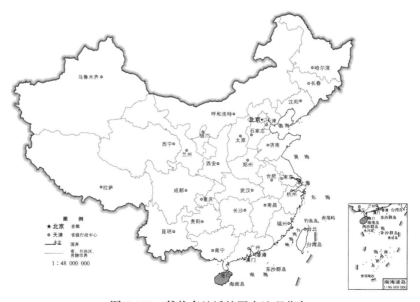

图6-158　斧状多兰蟋的国内地理分布

生物学：在洞穴、石块、腐木及树皮下栖息。

国内分布：海南（图 6-158）；**国外分布**：无。

种群：常见。

致危因素

　　过去：无；**现在**：无；**将来**：无。

　　评述：尚未发现明显致危因素。

保护措施

　　已有：4.4；**建议**：无。

　　评论：已有的保护措施可以满足需要。

参考文献：Zhang et al.，2017c；Chen et al.，2019。

---

(159) 革多兰蟋 *Duolandrevus*（*Eulandrevus*）*coriaceus*（**Shiraki，1930**）

分类地位：蟋蟀总科 Grylloidea 蟋蟀科 Gryllidae 兰蟋亚科 Landrevinae 兰蟋族 Landrevini。

同物异名：无。

中文别名：无。

中国种群占全球种群的比例：中国特有。

分析等级：易危 VU。

依据标准：VU B1ab（i，iii）。

理由：在台湾岛低海拔山区分布较广，推测分布区面积不到 20000km²，分布范围狭窄。

生境：1.6，3.6，7.1。

生物学：低海拔山区洞穴、石块、腐木及树皮下。

国内分布：台湾（阿里山）（图 6-159）；**国外分布**：无。

种群：不详。

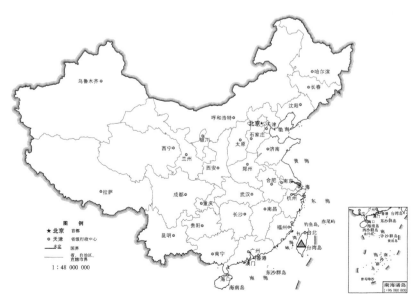

图 6-159　革多兰蟋的国内地理分布

致危因素

　　过去：1.1，1.3；**现在**：1.1，1.3；**将来**：1.1，1.3。

　　评述：栖息于人类活动密集区，在夜间活动，如发生种群波动不易被觉察。

保护措施

　　已有：无；**建议**：2.2，3.3，3.8。

　　评论：应注意区分近缘种，加强科普知识的宣传，提高人们的保护意识。

参考文献：殷海生和刘宪伟，1995；台湾生物多样性资讯入口网；Shiraki，1930；Zhang et al.，2017c。

---

(160) 香港多兰蟋 *Duolandrevus（Eulandrevus）dendrophilus*（Gorochov，1988）

分类地位：蟋蟀总科 Grylloidea 蟋蟀科 Gryllidae 兰蟋亚科 Landrevinae 兰蟋族 Landrevini。

同物异名：*Duolandrevus hongkongae* Otte，1988。

中文别名：无。

中国种群占全球种群的比例：中国为主要分布区。

分析等级：无危 LC。

依据标准：未达到极危、濒危、易危和近危标准。

理由：在我国南方分布非常广泛。

生境：1.6，3.6，7.1。

生物学：在洞穴、石块、腐木及树皮下栖息。

国内分布：浙江、福建、广东、广西、四川、贵州、云南、香港（图 6-160）；**国外分布**：越南。

种群：常见。

致危因素

　　过去：无；**现在**：无；**将来**：无。

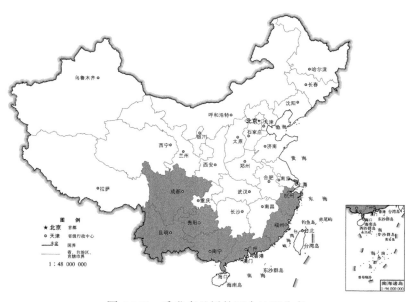

图 6-160　香港多兰蟋的国内地理分布

评述：适应能力强，尚未发现明显致危因素。

保护措施

已有：4.4.2；建议：无。

评论：本种是多兰蟋属在我国分布最广泛的种类。

参考文献：刘浩宇和石福明，2013；Gorochov，1988a；Liu et al.，2015；Ma et al.，2015；Zhang et al.，2017c；Chen et al.，2019。

（161）格氏多兰蟋 *Duolandrevus*（*Eulandrevus*）*gorochovi* Zhang，Liu & Shi，2017

分类地位：蟋蟀总科 Grylloidea 蟋蟀科 Gryllidae 兰蟋亚科 Landrevinae 兰蟋族 Landrevini。

同物异名：无。

中文别名：无。

中国种群占全球种群的比例：中国特有。

分析等级：无危 LC。

依据标准：未达到极危、濒危、易危和近危标准。

理由：虽然本种为新近发现，但在模式产地及邻近地区种群稳定，调查发现更多小分布地点。

生境：1.6，3.6，7.1。

生物学：在洞穴、石块、腐木及树皮下栖息。

国内分布：广东（南岭）（图 6-161）；**国外分布**：无。

种群：模式产地种群常见。

致危因素

过去：无；现在：无；将来：无。

评述：适应能力强，尚未发现明显致危因素。

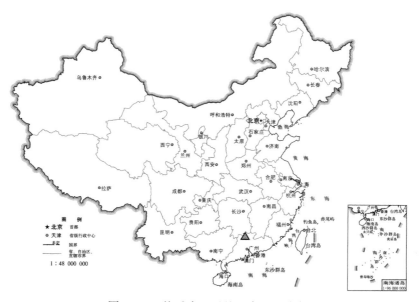

图 6-161　格氏多兰蟋的国内地理分布

保护措施

已有：4.4；建议：无。

评论：种群稳定，已有的保护措施可以满足需要。

参考文献：Zhang et al.，2017c。

（162）耿氏多兰蟋 *Duolandrevus*（*Eulandrevus*）*guntheri*（Gorochov，1988）

分类地位：蟋蟀总科 Grylloidea 蟋蟀科 Gryllidae 兰蟋亚科 Landrevinae 兰蟋族 Landrevini。

同物异名：无。

中文别名：无。

中国种群占全球种群的比例：中国特有。

分析等级：极危 CR。

依据标准：CR B2ab（ii，iii）。

理由：仅有原始记录，推测占有面积不到 $100km^2$，分布范围狭窄，推测栖息地质量衰退。

生境：不详，推测与该属内其他种近似。

生物学：推测在洞穴、石块、腐木及树皮下栖息。

国内分布：台湾（图 6-162）；**国外分布**：无。

种群：仅有原始记录。

致危因素

过去：1.1，1.3；现在：1.1，1.3；将来：1.1，1.3。

评述：很可能是人们的大规模农业和开发活动，破坏了原本栖息地。

保护措施

已有：无；建议：2.2，3.1，3.3。

评论：通过分类研究，加强对其相似种区分，加强科普知识的宣传，提高人们的保护

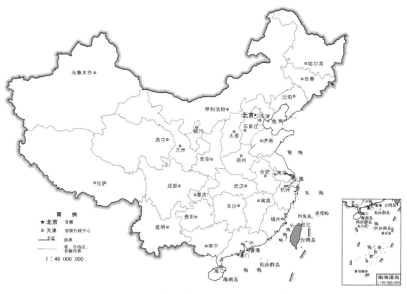

图 6-162　耿氏多兰蟋的国内地理分布

意识。

参考文献：殷海生和刘宪伟，1995；Gorochov，1988a；Zhang et al.，2017c。

(163)　海南多兰蟋 *Duolandrevus*（*Eulandrevus*）*hainanensis* **Liu，He & Ma，2015**

分类地位：蟋蟀总科 Grylloidea 蟋蟀科 Gryllidae 兰蟋亚科 Landrevinae 兰蟋族 Landrevini。

同物异名：无。

中文别名：无。

中国种群占全球种群的比例：中国特有。

分析等级：无危 LC。

依据标准：未达到极危、濒危、易危和近危标准。

理由：虽然本种为新近发现，但在海南部分地区种群稳定，分布区不断扩大。

生境：1.6，3.6，7.1。

生物学：在洞穴、石块、腐木及树皮下栖息。

国内分布：海南（尖峰岭、五指山）（图 6-163）；**国外分布**：无。

种群：较常见。

致危因素

　　过去：无；**现在**：无；**将来**：无。

　　评述：尚未发现明显致危因素。

保护措施

　　已有：4.4.2；**建议**：无。

　　评论：已知分布点在国家级自然保护区内，已满足保护需求。

参考文献：Liu et al.，2015；Zhang et al.，2017c；Chen et al.，2019。

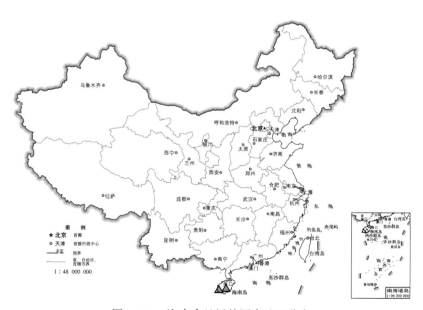

图 6-163　海南多兰蟋的国内地理分布

（164）暗黑多兰蟋 *Duolandrevus（Eulandrevus）infuscatus* **Liu & Bi，2010**

分类地位： 蟋蟀总科 Grylloidea 蟋蟀科 Gryllidae 兰蟋亚科 Landrevinae 兰蟋族 Landrevini。

同物异名： 无。

中文别名： 暗黑杜兰蟋。

中国种群占全球种群的比例： 中国特有。

分析等级： 无危 LC。

依据标准： 未达到极危、濒危、易危和近危标准。

理由： 虽发表时间较近，但在浙江部分地区分布较广，种群稳定。

生境： 3.6，7.1。

生物学： 在洞穴、石块、腐木及树皮下栖息。

国内分布： 浙江（凤阳山、天目山）（图6-164）；**国外分布：** 无。

种群： 较常见。

致危因素

　　过去： 无；**现在：** 无；**将来：** 无。

　　评述： 适应能力强，尚未发现明显致危因素。

保护措施

　　已有： 4.4；**建议：** 无。

　　评论： 发现分布地多位于保护区内，认为处于安全范围内。

参考文献： 刘宪伟和毕文烜，2010；Zhang et al.，2017c；Chen et al.，2019；Xu & Liu，2019。

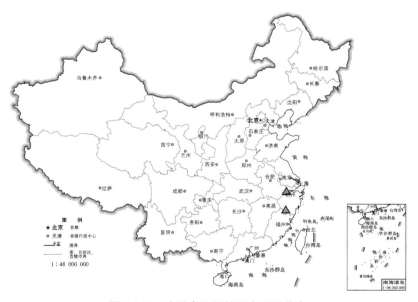

图6-164　暗黑多兰蟋的国内地理分布

（165）黑曜多兰蟋 *Duolandrevus（Eulandrevus）obsidianua* **He，2019**

分类地位： 蟋蟀总科 Grylloidea 蟋蟀科 Gryllidae 兰蟋亚科 Landrevinae 兰蟋族 Landrevini。

同物异名：无。

中文别名：无。

中国种群占全球种群的比例：中国特有。

分析等级：易危 VU。

依据标准：CR A4cd＋B1ab（i，iii）；评价等级标准调整。

理由：已知 1 个分布地点，1 笔记录，分布面积小于 100km^2，符合极危标准，但由于本种为新近发现，降级评价为易危。

生境：1.6，3.6。

生物学：推测与该属内其他种近似，在洞穴、石块、腐木及树皮下栖息。

国内分布：广西（百色）（图 6-165）；**国外分布**：无。

种群：仅有原始记录。

致危因素

过去：1.1，1.3；**现在**：1.1，1.3；**将来**：1.1，1.3。

评述：模式产地及邻近地区的种植业发达，受人类活动干扰严重。

保护措施

已有：无；**建议**：3.2，3.3。

评论：建议通过持续调查，以发现更多的分布区和种群，再进行评价。

参考文献：Chen et al.，2019。

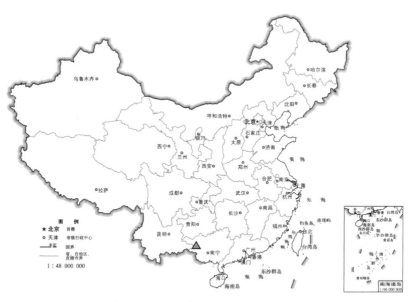

图 6-165　黑曜多兰蟋的国内地理分布

---

(166) 长叶多兰蟋 *Duolandrevus*（*Eulandrevus*）*unguiculatus* Ma，Gorochov & Zhang，2015

分类地位：蟋蟀总科 Grylloidea 蟋蟀科 Gryllidae 兰蟋亚科 Landrevinae 兰蟋族 Landrevini。

同物异名：无。

中文别名：无。

中国种群占全球种群的比例：中国为主要分布区。

分析等级：近危 NT。

依据标准：EN A4cd＋B2ab（ii，iii）；评价等级标准调整。

理由：已知勐腊县 4 个分布地点，分布面积不到 5000km²，分布范围狭窄，符合濒危标准，但由于本种为新近发现，降级评价为近危。

生境：1.6，3.6。

生物学：在洞穴、石块、腐木及树皮下栖息。

国内分布：云南（勐腊）（图 6-166）；**国外分布**：老挝。

种群：模式产地常见。

致危因素

　　过去：1.1，1.3；**现在**：1.1，1.3；**将来**：1.1，1.3。

　　评述：分布地生境变化对物种影响还未知。

保护措施

　　已有：4.4.2；**建议**：2.2，3.3。

　　评论：通过分类研究，有效区别近缘种。

参考文献：Liu et al.，2015；Ma et al.，2015；Zhang et al.，2017c；Chen et al.，2019。

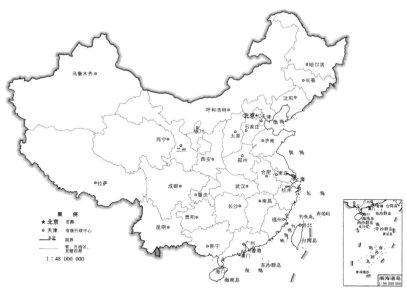

图 6-166　长叶多兰蟋的国内地理分布

(167) 紫云多兰蟋 *Duolandrevus（Eulandrevus）ziyunensis* Zhang，Liu & Shi，2017

分类地位：蟋蟀总科 Grylloidea 蟋蟀科 Gryllidae 兰蟋亚科 Landrevinae 兰蟋族 Landrevini。

同物异名：无。

中文别名：无。

中国种群占全球种群的比例：中国特有。

分析等级：易危 VU。

依据标准：CR A4cd＋B2ab（ii，iii）；评价等级标准调整。

理由：已知仅有 1 个分布地点，占有面积小于 10km²，栖息地范围有衰退趋势，符合极危标准，但由于本种为新近发现，降级评价为易危。

生境：1.6，3.6，7.1。

生物学：在洞穴、石块、腐木及树皮下栖息。

国内分布：福建（紫云）（图 6-167）；**国外分布：**无。

种群：仅有原始记录。

致危因素

　　过去：1.1，1.3；**现在：**1.1，1.3；**将来：**1.1，1.3。

　　评述：数量稀少，分布范围狭窄，缺少有效评价信息。

保护措施

　　已有：无；**建议：**3.2，3.3。

　　评论：建议通过科学研究，掌握有效分布区和种群特点。

参考文献：Zhang et al.，2017c。

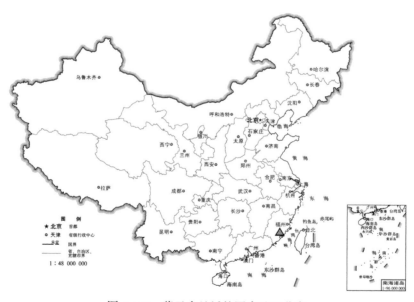

图 6-167　紫云多兰蟋的国内地理分布

(168) 兰屿多兰蟋 *Duolandrevus*（*Jorama*）*kotoshoensis* Oshiro，1989

分类地位：蟋蟀总科 Grylloidea 蟋蟀科 Gryllidae 兰蟋亚科 Landrevinae 兰蟋族 Landrevini。

同物异名：无。

中文别名：无。

中国种群占全球种群的比例：中国特有。

分析等级：极危 CR。

依据标准：CR B1ab（i，iii）。

理由： 已知 1 个分布地点，分布面积不到 100km²，而且仅有原始记录，模式产地生态环境改变明显。

生境： 3.6，7.1。

生物学： 不详。

国内分布： 台湾（兰屿）（图 6-168）；**国外分布：** 无。

种群： 仅知原始记录。

致危因素

　　过去： 1.1，1.3，9.1，9.9，10.1，10.4；**现在：** 1.1，1.3，9.1，9.9，10.1，10.4；**将来：** 1.1，1.3，9.1，9.9，10.1，10.4。

　　评述： 为小岛屿分布种，能够威胁到的因素较多。

保护措施

　　已有： 无；**建议：** 2.2，3.3，3.4，4.4，5.3。

　　评论： 兰屿岛是著名的风景旅游区，本种像很多其他物种一样，仅有原始记录，可见当地经济发展，严重威胁了微小昆虫的生存，应该加强科普知识的宣传，提高人们的保护意识，为生物多样性保护创造一个良好空间。

参考文献： 台湾生物多样性资讯入口网；Oshiro，1989；Hsiung，1993；Gorochov，1996b。

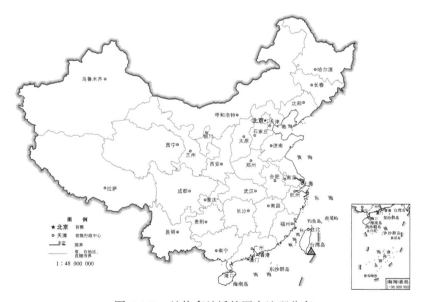

图 6-168　兰屿多兰蟋的国内地理分布

（169）克拉兰蟋 *Landreva clara*（Walker，1869）

分类地位： 蟋蟀总科 Grylloidea 蟋蟀科 Gryllidae 兰蟋亚科 Landrevinae 兰蟋族 Landrevini。

同物异名： 无。

中文别名： 无。

中国种群占全球种群的比例： 疑似分布。

分析等级： 数据缺乏 DD。

依据标准： 本种是否在中国分布有争议。

理由： 本种模式产地为斯里兰卡，在 1995 年被作为新发现记录在中国，但之后的研究者均未见研究标本，推测可能是当时错误鉴定。

生境： 1.6，3.6。

生物学： 不详。

国内分布： 浙江、福建、台湾（3 省均疑似）（图 6-169）；**国外分布：** 斯里兰卡。

种群： 不详。

致危因素

　　过去：12；现在：12；将来：12。

　　评述：缺少调查与评估数据。

保护措施

　　已有：无；建议：3.1。

　　评论：建议通过分类学和比较形态学，首先解决物种的问题。

参考文献： 殷海生和刘宪伟，1995；Walker，1869；Shiraki，1930；Xu & Liu，2019。

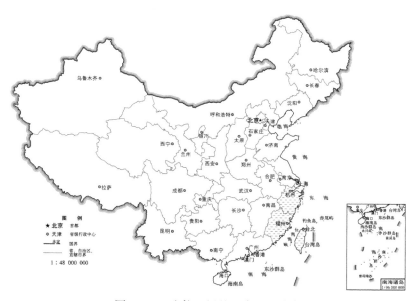

图 6-169　克拉兰蟋的国内地理分布

6. 树蟋亚科 Oecanthinae

（170）斑角树蟋 *Oecanthus antennalis* Liu，Yin & Xia，1994

分类地位： 蟋蟀总科 Grylloidea 蟋蟀科 Gryllidae 树蟋亚科 Oecanthinae 树蟋族 Oecanthini。

同物异名： 无。

中文别名： 无。

中国种群占全球种群的比例： 中国特有。

分析等级： 无危 LC。

依据标准：未达到极危、濒危、易危和近危标准。

理由：在我国分布较为广泛，且作为鸣虫，可见市场交易。

生境：1.4，1.6，3.4，3.6。

生物学：植食性鸣虫，以植物的叶片为食，鸣声优美。

国内分布：江苏、安徽、广西、台湾（图6-170）；**国外分布**：无。

种群：常见。

致危因素

　　过去：无；**现在**：无；**将来**：无。

　　评述：尚未发现明显致危因素。

保护措施

　　已有：无；**建议**：无。

　　评论：推测有更广泛的分布区。

参考文献：刘宪伟等，1994；殷海生和刘宪伟，1995；谢令德和刘宪伟，2004；He，2018；Liu et al.，2018。

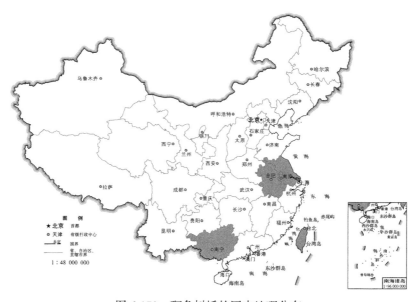

图6-170　斑角树蟋的国内地理分布

(171) **宽叶树蟋** *Oecanthus euryelytra* **Ichikawa，2001**

分类地位：蟋蟀总科 Grylloidea 蟋蟀科 Gryllidae 树蟋亚科 Oecanthinae 树蟋族 Oecanthini。

同物异名：无。

中文别名：无。

中国种群占全球种群的比例：中国为主要分布区。

分析等级：无危 LC。

依据标准：未达到极危、濒危、易危和近危标准。

理由：在我国分布广泛。

生境：1.4，1.6，3.4，3.6。

生物学：主要栖息于草丛及灌木丛中。

国内分布：上海、浙江、福建、云南、陕西（图6-171）；国外分布：朝鲜、日本。

种群：常见。

致危因素

　　过去：无；现在：无；将来：无。

　　评述：尚未发现明显致危因素。

保护措施

　　已有：4.4；建议：3.1。

　　评论：建议应有效区别近缘，尤其是厘清与黄树蟋的特征差异。

参考文献：Ichikawa，2001；Storozhenko et al.，2015；He，2018；Liu et al.，2018。

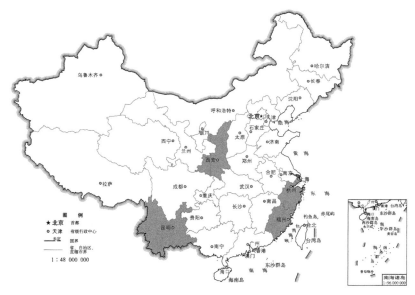

图 6-171　宽叶树蟋的国内地理分布

（172）印度树蟋 *Oecanthus indica* Saussure，1878

分类地位：蟋蟀总科 Grylloidea 蟋蟀科 Gryllidae 树蟋亚科 Oecanthinae 树蟋族 Oecanthini。

同物异名：无。

中文别名：台湾树蟋。

中国种群占全球种群的比例：中国为次要分布区。

分析等级：无危 LC。

依据标准：未达到极危、濒危、易危和近危标准。

理由：分布广泛。

生境：1.6，3.6。

生物学：主要栖息于草丛及灌木丛中。

国内分布：江苏、福建、湖南、广东、广西、海南、重庆、四川、贵州、云南、陕西、新疆、台湾（图6-172）；**国外分布**：印度、日本、马来西亚、菲律宾。

种群：非常常见，数量巨大。

致危因素

　　过去：无；**现在**：无；**将来**：无。

　　评述：分布广泛，尚未发现明显致危因素。

保护措施

　　已有：无；**建议**：无。

　　评论：无须刻意保护的一种昆虫。

参考文献：吴福祯，1987；夏凯龄和刘宪伟，1992；尤平等，1997；王音等，1999；谢令德和刘宪伟，2004；Saussure，1878；Shiraki，1930；Bei-Bienko，1956；Ichikawa et al.，2000；Shishodia et al.，2010；Kim & Pham，2014。

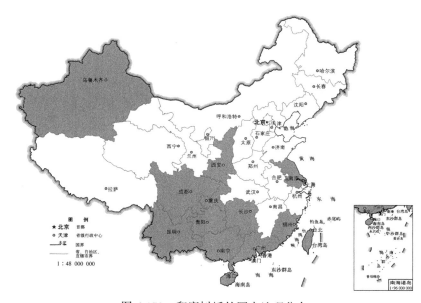

图6-172　印度树蟋的国内地理分布

(173)　宽翅树蟋 *Oecanthus latipennis* [temporary name] Liu，Yin & Xia，1994

分类地位：蟋蟀总科 Grylloidea 蟋蟀科 Gryllidae 树蟋亚科 Oecanthinae 树蟋族 Oecanthini。

同物异名：无。

中文别名：无。

中国种群占全球种群的比例：中国特有。

分析等级：极危 CR。

依据标准：CR B1ab（i，iii）。

理由：已知1个分布地点，为原始记录，推测分布面积小于100km²，尤其是模式标本采集时间超过80年。

生境：1.4，3.4。

生物学：不详，推测与属内其他种近似。

国内分布：北京（图6-173）；**国外分布**：无。

种群：仅有原始记录。

致危因素

过去：1.1，1.2，1.3，1.4，3.5，4.1，5.1；**现在**：1.3，1.4，3.5，4.1，5.1；**将来**：1.3，1.4，3.5，4.1，5.1。

评述：模式产地的自然生态环境在近几十年发生了巨大变化，受人类活动干扰频繁；同时，因为该属昆虫作为中国历史文化鸣虫"竹蛉"，在受到人们喜爱的同时，也更受人们的刻意捕捉影响。

保护措施

已有：无；**建议**：2.1，2.2，3.1，3.2，3.3，3.4。

评论：当前的很多致危因素已被认知，生态环境得到了改善，应通过科学研究，了解本种的种群组成和地理分布情况，有效区别近缘种，并加强科普知识的宣传，提高人们的保护意识；同时根据《国际动物命名法规》，当前种名是一个异物同名，需重新厘定拉丁种名。

参考文献：刘宪伟等，1994；He，2018；Liu et al.，2018。

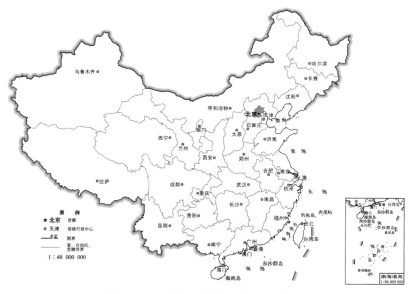

图6-173　宽翅树蟋的国内地理分布

（174）长瓣树蟋 *Oecanthus longicauda* Matsumura，1904

分类地位：蟋蟀总科 Grylloidea 蟋蟀科 Gryllidae 树蟋亚科 Oecanthinae 树蟋族 Oecanthini。

同物异名：无。

中文别名：北方树蟋。

中国种群占全球种群的比例：中国为主要分布区。

分析等级：无危 LC。

依据标准：未达到极危、濒危、易危和近危标准。

理由：在东亚和东南亚分布广泛。

生境：1.6，3.6，11.3，11.4。

生物学：植食性鸣虫，以植物的叶片为食，鸣声动听。

国内分布：北京、河北、内蒙古、辽宁、吉林、黑龙江、江苏、浙江、江西、山东、河南、湖北、湖南、四川、贵州、云南、陕西（图6-174）；**国外分布**：朝鲜、日本、俄罗斯（远东）。

种群：非常常见，数量巨大。

致危因素

　　过去：无；**现在**：无；**将来**：无。

　　评述：分布范围广泛，适应能力强；作为鸣虫，已实现人工孵化。

保护措施

　　已有：无；**建议**：无。

　　评论：无须刻意保护的一种昆虫。

参考文献：吴福祯，1987；夏凯龄和刘宪伟，1992；刘宪伟等，1993；刘宪伟等，1994；殷海生和刘宪伟，1995；尤平等，1997；林育真等，2001；殷海生等，2001；谢令德，2005；刘浩宇等，2010；刘浩宇和石福明，2012；刘浩宇等，2013；刘浩宇和石福明，2014a；卢慧等，2018；Matsumura，1904；Hsu，1928；Shiraki，1930；Bei-Bienko，1956；Gu et al.，2018；Liu et al.，2018；Xu & Liu，2019；Yang et al.，2019。

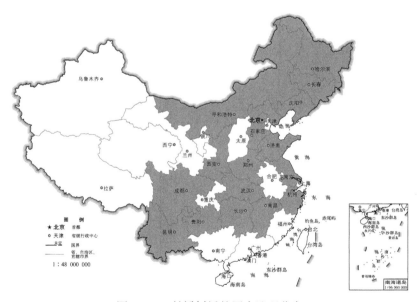

图 6-174　长瓣树蟋的国内地理分布

(175) 海岸树蟋 *Oecanthus oceanicus* He，2018

分类地位：蟋蟀总科 Grylloidea 蟋蟀科 Gryllidae 树蟋亚科 Oecanthinae 树蟋族 Oecanthini。

同物异名：无。

中文别名：无。

中国种群占全球种群的比例：中国特有。

分析等级：易危 VU。

依据标准：VU A4cd＋B2ab（ii，iii）；评价等级标准调整。

理由：已知 1 个分布地点，占有面积可能小于 10km²，但由于本种为新近发现，降级评价为易危。

生境：1.6，3.6。

生物学：主要栖息于近海岸的草丛及灌木丛中。

国内分布：广东（深圳）（图 6-175）；**国外分布**：无。

种群：仅有原始记录。

致危因素

　　过去：1.3，4.1，10.1；**现在**：1.3，4.1，10.1；**将来**：1.3，4.1，10.1。

　　评述：分布区为近海岸线，容易受到人为干扰。

保护措施

　　已有：无；**建议**：2.2，3.1，3.2，3.3，3.4。

　　评论：建议进行生物学深入研究，探讨与属内其他物种的差异，通过对邻近地区调查，掌握地理分布信息，并加强科普知识的宣传，提高人们的保护意识。

参考文献：Liu et al.，2018。

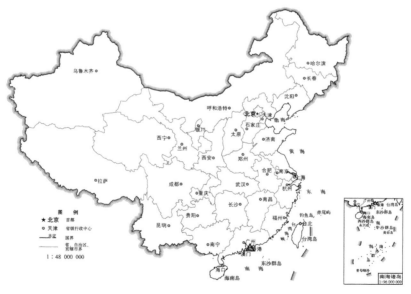

图 6-175　海岸树蟋的国内地理分布

（176）黄树蟋 *Oecanthus rufescens* Serville，1838

分类地位：蟋蟀总科 Grylloidea 蟋蟀科 Gryllidae 树蟋亚科 Oecanthinae 树蟋族 Oecanthini。

同物异名：*Oecanthus lineatus* Walker，1869；*Oecanthus rufescens gracilis* Haan，1844。

中文别名：无。

中国种群占全球种群的比例：中国为次要分布区。

分析等级：无危 LC。

依据标准：未达到极危、濒危、易危和近危标准。

理由：在东亚、南亚和东南亚分布广泛。

生境：1.6，3.6，11.3，11.4。

生物学：植食性鸣虫，以植物的叶片为食，鸣声动听。

国内分布：上海、江苏、浙江、安徽、福建、湖北、湖南、广东、广西、海南、四川、贵州、云南（图6-176）；**国外分布：**越南、印度、马来西亚、巴基斯坦、孟加拉国、尼泊尔、印度尼西亚、澳大利亚。

种群：非常常见，数量巨大。

致危因素

　　过去：无；**现在：**无；**将来：**无。

　　评述：分布范围广泛，适应能力强；作为鸣虫，已实现人工孵化。

保护措施

　　已有：无；**建议：**无。

　　评论：近年有学者认为，在我国分布的黄树蟋为宽叶树蟋 *Oecanthus euryelytra*，由于缺乏形态学证据，仍依照大多数学者的研究认定。

参考文献：刘宪伟等，1993；刘宪伟等，1994；殷海生和刘宪伟，1995；王音等，1999；王音，2002；谢令德和刘宪伟，2004；刘宪伟和毕文烜，2010；刘浩宇等，2013；刘浩宇和石福明，2013；刘浩宇和石福明，2014a；刘浩宇和石福明，2014b；Serville，1838［1839］；Ichikawa et al.，2000；Shishodia et al.，2010；Liu et al.，2013；Li et al.，2016；Gu et al.，2018；Xu & Liu，2019。

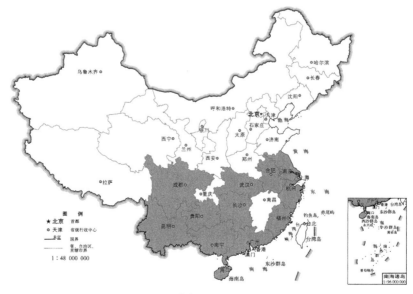

图 6-176　黄树蟋的国内地理分布

（177）**相似树蟋** *Oecanthus similator* **Ichikawa，2001**

分类地位：蟋蟀总科 Grylloidea 蟋蟀科 Gryllidae 树蟋亚科 Oecanthinae 树蟋族 Oecanthini。
同物异名：无。

中文别名：无。

中国种群占全球种群的比例：中国为主要分布区。

分析等级：无危 LC。

依据标准：VU A4cd＋B1ab（i，iii）；评价等级标准调整。

理由：已知小分布地点不多于 10 个，分布面积可能小于 5000km²，符合易危标准，但由于本种在我国新近发现，推测有更广泛分布，降级评价为无危。

生境：1.4，1.6，3.4，3.6。

生物学：主要栖息于草丛和灌木丛中。

国内分布：浙江（丽水、临安）、陕西（西安）（图 6-177）；**国外分布**：日本。

种群：常见。

致危因素

　过去：无；**现在**：无；**将来**：无。

　评述：尚未发现明显致危因素。

保护措施

　已有：4.4；**建议**：无。

　评论：推测我国有更广泛分布，当前已知至少 3 个小分布点位于保护区内，种群稳定。

参考文献：Ichikawa，2001；He，2018；Liu et al.，2018；Xu & Liu，2019。

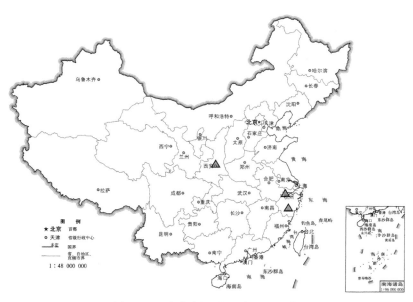

图 6-177　相似树蟋的国内地理分布

（178）中华树蟋 *Oecanthus sinensis* Walker，1869

分类地位：蟋蟀总科 Grylloidea 蟋蟀科 Gryllidae 树蟋亚科 Oecanthinae 树蟋族 Oecanthini。

同物异名：无。

中文别名：无。

中国种群占全球种群的比例：中国特有。

分析等级：数据缺乏 DD。

依据标准：本种无法考证。

理由：本种缺乏在中国的分布信息，模式标本为雌性若虫，缺乏有效识别信息。

生境：1.6，3.6。

生物学：不详，推测与属内其他种近似。

国内分布：广东（疑似）（图6-178）；**国外分布**：无。

种群：仅有原始记录。

致危因素

　　过去：9.11，10.7；**现在**：9.11，10.7；**将来**：9.11，10.7。

　　评述：缺少调查与评估数据，致危因素不详。

保护措施

　　已有：无；**建议**：2.2，3.1，3.2，3.3，3.4。

　　评论：依据已有信息确认本种是一项艰难的工作，希望突破传统的鉴别方法确认物种，并进行后续调查与评估研究。

参考文献：殷海生和刘宪伟，1995；Walker，1869；He，2018；Liu et al.，2018。

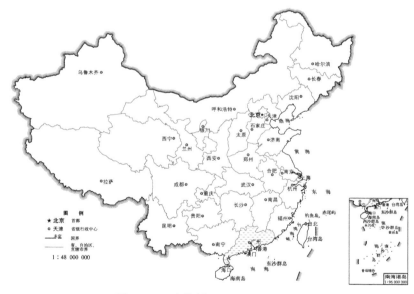

图 6-178　中华树蟋的国内地理分布

（179）特兰树蟋 *Oecanthus turanicus* Uvarov，1912

分类地位：蟋蟀总科 Grylloidea 蟋蟀科 Gryllidae 树蟋亚科 Oecanthinae 树蟋族 Oecanthini。

同物异名：无。

中文别名：无。

中国种群占全球种群的比例：中国为次要分布区。

分析等级：无危 LC。

依据标准：未达到极危、濒危、易危和近危标准。

理由：在中亚、西亚及我国西北分布广泛。

生境：3.4，4.4。

生物学：主要栖息于草丛和灌木丛中。

国内分布：宁夏、新疆（图6-179）；**国外分布**：巴基斯坦、沙特阿拉伯、伊朗、哈萨克斯坦、土耳其。

种群：常见。

致危因素

　　过去：无；**现在**：无；**将来**：无。

　　评述：尚未发现明显致危因素。

保护措施

　　已有：无；**建议**：无。

　　评论：无须刻意保护的一种昆虫。

参考文献：刘宪伟等，1994；殷海生和刘宪伟，1995；Uvarov，1912；Semenov，1915；Uvarov，1943；Gorochov，1993；Garai，2010；He，2018；Liu et al.，2018。

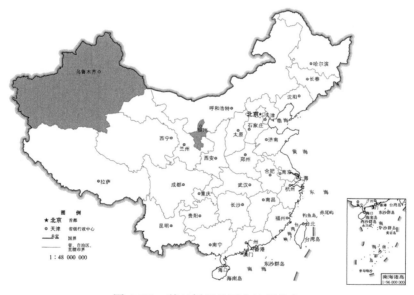

图 6-179　特兰树蟋的国内地理分布

(180) 郑氏树蟋 *Oecanthus zhengi* Xie，2003

分类地位：蟋蟀总科 Grylloidea 蟋蟀科 Gryllidae 树蟋亚科 Oecanthinae 树蟋族 Oecanthini。

同物异名：无。

中文别名：无。

中国种群占全球种群的比例：中国特有。

分析等级：易危 VU。

依据标准：EN A4cd＋B1ab（i，iii）；评价等级标准调整。

理由：已知在昆明分布点不超过 5 个，分布面积小于 5000km^2，符合濒危标准，但由于本种发现时间较晚，降级评价为易危。

生境：1.6，3.6，11.3，11.4。

生物学：主要栖息于草丛和灌木丛中。

国内分布：云南（昆明）（图 6-180）；**国外分布**：无。

种群：较为常见。

致危因素

　　过去：1.1，1.2，1.3，1.4，10.1；**现在**：1.1，1.2，1.3，1.4，10.1；**将来**：1.3，1.4。

　　评述：分布区受人类活动干扰较大。

保护措施

　　已有：无；**建议**：2.1，3.1，3.2，3.3，3.4。

　　评论：在已知产地及邻近地区发现较多疑似种，可能是相关调查者没能有效区别这 2 个种。建议在科学研究的基础上，加强科普宣传，区别树蟋属内近缘种，明确种群与分布地后再制定相关有效措施。

参考文献：谢令德，2003；He，2018；Liu et al.，2018。

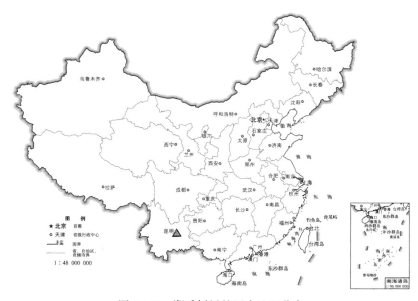

图 6-180　郑氏树蟋的国内地理分布

（181）光滑小莎蟋 *Xabea levissima* Gorochov，1992

分类地位：蟋蟀总科 Grylloidea 蟋蟀科 Gryllidae 树蟋亚科 Oecanthinae 莎蟋族 Xabeini。

同物异名：无。

中文别名：无。

中国种群占全球种群的比例：中国为主要分布区。

分析等级：濒危 EN。

依据标准：EN A4cd＋B1ab（i，iii）。

理由：已知 3 个分布地点，分布面积小于 5000km²，种群数量少。

生境：1.6，3.6。

生物学：主要栖息于草丛和灌木丛中。

国内分布：云南（景谷、腾冲）（图 6-181）；国外分布：越南。

种群：少见。

致危因素

过去：1.1，1.3，1.4，9.5；现在：1.1，1.3，1.4，9.5；将来：1.1，1.3，1.4，9.5。

评述：除去常见生境因素影响外，其种群密度也较低。

保护措施

已有：4.4.2；建议：2.2，3.2，3.3，3.4，4.4。

评论：从当前野外调查情况分析，仅在云南省有分布且采集到标本数量非常有限，其在有害生物毒杀过程中容易受到威胁，应加强科普知识的宣传，提高保护区管理和保护意识。

参考文献：Gorochov，1992a；He，2018；Liu et al.，2018。

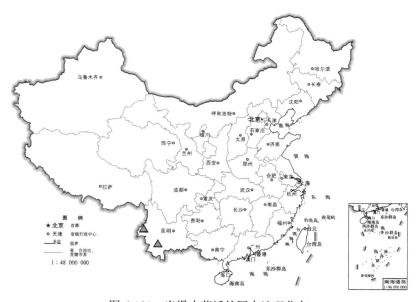

图 6-181 光滑小莎蟋的国内地理分布

7. 长蟋亚科 Pentacentrinae

(182) 绣背滑蟋 *Lissotrachelus ferrugineonotatus* **Brunner von Wattenwyl，1893**

分类地位：蟋蟀总科 Grylloidea 蟋蟀科 Gryllidae 长蟋亚科 Pentacentrinae 滑蟋族 Lissotrachelini。

同物异名：*Lissotrachelus ferrugineo-notatus* Brunner von Wattenwyl，1893。

中文别名：铁背滑蟋。

中国种群占全球种群的比例：中国为主要分布区。

分析等级：近危 NT。

依据标准：地区水平指南应用。

理由：尽管分布区广泛，但在我国的分布区严重分割，已知栖息地衰退，评价等级为近危。

生境：1.5，1.6，4.5，4.6。

生物学：不详。

国内分布：广西、云南、西藏（图 6-182）；**国外分布**：缅甸、印度。

种群：较少见。

致危因素

过去：1.1，1.4，9.1，9.5；**现在**：1.1，1.4，9.1，9.5；**将来**：1.1，1.4，9.1，9.5。

评述：除栖息地恶化外，其扩散能力弱、分布范围狭窄也是致危因素。

保护措施

已有：无；**建议**：2.2，3.1，3.2，3.3，4.4。

评论：此属昆虫种类少，种群相对少见，本种相对分布广泛，在分类学和生物学特性研究方面有重要意义，建议加强科普知识的宣传，提高人们的保护意识。

参考文献：殷海生和刘宪伟，1995；Brunner von Wattenwyl，1893；Chopard，1969；He，2018；Zhang et al.，2019。

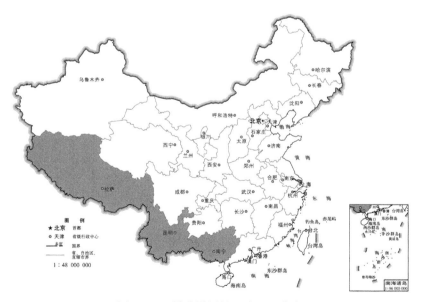

图 6-182　绣背滑蟋的国内地理分布

(183) 尖突长蟋 *Pentacentrus acutiparamerus* Liu & Shi，2014

分类地位：蟋蟀总科 Grylloidea 蟋蟀科 Gryllidae 长蟋亚科 Pentacentrinae 长蟋族 Pentacentrini。

同物异名：无。

中文别名：弯突长蟋。

中国种群占全球种群的比例：中国特有。

分析等级：近危 NT。

依据标准：EN B2ab（ii，iii）；评价等级标准调整。

理由：已知 2 个分布地点，占有面积小于 500km²，符合濒危标准，但由于本种为新近发现，降级评价为近危。

生境：1.6，3.6，4.6。

生物学：主要栖息于热带阔叶林林冠区，弱趋光性。

国内分布：云南（勐腊、普洱）（图 6-183）；**国外分布：**无。

种群：仅有原始记录。

致危因素

　　过去：1.1，1.4；**现在：**1.1，1.4；**将来：**1.1，1.4。

　　评述：栖息地生态环境变化是主要致危因素。

保护措施

　　已有：无；**建议：**2.2，3.1，3.2，3.3，4.4。

　　评论：了解本种的种群组成和地理分布，加强对其他相似种的了解和区分，并加强科普知识的宣传，提高人们的保护意识。

参考文献：Liu et al.，2014；Zong et al.，2017。

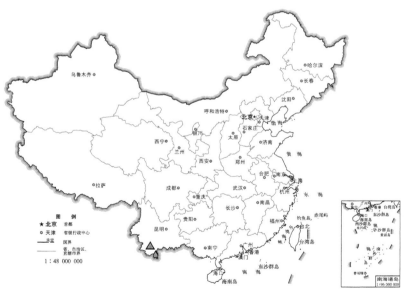

图 6-183　尖突长蟋的国内地理分布

(184) 双弯长蟋 *Pentacentrus biflexuous* Liu & Shi，2014

分类地位：蟋蟀总科 Grylloidea 蟋蟀科 Gryllidae 长蟋亚科 Pentacentrinae 长蟋族 Pentacentrini。

同物异名：无。

中文别名：无。

中国种群占全球种群的比例：中国特有。

分析等级：无危 LC。

依据标准：未达到极危、濒危、易危和近危标准。

理由：已知 2 个大分布区，通过 3 次野外调查发现，在大明山地区的小分布地点多，种群稳定，其栖息环境良好，且本种为新近发现，建议评价为无危。

生境：1.6，3.6，4.6。

生物学：主要栖息于热带阔叶林林冠区，弱趋光性。

国内分布：广西（大明山、九万山）（图 6-184）；**国外分布**：无。

种群：大明山地区常见。

致危因素

　　过去：无；**现在**：无；**将来**：无。

　　评述：尚未发现明显致危因素。

保护措施

　　已有：4.4.2；**建议**：无。

　　评论：保护区生态环境良好且管理水平高，物种种群稳定且有扩大趋势。

参考文献：Liu et al.，2014；Liu & Shi，2015b；Zong et al.，2017。

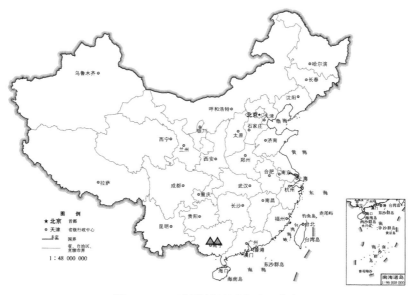

图 6-184　双弯长蟋的国内地理分布

(185) 缅甸长蟋 *Pentacentrus birmanus* Chopard，1969

分类地位：蟋蟀总科 Grylloidea 蟋蟀科 Gryllidae 长蟋亚科 Pentacentrinae 长蟋族 Pentacentrini。

同物异名：无。

中文别名：无。

中国种群占全球种群的比例：疑似分布。

分析等级：数据缺乏 DD。

依据标准：本种可能不在中国分布。

理由：本种最早在 1995 年记录于西藏墨脱，原始文献中提供了生殖器特征图，但其特征图与缅甸长蟋特征明显不符，表明研究标本可能不是缅甸长蟋。

生境：1.5，4.5。

生物学：主要栖息于热带阔叶林林冠区，弱趋光性。

国内分布：西藏（墨脱）（疑似）（图 6-185）；**国外分布**：缅甸。

种群：少见。

致危因素

　　过去：不详；**现在**：不详；**将来**：不详。

　　评述：暂不评述。

保护措施

　　已有：无；**建议**：3.1，3.2。

　　评论：寻找研究标本，比对重要鉴定特征，核实是否分布。

参考文献：殷海生和刘宪伟，1995；Chopard，1969；Liu et al.，2014；Zong et al.，2017；He，2018。

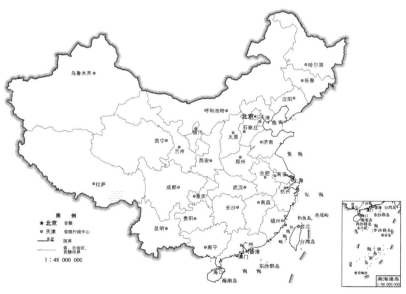

图 6-185　缅甸长蟋的国内地理分布

（**186**）**双突长蟋** *Pentacentrus bituberus* **Liu & Shi，2011**

分类地位：蟋蟀总科 Grylloidea 蟋蟀科 Gryllidae 长蟋亚科 Pentacentrinae 长蟋族 Pentacentrini。

同物异名：无。

中文别名：无。

中国种群占全球种群的比例：中国特有。

分析等级：无危 LC。

依据标准：未达到极危、濒危、易危和近危标准。

理由：已知 2 个分布区，猫儿山地区的小分布点多，种群稳定，其栖息环境良好，且本种为新近发现，建议评价为无危。

生境：1.6，3.6，4.6。

生物学：主要栖息于热带阔叶林林冠区，弱趋光性。

国内分布：广东（南岭）、广西（猫儿山）（图 6-186）；**国外分布：**无。

种群：模式产地常见。

致危因素

　　过去：无；**现在：**无；**将来：**无。

　　评述：尚未发现明显致危因素。

保护措施

　　已有：4.4.2；**建议：**无。

　　评论：保护区生态环境良好且管理水平高，物种种群稳定且有扩大趋势。

参考文献：Liu & Shi，2011c；Liu et al.，2014；Liu & Shi，2015b。

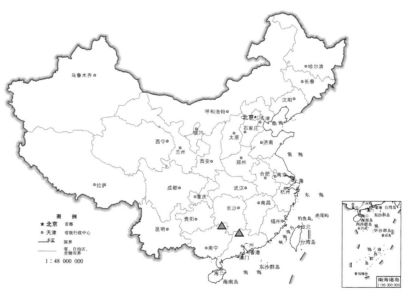

图 6-186　双突长蟋的国内地理分布

(187) 独龙江长蟋 *Pentacentrus dulongjiangensis* Li，Xu & Liu，2019

分类地位：蟋蟀总科 Grylloidea 蟋蟀科 Gryllidae 长蟋亚科 Pentacentrinae 长蟋族 Pentacentrini。

同物异名：无。

中文别名：无。

中国种群占全球种群的比例：中国特有。

分析等级：近危 NT。

依据标准：EN B2ab（ii，iii）；评价等级标准调整。

理由：在 2018 年对贡山县独龙江乡野外调查发现的物种，小分布地点较多，占有面积小于 $500km^2$，但由于本种为新近发现，降级评价为近危。

生境：1.6，3.6，4.6。

生物学：主要栖息于热带阔叶林林冠区，弱趋光性。

国内分布：云南（贡山）（图 6-187）；**国外分布**：无。

种群：模式产地常见。

致危因素

过去：1.1，1.3，1.4，9.1；现在：1.1，1.3，1.4，9.1；将来：1.1，1.3，1.4，9.1。

评述：野外调查期间正值当地进行大规模基础设施建设，推测会造成短期种群波动，而且在模式产地邻近地区暂未发现其他种群，可能分布区较为狭窄。

保护措施

已有：无；建议：2.2，3.1，3.2，3.3，4.4。

评论：加强调查本种的种群组成，了解地理分布情况，待掌握较全面调查数据，再修订相关等级。

参考文献：Li et al.，2019。

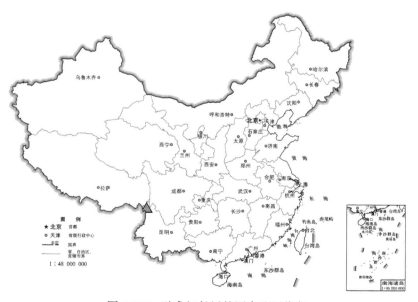

图 6-187 独龙江长蟋的国内地理分布

（188）凹缘长蟋 *Pentacentrus emarginatus* Liu & Shi，2014

分类地位：蟋蟀总科 Grylloidea 蟋蟀科 Gryllidae 长蟋亚科 Pentacentrinae 长蟋族 Pentacentrini。

同物异名：无。

中文别名：无。

中国种群占全球种群的比例：中国特有。

分析等级：无危 LC。

依据标准：VU B2ab（ii，iii）；评价等级标准调整。

理由：已知 2 个分布区，推测占有面积小于 2000km²，符合易危标准，但由于本种为新近发现，且调查显示分布区有扩大趋势，降级评价为无危。

生境：1.6，3.6，4.6。

生物学：主要栖息于热带阔叶林林冠区，弱趋光性。

国内分布：江西（九连山）、广西（九万山、平龙山）（图 6-188）；**国外分布**：无。

种群：模式产地较常见。

致危因素

　　过去：无；**现在**：无；**将来**：无。

　　评述：尚未发现明显致危因素。

保护措施

　　已有：4.4.2；**建议**：无。

　　评论：保护区生态环境良好且管理水平高，物种种群稳定且有扩大趋势。

参考文献：Liu et al.，2014；Liu & Shi，2015b；Zong et al.，2017。

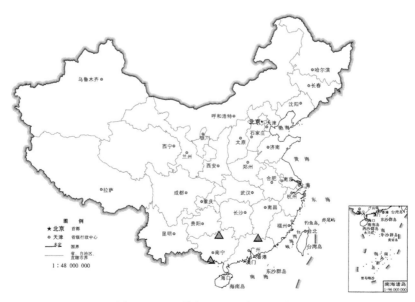

图 6-188　凹缘长蟋的国内地理分布

(189) 台湾长蟋 *Pentacentrus formosanus* **Karny，1915**

分类地位： 蟋蟀总科 Grylloidea 蟋蟀科 Gryllidae 长蟋亚科 Pentacentrinae 长蟋族 Pentacentrini。

同物异名： 无。

中文别名： 无。

中国种群占全球种群的比例： 中国为主要分布区。

分析等级： 无危 LC。

依据标准： 未达到极危、濒危、易危和近危标准。

理由： 在东亚和东南亚分布广泛。

生境： 1.4，1.6，3.4，3.6，4.4，4.6。

生物学： 主要栖息于热带阔叶林林冠区，弱趋光性。

国内分布： 福建、广西、云南、台湾（图 6-189）；**国外分布：** 越南、缅甸。

种群： 较为常见。

致危因素

　　过去： 无；**现在：** 无；**将来：** 无。

　　评述： 尚未发现明显致危因素。

保护措施

　　已有： 无；**建议：** 无。

　　评论： 无须刻意保护的一种昆虫。

参考文献： 殷海生和刘宪伟，1995；Karny，1915；Shiraki，1930；Hsiung，1993；Liu et al.，2014；Liu & Shi，2015b；Zong et al.，2017。

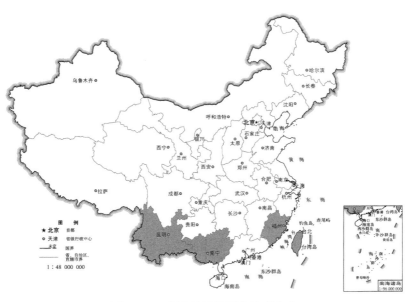

图 6-189　台湾长蟋的国内地理分布

（190）墨脱长蟋 *Pentacentrus medogensis* Zong，Qiu & Liu，2017

分类地位：蟋蟀总科 Grylloidea 蟋蟀科 Gryllidae 长蟋亚科 Pentacentrinae 长蟋族 Pentacentrini。

同物异名：无。

中文别名：无。

中国种群占全球种群的比例：中国特有。

分析等级：无危 LC。

依据标准：未达到极危、濒危、易危和近危标准。

理由：在墨脱地区分布非常广泛，种群数量大，虽为近期被发表，但研究历史显示疑似这个物种被多次记录，评价为无危。

生境：3.5，4.5。

生物学：主要栖息于热带阔叶林林冠区，弱趋光性。

国内分布：西藏（墨脱）（图 6-190）；**国外分布**：无。

种群：模式产地常见。

致危因素

　　过去：无；**现在**：无；**将来**：9.1。

　　评述：分布区集中在墨脱，尚未发现其他明显致危因素。

保护措施

　　已有：无；**建议**：无。

　　评论：目前尚无须刻意保护的一种昆虫，模式产地的自然环境良好。

参考文献：Zong et al.，2017；He，2018。

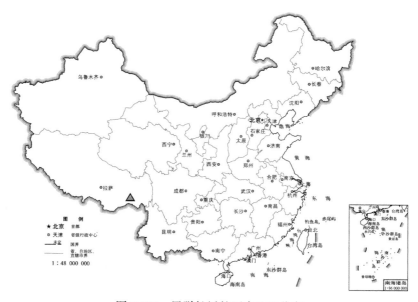

图 6-190　墨脱长蟋的国内地理分布

(191) 多毛长蟋 *Pentacentrus multicapillus* Liu & Shi，2011

分类地位：蟋蟀总科 Grylloidea 蟋蟀科 Gryllidae 长蟋亚科 Pentacentrinae 长蟋族 Pentacentrini。

同物异名：无。

中文别名：无。

中国种群占全球种群的比例：中国特有。

分析等级：易危 VU。

依据标准：CR A4cd ＋ B2ab（ii，iii）；评价等级标准调整。

理由：已知 1 个分布地点，占有面积小于 $10km^2$，后续调查未再发现本种，符合极危标准，但由于本种为新近发现，降级评价为易危。

生境：1.6，3.6，4.6。

生物学：主要栖息于热带阔叶林林冠区，弱趋光性。

国内分布：广西（猫儿山）（图 6-191）；**国外分布：**无。

种群：仅有原始记录。

致危因素

　　过去：9.1，9.9，9.10；**现在：**9.1，9.9，9.10；**将来：**9.1，9.9，9.10。

　　评述：与同栖息在猫儿山保护区的其他长蟋相比，分布区狭窄，种群小，推测与自身因素相关。

保护措施

　　已有：4.4.2；**建议：**2.2，3.1，3.2，3.3，4.4。

　　评论：通过科学研究，了解本种的种群组成和地理分布，加强对其他相似种的了解和区分，维持其生境和保护其自然繁殖，并加强科普知识的宣传，提高人们的保护意识。

参考文献：Liu & Shi，2011c；Liu et al.，2014；Liu & Shi，2015b；Zong et al.，2017。

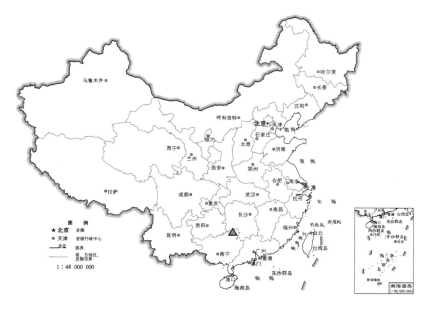

图 6-191　多毛长蟋的国内地理分布

（192）小长蟋 *Pentacentrus parvulus* Liu & Shi，2014

分类地位：蟋蟀总科 Grylloidea 蟋蟀科 Gryllidae 长蟋亚科 Pentacentrinae 长蟋族 Pentacentrini。

同物异名：无。

中文别名：无。

中国种群占全球种群的比例：中国特有。

分析等级：无危 LC。

依据标准：VU B2ab（ii，iii）；评价等级标准调整。

理由：已知 2 个分布区，调查显示种群数量稳定，分布有扩大趋势，占有面积小于 2000km²，符合易危标准，但由于本种为新近发现，降级评价为无危。

生境：1.6，3.6，4.6。

生物学：主要栖息于热带阔叶林林冠区，弱趋光性。

国内分布：海南（白沙、乐东）（图 6-192）；**国外分布**：无。

种群：模式产地常见。

致危因素

　　过去：无；**现在**：无；**将来**：无。

　　评述：尚未发现明显致危因素。

保护措施

　　已有：4.4；**建议**：无。

　　评论：目前尚无须刻意保护的一种昆虫，分布区多位于自然保护区内，自然环境良好。

参考文献：Liu et al.，2014；Zong et al.，2017。

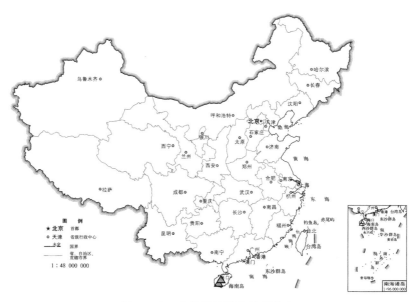

图 6-192　小长蟋的国内地理分布

（193）姐妹长蟋 *Pentacentrus sororius* Zong，Qiu & Liu，2017

分类地位：蟋蟀总科 Grylloidea 蟋蟀科 Gryllidae 长蟋亚科 Pentacentrinae 长蟋族 Pentacentrini。

同物异名：无。

中文别名：无。

中国种群占全球种群的比例：中国特有。

分析等级：易危 VU。

依据标准：CR A4cd＋B2ab（ii，iii）；评价等级标准调整。

理由：已知 1 个分布地点，占有面积小于 $10km^2$，采集地生境条件较差，符合极危标准，但由于本种为新近发现，降级评价为易危。

生境：1.6，3.6，4.6。

生物学：主要栖息于热带阔叶林林冠区，弱趋光性。

国内分布：云南（陇川）（图 6-193）；**国外分布：**无。

种群：仅有模式标本记录。

致危因素

　　过去：1.3，1.4，10.1；**现在：**1.3，1.4，10.1；**将来：**1.3，1.4，10.1。

　　评述：扩散能力弱，分布范围狭窄，栖息地减少。

保护措施

　　已有：无；**建议：**2.2，3.1，3.2，3.3，4.4。

　　评论：通过科学研究，了解本种的种群组成和地理分布，加强对其他相似种的了解和区分，维持其生境和保护其自然繁殖，并加强科普知识的宣传，提高人们的保护意识。

参考文献：Zong et al.，2017。

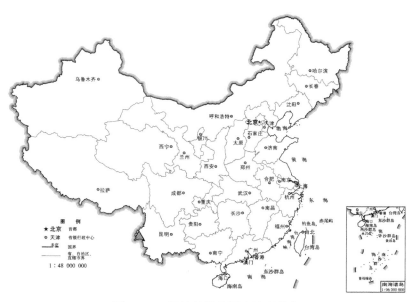

图 6-193　姐妹长蟋的国内地理分布

（194）大长蟋 *Pentacentrus transversus* **Liu & Shi，2015**

分类地位：蟋蟀总科 Grylloidea 蟋蟀科 Gryllidae 长蟋亚科 Pentacentrinae 长蟋族 Pentacentrini。

同物异名：无。

中文别名：无。

中国种群占全球种群的比例：中国特有。

分析等级：无危 LC。

依据标准：VU B1ab（i，iii）；评价等级标准调整。

理由：已知 2 个分布区，尤其是金秀地区的分布点较多，推测占有面积小于 2000km²，符合易危标准，但由于本种为新近发现，分布有扩大的趋势，降级评价为无危。

生境：1.6，3.6，4.6。

生物学：主要栖息于热带阔叶林林冠区，弱趋光性。

国内分布：浙江（临安）、广西（金秀）（图 6-194）；**国外分布：**无。

种群：模式产地常见。

致危因素

　　过去：无；**现在：**无；**将来：**无。

　　评述：尚未发现明显致危因素。

保护措施

　　已有：4.4.2；**建议：**4.1，4.2。

　　评论：分布区多位于自然保护区内，自然环境整体较好，但局部地区有生境破碎化现象，需要维持或提升保护管理强度。

参考文献：Liu & Shi，2015b；Zong et al.，2017；Xu & Liu，2019。

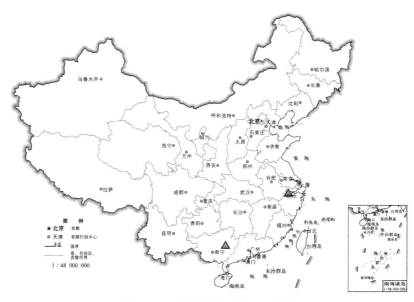

图 6-194　大长蟋的国内地理分布

8. 距蟋亚科 Podoscirtinae

（195）钩齿爱贝蟋 *Abaxitrella uncinata* **Ma & Gorochov，2015**

分类地位： 蟋蟀总科 Grylloidea 蟋蟀科 Gryllidae 距蟋亚科 Podoscirtinae 爱贝蟋族 Abaxitrella。

同物异名： 无。

中文别名： 无。

中国种群占全球种群的比例： 中国特有。

分析等级： 易危 VU。

依据标准： CR A4cd ＋ B2ab（ii，iii）；评价等级标准调整。

理由： 已知 1 个分布地点，占有面积小于 $10km^2$，符合极危标准，但由于本种为新近发现，降级评价为易危。

生境： 1.6，3.6。

生物学： 不详。

国内分布： 福建（梅花山）（图 6-195）；**国外分布：** 无。

种群： 仅有原始记录。

致危因素

　　过去： 1.3，1.8，9.9，9.10；**现在：** 1.3，1.8，9.9，9.10；**将来：** 1.3，1.8，9.9，9.10。

　　评述： 分布范围狭窄，明显致危因素不详。

保护措施

　　已有： 4.4.2；**建议：** 3.1，3.2，3.3，3.4。

　　评论： 通过科学研究，掌握其生物学特性、种群和地理分布等情况，以便后续进行再次科学评价。

参考文献： Ma & Gorochov，2015。

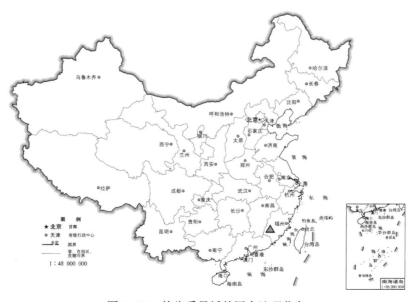

图 6-195 钩齿爱贝蟋的国内地理分布

（196）梅氏长须蟋指名亚种 *Aphonoides medvedevi medvedevi* Gorochov，1985

分类地位： 蟋蟀总科 Grylloidea 蟋蟀科 Gryllidae 距蟋亚科 Podoscirtinae 长须蟋族 Aphonoidini。

同物异名： 无。

中文别名： 无。

中国种群占全球种群的比例： 疑似分布。

分析等级： 数据缺乏 DD。

依据标准： 物种分布记录信息为非正式发表。

理由： 仅记录于学位论文和中国科技论文在线，是非正式发表的物种。

生境： 1.6。

生物学： 通常生活在树冠，趋光性较弱。

国内分布： 云南（疑似）（图 6-196）；**国外分布：** 越南。

种群： 较少。

致危因素

　　过去： 1.3，1.4；**现在：** 1.3，1.4；**将来：** 1.3，1.4。

　　评述： 与栖息地质量密切相关。

保护措施

　　已有： 无；**建议：** 3.1。

　　评论： 通过分类研究，核实物种鉴别特征，以确定是否在我国分布。

参考文献： 马丽滨，2011；刘浩宇和石福明，2016；Gorochov，1985a；Gorochov，2007；Kim & Pham，2014。

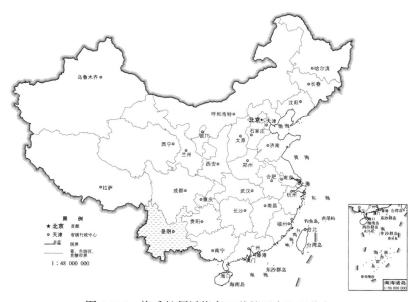

图 6-196　梅氏长须蟋指名亚种的国内地理分布

（197）麻点长须蟋 *Aphonoides punctatus*（**Haan，1844**）

分类地位：蟋蟀总科 Grylloidea 蟋蟀科 Gryllidae 距蟋亚科 Podoscirtinae 长须蟋族 Aphonoidini。

同物异名：无。

中文别名：无。

中国种群占全球种群的比例：中国为主要分布区。

分析等级：无危 LC。

依据标准：未达到极危、濒危、易危和近危标准。

理由：近年发现麻点长须蟋的种群记录较多。

生境：1.6。

生物学：通常生活在树冠，趋光性较弱。

国内分布：江西、贵州（图 6-197）；**国外分布**：马来西亚。

种群：较常见。

致危因素

　　过去：1.3；**现在**：无；**将来**：无。

　　评述：尚未发现明显致危因素。

保护措施

　　已有：4.4.2；**建议**：无。

　　评论：种群分布尚无减少的趋势。

参考文献：殷海生和刘宪伟，1995；殷海生和章伟年，2001；Haan，1844；Saussure，1878；Kirby，1906；He，2018。

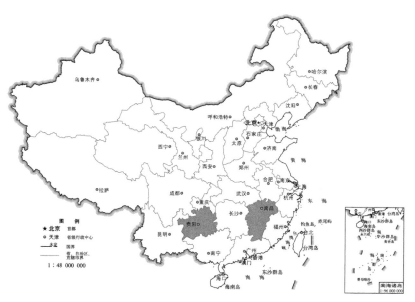

图 6-197　麻点长须蟋的国内地理分布

(198) **格翅长须蟋** *Aphonoides tessellatus* Chopard，1969

分类地位： 蟋蟀总科 Grylloidea 蟋蟀科 Gryllidae 距蟋亚科 Podoscirtinae 长须蟋族 Aphonoidini。

同物异名： 无。

中文别名： 无。

中国种群占全球种群的比例： 中国为次要分布区。

分析等级： 无危 LC。

依据标准： 未达到极危、濒危、易危和近危标准。

理由： 近年发现湖南种群记录较多，分布范围有扩大趋势。

生境： 1.6。

生物学： 通常生活在树冠，趋光性较弱。

国内分布： 湖南（图 6-198）；**国外分布：** 马来西亚。

种群： 非常少见。

致危因素

　　过去： 1.3；**现在：** 无；**将来：** 无。

　　评述： 尚未发现明显致危因素。

保护措施

　　已有： 4.4.2；**建议：** 无。

　　评论： 种群分布尚无减少的趋势。

参考文献： 殷海生和刘宪伟，1995；殷海生和章伟年，2001；Chopard，1969b；Gu et al.，2018；He，2018。

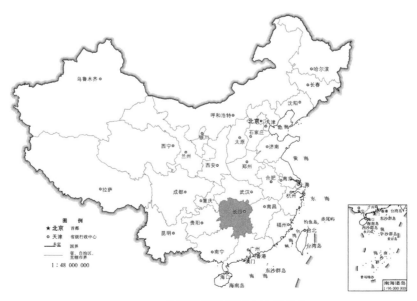

图 6-198　格翅长须蟋的国内地理分布

（199）　武夷长须蟋 *Aphonoides wuyiensis* **Yin & Zhang，2001**

分类地位：蟋蟀总科 Grylloidea 蟋蟀科 Gryllidae 距蟋亚科 Podoscirtinae 长须蟋族 Aphonoidini。

同物异名：无。

中文别名：无。

中国种群占全球种群的比例：中国特有。

分析等级：无危 LC。

依据标准：未达到极危、濒危、易危和近危标准。

理由：近年发现种群记录较多，分布范围有扩大趋势。

生境：1.6。

生物学：通常生活在树冠，趋光性较弱。

国内分布：福建（武夷山）（图 6-199）；**国外分布**：无。

种群：模式产地常见。

致危因素

　　过去：1.3；**现在**：无；**将来**：无。

　　评述：尚未发现明显致危因素。

保护措施

　　已有：4.4.2；**建议**：无。

　　评论：已处于自然保护区内，种群数量尚无减少的趋势。

参考文献：殷海生和章伟年，2001；He，2018。

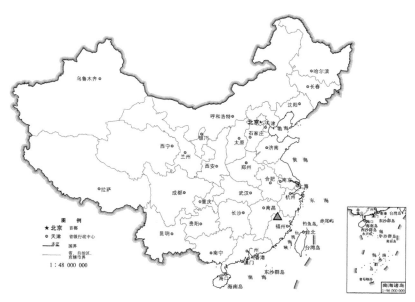

图 6-199　武夷长须蟋的国内地理分布

（200）　阿萨姆玛玳蟋 *Madasumma assamensis* **Chopard，1969**

分类地位：蟋蟀总科 Grylloidea 蟋蟀科 Gryllidae 距蟋亚科 Podoscirtinae 距蟋族 Podoscirtini。

同物异名：无。

中文别名：无。

中国种群占全球种群的比例：疑似分布。

分析等级：数据缺乏 DD。

依据标准：物种是否在中国分布有争议。

理由：在中国的记录缺少有效标本信息支撑，仅出现在殷海生和刘宪伟于 1995 年的记录中，后续研究未被其他工作者引用。

生境：1.6。

生物学：不详。

国内分布：云南（疑似）（图 6-200）；**国外分布**：印度。

种群：不详。

致危因素

　　过去：不详；**现在**：不详；**将来**：不详。

　　评述：尚未发现明显致危因素。

保护措施

　　已有：无；**建议**：3.1。

　　评论：通过分类研究，寻找原研究标本，以便核实地理分布。

参考文献：殷海生和刘宪伟，1995；Chopard，1969；Vasanth，1993；Gorochov，2003b。

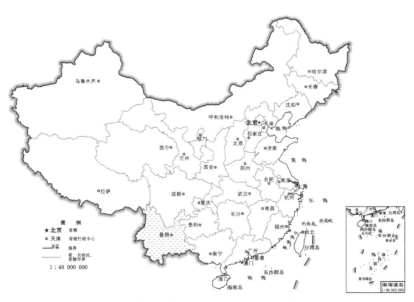

图 6-200　阿萨姆玛玳蟋的国内地理分布

---

(201) 双色阔胫蟋 *Mnesibulus*（*Mnesibulus*）*bicolor*（**Haan，1844**）

分类地位：蟋蟀总科 Grylloidea 蟋蟀科 Gryllidae 距蟋亚科 Podoscirtinae 距蟋族 Podoscirtini。

同物异名：无。

中文别名：双色阔胫蜻蛉。

中国种群占全球种群的比例：中国为主要分布区。

分析等级：无危 LC。

依据标准：未达到极危、濒危、易危和近危标准。

理由：在东亚和东南亚分布广泛。

生境：1.4，1.6，3.4，3.6。

生物学：主要栖息于乔灌木。

国内分布：浙江、安徽、江西、湖南、海南、贵州、云南、陕西（图 6-201）；**国外分布：**马来西亚、印度尼西亚。

种群：比较常见。

致危因素

过去：无；**现在：**无；**将来：**无。

评述：尚未发现明显致危因素。

保护措施

已有：无；**建议：**无。

评论：无须刻意保护的一种昆虫。

参考文献：吴福桢和郑彦芬，1987；夏凯龄和刘宪伟，1992；刘宪伟等，1993；殷海生和刘宪伟，1995；王音，2002；Haan，1844；Gu et al.，2018；He，2018；Yang et al.，2019。

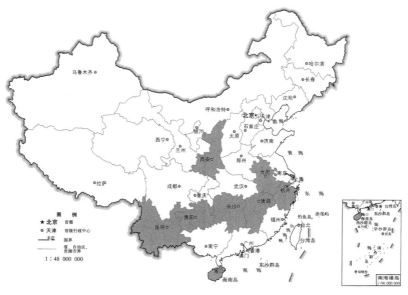

图 6-201　双色阔胫蟋的国内地理分布

(202)　奥克阔胫蟋 *Mnesibulus*（*Mnesibulus*）*okunii* Shiraki，1930

分类地位：蟋蟀总科 Grylloidea 蟋蟀科 Gryllidae 距蟋亚科 Podoscirtinae 距蟋族 Podoscirtini。

同物异名：无。

中文别名：无。

中国种群占全球种群的比例：中国特有。

分析等级：极危 CR。

依据标准：CR B2ab（ii，iii）。

理由：已知 1 个分布地点，占有面积不到 10km²，分布特殊且范围狭窄，自物种发表后近 90 年无有效记录。

生境：1.6。

生物学：不详。

国内分布：台湾（兰屿）（图 6-202）；**国外分布**：无。

种群：仅有原始记录。

致危因素

　　过去：1.3，4.1.3，5.1，9.1，9.9，10.1；**现在**：1.3，4.1.3，5.1，9.1，9.9，10.1；**将来**：1.3，4.1.3，5.1，9.1，9.9，10.1。

　　评述：为岛屿分布，本种扩散能力弱，分布范围狭窄。

保护措施

　　已有：无；**建议**：2.1，2.2，3.2，3.3，3.4，4.4。

　　评论：通过科学研究和对模式产地进行调查，掌握该种的生物学特性，阐述和分析造成当前评估状况的主要因素。

参考文献：殷海生和刘宪伟，1995；Shiraki，1930；Gorochov，2003b。

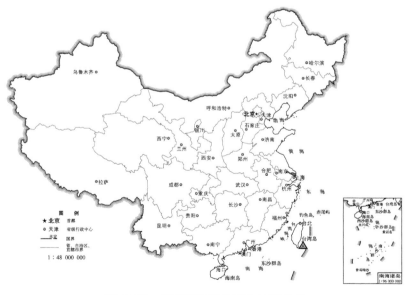

图 6-202　奥克阔胫蟋的国内地理分布

---

(203)　爪哇美黛蟋 *Munda*（*Munda*）*javana*（Saussure，1878）

分类地位：蟋蟀总科 Grylloidea 蟋蟀科 Gryllidae 距蟋亚科 Podoscirtinae 长须蟋族 Aphonoidini。

同物异名：无。

中文别名：无。

中国种群占全球种群的比例：疑似分布。

分析等级：数据缺乏 DD。

依据标准：物种是否在中国分布有争议。

理由：本种的模式产地为爪哇，在中国的记录缺少有效标本信息，仅殷海生和刘宪伟（1995）记录在台湾有分布，但此分布一直存在争议。

生境：1.6。

生物学：不详。

国内分布：台湾（疑似）（图 6-203）；**国外分布**：爪哇。

种群：不详。

致危因素

　过去：不详；**现在**：不详；**将来**：不详。

　评述：尚未发现明显致危因素。

保护措施

　已有：无；**建议**：3.1。

　评论：通过调查研究，寻找原研究标本，以便核实地理分布。

参考文献：殷海生和刘宪伟，1995；Saussure，1878；Kirby，1906；He，2018。

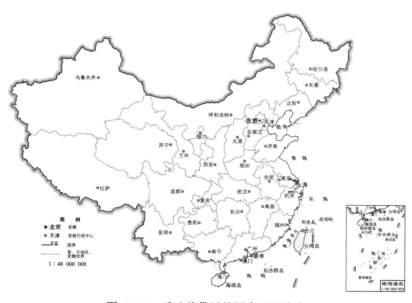

图 6-203　爪哇美黛蟋的国内地理分布

(204) **齿夜蟋** *Noctitrella denticulata* **Liu & Shi，2013**

分类地位：蟋蟀总科 Grylloidea 蟋蟀科 Gryllidae 距蟋亚科 Podoscirtinae 距蟋族 Podoscirtini。

同物异名：无。

中文别名：无。

中国种群占全球种群的比例：中国特有。

分析等级：易危 VU。

依据标准：CR B2ab（ii，iii）；评价等级标准调整。

理由：已知 1 个分布地点，占有面积小于 10km^2，推测符合极危标准，但由于本种为新近发现，降级评价为易危。

生境：1.6。

生物学：栖息于树冠。

国内分布：云南（勐腊）（图 6-204）；**国外分布**：无。

种群：不详。

致危因素

　　过去：1.3，1.4，4.1，10.2；**现在**：1.3，1.4，4.1，10.2；**将来**：1.3，1.4，4.1，10.2。

　　评述：本种的材料来源为热带森林林冠的生物多样性科学实验，通过毒杀获得的标本。

保护措施

　　已有：4.4.2；**建议**：1.1，2.2，3.2。

　　评论：合理规划实验方案，加强野外调查强度，明确种群特征，为后续多样性保护积累基础数据，并做好科学普及工作。

参考文献：Liu & Shi，2013。

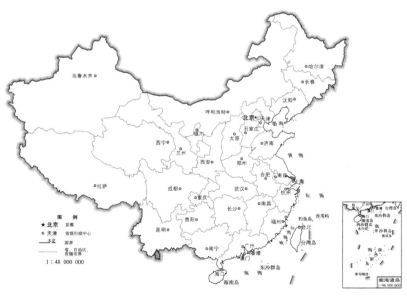

图 6-204　齿夜蟋的国内地理分布

(205)　福明叶蟋 *Phyllotrella fumingi* **Sun & Liu，2019**

分类地位：蟋蟀总科 Grylloidea 蟋蟀科 Gryllidae 距蟋亚科 Podoscirtinae 距蟋族 Podoscirtini。

同物异名：无。

中文别名：石氏叶蟋。

中国种群占全球种群的比例：中国特有。

分析等级：无危 LC。

依据标准：未达到极危、濒危、易危和近危标准。

理由：近年野外调查显示种群稳定，分布区有扩大趋势。

生境：1.6。

生物学：主要栖息于森林树冠区，有一定趋光性。

国内分布：广东（南昆山、南岭）（图 6-205）；**国外分布：**无。

种群：在模式产地常见。

致危因素

　　过去：无；**现在：**无；**将来：**无。

　　评述：尚未发现明显致危因素。

保护措施

　　已有：4.4.2；**建议：**4.4.3。

　　评论：栖息地南昆山存在环境破坏风险，应加强保护区管理力度。

参考文献：Sun & Liu，2019。

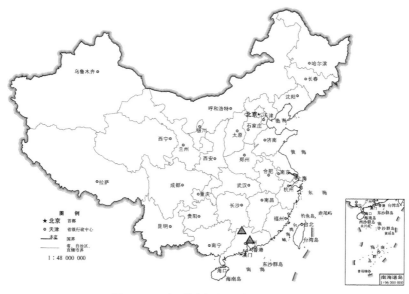

图 6-205　福明叶蟋的国内地理分布

(206)　海南叶蟋 *Phyllotrella hainanensis* **Sun & Liu，2019**

分类地位：蟋蟀总科 Grylloidea 蟋蟀科 Gryllidae 距蟋亚科 Podoscirtinae 距蟋族 Podoscirtini。

同物异名：无。

中文别名：无。

中国种群占全球种群的比例：中国特有。

分析等级：无危 LC。

依据标准：未达到极危、濒危、易危和近危标准。

理由：在海南岛分布非常广泛，种群稳定。

生境：1.6。

生物学：主要栖息于森林树冠区，有一定趋光性。

国内分布：海南（霸王岭、尖峰岭、五指山、鹦哥嘴）（图 6-206）；**国外分布**：无。

种群：种群大，非常常见。

致危因素

　　过去：无；**现在**：无；**将来**：无。

　　评述：尚未发现明显致危因素。

保护措施

　　已有：4.4.2；**建议**：无。

　　评论：推测有更广泛的分布区。

参考文献：Sun & Liu，2019。

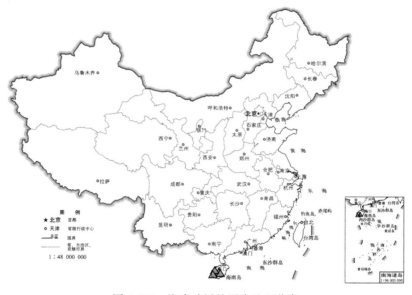

图 6-206　海南叶蟋的国内地理分布

（207） **平背叶蟋** *Phyllotrella planidorsalis* Gorochov，1988

分类地位：蟋蟀总科 Grylloidea 蟋蟀科 Gryllidae 距蟋亚科 Podoscirtinae 距蟋族 Podoscirtini。

同物异名：无。

中文别名：平背叶蛉蟋。

中国种群占全球种群的比例：暂无分布。

分析等级：数据缺乏 DD。

依据标准：以前在中国的分布记录为错误鉴定。

理由：经过比较形态学研究，认为以前在海南和广西的多笔记录是错误的（Sun & Liu，2019）。

生境：1.6。

生物学：主要栖息于森林树冠区，有一定趋光性。

国内分布：不详（图 6-207）；**国外分布**：越南。

种群：不详。

致危因素

　　过去：不详；**现在**：不详；**将来**：不详。

　　评述：尚未发现明显致危因素。

保护措施

　　已有：不详；**建议**：不详。

　　评论：对不在中国分布种类不评价。

参考文献：殷海生和刘宪伟，1995；王音，2002；刘浩宇和石福明，2013；Gorochov，1988a；Sun & Liu，2019。

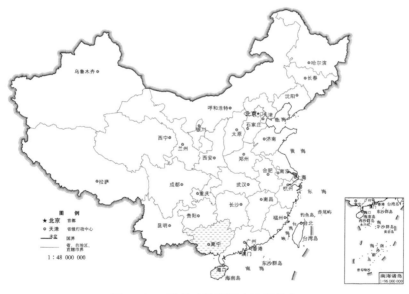

图 6-207　平背叶蟋的国内地理分布

---

(208)　宽茎叶蟋 *Phyllotrella transversa* Sun & Liu，2019

分类地位：蟋蟀总科 Grylloidea 蟋蟀科 Gryllidae 距蟋亚科 Podoscirtinae 距蟋族 Podoscirtini。

同物异名：无。

中文别名：宽叶蟋。

中国种群占全球种群的比例：中国特有。

分析等级：无危 LC。

依据标准：未达到极危、濒危、易危和近危标准。

理由：在广东和广西分布非常广泛，种群稳定。

生境：1.6。

生物学：主要栖息于森林树冠区，有一定趋光性。

国内分布：广东（南岭）、广西（金秀、上林、田林、武鸣）（图6-208）；**国外分布**：无。

种群：种群大，非常常见。

致危因素

　　过去：无；**现在**：无；**将来**：无。

　　评述：尚未发现明显致危因素。

保护措施

　　已有：4.4.2；**建议**：无。

　　评论：推测有更广泛的分布区。

参考文献：Sun & Liu，2019。

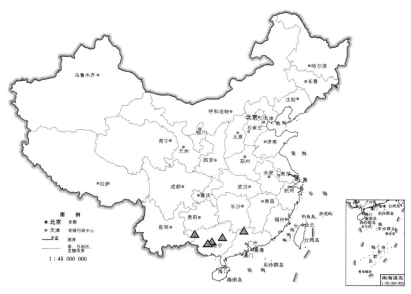

图6-208　宽茎叶蟋的国内地理分布

---

(209) 斑伪玛蟋 *Pseudomadasumma maculata* **Shiraki，1930**

分类地位：蟋蟀总科 Grylloidea 蟋蟀科 Gryllidae 距蟋亚科 Podoscirtinae 距蟋族 Podoscirtini。

同物异名：无。

中文别名：无。

中国种群占全球种群的比例：中国特有。

分析等级：极危 CR。

依据标准：CR B1ab（i，iii）。

理由：已知1个分布地点，分布面积不到100km^2，分布范围狭窄，自本种发表后无有效种群记录。

生境：1.6。

生物学：不详。

国内分布：台湾（阿里山）（图 6-209）；**国外分布：**无。

种群：仅有模式记录。

致危因素

过去：1.1，1.3，1.4；**现在：**1.1，1.3，1.4；**将来：**1.3，1.4，9.1。

评述：自被发现记载后，再无有效记录，推测是栖息地受到严重破坏，而造成种群密度低。

保护措施

已有：无；**建议：**2.2，3.1，3.2，3.3，3.4。

评论：近 90 年来栖息地自然生态环境变化大，物种生存环境面临破坏，人为因素干扰可能是明显致危因素；同时，为确认物种是否灭绝，还要开展大量科学研究活动。

参考文献：殷海生和刘宪伟，1995；Shiraki，1930；Chopard，1968；Hsiung，1993；He，2018。

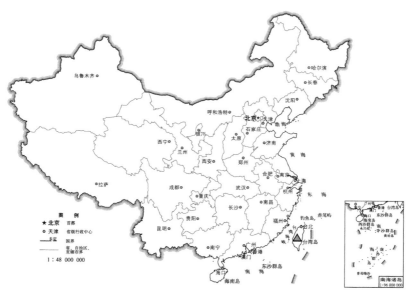

图 6-209　斑伪玛蟋的国内地理分布

(210) 四纹隐蟋 *Sonotrella*（*Calyptotrella*）*quadrivittata* Liu，Shi & Ou，2006

分类地位：蟋蟀总科 Grylloidea 蟋蟀科 Gryllidae 距蟋亚科 Podoscirtinae 距蟋族 Podoscirtini。

同物异名：无。

中文别名：无。

中国种群占全球种群的比例：中国特有。

分析等级：易危 VU。

依据标准：EN A4cd ＋ B2ab（ii，iii）；评价等级标准调整。

理由：已知 1 个分布区 2 笔记录，占有面积小于 500km^2，符合濒危标准，但由于本种发现时间较晚，降级评价为易危。

生境：1.6。

生物学：主要栖息于热带阔叶林树冠。

国内分布：云南（陇川）（图 6-210）；国外分布：无。

种群：少见。

致危因素

　　过去：1.3，1.4；**现在**：1.3，1.4；**将来**：1.3，1.4。

　　评述：与栖息地森林质量密切相关。

保护措施

　　已有：无；**建议**：3.1，3.2，3.3，3.4。

　　评论：通过科学研究，掌握其生物学特性，维持其生境和保护其自然繁殖，加强对其他相似种的了解和区分。

参考文献：刘浩宇等，2006。

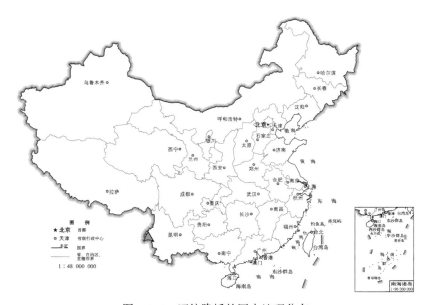

图 6-210　四纹隐蟋的国内地理分布

(211)　**大隐蟋** *Sonotrella*（*Sonotrella*）*major* Liu，Yin & Wang，1993

分类地位：蟋蟀总科 Grylloidea 蟋蟀科 Gryllidae 距蟋亚科 Podoscirtinae 距蟋族 Podoscirtini。

同物异名：无。

中文别名：大隐穴蛞蛉。

中国种群占全球种群的比例：中国为主要分布区。

分析等级：濒危 EN。

依据标准：EN A4cd＋B1ab（i，iii）。

理由：已知中越连续分布区有 3～4 个分布点，分布面积小于 5000km^2，近年有零星调查记录。

生境：1.6。

生物学：主要栖息于热带阔叶林树冠。

国内分布：云南（景洪、勐腊）（图 6-211）；**国外分布**：越南。

种群：种群较小。

致危因素

　　过去：1.3，1.4；现在：1.3，1.4；将来：1.3，1.4。

　　评述：与栖息地森林状况密切相关。

保护措施

　　已有：无；建议：2.2，3.2，3.3，3.4。

　　评论：了解本种的种群组成和地理分布，维持其生境和保护其自然繁殖，并加强科普知识的宣传，提高人们的保护意识。

参考文献：刘宪伟等，1993；刘宪伟等，1993；殷海生和刘宪伟，1995；Gorochov，2002〔2001〕；Kim & Pham，2014；Li et al.，2015。

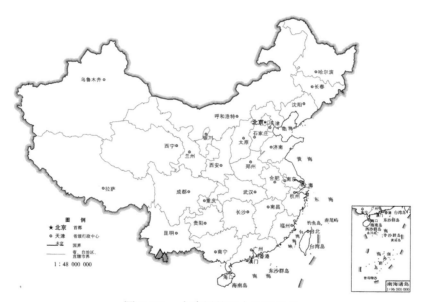

图 6-211　大隐蟋的国内地理分布

（212）相似啼蟋 *Trelleora consimilis* Gorochov，2003

分类地位：蟋蟀总科 Grylloidea 蟋蟀科 Gryllidae 距蟋亚科 Podoscirtinae 距蟋族 Podoscirtini。

同物异名：无。

中文别名：无。

中国种群占全球种群的比例：中国为主要分布区。

分析等级：易危 VU。

依据标准：EN A4cd ＋ B2ab（ii，iii）；评价等级标准调整。

理由：已知中越两国各有 1 个分布地点，占有面积小于 500km^2，符合濒危标准，但由于本种发现时间较晚，降级评价为易危。

生境：1.6。

生物学：主要栖息于热带阔叶林树冠。

国内分布：云南（景东）（图 6-212）；**国外分布**：越南。

种群：仅有模式记录。

致危因素

过去：1.3，1.4；现在：1.3，1.4；将来：1.3，1.4。

评述：生存环境面临破坏。

保护措施

已有：无；建议：2.2，3.2，3.3，3.4。

评论：了解本种的种群组成和地理分布，并加强科普知识的宣传，提高人们的保护意识。

参考文献：Gorochov，2003b；Kim & Pham，2014。

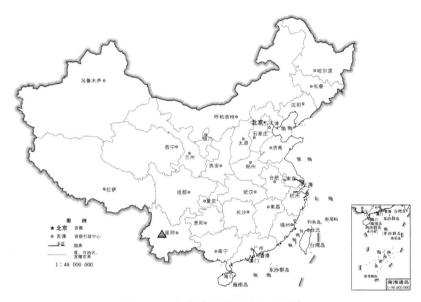

图 6-212   相似啼蟋的国内地理分布

---

(213) **褐啼蟋 *Trelleora fumosa* Gorochov，1988**

分类地位：蟋蟀总科 Grylloidea 蟋蟀科 Gryllidae 距蟋亚科 Podoscirtinae 距蟋族 Podoscirtini。

同物异名：无。

中文别名：无。

中国种群占全球种群的比例：中国为主要分布区。

分析等级：易危 VU。

依据标准：VU A4cd ＋ B1ab（i，iii）。

理由：已知中越两国分布地点不少于 6 个，分布面积小于 20000km²，部分栖息地存在质量衰退或潜在开发现象。

生境：1.6。

生物学：主要栖息于热带阔叶林树冠，具一定趋光性。

国内分布：云南（瑞丽、腾冲、盈江）（图 6-213）；**国外分布**：越南。

种群：较常见。

致危因素

过去：1.3，1.4；**现在**：1.3，1.4；**将来**：1.3，1.4。

评述：生存环境面临破坏，种群数量有减少的趋势。

保护措施

已有：无；**建议**：2.2，3.2，3.3，3.4。

评论：了解本种的种群组成、地理分布，以及栖息地状况，并加强科普知识的宣传，提高人们的保护意识。

参考文献：Gorochov，1988a；Gorochov，2003b；Kim & Pham，2014；Liu & Shi，2014b。

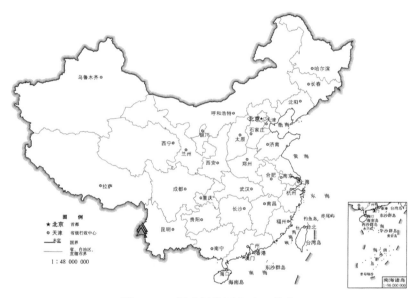

图 6-213　褐啼蟋的国内地理分布

(214) 柯氏啼蟋 *Trelleora kryszhanovskiji* Gorochov，1988

分类地位：蟋蟀总科 Grylloidea 蟋蟀科 Gryllidae 距蟋亚科 Podoscirtinae 距蟋族 Podoscirtini。

同物异名：无。

中文别名：柯氏啼蛞蛉。

中国种群占全球种群的比例：中国为主要分布区。

分析等级：濒危 EN。

依据标准：EN A4cd ＋ B2ab（ii，iii）。

理由：已知至少有 3 个分布地点，占有面积小于 500km²，部分栖息地存在质量衰退或潜在开发现象。

生境：1.6。

生物学：主要栖息于热带阔叶林树冠。

国内分布：云南（河口、景东）（图 6-214）；**国外分布**：越南。

种群：少见。

致危因素

　　过去：1.3，1.4；**现在：**1.3，1.4；**将来：**1.3，1.4。

　　评述：栖息地生存环境面临破坏威胁。

保护措施

　　已有：无；**建议：**2.2，3.2，3.3，3.4。

　　评论：了解本种的种群组成、地理分布，以及栖息地状况，并加强科普知识的宣传，提高人们的保护意识。

参考文献：刘宪伟等，1993；Gorochov，1988a；Kim & Pham，2014。

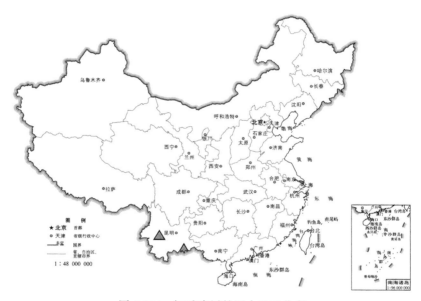

图 6-214　柯氏嗁蟋的国内地理分布

（215）双刺片蟋 *Truljalia bispinosa* **Wang & Woo，1992**

分类：蟋蟀总科 Grylloidea 蟋蟀科 Gryllidae 距蟋亚科 Podoscirtinae 距蟋族 Podoscirtini。

同物异名：无。

中文别名：双刺片蛣蛉。

中国种群占全球种群的比例：中国特有。

分析等级：濒危 EN。

依据标准：EN A4cd ＋ B1ab（i，iii）。

理由：已知 3 个小分布地点，分布面积小于 5000km^2，部分栖息地存在质量衰退现象或已在开发建设中。

生境：1.6。

生物学：主要栖息于热带阔叶林树冠，具有一定趋光性。

国内分布：西藏（墨脱）（图 6-215）；**国外分布：**无。

种群：在模式产地较常见。
致危因素
 过去：1.1；**现在**：1.1；**将来**：1.1。
 评述：人类活动导致局部生境退化。
保护措施
 已有：无；**建议**：1.3，2.2。
 评论：加强自然资源管理能力同时，维持栖息地生态水平。
参考文献：王音和吴福桢，1992b；殷海生和刘宪伟，1995；Gorochov，2002［2001］；Liu & Shi，2011b；Ma & Zhang，2015a。

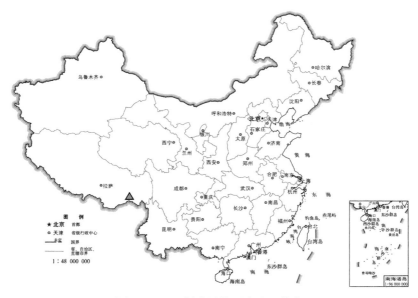

图 6-215 双刺片蟋的国内地理分布

（216） 橙柑片蟋 *Truljalia citri*（Bey-Bienko，1956）

分类地位：蟋蟀总科 Grylloidea 蟋蟀科 Gryllidae 距蟋亚科 Podoscirtinae 距蟋族 Podoscirtini。
同物异名：无。
中文别名：无。
中国种群占全球种群的比例：中国特有。
分析等级：易危 VU。
依据标准：VU A4cd ＋ B1ab（i，iii）。
理由：已知在 3 省有分布，分布呈现片段化，推测分布面积小于 20000km²，部分已知栖息地质量退化或已开发。
生境：1.6。
生物学：主要栖息于热带阔叶林树冠，具有一定趋光性。
国内分布：江西、广东、海南（图 6-216）；**国外分布**：无。
种群：不详。

致危因素

过去：1.1，1.3，6.2，6.3；**现在**：1.1，1.3，6.2，6.3；**将来**：1.1，1.3。

评述：农业活动导致局部生境退化，野外调查显示环境污染也导致种群数量下降。

保护措施

已有：无；**建议**：1.3，2.1，4.2，5.4。

评论：研究记录显示物种分布比较广泛，但近年种群记录较少，减少趋势不易统计，所以进行种群的维持与恢复是十分必要的。

参考文献：殷海生和刘宪伟，1995；Bei-Bienko，1956；Chopard，1968；Gorochov，1985c；Gorochov，2002［2001］；Liu & Shi，2011b；Ma & Zhang，2015a。

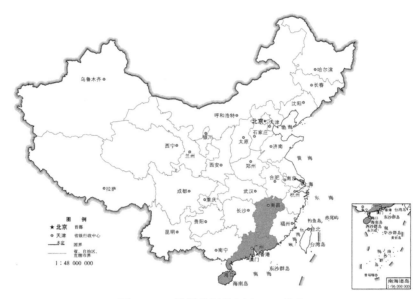

图 6-216   橙柑片蟋的国内地理分布

(217) **长片蟋** *Truljalia elongata* Liu & Shi，2012

分类地位：蟋蟀总科 Grylloidea 蟋蟀科 Gryllidae 距蟋亚科 Podoscirtinae 距蟋族 Podoscirtini。

同物异名：无。

中文别名：无。

中国种群占全球种群的比例：中国特有。

分析等级：易危 VU。

依据标准：CR A4cd ＋ B2ab（ii，iii）；评价等级标准调整。

理由：已知 1 个分布地点，占有面积小于 10km²，符合极危标准，但由于本种为新近发现，降级评价为易危。

生境：1.6。

生物学：主要栖息于热带阔叶林树冠。

国内分布：海南（霸王岭）（图 6-217）；**国外分布**：无。

种群：仅有模式记录。

致危因素

过去：1.3，9.5，9.9；现在：1.3，9.5，9.9；将来：1.3，9.5。

评述：多次野外调查显示，推测分布范围狭窄且种群密度低。

保护措施

已有：4.4.2；建议：4.4。

评论：野外调查表明，加强模式产地生境与实地保护行动尤为重要。

参考文献：Liu & Shi，2012b；Ma & Zhang，2015a。

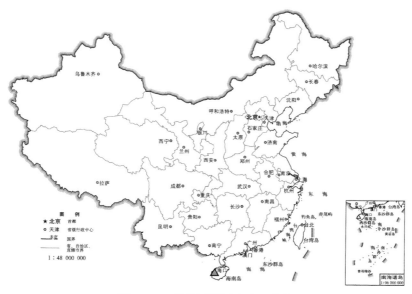

图 6-217　长片蟋的国内地理分布

(218) 尾铗片蟋 *Truljalia forceps*（Saussure，1878）

分类地位：蟋蟀总科 Grylloidea 蟋蟀科 Gryllidae 距蟋亚科 Podoscirtinae 距蟋族 Podoscirtini。

同物异名：无。

中文别名：无。

中国种群占全球种群的比例：中国特有。

分析等级：易危 VU。

依据标准：VU A4cd ＋ B1ab（i，iii）。

理由：已知在我国 4 省市有分布，分布呈现片段化，推测分布面积小于 20000km²，部分已知栖息地质量退化或已开发。

生境：1.6。

生物学：主要栖息于热带阔叶林树冠，具有一定趋光性。

国内分布：上海、江西、广东、四川（图 6-218）；**国外分布**：无。

种群：不详。

致危因素

过去：1.1，1.3，6.2，6.3；现在：1.1，1.3，6.2，6.3；将来：1.1，1.3。

  评述：农业活动导致局部生境退化，对已知分布地野外调查显示环境污染也导致种群数量下降。

保护措施

  已有：无；**建议**：1.3，2.1，4.2，5.4。

  评论：研究记录显示物种分布比较广泛，但近年种群记录较少，减少趋势不易统计，所以种群维持与恢复是十分必要的。

参考文献：殷海生和刘宪伟，1995；Saussure，1878；Kirby，1906；Gorochov，2002［2001］；Liu & Shi，2011b；Ma & Zhang，2015a。

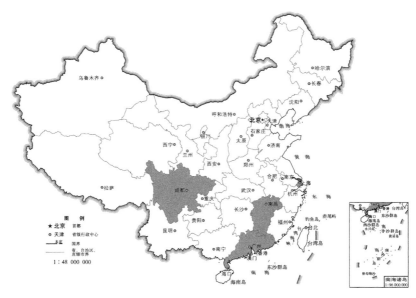

图 6-218 尾铗片蟋的国内地理分布

---

(219) **台湾片蟋** *Truljalia formosa* **He，2012**

分类地位：蟋蟀总科 Grylloidea 蟋蟀科 Gryllidae 距蟋亚科 Podoscirtinae 距蟋族 Podoscirtini。

同物异名：无。

中文别名：蓬莱片蟋。

中国种群占全球种群的比例：中国特有。

分析等级：易危 VU。

依据标准：CR A4cd ＋ B2ab（ii，iii）；评价等级标准调整。

理由：已知 1 个分布地点，占有面积小于 $10km^2$，符合极危标准，但由于本种为新近发现，降级评价为易危。

生境：1.6，3.6。

生物学：主要栖息于热带阔叶林树冠，具有一定趋光性。

国内分布：台湾（屏东）（图 6-219）；**国外分布**：无。

种群：仅有模式记录。

致危因素

　　过去：1.3，1.4，9.9；**现在：**1.3，1.4，9.9；**将来：**1.3，1.4，9.9。

　　评述：发现记录时间较晚，推测分布范围狭窄。

保护措施

　　已有：无；**建议：**3.2，3.4。

　　评论：通过野外调查，掌握种群、地理分布及栖息地质量状况。

参考文献：He，2012；Ma & Zhang，2015a。

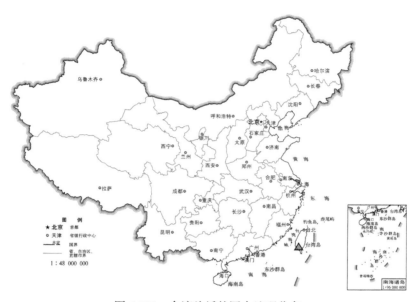

图 6-219　台湾片蟋的国内地理分布

(220) 梨片蟋阿莫亚种 *Truljalia hibinonis amota* Gorochov，2002

分类地位：蟋蟀总科 Grylloidea 蟋蟀科 Gryllidae 距蟋亚科 Podoscirtinae 距蟋族 Podoscirtini。

同物异名：无。

中文别名：无。

中国种群占全球种群的比例：中国为主要分布区。

分析等级：无危 LC。

依据标准：未达到极危、濒危、易危和近危标准。

理由：虽在我国只有 1 笔分布记录，但通过比较形态学和研究资料分析，推测本种在我国分布广泛。

生境：1.6。

生物学：主要栖息于热带亚热带阔叶林树冠，具有一定趋光性。

国内分布：四川（合江）（图 6-220）；**国外分布：**越南。

种群：由于与指名亚种非常近似，推测种群常见。

致危因素

　　过去：无；**现在：**无；**将来：**无。

评述：尚未发现明显致危因素。

保护措施

已有：无；**建议**：3.1，3.2。

评论：通过分类与形态学研究，确认亚种存在合理性。

参考文献：Gorochov，2002［2001］；Liu & Shi，2012b；Kim & Pham，2014；Ma & Zhang，2015a。

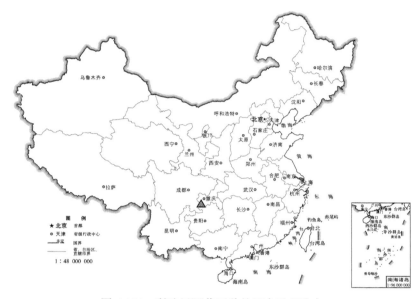

图 6-220　梨片蟋阿莫亚种的国内地理分布

(221) 梨片蟋指名亚种 *Truljalia hibinonis hibinonis*（Matsumura，1917）

分类地位：蟋蟀总科 Grylloidea 蟋蟀科 Gryllidae 距蟋亚科 Podoscirtinae 距蟋族 Podoscirtini。

同物异名：无。

中文别名：梨蛄蛉、梨舟蛄蛉、梨片蛄蛉、梨蟋。

中国种群占全球种群的比例：中国为主要分布区。

分析等级：无危 LC。

依据标准：未达到极危、濒危、易危和近危标准。

理由：在东亚和东南亚分布广泛。

生境：1.4，1.6。

生物学：主要栖息于热带亚热带阔叶林树冠，具有一定趋光性。

国内分布：上海、江苏、浙江、福建、江西、湖南、广西、重庆、四川、贵州、云南、陕西（图 6-221）；**国外分布**：日本、朝鲜。

种群：非常常见，数量巨大。

致危因素

过去：无；**现在**：无；**将来**：无。

评述：数量较多，分布广泛，适应能力较强。

保护措施

　　已有：无；**建议：**无。

　　评论：无须保护的一种昆虫。

参考文献：吴福祯，1987；尤其儆和黎天山，1990；夏凯龄和刘宪伟，1992；刘宪伟等，1993；殷海生和刘宪伟，1995；王音等，1999；殷海生等，2001；刘浩宇和石福明，2014a；刘宪伟和毕文烜，2014；卢慧等，2018；Matsumura，1917；Shiraki，1930；Liu & Shi，2011b；Ma & Zhang，2015a；Gu et al.，2018；Xu & Liu，2019；Yang et al.，2019。

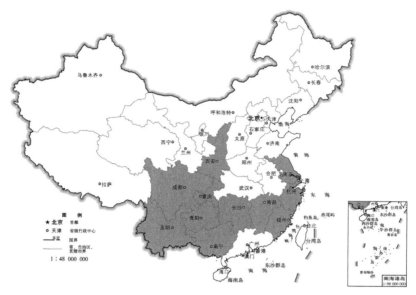

图 6-221　梨片蟋指名亚种的国内地理分布

（222）霍氏片蟋 *Truljalia hofmanni*（Saussure，1878）

分类地位：蟋蟀总科 Grylloidea 蟋蟀科 Gryllidae 距蟋亚科 Podoscirtinae 距蟋族 Podoscirtini。

同物异名：无。

中文别名：霍氏片蛄蛉。

中国种群占全球种群的比例：中国无分布。

分析等级：数据缺乏 DD。

依据标准：物种分布记录信息为错误。

理由：最早记录在中国的时间是 1992 年，后通过对比生殖器特征发现当时为错误鉴定。

生境：1.6。

生物学：主要栖息于热带、亚热带阔叶林树冠。

国内分布：云南（疑似）（图 6-222）；**国外分布：**缅甸、印度、爪哇。

种群：不详。

致危因素

　　过去：不详；**现在：**不详；**将来：**不详。

评述：尚未发现明显致危因素。

保护措施

已有：无；**建议**：无。

评论：分布区有扩大趋势，有可能在中国有分布。

参考文献：王音和吴福桢，1992b；Liu & Shi，2011b。

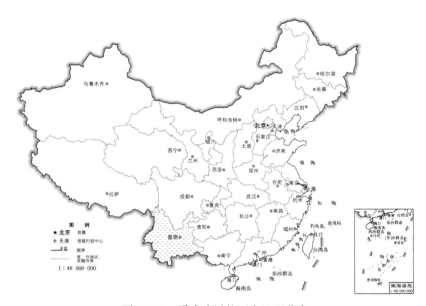

图 6-222　霍式片蟋的国内地理分布

（223）湖北片蟋 *Truljalia hubeiensis* Ma & Zhang，2015

分类地位：蟋蟀总科 Grylloidea 蟋蟀科 Gryllidae 距蟋亚科 Podoscirtinae 距蟋族 Podoscirtini。

同物异名：无。

中文别名：无。

中国种群占全球种群的比例：中国特有。

分析等级：无危 LC。

依据标准：未达到极危、濒危、易危和近危标准。

理由：已知 2 个分布区，模式记录来源于长江大学标本室，通过检视同批标本记录，发现在湖北宜昌地区广布。由于本种发现命名较晚，认为本种无危。

生境：1.4，1.6。

生物学：主要栖息于热带、亚热带阔叶林树冠。

国内分布：河南（新县）、湖北（宜昌）（图 6-223）；**国外分布**：无。

种群：宜昌地区常见。

致危因素

过去：无；**现在**：无；**将来**：不详。

评述：尚未发现明显致危因素。

保护措施

　　已有：无；建议：3.1。

　　评论：通过形态特征极难与梨片蟋区分，需要寻找更可靠分类依据。

参考文献：Ma & Zhang，2015a。

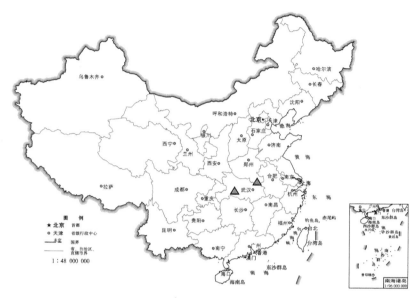

图 6-223　湖北片蟋的国内地理分布

(224)　长突片蟋 *Truljalia meloda* **Gorochov，1992**

分类地位：蟋蟀总科 Grylloidea 蟋蟀科 Gryllidae 距蟋亚科 Podoscirtinae 距蟋族 Podoscirtini。

同物异名：*Truljalia prolongata* Wang & Woo，1992。

中文别名：长突片蛞蛉。

中国种群占全球种群的比例：中国为主要分布区。

分析等级：无危 LC。

依据标准：未达到极危、濒危、易危和近危标准。

理由：在我国华南、西南地区分布广泛，且与东南亚分布区连续。

生境：1.6。

生物学：主要栖息于热带、亚热带阔叶林树冠。

国内分布：广西（龙州）、海南（乐东）、云南（富宁）（图 6-224）；**国外分布**：越南、柬埔寨。

种群：较常见。

致危因素

　　过去：无；现在：无；将来：无。

　　评述：尚未发现明显致危因素。

保护措施

　　已有：4.4.2；建议：无。

　　评论：已有保护措施可以满足需要。

参考文献：王音和吴福桢，1992b；王音，2002；谢令德和刘宪伟，2004；Liu & Shi，2011b；Ma & Zhang，2015a。

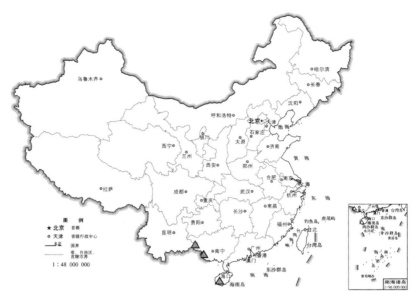

图 6-224　长突片蟋的国内地理分布

(225) 多突片蟋 *Truljalia multiprotubera* Liu & Shi，2011

分类地位：蟋蟀总科 Grylloidea 蟋蟀科 Gryllidae 距蟋亚科 Podoscirtinae 距蟋族 Podoscirtini。

同物异名：无。

中文别名：多片蟋。

中国种群占全球种群的比例：中国特有。

分析等级：易危 VU。

依据标准：CR A4cd ＋ B2ab（ii，iii）；评价等级标准调整。

理由：已知 1 个分布记录，占有面积小于 $10 km^2$，符合极危标准，但由于本种为新近发现，降级评价为易危。

生境：1.6。

生物学：主要栖息于热带、亚热带阔叶林树冠。

国内分布：云南（普洱）（图 6-225）；**国外分布**：无。

种群：仅有模式记录。

致危因素

　　过去：1.3，1.4，9.9；**现在**：1.3，1.4，9.9；**将来**：1.3，1.4，9.9。

　　评述：局部生存环境面临破坏，推测种群数量有减少的趋势。

保护措施

　　已有：4.4.2；**建议**：3.2，4.4。

　　评论：加强保护区调查力度，维持管理水平。

参考文献：Liu & Shi，2011b；Ma & Zhang，2015a。

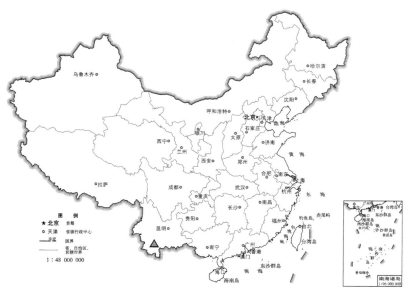

图 6-225　多突片蟋的国内地理分布

(226) **熊猫片蟋** *Truljalia panda* **Ma & Zhang，2015**

分类地位：蟋蟀总科 Grylloidea 蟋蟀科 Gryllidae 距蟋亚科 Podoscirtinae 距蟋族 Podoscirtini。

同物异名：无。

中文别名：无。

中国种群占全球种群的比例：中国特有。

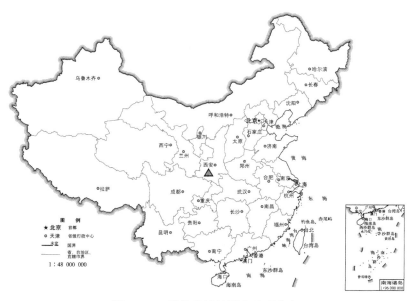

图 6-226　熊猫片蟋的国内地理分布

分析等级：无危 LC。

依据标准：未达到极危、濒危、易危和近危标准。

理由：虽为近年发表，但与陕西部分地区分布的梨片蟋形态非常近似，推测分布广泛，种群数量巨大。

生境：1.4，1.6。

生物学：主要栖息于热带、亚热带阔叶林树冠。

国内分布：陕西（安康、佛坪、洋县）（图 6-226）；**国外分布**：无。

种群：在模式产地常见。

致危因素

　　过去：无；**现在**：无；**将来**：不详。

　　评述：尚未发现明显致危因素。

保护措施

　　已有：无；**建议**：3.1。

　　评论：通过形态特征极难与梨片蟋、湖北片蟋区分，需要寻找更可靠分类依据。

参考文献：Ma & Zhang，2015a。

---

(227) 瘤突片蟋 *Truljalia tylacantha* Wang & Woo，1992

分类地位：蟋蟀总科 Grylloidea 蟋蟀科 Gryllidae 距蟋亚科 Podoscirtinae 距蟋族 Podoscirtini。

同物异名：*Truljalia sigmaparamera* Xia & Liu，1992。

中文别名：瘤突片蛄蛉、弯突舟蛄蛉。

中国种群占全球种群的比例：中国特有。

分析等级：无危 LC。

依据标准：未达到极危、濒危、易危和近危标准。

理由：在我国分布广泛。

生境：1.6，3.6。

生物学：主要栖息于热带、亚热带和温带阔叶林树冠，有趋光性。

国内分布：浙江、安徽、福建、河南、湖北、湖南、广东、广西、四川、贵州（图 6-227）；**国外分布**：无。

种群：非常常见，种群数量巨大。

致危因素

　　过去：无；**现在**：无；**将来**：无。

　　评述：尚未发现明显致危因素。

保护措施

　　已有：无；**建议**：无。

　　评论：无须刻意保护的一种昆虫。

参考文献：王音和吴福桢，1992b；夏凯龄和刘宪伟，1992；殷海生和刘宪伟，1995；王音等，1999；殷海生等，2001；刘浩宇和石福明，2007b；刘浩宇等，2010；刘浩宇和石福明，2012；刘浩宇和石福明，2013；刘浩宇和石福明，2014a；刘浩宇和石福明，2014b；Liu & Shi，2011b；Ma & Zhang，2015a；Gu et al.，2018；He，2018；Xu & Liu，2019。

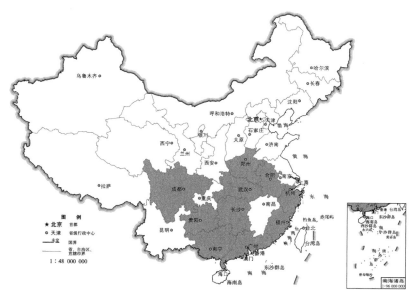

图 6-227　瘤突片蟋的国内地理分布

（228）维曼片蟋 *Truljalia viminea* Gorochov，2002

分类地位： 蟋蟀总科 Grylloidea 蟋蟀科 Gryllidae 距蟋亚科 Podoscirtinae 距蟋族 Podoscirtini。

同物异名： 无。

中文别名： 无。

中国种群占全球种群的比例： 中国为次要分布区。

分析等级： 易危 VU。

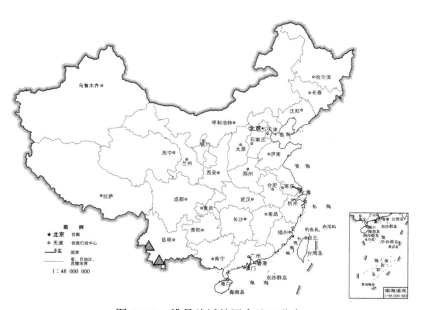

图 6-228　维曼片蟋的国内地理分布

依据标准： EN A4ac ＋ B2ab（ii，iii）；评价等级标准调整。

理由： 中越连续分布，已知 3 个分布地点，占有面积小于 500km^2，部分栖息地存在质量下降风险，符合濒危标准，但由于本种发现时间较晚，降级评价为易危。

生境： 1.6。

生物学： 主要栖息于热带、亚热带和温带阔叶林树冠。

国内分布： 云南（西双版纳、镇康）（图 6-228）；**国外分布：** 越南。

种群： 较少见。

致危因素

    过去： 1.3，1.4；**现在：** 1.3，1.4；**将来：** 1.3，1.4。

    评述： 栖息地质量下降。

保护措施

    已有： 4.4.2；**建议：** 4.2，5.4。

    评论： 分布区内有自然保护区，但呈现片段化，人为干扰较多，应注重维护与管理。

参考文献： Gorochov，2002［2001］；Liu & Shi，2011b；Kim & Pham，2014；Ma & Zhang，2015a。

（229）双斑维蟋 *Valiatrella bimaculata*（Chopard，1928）

分类： 蟋蟀总科 Grylloidea 蟋蟀科 Gryllidae 距蟋亚科 Podoscirtinae 距蟋族 Podoscirtini。

同物异名： 无。

中文别名： 无。

中国种群占全球种群的比例： 中国为次要分布区。

分析等级： 易危 VU。

依据标准： VU B2ab（ii，iii）；地区水平指南应用。

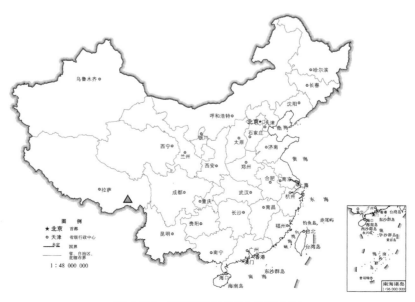

图 6-229 双斑维蟋的国内地理分布

理由：邻国分布广泛，但在我国仅知墨脱1个分布区，占有面积不到500km²，近年有2笔调查记录。

生境：1.6。

生物学：不详。

国内分布：西藏（墨脱）（图6-229）；**国外分布**：印度、不丹。

种群：在墨脱分布区较常见。

致危因素

过去：9.9；**现在**：1.3，9.9；**将来**：1.3，9.9。

评述：栖息地分析结果，表明在我国分布范围狭窄。

保护措施

已有：无；**建议**：3.2。

评论：需要了解本种在我国的种群组成和地理分布情况，掌握它的生物学特性，提高人们的保护意识。

参考文献：刘浩宇和石福明，2007a；Chopard，1928b；Gorochov，2002［2001］；He & Gorochov，2015。

(230) 片维蟋 *Valiatrella laminaria* Liu & Shi，2007

分类地位：蟋蟀总科 Grylloidea 蟋蟀科 Gryllidae 距蟋亚科 Podoscirtinae 距蟋族 Podoscirtini。

同物异名：无。

中文别名：无。

中国种群占全球种群的比例：中国特有。

分析等级：近危 NT。

依据标准：VU B1ab（i，iii）；评价等级标准调整。

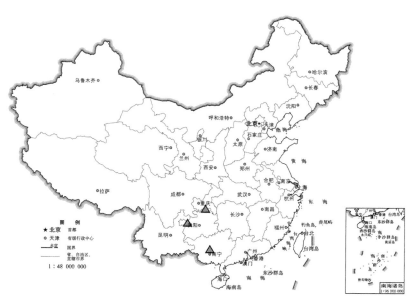

图 6-230　片维蟋的国内地理分布

理由：已知 3 个分布区，分布面积小于 20000km²，部分栖息地存在质量下降风险，符合易危标准，但由于本种发现时间较晚，降级评价为近危。

生境：1.6。

生物学：主要栖息于热带、亚热带阔叶林树冠。

国内分布：广西（大明山）、贵州（道真、习水）（图 6-230）；**国外分布**：无。

种群：不详。

致危因素

　　过去：1.3；**现在**：1.3；**将来**：1.3。

　　评述：栖息地存在质量下降风险。

保护措施

　　已有：4.4.2；**建议**：4.4。

　　评论：已知 3 个保护地均有自然保护区，应注意加强生境与实地保护行动。

参考文献：刘浩宇和石福明，2007a；Ma & Zhang，2013。

（231）多突维蟋 *Valiatrella multiprotubera* Liu & Shi，2007

分类地位：蟋蟀总科 Grylloidea 蟋蟀科 Gryllidae 距蟋亚科 Podoscirtinae 距蟋族 Podoscirtini。

同物异名：无。

中文别名：无。

中国种群占全球种群的比例：中国特有。

分析等级：无危 LC。

依据标准：未达到极危、濒危、易危和近危标准。

理由：仅知瑞丽 1 个分布区，虽然被发现时间较晚，但是后续多次调查显示，种群数量大，非常常见，推测处于无危状态。

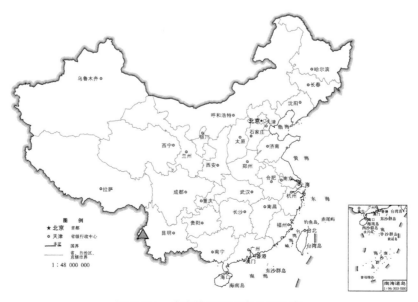

图 6-231　多突维蟋的国内地理分布

生境：1.6。

生物学：主要栖息于热带、亚热带阔叶林树冠，具有趋光性。

国内分布：云南（瑞丽）（图 6-231）；**国外分布**：无。

种群：在模式产地常见。

致危因素

　　过去：9.9；现在：9.9；将来：9.10。

　　评述：已知多笔记录均集中在瑞丽地区。

保护措施

　　已有：无；建议：3.1，3.2。

　　评论：通过调查研究，探索潜在分布区后再确认受威胁状态。

参考文献：刘浩宇和石福明，2007a；Ma & Zhang，2013。

（232）平行维蟋 *Valiatrella persicifolius* **Ma & Zhang，2013**

分类地位：蟋蟀总科 Grylloidea 蟋蟀科 Gryllidae 距蟋亚科 Podoscirtinae 距蟋族 Podoscirtini。

同物异名：无。

中文别名：无。

中国种群占全球种群的比例：中国特有。

分析等级：近危 NT。

依据标准：EN B2ab（ii，iii）；评价等级标准调整。

理由：已知 1 个分布区，3～4 个分布地点，占有面积小于 500km²，符合濒危标准，但由于该种为新近发现，降级评价为近危。

生境：1.4。

生物学：主要栖息于热带、亚热带阔叶林树冠，具有趋光性。

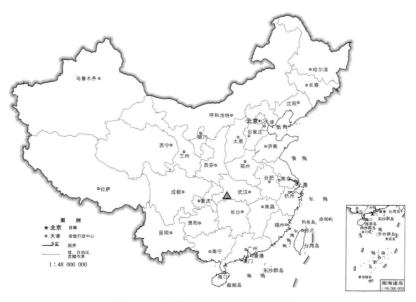

图 6-232　平行维蟋的国内地理分布

国内分布：湖北（五峰）（图 6-232）；**国外分布**：无。

种群：模式产地常见。

致危因素

　　过去：1.3，9.9；**现在**：1.3，9.9；**将来**：1.3。

　　评述：栖息地分布面积狭窄。

保护措施

　　已有：4.4.2；**建议**：4.1。

　　评论：维持与保护现有分布区，并对潜在分布区进行调查。

参考文献：Ma & Zhang，2013。

---

(233) **丽维蟋** *Valiatrella pulchra*（Gorochov，1985）

分类地位：蟋蟀总科 Grylloidea 蟋蟀科 Gryllidae 距蟋亚科 Podoscirtinae 距蟋族 Podoscirtini。

同物异名：*Calyptotrypus flavomarginata* Xia & Liu，1992。

中文别名：黄缘穴蟋、黄缘穴蛞蛉。

中国种群占全球种群的比例：中国为主要分布区。

分析等级：无危 LC。

依据标准：未达到极危、濒危、易危和近危标准。

理由：在我国南方多省分布广泛。

生境：1.6。

生物学：主要栖息于热带、亚热带阔叶林树冠，具有趋光性。

国内分布：湖南、广东、广西、四川、贵州（图 6-233）；**国外分布**：越南。

种群：常见。

致危因素

　　过去：无；**现在**：无；**将来**：不详。

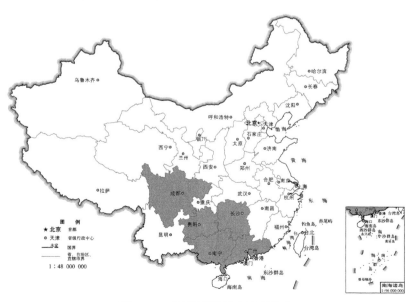

图 6-233　丽维蟋的国内地理分布

评述：尚未发现明显致危因素。

保护措施

　　已有：无；**建议**：无。

　　评论：无须刻意保护的一种昆虫。

参考文献：夏凯龄和刘宪伟，1992；刘浩宇和石福明，2007a；刘浩宇等，2010；刘浩宇和石福明，2013；Gorochov，1985a；Gu et al.，2018。

(234)　姊妹维蟋 *Valiatrella sororia sororia*（**Gorochov，2002**）

分类地位：蟋蟀总科 Grylloidea 蟋蟀科 Gryllidae 距蟋亚科 Podoscirtinae 距蟋族 Podoscirtini。

同物异名：无。

中文别名：无。

中国种群占全球种群的比例：中国为主要分布区。

分析等级：无危 LC。

依据标准：未达到极危、濒危、易危和近危标准。

理由：虽然本种在我国记录时间较晚，但近年发现数笔记录，分布区有扩大趋势，表明处于无危状态。

生境：1.6。

生物学：主要栖息于热带、亚热带阔叶林树冠，具有趋光性。

国内分布：浙江、湖南、贵州（图 6-234）；**国外分布**：越南。

种群：较常见。

致危因素

　　过去：无；**现在**：无；**将来**：不详。

　　评述：尚未发现明显致危因素。

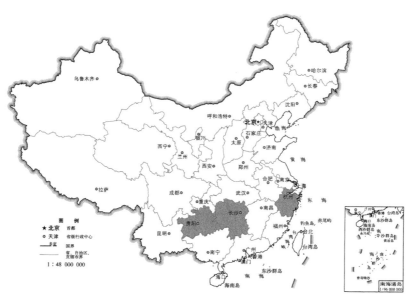

图 6-234　姊妹维蟋的国内地理分布

保护措施

　　已有：无；建议：无。

　　评论：无须刻意保护的一种昆虫。

参考文献：刘浩宇和石福明，2007a；Gorochov，2002 ［2001］；Ma & Zhang，2013；He，2018；Xu & Liu，2019。

---

(235) **墨脱玄武蟋** *Xuanwua motuoensis* **He & Gorochov，2015**

分类地位：蟋蟀总科 Grylloidea 蟋蟀科 Gryllidae 距蟋亚科 Podoscirtinae 距蟋族 Podoscirtini。

同物异名：无。

中文别名：无。

中国种群占全球种群的比例：中国特有。

分析等级：易危 VU。

依据标准：CR A4cd ＋ B2ab（ii，iii）；评价等级标准调整。

理由：已知 1 个分布地点，占有面积可能小于 10km²，符合极危标准，但由于本种为新近发现，降级评价为易危。

生境：1.6。

生物学：不详。

国内分布：西藏（墨脱）（图 6-235）；**国外分布**：无。

种群：仅见于模式产地。

致危因素

　　过去：9.9，9.10；**现在**：9.9，9.10；**将来**：9.9，9.10。

　　评述：分布范围狭窄。

保护措施

　　已有：无；建议：3.2。

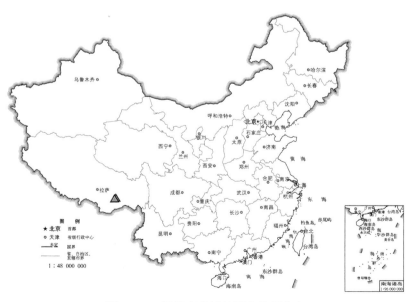

图 6-235　墨脱玄武蟋的国内地理分布

评论：了解本种的种群组成和地理分布。
参考文献： He & Gorochov，2015。

(236) 褐额杂须蟋 *Zamunda fuscirostris*（Chopard，1969）

分类地位： 蟋蟀总科 Grylloidea 蟋蟀科 Gryllidae 距蟋亚科 Podoscirtinae 长须蟋族 Aphonoidini。
同物异名： 无。
中文别名： 褐额长须蟋。
中国种群占全球种群的比例： 中国为主要分布区。
分析等级： 无危 LC。
依据标准： 未达到极危、濒危、易危和近危标准。
理由： 虽然此种一直存在错误鉴定，但在我国浙江和福建等地广泛分布，标本记录显示种群稳定。
生境： 1.6。
生物学： 主要栖息于热带、亚热带阔叶林树冠，具有趋光性。
国内分布： 浙江、福建（图 6-236）；**国外分布：** 马来西亚。
种群： 较常见。
致危因素
　　过去： 无；**现在：** 无；**将来：** 不详。
　　评述： 尚未发现明显致危因素。
保护措施
　　已有： 4.4.2；**建议：** 无。
　　评论： 目前尚无须刻意保护的一种昆虫。
参考文献： 殷海生和刘宪伟，1995；殷海生和章伟年，2001；刘浩宇和石福明，2014b；Gorochov，2007d；He，2018；Xu & Liu，2019。

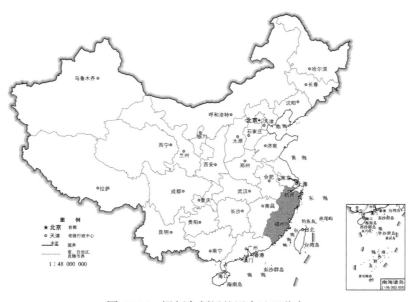

图 6-236　褐额杂须蟋的国内地理分布

（237）尖角茨娓蟋 *Zvenella acutangulata* Xia，Liu & Yin，1991

分类地位：蟋蟀总科 Grylloidea 蟋蟀科 Gryllidae 距蟋亚科 Podoscirtinae 距蟋族 Podoscirtini。

同物异名：无。

中文别名：尖角茨尾蛞蛉。

中国种群占全球种群的比例：中国特有。

分析等级：无危 LC。

依据标准：未达到极危、濒危、易危和近危标准。

理由：在云南和海南分布广泛。

生境：1.6。

生物学：主要栖息于热带、亚热带阔叶林树冠，具有一定趋光性。

国内分布：海南、云南（图 6-237）；**国外分布：**无。

种群：较常见。

致危因素

　　过去：无；**现在：**无；**将来：**不详。

　　评述：尚未发现明显致危因素。

保护措施

　　已有：4.4.2；**建议：**无。

　　评论：已知多个分布地点位于自然保护区内，现有保护措施已满足需要。

参考文献：夏凯龄等，1991；殷海生和刘宪伟，1995；王音，2002；Gorochov，2002［2001］；Ma & Zhang，2012。

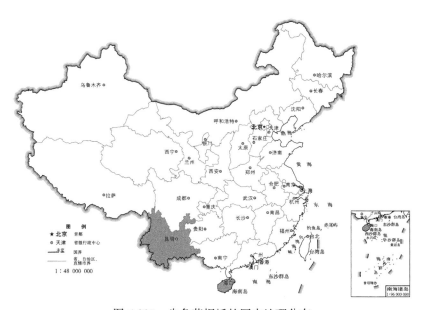

图 6-237　尖角茨娓蟋的国内地理分布

(238) 等长茨娓蟋 *Zvenella aequalis* **Ma & Zhang，2012**

分类地位： 蟋蟀总科 Grylloidea 蟋蟀科 Gryllidae 距蟋亚科 Podoscirtinae 距蟋族 Podoscirtini。

同物异名： 无。

中文别名： 弓形茨娓蟋。

中国种群占全球种群的比例： 中国特有。

分析等级： 无危 LC。

依据标准： 未达到极危、濒危、易危和近危标准。

理由： 虽为近年才发表的物种，但在云南多地有分布，种群数量大，调查显示有分布扩大的趋势。

生境： 1.6。

生物学： 主要栖息于热带、亚热带阔叶林树冠，具有一定趋光性。

国内分布： 云南（景洪、澜沧、龙陵、勐腊）（图 6-238）；**国外分布：** 无。

种群： 常见。

致危因素

　　过去： 无；**现在：** 无；**将来：** 无。

　　评述： 尚未发现明显致危因素。

保护措施

　　已有： 无；**建议：** 无。

　　评论： 推测分布区有不断扩大趋势。

参考文献： Ma & Zhang，2012。

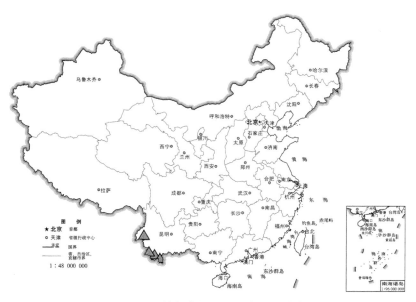

图 6-238　等长茨娓蟋的国内地理分布

(239) 交叉茨娓蟋 *Zvenella decussatus* Ma & Zhang，2012

分类地位：蟋蟀总科 Grylloidea 蟋蟀科 Gryllidae 距蟋亚科 Podoscirtinae 距蟋族 Podoscirtini。

同物异名：无。

中文别名：无。

中国种群占全球种群的比例：中国特有。

分析等级：易危 VU。

依据标准：CR A4cd ＋ B2ab（ii，iii）；评价等级标准调整。

理由：已知 1 个分布地点，占有面积小于 10km²，符合极危标准，但由于本种为新近发现，降级评价为易危。

生境：1.6。

生物学：主要栖息于热带、亚热带阔叶林树冠。

国内分布：云南（勐海）（图 6-239）；**国外分布**：无。

种群：仅见于模式产地。

致危因素

　　过去：1.3，9.9，9.10；**现在**：1.3，9.9，9.10；**将来**：9.10。

　　评述：推测本种可能分布范围相对狭窄。

保护措施

　　已有：无；**建议**：3.2。

　　评论：需要了解本种的种群组成和地理分布，并加强科普知识的宣传。

参考文献：Ma & Zhang，2012。

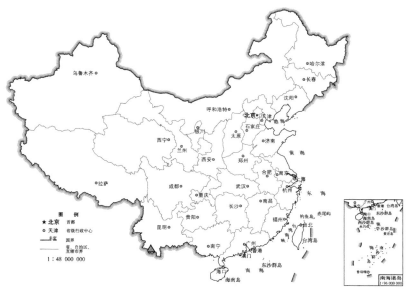

图 6-239　交叉茨娓蟋的国内地理分布

（240）膝状茨娓蟋 *Zvenella geniculata*（Chopard，1931）

分类地位：蟋蟀总科 Grylloidea 蟋蟀科 Gryllidae 距蟋亚科 Podoscirtinae 距蟋族 Podoscirtini。

同物异名： *Zvenella nigrotibialis* Liu，Yin & Wang，1993。

中文别名：黑胫茨娓蟋、黑胫茨蛞蛉。

中国种群占全球种群的比例：中国为次要分布区。

分析等级：近危 NT。

依据标准：地区水平指南应用。

理由：本种在东南亚分布广泛，符合无危状态，但在我国云南可能位于分布边缘，已记录分布地区较少。

生境：1.6。

生物学：主要栖息于热带、亚热带阔叶林树冠。

国内分布：云南（勐腊）（图 6-240）；**国外分布：**越南、老挝、泰国。

种群：常见。

致危因素

　　过去：1.1，1.3；**现在：**1.1，1.3；**将来：**无。

　　评述：生态环境质量变差，可能导致在我国种群有变小趋势。

保护措施

　　已有：无；**建议：**3.2。

　　评论：需要了解本种在我国的种群组成和地理分布状况，再进行等级评价。

参考文献：刘宪伟等，1993；刘宪伟等，1993；Chopard，1931；Gorochov，1985a；Gorochov，1988a；Gorochov，2002［2001］；Ma & Zhang，2012。

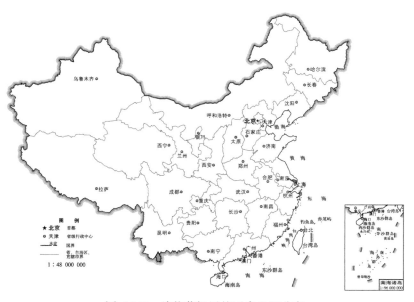

图 6-240　膝状茨娓蟋的国内地理分布

(241) **叶状茨娓蟋** *Zvenella scalpratus* **Ma & Zhang，2012**

分类地位：蟋蟀总科 Grylloidea 蟋蟀科 Gryllidae 距蟋亚科 Podoscirtinae 距蟋族 Podoscirtini。

同物异名：无。

中文别名：剑状茨娓蟋。

中国种群占全球种群的比例：中国特有。

分析等级：无危 LC。

依据标准：未达到极危、濒危、易危和近危标准。

理由：虽为近年才发表物种，但是在海南、云南多地有分布，种群数量大，调查显示有分布区扩大的趋势。

生境：1.6。

生物学：主要栖息于热带、亚热带阔叶林树冠，具有一定趋光性。

国内分布：海南（毛阳）、云南（普洱、漾濞）（图 6-241）；**国外分布：**无。

种群：常见。

致危因素

　　过去：无；**现在：**无；**将来：**无。

　　评述：尚未发现明显致危因素。

保护措施

　　已有：无；**建议：**无。

　　评论：推测分布区有不断扩大趋势。

参考文献：Ma & Zhang，2012；He，2018。

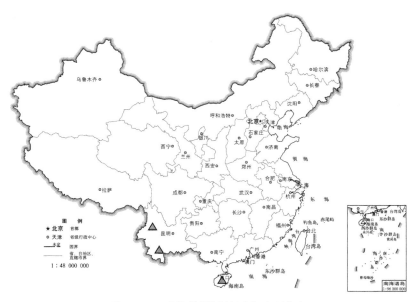

图 6-241　叶状茨娓蟋的国内地理分布

（242）云南茨娓蟋 *Zvenella yunnana*（Gorochov，1985）

分类地位：蟋蟀总科 Grylloidea 蟋蟀科 Gryllidae 距蟋亚科 Podoscirtinae 距蟋族 Podoscirtini。

同物异名：无。

中文别名：云南茨蛞蛉。

中国种群占全球种群的比例：中国为主要分布区。

分析等级：无危 LC。

依据标准：未达到极危、濒危、易危和近危标准。

理由：在东南亚及我国海南、云南多地有连续分布，种群数量大，调查显示有分布扩大趋势。

生境：1.6。

生物学：主要栖息于热带、亚热带阔叶林树冠，具有一定趋光性。

国内分布：广西、云南（图 6-242）；**国外分布：**越南、泰国。

种群：常见。

致危因素

　　过去：无；**现在：**无；**将来：**无。

　　评述：尚未发现明显致危因素。

保护措施

　　已有：无；**建议：**无。

　　评论：推测分布区有不断扩大趋势。

参考文献：刘宪伟等，1993；殷海生和刘宪伟，1995；刘浩宇和石福明，2013；Gorochov，1985a；Gorochov，1988a；Ingrisch，1997；Gorochov，2002［2001］；Ma & Zhang，2012；Kim & Pham，2014。

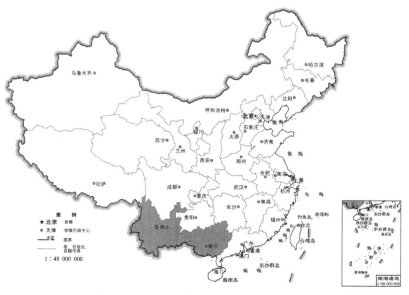

图 6-242　云南茨娓蟋的国内地理分布

9. 铁蟋亚科 Sclerogryllinae

（243）革翅铁蟋 *Sclerogryllus coriaceus*（Haan，1844）

分类地位： 蟋蟀总科 Grylloidea 蟋蟀科 Gryllinae 铁蟋亚科 Sclerogryllinae 铁蟋族 Sclerogryllini。

同物异名： *Scleropterus lambai* Bhargava，1981。

中文别名： 无。

中国种群占全球种群的比例： 中国为次要分布区。

分析等级： 无危 LC。

依据标准： 未达到极危、濒危、易危和近危标准。

理由： 在东亚和东南亚分布广泛。

生境： 1.4，1.5，1.6，3.6，4.4，4.5，7.1，11.1，11.2，11.3，11.4，11.5。

生物学： 杂食性，栖息于阴暗潮湿环境，石块、朽木和枯枝落叶层下常见，昼伏夜出。

国内分布： 广西、海南、云南、台湾（图 6-243）；**国外分布：** 越南、缅甸、印度、巴基斯坦、马来西亚、尼泊尔、孟加拉国。

种群： 较为常见。

致危因素

　　过去：无；**现在：** 无；**将来：** 无。

　　评述：尚未发现明显致危因素。

保护措施

　　已有：无；**建议：** 无。

　　评论：无须刻意保护的一种昆虫。

参考文献： 殷海生和刘宪伟，1995；殷海生和刘宪伟，1996；陈阿兰和谢令德，2004；Haan，

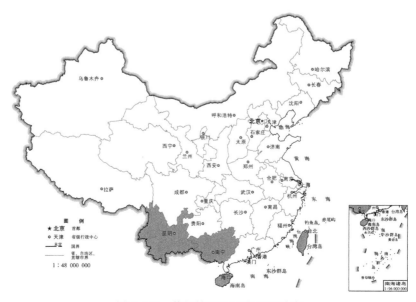

图 6-243　革翅铁蟋的国内地理分布

1844；Saussure，1877；Karny，1915；Hsu，1928；Shiraki，1930；Bhowmik，1977a；Gorochov，1985b；Vasanth，1993；Ichikawa et al.，2000；Shishodia et al.，2010；Kim & Pham，2014。

（244）刻点铁蟋 *Sclerogryllus punctatus*（Brunner von Wattenwyl，1893）

分类地位： 蟋蟀总科 Grylloidea 蟋蟀科 Gryllinae 铁蟋亚科 Sclerogryllinae 铁蟋族 Sclerogryllini。

同物异名： 无。

中文别名： 无。

中国种群占全球种群的比例： 中国为主要分布区。

分析等级： 无危 LC。

依据标准： 未达到极危、濒危、易危和近危标准。

理由： 在东亚和东南亚分布广泛。

生境： 1.4，1.5，1.6，3.6，4.4，4.5，7.1，11.1，11.2，11.3，11.4，11.5。

生物学： 杂食性，栖息于阴暗潮湿环境，石块、朽木和枯枝落叶层下常见，昼伏夜出。

国内分布： 上海、江苏、浙江、安徽、江西、湖南、广西、海南、四川、贵州、云南、陕西、台湾（图 6-244）；**国外分布：** 朝鲜、越南、缅甸、日本、印度、印度尼西亚。

种群： 较为常见，数量巨大。

致危因素

　　过去： 无；**现在：** 无；**将来：** 无。

　　评述： 尚未发现明显致危因素。

保护措施

　　已有： 无；**建议：** 无。

　　评论： 无须刻意保护的一种昆虫。

参考文献： 殷海生和刘宪伟，1995；殷海生和刘宪伟，1996；王音，2002；刘浩宇和石福

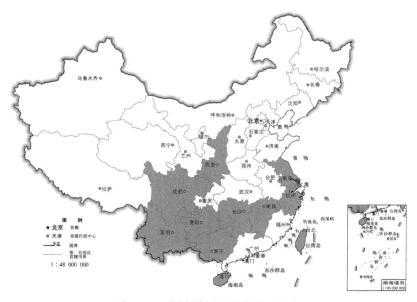

图 6-244　刻点铁蟋的国内地理分布

明，2007b；刘浩宇和石福明，2014b；Brunner von Wattenwyl，1893；Bhowmik，1977a；Gorochov，1985b；Ichikawa et al.，2000；Shishodia et al.，2010；Han et al.，2015；Storozhenko et al.，2015；Gu，et al.，2018；Xu & Liu，2019。

(245) 单耳铁蟋 *Sclerogryllus tympanalis* Yin & Liu，1996

分类地位：蟋蟀总科 Grylloidea 蟋蟀科 Gryllinae 铁蟋亚科 Sclerogryllinae 铁蟋族 Sclerogryllini。

同物异名：无。

中文别名：无。

中国种群占全球种群的比例：中国特有。

分析等级：濒危 EN。

依据标准：CR A4cd + B2ab（ii，iii）；评价等级标准调整。

理由：已知 1 个分布地点，占有面积小于 10km^2，自本种发表后，经过多次调查，近 30 年尚无新的种群记载，符合极危标准，但由于本种发现时间较晚，且有疑似近似种群标本待研究，降级评价为濒危。

生境：1.6，3.6，4.6，7.1。

生物学：推测与铁蟋属其他种类近似。

国内分布：海南（尖峰岭）（图 6-245）；**国外分布：**无。

种群：仅有原始记录。

致危因素

　　过去：1.3，9.1，9.5，9.9；**现在：**1.3，9.1，9.5，9.9；**将来：**1.3，9.1，9.5，9.9。

　　评述：扩散能力弱，分布范围狭窄。

保护措施

　　已有：无；**建议：**2.2，3.1，3.2，3.3，3.4。

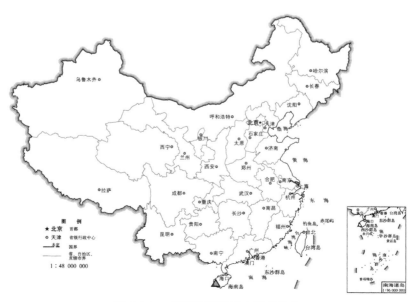

图 6-245　单耳铁蟋的国内地理分布

　　评论：在科学研究的基础上，加强科普宣传，尽快明确种群与分布地，提高保护意识，以便采取有效措施。

参考文献：殷海生和刘宪伟，1996；He，2018。

（二）癞蟋科 Mogoplistidae

10. 癞蟋亚科 Mogoplistinae

(246) 短蛛首蟋 *Arachnocephalus brevissimus* **Shiraki**，1911

分类地位：蟋蟀总科 Grylloidea 癞蟋科 Mogoplistidae 癞蟋亚科 Mogoplistinae 蛛首蟋族 Arachnocephalini。

同物异名：无。

中文别名：无。

中国种群占全球种群的比例：中国特有。

分析等级：极危 CR。

依据标准：CR A4cd ＋ B2ab（ii，iii）。

理由：已知 1 个分布地点，占有面积小于 $10km^2$，自本种发表后，100 余年无明确种群记载，符合疑似灭绝，但由于出现过疑似记录，评价为极危。

生境：1.6，3.6。

生物学：不详。

国内分布：台湾（屏东）（图 6-246）；**国外分布**：无。

种群：仅有原始记录。

致危因素

　　过去：1.1.2，1.3.4，9.1，9.10；**现在**：1.1.2，1.3.4，9.1，9.10；**将来**：1.1.2，1.3.4，9.1，

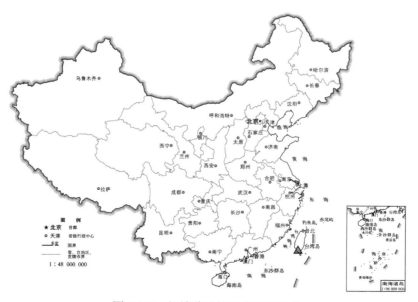

图 6-246　短蛛首蟋的国内地理分布

9.10。

　　评述：数量稀少、环境破坏导致的栖息地减少，应该是致危的主要因素。

保护措施

　　已有：无；建议：2.2，3.1，3.2，3.3。

　　评论：在江苏、上海、浙江有过疑似记录，但未见标本研究信息，但还需要通过科学研究，加强对其他近缘种的了解和区分，以明确其潜在分布范围和种群情况。

　　参考文献：殷海生和刘宪伟，1995；Shiraki，1911；Shiraki，1930；Chopard，1968；Hsiung，1993；He，2018。

(247) 东方畸背蟋 *Cycloptiloides orientalis* Chopard，1925

分类地位：蟋蟀总科 Grylloidea 癞蟋科 Mogoplistidae 癞蟋亚科 Mogoplistinae 蛛首蟋族 Arachnocephalini。

同物异名：*Cycloptiloides ceylonicus* Chopard，1925。

中文别名：无。

中国种群占全球种群的比例：中国为次要分布区。

分析等级：易危 VU。

依据标准：地区水平指南应用。

理由：本种分布较广泛，依据其分布特点很可能是无危。然而，在我国已知分布区面积非常小，且处于城市农业区附近，受人类影响较大，故提高等级评价为易危。

生境：1.6，3.6。

生物学：不详。

国内分布：台湾（台中）（图 6-247）；国外分布：印度、马来西亚、斯里兰卡、印度尼西亚。

种群：我国种群很少见。

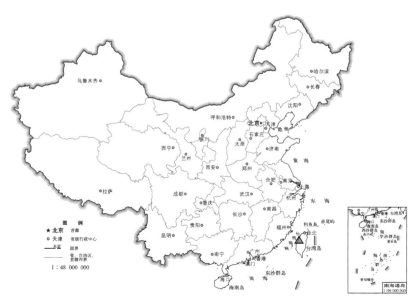

图 6-247　东方畸背蟋的国内地理分布

致危因素

过去：1.1.1，1.3，9.1；**现在**：1.1.1.4，1.3，9.1；**将来**：1.1.1，1.3，9.1。

评述：推测主要是环境破坏会导致栖息地减少，而这种蟋蟀扩散能力也非常差。

保护措施

已有：无。

建议：2.2，3.1，3.2，3.3。

评论：这种蟋蟀的分布非常有特点，有 2 个问题需要讨论。首先，其分布远离主要分布区，且为大尺度间断，这在不具飞翔能力的种类中罕见，有必要核实其鉴定正确性。其次，物种呈岛屿化的间断性分布，使其或者近缘种成为生物地理学研究的良好材料。

参考文献：Chopard，1925a；Chopard，1936c；Chopard，1969；Vasanth，1993；Yang & Yen，2001；Ingrisch，2006；Shishodia et al.，2010。

（248）斑足长背蟋 *Ectatoderus annulipedus*（**Shiraki，1911**）

分类地位：蟋蟀总科 Grylloidea 癞蟋科 Mogoplistidae 癞蟋亚科 Mogoplistinae 癞蟋族 Mogoplistini。

同物异名：无。

中文别名：无。

中国种群占全球种群的比例：中国特有。

分析等级：易危 VU。

依据标准：VU A4ac ＋ B1ab（i，iii）。

理由：研究信息记录表明，物种分布范围狭窄，大陆分布区缺乏详细信息，推测分布区小于 20000km^2。

生境：1.6，3.6。

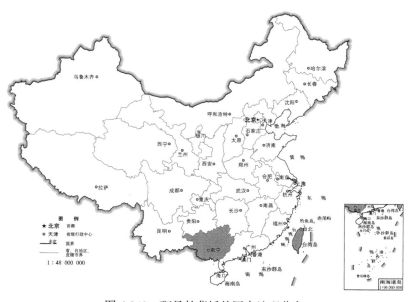

图 6-248 斑足长背蟋的国内地理分布

生物学：不详，推测与其他近缘种近似。

国内分布：广西、台湾（图6-248）；**国外分布**：无。

种群：较少见。

致危因素

过去：1.1，1.3，1.4，6.2，9.1；**现在**：1.1，1.3，1.4，6.2，9.1；**将来**：1.1，1.3，1.4，6.2，9.1。

评述：物种扩散能力差，环境破坏导致栖息地减少。

保护措施

已有：无；**建议**：2.2，3.1，3.2，3.3。

评论：具有发展为鸣虫的潜质，可能引起人为采捕；同时应该深入调查，明确在大陆的具体分布区域。

参考文献：殷海生和刘宪伟，1995；Shiraki，1911；Shiraki，1930；Yang & Yen，2001。

（249）哀鸣长背蟋 *Ectatoderus leuctisonus* **Yang & Yen，2001**

分类地位：蟋蟀总科 Grylloidea 癞蟋科 Mogoplistidae 癞蟋亚科 Mogoplistinae 癞蟋族 Mogoplistini。

同物异名：无。

中文别名：无。

中国种群占全球种群的比例：中国特有。

分析等级：近危 NT。

依据标准：几近符合易危 A4cd。

理由：被发现并记录时间较晚，分布范围较狭窄，未来可能存在风险。

生境：1.6，3.6。

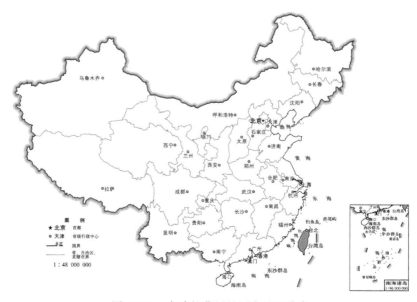

图6-249　哀鸣长背蟋的国内地理分布

生物学：不详。

国内分布：台湾（图 6-249）；**国外分布**：无。

种群：较常见。

致危因素

　　过去：1.1，1.3，1.4，9.1；**现在**：1.1，1.3，1.4，9.1；**将来**：1.1，1.3，1.4，9.1。

　　评述：在台湾岛已发现多地有种群发生，为原始记载，尚缺少生物学和生境信息。

保护措施

　　已有：无；**建议**：2.2，3.1，3.2，3.3。

　　评论：需要掌握它的生物学特性，通过野外调查了解并监测种群状况。

参考文献：Yang & Yen，2001。

---

(250) 海南小须蟋 *Micrornebius hainanensis* Yin，1998

分类地位：蟋蟀总科 Grylloidea 癞蟋科 Mogoplistidae 癞蟋亚科 Mogoplistinae 癞蟋族 Mogoplistini。

同物异名：无。

中文别名：无。

中国种群占全球种群的比例：中国特有。

分析等级：濒危 EN。

依据标准：CR A4cd ＋ B2ab（ii，iii）；评价等级标准调整。

理由：已知 1 个分布地点，占有面积小于 $10km^2$，符合极危标准，但由于本种发现时间较晚，降级评价为濒危。

生境：1.6，3.6。

生物学：不详。

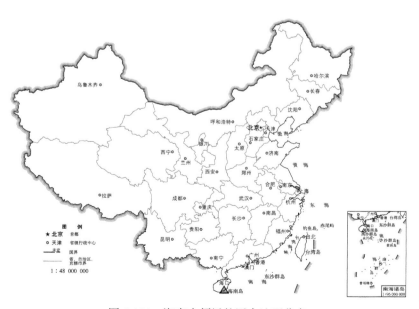

图 6-250　海南小须蟋的国内地理分布

国内分布：海南（陵水）（图 6-250）；**国外分布**：无。

种群：非常少见。

致危因素

过去：1.1.2，1.3.4，9.1；现在：1.1.2，1.3.4，9.1；将来：1.1.2，1.3.4，9.1。

评述：数量稀少，分布狭窄，扩散能力弱。

保护措施

已有：无；建议：2.2，3.1，3.2，3.3。

评论：通过科学研究，了解并掌握它的生物学特性，具有代表性，同时加强对其他近缘种的了解和区分。

参考文献：殷海生和刘宪伟，1995；殷海生，1998a；王音，2002。

（251）珍稀小须蟋 *Micrornebius perrarus* **Yang & Yen，2001**

分类地位：蟋蟀总科 Grylloidea 癞蟋科 Mogoplistidae 癞蟋亚科 Mogoplistinae 癞蟋族 Mogoplistini。

同物异名：无。

中文别名：无。

中国种群占全球种群的比例：中国特有。

分析等级：濒危 EN。

依据标准：CR A4cd ＋ B2ab（ii，iii）；评价等级标准调整。

理由：已知 1 个分布地点，占有面积小于 $10km^2$，符合极危标准，但由于本种发现时间较晚，降级评价为濒危。

生境：1.6，3.6。

生物学：不详。

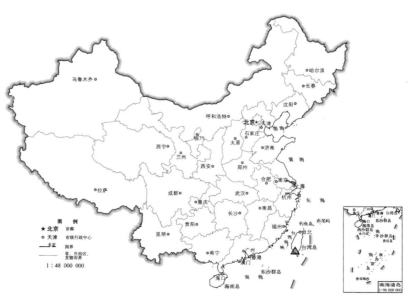

图 6-251　珍稀小须蟋的国内地理分布

国内分布：台湾（屏东）（图 6-251）；**国外分布：**无。

种群：非常少见。

致危因素

过去：1.1.2，1.3.4，9.1；现在：1.1.2，1.3.4，9.1；将来：1.1.2，1.3.4，9.1。

评述：数量稀少，分布狭窄，扩散能力弱。

保护措施

已有：无；建议：2.2，3.1，3.2，3.3。

评论：通过科学研究，掌握它的生物学特性，维持其生境和保护其自然繁殖，加强对其他近缘种的了解和区分。

参考文献：Yang & Yen，2001。

（252）缺翅奥蟋 *Ornebius apterus* He，2018

分类地位：蟋蟀总科 Grylloidea 癞蟋科 Mogoplistidae 癞蟋亚科 Mogoplistinae 蛛首蟋族 Arachnocephalini。

同物异名：无。

中文别名：无。

中国种群占全球种群的比例：中国特有。

分析等级：易危 VU。

依据标准：CR A4cd ＋ B2ab（ii，iii）；评价等级标准调整。

理由：已知仅有 1 个分布地点，占有面积小于 10km²，符合极危标准，但由于本种为新近发现，模式产地邻近地区也有疑似种分布，降级评价为易危。

生境：1.6，3.6。

生物学：不详。

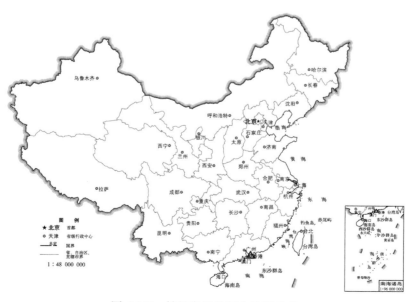

图 6-252　缺翅奥蟋的国内地理分布

国内分布：广东（深圳）（图6-252）；**国外分布**：无。

种群：较为少见。

致危因素

过去：1.1，1.3，1.4，6.2，9.1；现在：1.1，1.3，1.4，6.2，9.1；将来：1.1，1.3，1.4，6.2，9.1。

评述：近年才被调查到并作为新种发表的物种，需要了解其生物学及栖息地状况后，才能了解致危因素。

保护措施

已有：无；建议：2.2，3.1，3.2，3.3。

评论：尽快全面认知这个物种，虽然是近年才发表的物种，但由于其关键鉴别特征生殖器结构未描述，无法有效区别近缘种，针对本种的分类学基础研究尤为重要。

参考文献：He et al.，2018。

（253）二斑奥蟋 *Ornebius bimaculatus*（Shiraki，1930）

分类地位：蟋蟀总科 Grylloidea 癞蟋科 Mogoplistidae 癞蟋亚科 Mogoplistinae 蛛首蟋族 Arachnocephalini。

同物异名：*Cycloptilum ohzii* Furukawa，1935。

中文别名：无。

中国种群占全球种群的比例：中国为主要分布区。

分析等级：无危 LC。

依据标准：未达到极危、濒危、易危和近危标准。

理由：分布较广泛，国内外近年均有持续记录。

生境：1.4，1.6，3.4，3.6。

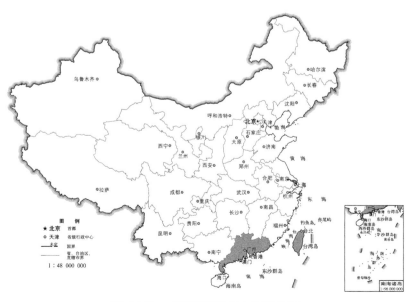

图 6-253　二斑奥蟋的国内地理分布

生物学：成虫期一般不超过 3 个月，鸣叫声具有金属质感，频率伴随着温度升高而急促，低海拔分布。

国内分布：广东、台湾（图 6-253）；**国外分布**：朝鲜、日本。

种群：相对比较常见。

致危因素

过去：1.1.2，1.3.4，9.1；现在：1.1.2，1.3.4，9.1；将来：1.1.2，1.3.4，9.1。

评述：尽管本种扩散能力较弱，目前尚不需要特别关注。

保护措施

已有：无；建议：3.1，3.2，3.3。

评论：通过科学研究，监测其生境变化和保护自然繁殖，加强对其他近缘种的了解和区分。

参考文献：段海生和刘宪伟，1995；台湾生物多样性资讯入口网；Shiraki，1930；Furukawa，1935；Hsiung，1993；Otte，1994；Ichikawa et al.，2000；Yang & Yen，2001；Kim，2011；Storozhenko et al.，2015；He et al.，2017。

（254）幸运奥蟋 *Ornebius fastus* **Yang & Yen，2001**

分类地位：蟋蟀总科 Grylloidea 癞蟋科 Mogoplistidae 癞蟋亚科 Mogoplistinae 蛛首蟋族 Arachnocephalini。

同物异名：无。

中文别名：无。

中国种群占全球种群的比例：中国特有。

分析等级：无危 LC。

依据标准：未达到极危、濒危、易危和近危标准。

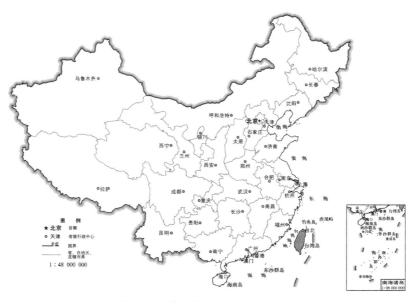

图 6-254　幸运奥蟋的国内地理分布

理由：种群较常见，岛内分布广泛，且物种发现时间较晚。

生境：1.6，3.6。

生物学：不详，推测与奥蟋属其他种近似。

国内分布：台湾（图6-254）；国外分布：无。

种群：较常见。

致危因素

过去：1.1.2，1.3.4，9.1；现在：1.1.2，1.3.4，9.1；将来：1.1.2，1.3.4，9.1。

评述：本种扩散能力较弱，目前尚不需要特别关注。

保护措施

已有：无；建议：3.1。

评论：通过科学研究，加强对其他近缘种的了解和区分。

参考文献：台湾生物多样性资讯入口网；Yang & Yen，2001。

（255）台湾奥蟋 *Ornebius formosanus*（Shiraki，1911）

分类地位：蟋蟀总科 Grylloidea 癞蟋科 Mogoplistidae 癞蟋亚科 Mogoplistinae 蛛首蟋族 Arachnocephalini。

同物异名：无。

中文别名：无。

中国种群占全球种群的比例：中国特有。

分析等级：无危 LC。

依据标准：未达到极危、濒危、易危和近危标准。

理由：大陆和台湾分布较广泛，种群较常见。

生境：1.4，1.6，3.4，3.6。

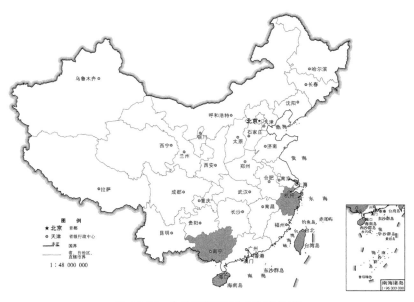

图 6-255　台湾奥蟋的国内地理分布

生物学：成虫期一般较短，鸣叫声悦耳，野外一般生活在林缘的灌木丛，市场有人工饲养繁殖的成虫售卖。

国内分布：浙江、广西、海南、台湾（图 6-255）；**国外分布**：无。

种群：较常见。

致危因素

　　过去：无；**现在**：无；**将来**：无。

　　评述：由于是市场比较关注的鸣虫，有人工饲养情况，野外种群需要监测。

保护措施

　　已有：无；**建议**：3.1。

　　评论：通过科学研究，监测其野外种群生境变化和保护自然繁殖，并区分其他近缘种。

参考文献：殷海生和刘宪伟，1995；王音，2002；陈阿兰和谢令德，2004；台湾生物多样性资讯入口网；Shiraki，1911；Karny，1915；Shiraki，1930；Yang & Yen，2001；He et al.，2017；He，2018；Xu & Liu，2019。

（256）　锤须奥蟋 *Ornebius fuscicerci*（**Shiraki，1930**）

分类地位：蟋蟀总科 Grylloidea 癞蟋科 Mogoplistidae 癞蟋亚科 Mogoplistinae 蛛首蟋族 Arachnocephalini。

同物异名：无。

中文别名：无。

中国种群占全球种群的比例：中国为主要分布区。

分析等级：易危 VU。

依据标准：VU A4ac ＋ B1ab（i，iii）。

理由：研究信息记录表明，分布区很可能小于 20000km^2，物种分布范围狭窄。

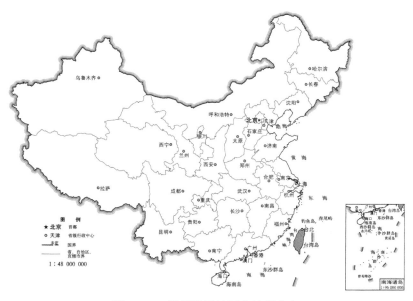

图 6-256　锤须奥蟋的国内地理分布

生境：1.6，3.6。

生物学：杂食性鸣虫类，鸣声响亮。

国内分布：台湾（图 6-256）；**国外分布**：日本。

种群：较为常见。

致危因素

过去：1.1，1.3，9.1；现在：1.1，1.3，9.1；将来：1.1，1.3，9.1，10.1。

评述：与该属的其他蟋蟀近似，具有发展为鸣虫潜质，可能引起人为采捕，分布范围相对狭窄。

保护措施

已有：无；建议：3.1，3.4，3.5。

评论：通过科学研究，明确本种的种群组成和地理分布，区别与近缘种的特征差异，尤其是大陆有分布的近缘种。

参考文献：殷海生和刘宪伟，1995；Shiraki，1930；Hsiung，1993；Ichikawa et al.，2000；Yang & Yen，2001；He et al.，2017。

---

(257) 褐奥蟋 *Ornebius infuscatus*（**Shiraki，1930**）

分类地位：蟋蟀总科 Grylloidea 癞蟋科 Mogoplistidae 癞蟋亚科 Mogoplistinae 蛛首蟋族 Arachnocephalini。

同物异名：无。

中文别名：无。

中国种群占全球种群的比例：中国特有。

分析等级：无危 LC。

依据标准：未达到极危、濒危、易危和近危标准。

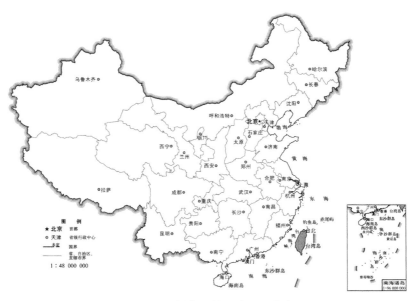

图 6-257　褐奥蟋的国内地理分布

理由：岛内分布广泛，种群常见。

生境：1.6，3.6。

生物学：杂食性，善鸣叫，鸣声优美。

国内分布：台湾（图 6-257）；**国外分布**：无。

种群：常见。

致危因素

过去：无；**现在**：无；**将来**：3.5。

评述：与该属的其他蟋蟀近似，具有发展为鸣虫的潜质，可能引起人为采捕。

保护措施

已有：无；**建议**：3.1，3.4，3.5。

评论：目前虽无致危趋势，需要通过科学研究，区别与近缘种的特征差异，尤其是大陆有分布的近缘种，并注意栖息地生态环境变化。

参考文献：殷海生和刘宪伟，1995；Shiraki，1930；Chopard，1968；Hsiung，1993；Yang & Yen，2001。

---

(258) 凯纳奥蟋 *Ornebius kanetataki*（**Matsumura，1904**）

分类地位：蟋蟀总科 Grylloidea 癞蟋科 Mogoplistidae 癞蟋亚科 Mogoplistinae 蛛首蟋族 Arachnocephalini。

同物异名：无。

中文别名：石蛉。

中国种群占全球种群的比例：中国为主要分布区。

分析等级：无危 LC。

依据标准：未达到极危、濒危、易危和近危标准。

理由：分布非常广泛，是常见鸣虫种类，可以人工饲养。

生境：1.4，1.6，3.4，3.6。

生物学：野外种群常栖息于较高大树木树干、灌木丛林和杂草丛中，常停留在大叶草和树叶的背面；通常每年发生 2 代，鸣声雅致优美，非群居性。

国内分布：上海、江苏、浙江、安徽、广东、台湾（图 6-258）；**国外分布**：朝鲜、日本。

种群：常见。

致危因素

过去：无；**现在**：无；**将来**：3.5。

评述：虽为我国著名民俗昆虫，存在较多的人为采捕状况，但由于其行为敏捷且分布较广，未发现种群或者分布地下降趋势。

保护措施

已有：无；**建议**：2.2。

评论：可通过了解鸣虫市场监测种群状况，市场繁荣即表明野外种群没有明显波动。

参考文献：殷海生和刘宪伟，1995；陈阿兰和谢令德，2004；Matsumura，1904；Shiraki，1911；Hsu，1928；Shiraki，1930；Bei-Bienko，1956；Ichikawa, et al.，2000；Yang & Yen，2001；Kim，2011；He et al.，2017；Xu & Liu，2019。

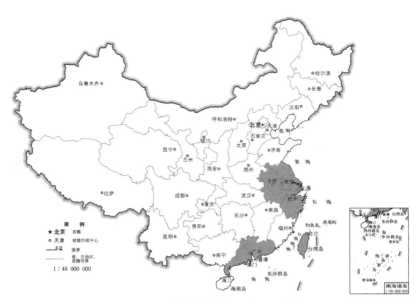

图 6-258　凯纳奥蟋的国内地理分布

(259)　长翅奥蟋指名亚种 *Ornebius longipennis longipennis*（Shiraki，1930）

分类地位：蟋蟀总科 Grylloidea 癞蟋科 Mogoplistidae 癞蟋亚科 Mogoplistinae 蛛首蟋族 Arachnocephalini。

同物异名：无。

中文别名：无。

中国种群占全球种群的比例：中国特有。

分析等级：极危 CR。

依据标准：CR A4cd + B2ab（ii，iii）。

理由：已知 1 个分布地点，且缺乏具体位置，占有面积很可能小于 10km²，自本种发表后，近 80 年尚无新的种群记载。

生境：1.6，3.6。

生物学：不详。

国内分布：台湾（图 6-259）；**国外分布**：无。

种群：极少见，公开资料仅见于模式标本记录。

致危因素

过去：1.1.2，1.3.4，9.1；**现在**：1.1.2，1.3.4，9.1，9.11，10.7；**将来**：1.1.2，1.3.4，9.1，9.11，10.7。

评述：仅见原始记录，缺乏更详细的信息，无法深入了解其致危因素。

保护措施

已有：无；**建议**：2.2，3.1，3.2，3.3。

评论：通过科学研究，结合已有近缘种生物学特性，对潜在的分布地区开展深入调查，希望能够找到这个种，评估其种群和栖息地状况。

参考文献：Shiraki，1930；Chopard，1968；Ichikawa et al.，2000；Yang & Yen，2001。

图 6-259 长翅奥蟋指名亚种的国内地理分布

(260) 熊猫奥蟋 *Ornebius panda* He，2019

分类地位：蟋蟀总科 Grylloidea 癞蟋科 Mogoplistidae 癞蟋亚科 Mogoplistinae 蛛首蟋族 Arachnocephalini。

同物异名：无。

中文别名：无。

中国种群占全球种群的比例：中国特有。

分析等级：易危 VU。

依据标准：CR A4cd ＋ B2ab（ii，iii）；评价等级标准调整。

理由：已知仅有 1 个分布地点，占有面积小于 $10km^2$，符合极危标准，但由于本种为新近发现，有近似种记录，降级评价为易危。

生境：1.6，3.6。

生物学：不详。

国内分布：广西（靖西）（图 6-260）；**国外分布**：无。

种群：较为少见。

致危因素

过去：1.1，1.3，1.4，6.2，9.1；**现在**：1.1，1.3，1.4，6.2，9.1；**将来**：1.1，1.3，1.4，6.2，9.1。

评述：近年才被调查到并作为新种发表的物种，需要了解其生物学及栖息地状况后，才能充分了解致危因素。

保护措施

已有：无；**建议**：3.1，3.2，3.3。

评论：尽快全面认知这个物种，虽然是近年才发表的物种，但其关键鉴别特征生殖器结构未知，无法有效区别近缘种，针对本种的分类学基础研究尤为重要。

参考文献：Zhang et al.，2019。

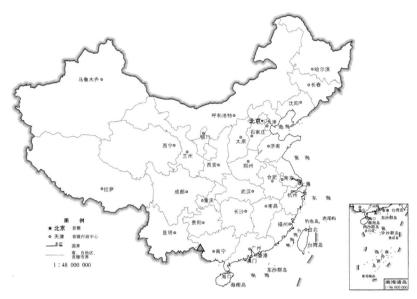

图 6-260　熊猫奥蟋的国内地理分布

（261）**毛腹奥蟋** *Ornebius polycomus* **He，2017**

分类地位：蟋蟀总科 Grylloidea 癞蟋科 Mogoplistidae 癞蟋亚科 Mogoplistinae 蛛首蟋族 Arachnocephalini。

同物异名：无。

中文别名：无。

中国种群占全球种群的比例：中国特有。

分析等级：易危 VU。

依据标准：CR A4cd ＋ B2ab（ii，iii）；评价等级标准调整。

理由：已知仅有 1 个分布地点，占有面积小于 $10km^2$，调查显示种群可能非常小，符合极危标准，但由于本种为新近发现，降级评价为易危。

生境：1.6，3.6。

生物学：不详。

国内分布：浙江（丽水）（图 6-261）；**国外分布**：无。

种群：非常少见。

致危因素

　　过去：1.1，1.3，1.4，9.1；**现在**：1.1，1.3，1.4，9.1；**将来**：1.1，1.3，1.4，9.1。

　　评述：近年才被调查到并作为新种发表的物种，其外部结构和颜色与该属内其他种类差别较大，需要了解其生物学和栖息地状况后，才能了解致危因素。

保护措施

　　已有：无；**建议**：2.2，3.1，3.2。

评论：应尽快全面认知这个物种，虽然是近年才发表的物种，但是尚不清楚其最重要的分类特征，即外生殖器的结构。

参考文献：He et al.，2017；He，2018；Xu & Liu，2019。

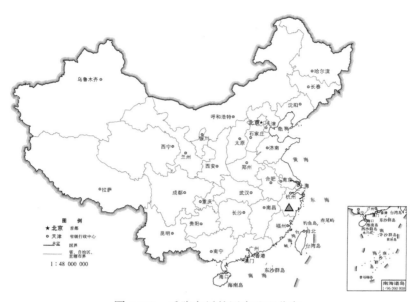

图 6-261　毛腹奥蟋的国内地理分布

（三）蛛蟋科 Phalangopsidae

11. 扩胸蟋亚科 Cachoplistinae

（262）短突扩胸蟋 *Cacoplistes*（*Laminogryllus*）*brevisparamerus* **Wang，Zhang，Wei & Liu，2017**

分类地位：蟋蟀总科 Grylloidea 蛛蟋科 Phalangopsidae 扩胸蟋亚科 Cachoplistinae 扩胸蟋族 Cachoplistini。

同物异名：无。

中文别名：无。

中国种群占全球种群的比例：中国特有。

分析等级：近危 NT。

依据标准：几近符合易危 VU；评价等级标准调整。

理由：本种为新近发现，小分布地点多且种群稳定，但已知分布范围较狭窄，未来可能存在风险。

生境：3.6。

生物学：栖息于乔木树干上。

国内分布：广西（崇左）（图 6-262）；**国外分布**：无。

种群：模式产地常见。

致危因素

过去：9.1，9.5，9.9，9.10；**现在：**9.1，9.5，9.9，9.10；**将来：**9.1，9.5，9.9，9.10。

评述：丧失了跳跃功能，可能在避害方面不利，目前种群稳定，但仍需要持续监测。

保护措施

已有：4.4.2；**建议：**2.2，3.1，3.2，3.3，3.4。

评论：这个种分布在广东崇左白头叶猴国家级自然保护区，客观上起到了保护作用，但已知分布范围狭窄，仍存在风险，需要加强宣传保护。

参考文献：Wang et al.，2017；Zhang et al.，2019。

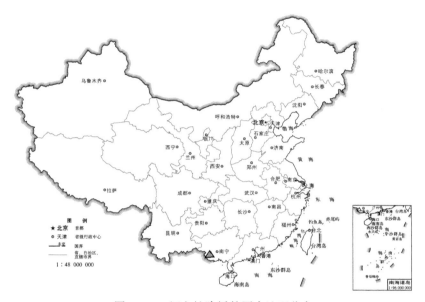

图 6-262　短突扩胸蟋的国内地理分布

(263) 周氏扩胸蟋 *Cacoplistes*（*Laminogryllus*）*choui* Liu & Shi，2012

分类地位：蟋蟀总科 Grylloidea 蛷蟋科 Phalangopsidae 扩胸蟋亚科 Cachoplistinae 扩胸蟋族 Cachoplistini。

同物异名：无。

中文别名：无。

中国种群占全球种群的比例：中国特有。

分析等级：易危 VU。

依据标准：CR A4cd ＋ B1ab（i，iii）；评价等级标准调整。

理由：已知 1 个分布地点，分布面积小于 $100km^2$，符合极危标准，但由于本种为新近发现，降级评价为易危。

生境：3.6。

生物学：推测栖息于高大乔木树干。

国内分布：广西（桂林）（图 6-263）；**国外分布：**无。

种群：目前仅知原始记录 1 头。

致危因素

　　过去：1.3，9.1，9.5，9.9，9.10；**现在**：1.3，9.1，9.5，9.9，9.10；**将来**：9.1，9.5，9.9，9.10。

　　评述：根据比较形态学研究，发现其后足丧失了跳跃功能，可能在避害方面不利。

保护措施

　　已有：无；**建议**：2.2，3.1，3.2，3.3，3.4。

　　评论：从已知信息推测，这是一类较为特殊的蟋蟀，不仅分布狭窄，而且生物学行为可能与其他蟋蟀不同。在进化和适应方面应加大研究力度，并加强科普知识的宣传，注意提高人们的保护意识。

参考文献：Liu & Shi，2012c。

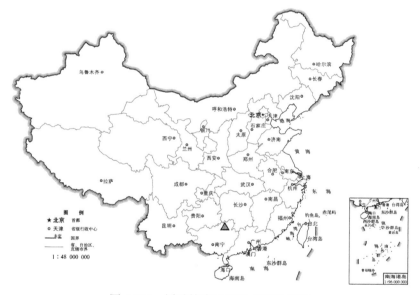

图 6-263　周氏扩胸蟋的国内地理分布

---

(264)　罗根扩胸蟋 *Cacoplistes*（*Laminogryllus*）*rogenhoferi* **Saussure，1877**

分类地位：蟋蟀总科 Grylloidea 蛛蟋科 Phalangopsidae 扩胸蟋亚科 Cachoplistinae 扩胸蟋族 Cachoplistini。

同物异名：无。

中文别名：无。

中国种群占全球种群的比例：疑似分布。

分析等级：数据缺乏 DD。

依据标准：物种是否在中国分布有争议。

理由：本种蟋蟀在中国广西分布仅是根据雌性标本，缺乏关键分类特征，而目前在广西分布的扩胸蟋属昆虫不少于 2 种，分布证据明显缺乏。

生境：3.6。

生物学：推测与属内其他种近似。

国内分布：广西（疑似）（图 6-264）；**国外分布**：越南、克什米尔。

种群：不详。

致危因素

　　过去：不详；**现在**：不详；**将来**：不详。

　　评述：缺少调查与评估数据，致危因素不详。

保护措施

　　已有：无；**建议**：3.1，3.2。

　　评论：首要问题是通过调查研究确认物种在中国分布的可靠性。

参考文献：殷海生和刘宪伟，1995；Saussure，1877；Gorochov，2003a；Kim & Pham，2014；Wang et al.，2017。

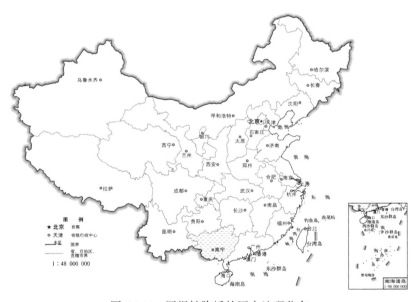

图 6-264　罗根扩胸蟋的国内地理分布

(265) 日本似芫蟋指名亚种 *Meloimorpha japonica japonica*（Haan，1844）

分类地位：蟋蟀总科 Grylloidea 蛛蟋科 Phalangopsidae 扩胸蟋亚科 Cachoplistinae 钟蟋族 Homoeogryllini。

同物异名：无。

中文别名：日本钟蟋、金钟儿、日本马蟋、马蛉儿。

中国种群占全球种群的比例：中国为主要分布区。

分析等级：无危 LC。

依据标准：未达到极危、濒危、易危和近危标准。

理由：在东亚、东南亚和南亚分布广泛。

生境：1.4，1.6，3.4，3.6，7.1，11.3，11.4，11.5。

生物学：食性杂，善鸣叫，鸣声优美，夜行性，具有趋光性。

国内分布：北京、河北、上海、江苏、浙江、福建、山东、湖北、湖南、广西、海南、四川、贵州、云南、台湾（图6-265）；**国外分布**：朝鲜、印度、日本。

种群：非常常见，数量巨大。

致危因素

过去：无；现在：无；将来：无。

评述：适应能力强，即使在农田和城区也经常可见。

保护措施

已有：无；建议：无。

评论：目前尚无须刻意保护的一种昆虫，是我国著名鸣虫之一。

参考文献：夏凯龄和刘宪伟，1992；殷海生和刘宪伟，1995；殷海生，1998b；王音等，1999；林育真等，2001；王音，2002；刘浩宇和石福明，2007b；刘浩宇等，2013；刘浩宇和石福明，2014b；刘宪伟和毕文烜，2014；Haan，1844；Shiraki，1930；Bei-Bienko，1956；Han et al.，2015；Gu et al.，2018；Xu & Liu，2019。

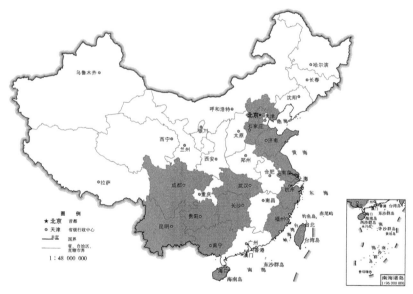

图6-265　日本似芄蟋指名亚种的国内地理分布

(266) 日本似芄蟋云南亚种 *Meloimorpha japonica yunnanensis*（Yin，1998）

分类地位：蟋蟀总科 Grylloidea 蛛蟋科 Phalangopsidae 扩胸蟋亚科 Cachoplistinae 钟蟋族 Homoeogryllini。

同物异名：无。

中文别名：云南钟蟋、云南金钟。

中国种群占全球种群的比例：中国为主要分布区。

分析等级：易危VU。

依据标准：EN B1ab（i；iii）；评价等级标准调整。

理由：已知分布地点不超过5个，分布区面积不到5000km²，符合濒危标准，但由于本种发现时间较晚，降级评价为易危。

生境：1.6，3.6。

生物学：推测与指名亚种近似。

国内分布：广西、云南（图6-266）；**国外分布**：越南。

种群：较少见。

致危因素

　　过去：1.1，1.3，4.1；**现在**：1.1，1.3，4.1；**将来**：1.1，1.3，4.1。

　　评述：外形与日本似芫蟋近似，后者是我国著名的鸣虫，可能会引发误捕。

保护措施

　　已有：4.4.2；**建议**：2.2，3.1，3.2，3.3，3.4。

　　评论：建议在科学研究的基础上，区别近缘种，明确种群与分布地，了解现有栖息地质量后，再制定相关有效措施。

参考文献：刘宪伟等，1993；殷海生和刘宪伟，1995；殷海生，1998b；Gorochov，2003a；Kim & Pham，2014。

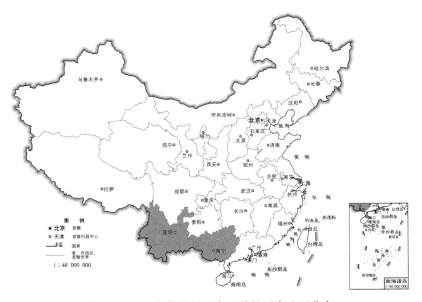

图6-266　日本似芫蟋云南亚种的国内地理分布

12. 亮蟋亚科 Phaloriinae

（267）暗色戈蟋 *Gorochovius furvus* Ma & Ma，2019

分类地位：蟋蟀总科 Grylloidea 蛛蟋科 Phalangopsidae 亮蟋亚科 Phaloriinae 亮蟋族 Phaloriini。

同物异名：无。

中文别名：无。

中国种群占全球种群的比例：中国特有。

分析等级：易危 VU。

依据标准：CR A4cd ＋ B1ab（i，iii）；评价等级标准调整。

理由：仅知原始记录 1 个分布地点，分布区面积不到 100km²，无其他有效种群记录，符合极危标准，但由于本种为新近发现，降级评价为易危。

生境：3.6。

生物学：栖息于乔木树冠。

国内分布：广西（十万大山）（图 6-267）；**国外分布：**无。

种群：仅有原始记录。

致危因素

　　过去：1.3，9.5，9.9；**现在：**1.3，9.5，9.9；**将来：**1.3，9.5，9.9。

　　评述：分布范围狭窄，警惕保持栖息地森林健康。

保护措施

　　已有：4.4.2；**建议：**2.2，3.1，3.2，3.3，4.4。

　　评论：栖息于树冠的蟋蟀类群，不易受人类干扰，但与植被状况密切相关；同时，加大调查力度，明确种群状况和地理分布范围。

参考文献：Ma & Ma，2019。

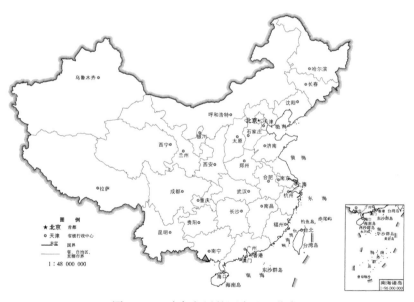

图 6-267　暗色戈蟋的国内地理分布

（268）三脉戈蟋 *Gorochovius trinervus* Xie，Zheng & Li，2004

分类地位：蟋蟀总科 Grylloidea 蛛蟋科 Phalangopsidae 亮蟋亚科 Phaloriinae 亮蟋族 Phaloriini。

同物异名：无。

中文别名：无。

中国种群占全球种群的比例：中国特有。

分析等级：易危 VU。

依据标准：EN A4cd ＋ B1ab（i，iii）；评价等级标准调整。

理由：仅知 2 笔记录，分布区面积不到 5000km²，无其他有效种群记录，符合濒危标准，但由于本种发现时间较晚，降级评价为易危。

生境：3.6。

生物学：栖息于乔木树冠。

国内分布：广西（贵港、金秀）、广东（黑石顶）（图 6-268）；**国外分布：**无。

种群：不详。

致危因素

　　过去：1.3，9.5，9.9；**现在：**1.3，9.5，9.9；**将来：**1.3，9.5，9.9。

　　评述：分布范围狭窄，保持栖息地森林健康。

保护措施

　　已有：4.4.2；**建议：**2.2，3.1，3.2，3.3，4.4.2，4.4.2。

　　评论：栖息于树冠的蟋蟀类群，不易受人类干扰，但与植被状况密切相关；同时，加大调查力度，明确种群状况和地理分布范围。

参考文献：谢令德等，2004；Ma & Jing，2018；Ma & Ma，2019；Zhang et al.，2019。

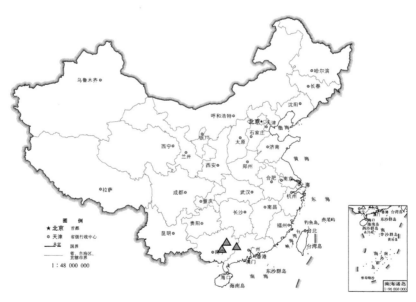

图 6-268　三脉戈蟋的国内地理分布

---

(269) **滇西新亮蟋** *Neophaloria dianxiensis* He，2019

分类地位：蟋蟀总科 Grylloidea 蛛蟋科 Phalangopsidae 亮蟋亚科 Phaloriinae 亮蟋族 Phaloriini。

同物异名：无。

中文别名：无。

中国种群占全球种群的比例：中国特有。

分析等级：近危 NT。

依据标准：EN A4cd ＋ B2ab（ii，iii）；评价等级标准调整。

理由：仅知 2 个分布地点，占有面积不到 500km²，符合濒危标准，但由于本种为新近发现，降级评价为近危。

生境：3.6。

生物学：栖息于乔木树冠。

国内分布：云南（瑞丽、盈江）（图 6-269）；**国外分布**：无。

种群：少见。

致危因素

　　过去：1.3，9.5，9.9；**现在**：1.3，9.5，9.9；**将来**：1.3，9.5，9.9。

　　评述：已知分布范围狭窄，应保持栖息地森林健康。

保护措施

　　已有：4.4.2；**建议**：3.1，3.2。

　　评论：建议在科学研究的基础上，加强科普宣传，区别近缘种，明确种群与分布地后再制定相关有效措施。

参考文献：Chen et al.，2019。

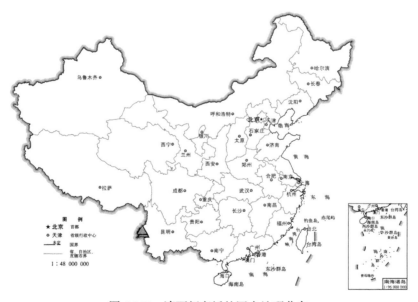

图 6-269　滇西新亮蟋的国内地理分布

（270）卡尼亮蟋 *Phaloria*（*Phaloria*）*karnyello*（Chopard，1968）

分类地位：蟋蟀总科 Grylloidea 蛛蟋科 Phalangopsidae 亮蟋亚科 Phaloriinae 亮蟋族 Phaloriini。

同物异名：无。

中文别名：无。

中国种群占全球种群的比例：中国特有。

分析等级：极危 CR。

依据标准：CR B2ab（ii，iii）。

理由：已知原始记录1个分布地点，占有面积不到10km²，研究记录信息显示，超过百年未再被人们发现。

生境：1.6，3.6。

生物学：不详。

国内分布：台湾（高雄）（图6-270）；**国外分布：**无。

种群：仅有原始记录。

致危因素

　　过去：1.1，1.3，9.1，9.10；**现在：**1.1，1.3，9.1，9.10；**将来：**1.1，1.3，9.1，9.10。

　　评述：模式产地是受人为干扰较严重的地区，也很可能分布狭窄。

保护措施

　　已有：无；**建议：**2.2，3.1，3.2，3.3。

　　评论：首先应进行野外调查明确该种的地理分布，了解种群组成，掌握其生物学特性，阐述造成当前评估状况的各种因素。

参考文献：Karny，1915；Chopard，1968；Hsiung，1993。

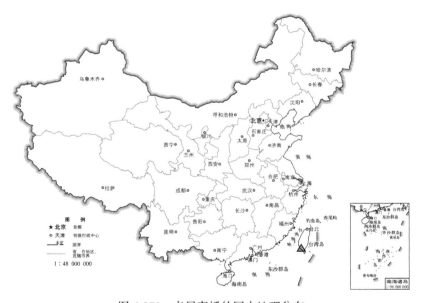

图6-270　卡尼亮蟋的国内地理分布

（271）兰屿亮蟋 *Phaloria（Phaloria）kotoshoensis*（Shiraki，1930）

分类地位：蟋蟀总科 Grylloidea 蛛蟋科 Phalangopsidae 亮蟋亚科 Phaloriinae 亮蟋族 Phaloriini。

同物异名：无。

中文别名：无。

中国种群占全球种群的比例：中国特有。

分析等级：极危CR。

依据标准：CR B1ab（i，iii）。

理由：本种呈岛屿分布，分布面积不到 50km²，现有记录很少。

生境：3.6。

生物学：栖息于高大乔木林。

国内分布：台湾（兰屿）（图 6-271）；**国外分布：**无。

种群：极少见。

致危因素

　　过去：1.3，4.1.3，5.1，9.1，9.9，10.1；**现在：**1.3，4.1.3，5.1，9.1，9.9，10.1；**将来：**1.3，4.1.3，5.1，9.1，9.9，10.1。

　　评述：为岛屿分布，分布范围狭窄，容易受到人为干扰，恢复能力差。

保护措施

　　已有：无；**建议：**2.1，2.2，3.2，3.3，3.4，4.4。

　　评论：建议全面考虑兰屿岛的特有种状况，设立专门的保护范围，在分布区内加强科普宣传，制定相关有效措施。

参考文献：殷海生和刘宪伟，1995；Shiraki，1930；Hsiung，1993。

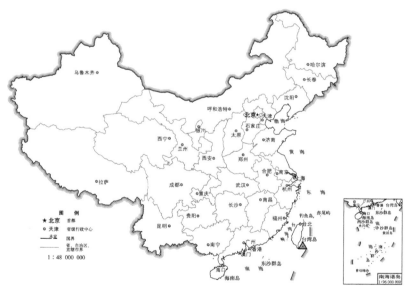

图 6-271　兰屿亮蟋的国内地理分布

(272) 悦鸣拟亮蟋 *Vescelia dulcis* He，2019

分类地位：蟋蟀总科 Grylloidea 蛛蟋科 Phalangopsidae 亮蟋亚科 Phaloriinae 亮蟋族 Phaloriini。

同物异名：无。

中文别名：无。

中国种群占全球种群的比例：中国特有。

分析等级：无危 LC。

依据标准：未达到极危、濒危、易危和近危标准。

理由：在海南分布广泛，种群较大。

生境：3.6。

生物学：栖息于树林中，具有一定趋光性。

国内分布：海南（图 6-272）；**国外分布**：无。

种群：海南常见。

致危因素

　　过去：无；**现在**：无；**将来**：无。

　　评述：尚未发现明显致危因素。

保护措施

　　已有：4.4；**建议**：无。

　　评论：已有多个分布点位于自然保护区内，已满足维持种群稳定的需要。

参考文献：Tian et al.，2019。

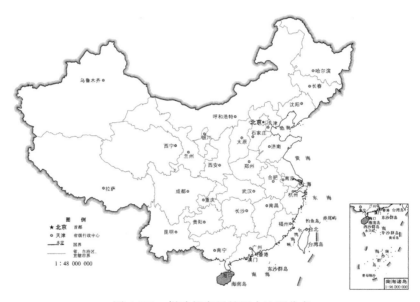

图 6-272　悦鸣拟亮蟋的国内地理分布

(273) 梁氏拟亮蟋 *Vescelia liangi*（Xie & Zheng，2003）

分类地位：蟋蟀总科 Grylloidea 蛛蟋科 Phalangopsidae 亮蟋亚科 Phaloriinae 亮蟋族 Phaloriini。

同物异名：无。

中文别名：无。

中国种群占全球种群的比例：中国特有。

分析等级：濒危 EN。

依据标准：CR B1ab（i，iii）；评价等级标准调整。

理由：仅知 1 个分布地点 2 笔有效记录，分布区面积不到 100km^2，符合极危标准，但由于本种发现时间较晚，降级评价为濒危。

生境：3.6。

生物学：栖息于乔木树冠。

国内分布：广东（封开）（图 6-273）；**国外分布**：无。

种群：仅知模式产地。

致危因素

过去：1.3，9.5，9.9；**现在**：1.3，9.5，9.9；**将来**：1.3，9.5，9.9。

评述：分布范围狭窄，保持栖息地森林健康。

保护措施

已有：4.4.2；**建议**：3.2，3.3，4.4.3，4.4.4。

评论：栖息于树冠的蟋蟀类群，不易受人类干扰，但与植被状况密切相关；同时，加大调查力度，明确种群状况和地理分布范围。

参考文献：谢令德和郑哲民，2003a；Ma & Jing，2018。

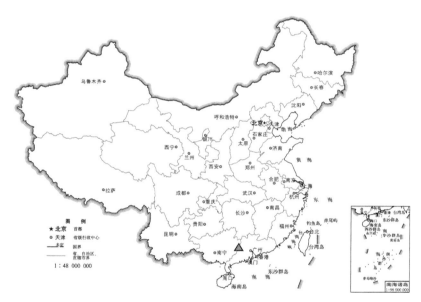

图 6-273　梁氏拟亮蟋的国内地理分布

（274）**比尔拟亮蟋单音亚种 *Vescelia pieli monotonia* He，2019**

分类地位：蟋蟀总科 Grylloidea 蛛蟋科 Phalangopsidae 亮蟋亚科 Phaloriinae 亮蟋族 Phaloriini。

同物异名：无。

中文别名：无。

中国种群占全球种群的比例：中国特有。

分析等级：近危 NT。

依据标准：EN B2ab（ii，iii）；评价等级标准调整。

理由：已知 2 个分布地点，占有面积小于 $500m^2$，分布地严重分割，符合濒危标准，但由于本种为新近发现，降级评价为近危。

生境：3.6。

生物学：推测主要栖息于森林林冠。

国内分布：福建（武夷山）、广东（深圳）（图 6-274）；**国外分布**：无。

种群：仅有原始记录。

致危因素

　　过去：1.3；**现在**：1.3；**将来**：无。

　　评述：与森林健康密切相关。

保护措施

　　已有：4.4；**建议**：3.1。

　　评论：建议在科学研究的同时加强科普宣传，区别近缘种，明确种群与分布地后，再制定相关有效措施。

参考文献：Tian et al.，2019。

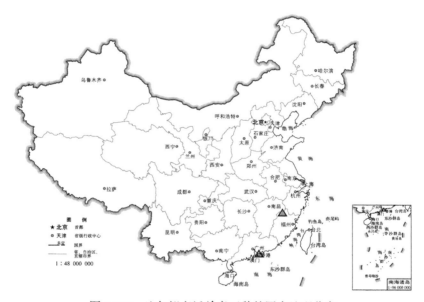

图 6-274　比尔拟亮蟋单音亚种的国内地理分布

（275）比尔拟亮蟋指名亚种 *Vescelia pieli pieli*（Chopard，1939）

分类地位：蟋蟀总科 Grylloidea 蛛蟋科 Phalangopsidae 亮蟋亚科 Phaloriinae 亮蟋族 Phaloriini。

同物异名：无。

中文别名：比尔亮蛄蛉、比尔亮蟋。

中国种群占全球种群的比例：中国特有。

分析等级：无危 LC。

依据标准：未达到极危、濒危、易危和近危标准。

理由：在海南和广东分布广泛，种群较大。

生境：3.6。

生物学：栖息于树林中，具有一定趋光性。

国内分布：广东、海南（图 6-275）；**国外分布**：无。

种群：常见，尤其海南中南部。

致危因素

　　过去：10.1；现在：无；将来：无。

　　评述：从近年野外调查记录显示，当前分布区的人类干扰活动未造成种群下降。

保护措施

　　已有：4.4.2；建议：无。

　　评论：现有保护措施积极有效。

参考文献：殷海生和刘宪伟，1995；王音，2002；谢令德和郑哲民，2003a；Chopard，1939；Gorochov，2003a；Ma & Jing，2018；Tian et al.，2019。

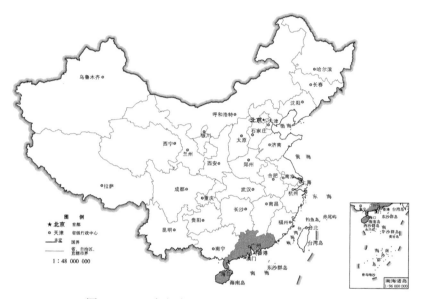

图 6-275　比尔拟亮蟋指名亚种的国内地理分布

（276）广东格亮蟋 *Trellius*（*Trellius*）*guangdongensis* Ma & Jing，2018

分类地位：蟋蟀总科 Grylloidea 蛣蟋科 Phalangopsidae 亮蟋亚科 Phaloriinae 亮蟋族 Phaloriini。

同物异名：无。

中文别名：无。

中国种群占全球种群的比例：中国特有。

分析等级：近危 NT。

依据标准：EN B2ab（ii，iii）；评价等级标准调整。

理由：仅知 2 个分布地点，占有面积不到 500km²，符合濒危标准，但由于本种为新近发现，降级评价为近危。

生境：3.6。

生物学：栖息于乔木树冠。

国内分布：广东（封开）（图 6-276）；**国外分布**：无。

种群：仅有原始记录。

致危因素

　　过去：1.3，9.1，10.1；**现在**：1.3，9.1，10.1；**将来**：1.3，9.1，10.1。

　　评述：已知分布范围狭窄，保持栖息地森林健康。

保护措施

　　已有：4.4.2；**建议**：2.2，3.1，3.2，3.3，4.4.3，4.4.4。

　　评论：模式产地及邻近区域有多次疑似物种发现，应加大调查力度和分类学研究，明确种群状况和地理分布范围。

参考文献：Ma & Jing，2018。

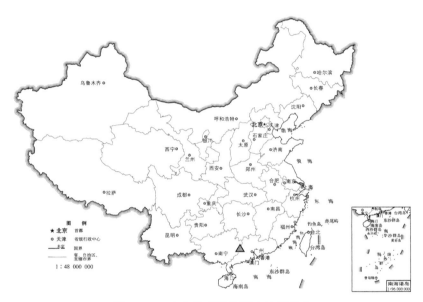

图 6-276　广东格亮蟋的国内地理分布

(277) 云南格亮蟋 *Trellius*（*Neotrellius*）*yunnanensis* Ma & Jing，2018

分类地位：蟋蟀总科 Grylloidea 蛛蟋科 Phalangopsidae 亮蟋亚科 Phaloriinae 亮蟋族 Phaloriini。

同物异名：无。

中文别名：无。

中国种群占全球种群的比例：中国特有。

分析等级：易危 VU。

依据标准：CR B1ab（i，iii）；评价等级标准调整。

理由：仅知原始记录 1 个分布地点，分布区面积不到 100km^2，未见其他种群记录，符合极危标准，但由于本种为新近发现，降级评价为易危。

生境：3.6。

生物学：栖息于乔木树冠。

国内分布：云南（勐腊）（图 6-277）；**国外分布**：无。

种群：仅有原始记录。

致危因素
　　过去：1.3，9.1，10.1；**现在**：1.3，9.1，10.1；**将来**：1.3，9.1，10.1。
　　评述：分布范围狭窄，保持栖息地森林健康。
保护措施
　　已有：4.4.2；**建议**：2.2，3.2，3.3，4.4.3，4.4.4。
　　评论：栖息地受人类干扰较大，应重视野外调查力度，同时加强保护地管理。
参考文献：Ma & Jing，2018。

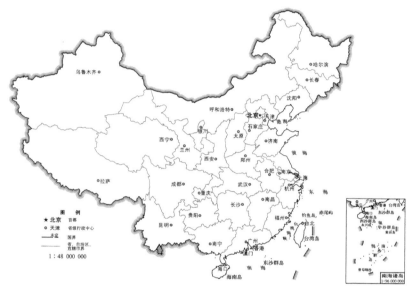

图 6-277　云南格亮蟋的国内地理分布

（四）蛉蟋科 Trigonidiidae

13.针蟋亚科 Nemobiinae

(278) 切培双针蟋 *Dianemobius chibae*（Shiraki，1911）

分类地位：蟋蟀总科 Grylloidea 蛉蟋科 Trigonidiidae 针蟋亚科 Nemobiinae 异针蟋族 Pteronemobiini。
同物异名：*Cyrtoxipha sononae* Shiraki，1911。
中文别名：无。
中国种群占全球种群的比例：中国为主要分布区。
分析等级：无危 LC。
依据标准：未达到极危、濒危、易危和近危标准。
理由：分布广泛，适应能力强。
生境：1.4，1.6，3.4，3.6，11.3，11.4。
生物学：栖息在天然林或者人工林间草地。
国内分布：北京、河北、江苏、浙江、福建、台湾（图 6-278）；**国外分布**：日本。
种群：比较常见。

致危因素

过去：无；现在：无；将来：无。

评述：尚未发现明显致危因素。

保护措施

已有：无；建议：3.1。

评论：注意区别与不同种群或近缘种的特征差异。

参考文献：殷海生和刘宪伟，1995；Shiraki，1911；Hsu，1928；Shiraki，1930；Hsiung，1993；Liu et al.，1998；Ichikawa et al.，2000；Liu et al.，2016。

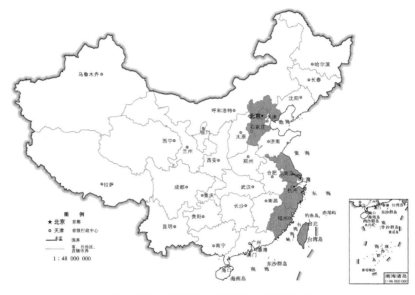

图 6-278　切培双针蟋的国内地理分布

---

(279) 中华双针蟋 *Dianemobius chinensis* **Gorochov，1984**

分类地位：蟋蟀总科 Grylloidea 蛉蟋科 Trigonidiidae 针蟋亚科 Nemobiinae 异针蟋族 Pteronemobiini。

同物异名：无。

中文别名：中华裂针蟋。

中国种群占全球种群的比例：中国特有。

分析等级：易危 VU。

依据标准：VU A4ac。

理由：数量较少，已知记录较少，生境破坏，分布范围狭窄。

生境：1.4，1.6，3.4，3.6。

生物学：栖息于林缘草地、灌木丛等。

国内分布：福建、贵州（图 6-279）；**国外分布**：无。

种群：少见。

致危因素

过去：1.1，1.4，9.1，9.9；**现在**：1.1，1.4，9.1，9.9；**将来**：1.1，1.4，9.1，9.9。

评述：栖息地减少，生存环境面临破坏，种群数量有减少的趋势。

保护措施

已有：无；**建议**：2.2，3.2，3.3，3.4。

评论：通过科学研究，了解本种的种群组成和地理分布，并加强科普知识的宣传，提高人们的保护意识。

参考文献：殷海生和刘宪伟，1995；王音等，1999；Gorochov，1984a；Liu et al.，2016。

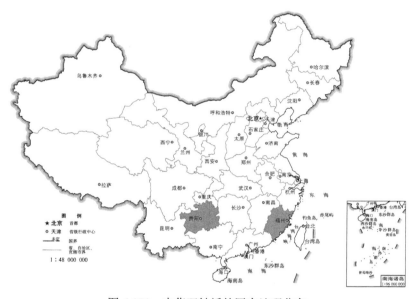

图 6-279　中华双针蟋的国内地理分布

(280) 滨双针蟋 *Dianemobius csikii*（**Bolívar，1901**）

分类地位：蟋蟀总科 Grylloidea 蛉蟋科 Trigonidiidae 针蟋亚科 Nemobiinae 异针蟋族 Pteronemobiini。

同物异名：*Nemobius ambiguus* Shiraki，1936。

中文别名：滨双色针蟋、污斑裂针蟋。

中国种群占全球种群的比例：中国为主要分布区。

分析等级：无危 LC。

依据标准：未达到极危、濒危、易危和近危标准。

理由：在东亚、东南亚和欧洲分布广泛。

生境：3.3，3.4，3.6，4.4，4.6，11.1，11.2，11.3，11.4。

生物学：栖息于杂草或灌木丛。

国内分布：北京、河北、内蒙古、江苏、浙江、山东、河南、海南、重庆、四川、云南、陕西（图 6-280）；**国外分布**：印度、俄罗斯、日本、斯里兰卡、朝鲜。

种群：非常常见，数量巨大。

致危因素

　　过去：无；**现在**：无；**将来**：无。

　　评述：尚未发现明显致危因素。

保护措施

　　已有：无；**建议**：无。

　　评论：无须刻意保护的一种昆虫。

参考文献：夏凯龄和刘宪伟，1992；殷海生和刘宪伟，1995；尤平等，1997；王音，2002；Bolívar，1901；Chopard，1925b；Chopard，1933；Chopard，1936c；Bei-Bienko，1956；Bhowmik，1977a；Gorochov，1981；Gorochov，1983a；Vasanth，1993；Ichikawa et al.，2000；Shishodia，2000；Liu et al.，2016。

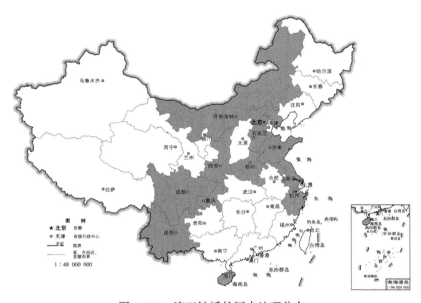

图 6-280　滨双针蟋的国内地理分布

(281) 斑腿双针蟋指名亚种 *Dianemobius fascipes fascipes*（Walker，1869）

分类地位：蟋蟀总科 Grylloidea 蛉蟋科 Trigonidiidae 针蟋亚科 Nemobiinae 异针蟋族 Pteronemobiini。

同物异名：*Eneoptera alboatra* Walker，1871；*Nemobius histrio* Saussure，1877；*Nemobius nigrosignatus* Brunner von Wattenwyl，1893。

中文别名：黑斑裂针蟋、斑腿双色针蟋。

中国种群占全球种群的比例：中国为主要分布区。

分析等级：无危 LC。

依据标准：未达到极危、濒危、易危和近危标准。

理由：在东亚、东南亚和南亚分布广泛。

生境：1.6，3.6，4.4，4.6，11.1，11.2，11.3，11.4，11.5。

生物学：栖息于农田、杂草或灌木丛。

国内分布：上海、浙江、福建、江西、湖北、湖南、广东、广西、海南、重庆、四川、云南、台湾（图 6-281）；**国外分布**：越南、缅甸、印度、泰国、新加坡、斯里兰卡、印度尼西亚。

种群：非常常见，数量巨大。

致危因素

过去：无；**现在**：无；**将来**：无。

评述：适应能力极强，尚未发现明显致危因素。

保护措施

已有：无；**建议**：无。

评论：无须刻意保护的一种昆虫。

参考文献：夏凯龄和刘宪伟，1992；刘宪伟等，1993；殷海生和刘宪伟，1995；尤平等，1997；王音等，1999；林育真等，2001；殷海生等，2001；王音，2002；谢令德和刘宪伟，2004；谢令德，2005；刘浩宇和石福明，2014a；刘浩宇和石福明，2014b；卢慧等，2018；Walker，1869；Kirby，1906；Chopard，1932；Chopard，1936c；Chopard，1954；Chopard，1969；Vickery & Johnstone，1973；Bhowmik，1977a；Vasanth，1993；Kim & Pham，2014；Liu et al.，2016；Gu et al.，2018；Xu & Liu，2019。

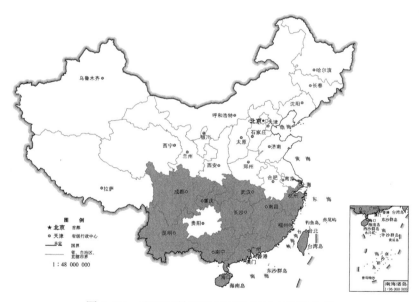

图 6-281　斑腿双针蟋指名亚种的国内地理分布

（282）斑腿双针蟋暗带亚种 *Dianemobius fascipes nigrofasciatus*（Matsumura，1904）

分类地位：蟋蟀总科 Grylloidea 蛉蟋科 Trigonidiidae 针蟋亚科 Nemobiinae 异针蟋族 Pteronemobiini。

同物异名：无。

中文别名：无。

中国种群占全球种群的比例：中国为主要分布区。

分析等级：无危 LC。

依据标准： 未达到极危、濒危、易危和近危标准。

理由： 在东亚、东南亚和南亚分布广泛。

生境： 1.4，3.4，4.4，4.6，11.1，11.2，11.3，11.4，11.5。

生物学： 栖息于农田、杂草或灌木丛。

国内分布： 北京、河北、内蒙古、吉林、山东、陕西（图 6-282）；**国外分布：** 朝鲜、日本、俄罗斯。

种群： 非常常见，数量巨大。

致危因素

　　过去： 无；**现在：** 无；**将来：** 无。

　　评述： 适应能力极强，尚未发现明显致危因素。

保护措施

　　已有： 无；**建议：** 无。

　　评论： 无须刻意保护的一种昆虫。

参考文献： 刘浩宇，2013；刘浩宇等，2013；Matsumura，1904；Shiraki，1911；Karny，1915；Hsu，1928；Shiraki，1930；Bei-Bienko，1956；Gorochov，1983a；Ichikawa et al.，2000；Storozhenko，2004；Liu et al.，2013；Li et al.，2016；Liu et al.，2016；Gu et al.，2018；Xu & Liu，2019；Yang et al.，2019。

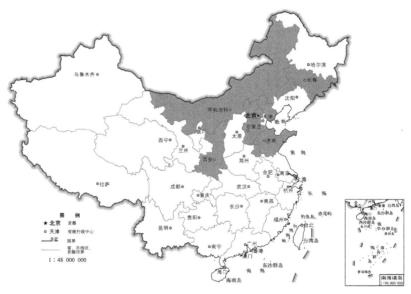

图 6-282　斑腿双针蟋暗带亚种的国内地理分布

（283）白须双针蟋 *Dianemobius furumagiensis*（**Ohmachi & Furukawa，1929**）

分类地位： 蟋蟀总科 Grylloidea 蛉蟋科 Trigonidiidae 针蟋亚科 Nemobiinae 异针蟋族 Pteronemobiini。

同物异名： *Nemobius albobasalis* Shiraki，1936。

中文别名： 基白双针蟋、白须双色针蟋。

中国种群占全球种群的比例：中国为主要分布区。

分析等级：无危 LC。

依据标准：未达到极危、濒危、易危和近危标准。

理由：在东亚分布广泛。

生境：1.6，3.6，4.4，4.6，7.1，7.2，11.1，11.2，11.3，11.4。

生物学：栖息于农田、杂草或灌木丛。

国内分布：河北、山西、内蒙古、浙江、山东、广西、重庆、四川、云南、台湾（图 6-283）；

国外分布：朝鲜、缅甸、日本、俄罗斯。

种群：非常常见。

致危因素

过去：无；**现在**：无；**将来**：无。

评述：尚未发现明显致危因素。

保护措施

已有：无；**建议**：无。

评论：无须刻意保护的一种昆虫。

参考文献：夏凯龄和刘宪伟，1992；殷海生和刘宪伟，1995；林育真等，2001；殷海生等，2001；卢荣胜等，2002；谢令德和刘宪伟，2004；刘浩宇和石福明，2014a；台湾生物多样性资讯入口网；Ohmachi & Furukawa，1929；Shiraki，1930；Liu et al.，1998；Ichikawa et al.，2000；Storozhenko et al.，2015；Liu et al.，2016；Xu & Liu，2019。

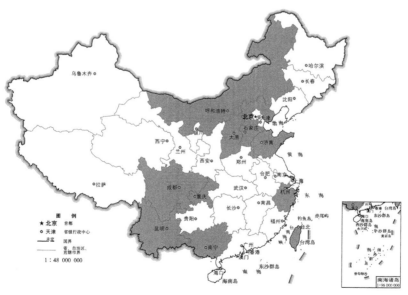

图 6-283 白须双针蟋的国内地理分布

（284）悦鸣双针蟋 *Dianemobius jucundus* **Liu & Yang**，1998

分类地位：蟋蟀总科 Grylloidea 蛉蟋科 Trigonidiidae 针蟋亚科 Nemobiinae 异针蟋族 Pteronemobiini。

同物异名：无。

中文别名：无。

中国种群占全球种群的比例：中国特有。

分析等级：易危 VU。

依据标准：EN B2ab（ii，iii）；评价等级标准调整。

理由：已知 2 个分布地点，占有面积少于 500km^2，分布范围狭窄，符合濒危标准，但由于本种发现时间较晚，降级评价为易危。

生境：1.6，3.6。

生物学：栖息于中低海拔山区的草地碎石间。

国内分布：台湾（苗栗、南投）（图 6-284）；**国外分布：**无。

种群：较少见。

致危因素

　　过去：1.1.1，1.1.2，1.3.4，9.9；**现在：**1.1.1，1.1.2，1.3.4，9.9；**将来：**1.1.1，1.1.2，1.3.4，9.9。

　　评述：分布范围狭窄，容易受到人为干扰。

保护措施

　　已有：无；**建议：**2.2，3.2，3.3，3.4。

　　评论：在台湾岛多个地区可见，但地理分布依然狭窄，需要了解其生物学及栖息地状况后，才能了解致危因素。

参考文献：台湾生物多样性资讯入口网；Liu et al.，1998；Liu et al.，2016。

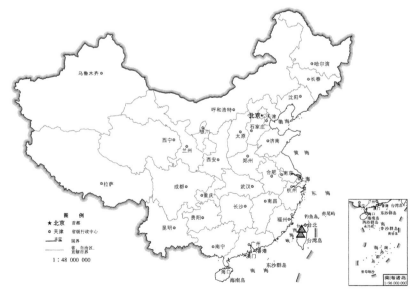

图 6-284　悦鸣双针蟋的国内地理分布

(285) 克慕双针蟋 *Dianemobius kimurae*（Shiraki，1911）

分类地位：蟋蟀总科 Grylloidea 蛉蟋科 Trigonidiidae 针蟋亚科 Nemobiinae 异针蟋族

Pteronemobiini。

同物异名：无。

中文别名：木村双针蟋。

中国种群占全球种群的比例：中国特有。

分析等级：无危 LC。

依据标准：未达到极危、濒危、易危和近危标准。

理由：曾被评为近危，但累计已知分布地点不少于 10 个，在台湾岛分布较为广泛，本次评为无危。

生境：1.6，3.6。

生物学：常活动于中低海拔路边草地砂石间。

国内分布：台湾（图 6-285）；**国外分布：**无。

种群：较常见。

致危因素

　　过去：1.1，1.4；**现在：**1.1，1.4；**将来：**1.1，1.4。

　　评述：曾被评为近危，栖息地环境变化可能导致种群变弱。

保护措施

　　已有：无；**建议：**2.2，3.2。

　　评论：通过科学研究，了解本种的种群组成和地理分布，并加强科普知识的宣传，提高人们的保护意识。

参考文献：殷海生和刘宪伟，1995；台湾生物多样性资讯入口网；Shiraki，1911；Shiraki，1930；Liu et al.，1998；Liu et al.，2016。

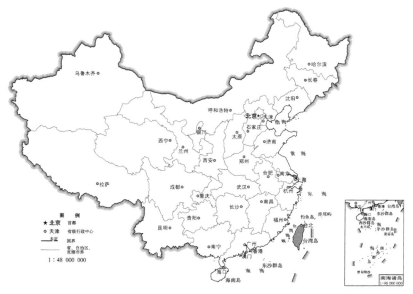

图 6-285　克慕双针蟋的国内地理分布

(286) **宽胸双针蟋** *Dianemobius protransversus* **Liu & Yang，1998**

分类地位：蟋蟀总科 Grylloidea 蛉蟋科 Trigonidiidae 针蟋亚科 Nemobiinae 异针蟋族 Pteronemobiini。

同物异名：无。

中文别名：无。

中国种群占全球种群的比例：中国特有。

分析等级：易危 VU。

依据标准：EN B1ab（i，iii）；评价等级标准调整。

理由：已知分布地点不多于 5 个，分布区面积少于 $5000km^2$，分布范围狭窄，符合濒危标准，但由于本种发现时间较晚，降级评价为易危。

生境：1.6，3.6。

生物学：生活在中低海拔山区路旁碎石间。

国内分布：台湾（苗栗、屏东、台中）（图 6-286）；**国外分布**：无。

种群：分布区内较常见。

致危因素

　　过去：1.1.1，1.1.2，1.3.4，9.9；**现在**：1.1.1，1.1.2，1.3.4，9.9；**将来**：1.1.1，1.1.2，1.3.4，9.9。

　　评述：扩散能力弱，分布范围狭窄，容易受到人为干扰。

保护措施

　　已有：无；**建议**：2.2，3.2，3.3，3.4。

　　评论：在台湾岛多个地区可见，但地理分布依然狭窄，需要了解其生物学和评价栖息地状况后，才能了解致危因素。

参考文献：台湾生物多样性资讯入口网；Liu et al.，1998；Liu et al.，2016。

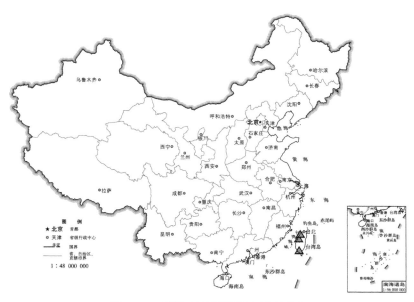

图 6-286　宽胸双针蟋的国内地理分布

（287） 乌来双针蟋 *Dianemobius wulaius* Liu & Yang，1998

分类地位： 蟋蟀总科 Grylloidea 蛉蟋科 Trigonidiidae 针蟋亚科 Nemobiinae 异针蟋族 Pteronemobiini。

同物异名： 无。

中文别名： 无。

中国种群占全球种群的比例： 中国特有。

分析等级： 濒危 EN。

依据标准： CR A4cd ＋ B2ab（ii，iii）；评价等级标准调整。

理由： 已知 1 个分布地点，且仅有 1 笔记录，占有面积很可能小于 $10km^2$，栖息地等有质量衰退趋势，符合极危标准，但由于本种发现时间较晚，降级评价为濒危。

生境： 1.6，3.6。

生物学： 常见于溪流旁的草地碎石间。

国内分布： 台湾（台北）（图 6-287）；**国外分布：** 无。

种群： 极少见，仅有原始记录。

致危因素

过去：1.1.1，1.1.2，1.3.4，9.1，9.9，9.11；**现在：** 1.1.1，1.1.2，1.3.4，9.1，9.9，9.11；**将来：** 1.1.1，1.1.2，1.3.4，9.1，9.9，9.11。

评述：数量稀少，分布范围狭窄，容易受到人为干扰，致危因素不详。

保护措施

已有：无；**建议：** 2.2，3.2，3.3，3.4。

评论：应该对模式产地进行野外调查与评估，需要了解其生物学和评价栖息地状况后，才能了解致危因素。

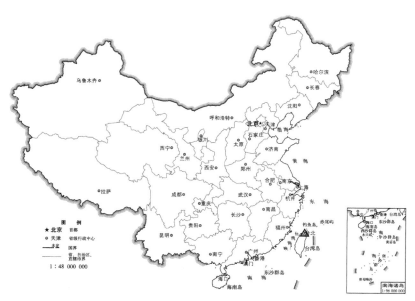

图 6-287 乌来双针蟋的国内地理分布

参考文献：台湾生物多样性资讯入口网；Liu et al.，1998；Liu et al.，2016。

(288) 郑氏双针蟋 *Dianemobius zhengi* Chen，1994

分类地位：蟋蟀总科 Grylloidea 蛉蟋科 Trigonidiidae 针蟋亚科 Nemobiinae 异针蟋族 Pteronemobiini。

同物异名：无。

中文别名：郑氏离针蟋。

中国种群占全球种群的比例：中国特有。

分析等级：极危 CR。

依据标准：CR B2ab（ii，iii）。

理由：已知 1 个分布地点，且仅有 1 笔记录，占有面积很可能小于 $10km^2$。

生境：1.4，3.4。

生物学：生活于河滩湿地带的石缝中，遇到惊吓可以跳至水面逃走。

国内分布：四川（冕宁）（图 6-288）；**国外分布**：无。

种群：极少见。

致危因素

　　过去：1.1.2，1.2.3，1.1.9，9.11；**现在**：1.1.2，1.2.3，1.1.9，9.11；**将来**：1.1.2，1.2.3，1.1.9，9.11。

　　评述：分布范围狭窄，容易受到人为干扰，致危因素不详。

保护措施

　　已有：无；**建议**：2.2，3.2，3.3，3.4。

　　评论：已知分布狭窄，应该对模式产地进行野外调查与评估，需要了解其生物学和评价栖息地状况后，才能了解致危因素或重新评价等级。

参考文献：陈军，1994；Liuet al.，1998；Liu et al.，2016。

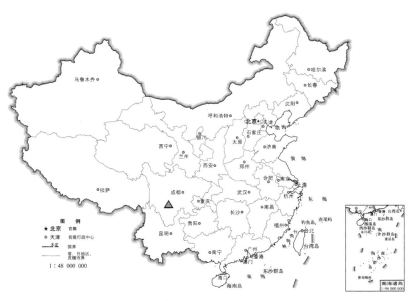

图 6-288　郑氏双针蟋的国内地理分布

(289) **黑色同针蟋** *Homonemobius nigrus* **Li，He & Liu，2010**

分类地位： 蟋蟀总科 Grylloidea 蛉蟋科 Trigonidiidae 针蟋亚科 Nemobiinae。

同物异名： 无。

中文别名： 无。

中国种群占全球种群的比例： 中国特有。

分析等级： 易危 VU。

依据标准： CR B2ab（ii，iii）；评价等级标准调整。

理由： 已知仅有 1 个分布地点，占有面积小于 $10km^2$，符合极危标准，但由于本种为新近发现，降级评价为易危。

生境： 1.6，3.6。

生物学： 栖息于地表杂草丛。

国内分布： 云南（景洪）（图 6-289）；**国外分布：** 无。

种群： 非常少见。

致危因素

过去：1.1.2，1.2.3，1.1.9，1.4，5.1，9.1，9.9；**现在**：1.1.2，1.2.3，1.1.9，1.4，5.1，9.1，9.9；**将来**：1.1.2，1.2.3，1.1.9，1.4，5.1，9.1，9.9。

评述：本种体型小，短翅型，扩散能力弱，分布范围狭窄。

保护措施

已有：4.4.2；**建议**：2.2，3.2，3.3，3.4，3.8。

评论：应该对模式产地和潜在分布区进行野外调查与评估，才能了解致危因素或重新评价等级。

参考文献： Li et al.，2010b；Liu et al.，2016。

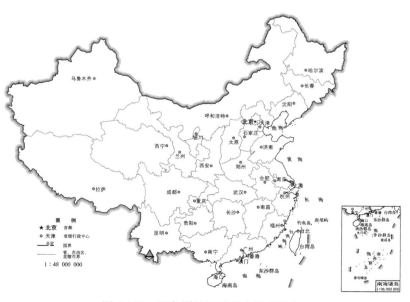

图 6-289　黑色同针蟋的国内地理分布

（290）阿沙麻针蟋 *Marinemobius asahinai*（**Yamasaki，1979**）

分类地位：蟋蟀总科 Grylloidea 蛉蟋科 Trigonidiidae 针蟋亚科 Nemobiinae 麻针蟋族 Marinemobiini。

同物异名：无。

中文别名：朝比奈麻针蟋。

中国种群占全球种群的比例：中国为次要分布区。

分析等级：易危 VU。

依据标准：VU A4ac。

理由：虽然近年在菲律宾又发现了新分布区，但海南沿海部分地区生境破坏严重，本种生境特殊，分布范围狭窄，须持续关注。

生境：1.7。

生物学：栖息于近海岸的红树林。

国内分布：海南（三亚）（图 6-290）；**国外分布：**日本、菲律宾。

种群：少见。

致危因素

　　过去：1.1.6，9.1，9.9；**现在：**1.1.6，9.1，9.9；**将来：**9.1，9.9。

　　评述：栖息地减少，生存环境面临破坏，种群数量有减少的趋势。

保护措施

　　已有：1.1；**建议：**2.2，3.2，3.3，3.4。

　　评论：通过加强科普知识的宣传，明确分布区，提高人们的保护意识。

参考文献：殷海生和刘宪伟，1995；王音，2002；Yamasaki，1979；Gorochov，1985c；Otte，1994；Liu et al.，2016；Gorochov et al.，2018。

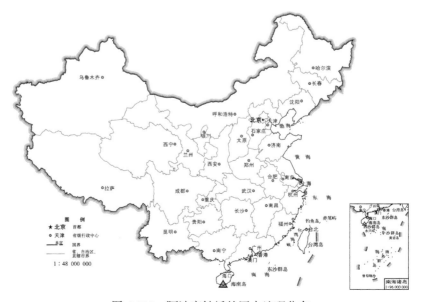

图 6-290　阿沙麻针蟋的国内地理分布

（291）双叉拟异针蟋 *Parapteronemobius dibrachiatus*（**Ma & Zhang，2015**）

分类地位：蟋蟀总科 Grylloidea 蛉蟋科 Trigonidiidae 针蟋亚科 Nemobiina 麻针蟋族 Marinemobiini。

同物异名：无。

中文别名：无。

中国种群占全球种群的比例：中国特有。

分析等级：易危 VU。

依据标准：CR A4cd + B2ab（ii，iii）；评价等级标准调整。

理由：已知仅有 1 个分布地点，推测占有面积小于 $10km^2$，推测栖息地质量有衰退趋势，符合极危标准，但由于本种为新近发现，降级评价为易危。

生境：10.1，10.2。

生物学：不详，推测与属内其他种近似，杂食性，群居生活，在岩石附近活动且能够在水中短时间生存。

国内分布：广东（深圳）（图 6-291）；**国外分布：**无。

种群：已知在模式产地较常见。

致危因素

　　过去：1.1.6，1.4.3；**现在：**1.1.6，1.4.3；**将来：**1.1.6，1.4.3。

　　评述：扩散能力弱，已知分布区非常狭窄。

保护措施

　　已有：无；**建议：**2.2，3.2，3.3，3.4。

　　评论：通过科学研究，了解本种的种群组成和地理分布范围，掌握其生物学特性，并加强科普知识的宣传，提高人们的保护意识。

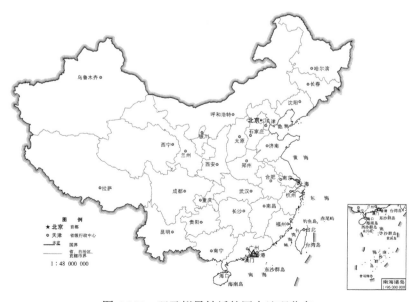

图 6-291　双叉拟异针蟋的国内地理分布

参考文献：Ma et al.，2015；Liu et al.，2016；He，2018。

(292) 环角灰针蟋 *Polionemobius annulicornis* Li，He & Liu，2010

分类地位：蟋蟀总科 Grylloidea 蛉蟋科 Trigonidiidae 针蟋亚科 Nemobiinae 异针蟋族 Pteronemobiini。

同物异名：无。

中文别名：暗角灰针蟋。

中国种群占全球种群的比例：中国特有。

分析等级：易危 VU。

依据标准：CR A4cd + B2ab（ii，iii）；评价等级标准调整。

理由：已知仅有 1 个分布地点，占有面积小于 $10km^2$，符合极危标准，但由于本种为新近发现，模式产地邻近地区也有疑似种分布，降级评价为易危。

生境：1.4，3.4。

生物学：推测栖息于各种杂草或灌木丛。

国内分布：云南（丽江）（图 6-292）；**国外分布**：无。

种群：非常少见。

致危因素

过去：1.1，1.3，1.4，6.2，9.11；**现在**：1.1，1.3，1.4，6.2，9.11；**将来**：1.4，4.1，5.1。

评述：分布范围狭窄，扩散能力差，栖息地缩小或衰退。

保护措施

已有：无；**建议**：2.2，3.2，3.3，3.4。

评论：模式产地生境近年来受人为干扰较大，且本种的种群组成和地理分布尚不清晰，存在未知的致危因素，应进行较为详细的科学研究。

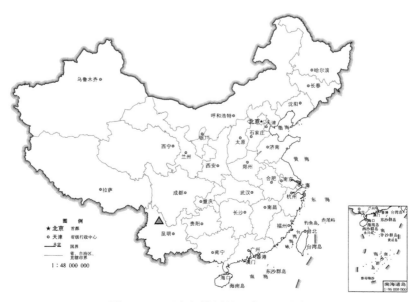

图 6-292 环角灰针蟋的国内地理分布

参考文献：Li et al., 2010b；Liu & Shi, 2014a；Liu et al., 2016；He, 2018。

（293）黄角灰针蟋 *Polionemobius flavoantennalis*（Shiraki，1911）

分类地位：蟋蟀总科 Grylloidea 蛉蟋科 Trigonidiidae 针蟋亚科 Nemobiinae 异针蟋族 Pteronemobiini。

同物异名：无。

中文别名：无。

中国种群占全球种群的比例：中国为主要分布区。

分析等级：无危 LC。

依据标准：未达到极危、濒危、易危和近危标准。

理由：在东亚、东南亚分布广泛。

生境：1.4，1.6，3.4，3.6，11.1，11.3，11.4。

生物学：栖息于各种杂草或灌木丛。

国内分布：上海、江苏、浙江、江西、山东、湖南、贵州、台湾（图 6-293）；**国外分布**：朝鲜、日本。

种群：非常常见，数量巨大。

致危因素

过去：无；现在：无；将来：无。

评述：尚未发现明显致危因素。

保护措施

已有：无；建议：无。

评论：无须刻意保护的一种昆虫。

参考文献：殷海生和刘宪伟，1995；林育真等，2001；殷海生等，2001；刘浩宇和石福明，

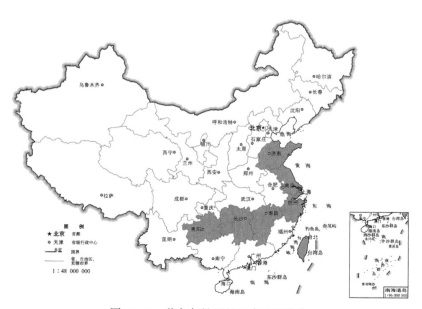

图 6-293 黄角灰针蟋的国内地理分布

2007b；刘浩宇和石福明，2014a；刘浩宇和石福明，2014b；Shiraki，1911；Hsu，1928；Shiraki，1930；Chopard，1936a；Bei-Bienko，1956；Gorochov，1985c；Storozhenko & Paik，2007；Liu & Shi，2014a；Storozhenko et al.，2015；Liu，et al.，2016；Gu et al.，2018；Xu & Liu，2019。

（294）云纹灰针蟋 *Polionemobius marblus* He，2019

分类地位： 蟋蟀总科 Grylloidea 蛉蟋科 Trigonidiidae 针蟋亚科 Nemobiinae 异针蟋族 Pteronemobiini。

同物异名： 无。

中文别名： 无。

中国种群占全球种群的比例： 中国特有。

分析等级： 易危 VU。

依据标准： CR B2ab（ii，iii）；评价等级标准调整。

理由： 已知 1 个分布地点，推测占有面积小于 $10km^2$，符合极危标准，但由于本种为新近发现，降级评价为易危。

生境： 4.6，7.1，7.2。

生物学： 推测与本属其他种类近似。

国内分布： 广西（靖西）（图 6-294）；**国外分布：** 无。

种群： 仅知模式产地 1 笔记录。

致危因素

　　过去： 1.4，9.1，9.9；**现在：** 1.4，9.1，9.9；**将来：** 1.4，9.1，9.9。

　　评述： 扩散能力弱，分布范围狭窄。

保护措施

　　已有： 无；**建议：** 3.2，3.3，3.4。

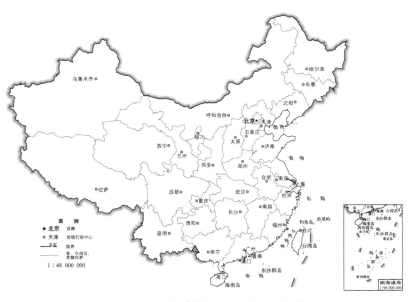

图 6-294　云纹灰针蟋的国内地理分布

　　评论：是新近发现的物种，需要掌握它的生物学特性，了解本种的种群组成和地理分布，以及栖息地质量状况。

参考文献：Zhang et al., 2019。

(295) 斑翅灰针蟋 *Polionemobius taprobanensis*（Walker，1869）

分类地位：蟋蟀总科 Grylloidea 蛉蟋科 Trigonidiidae 针蟋亚科 Nemobiinae 异针蟋族 Pteronemobiini。

同物异名：*Nemobius infernalis* Saussure，1877；*Nemobius javanus* Saussure，1877；*Eneoptera lateralis* Walker，1871；*Nemobius mikado* Shiraki，1911。

中文别名：迷卡灰针蟋、迷卡异针蟋、草地裂针蟋。

中国种群占全球种群的比例：中国为主要分布区。

分析等级：无危 LC。

依据标准：未达到极危、濒危、易危和近危标准。

理由：在东亚、东南亚分布广泛。

生境：1.4，1.6，3.4，3.6，11.1，11.3，11.4。

生物学：栖息于各种杂草或灌木丛。

国内分布：北京、河北、内蒙古、辽宁、吉林、黑龙江、上海、江苏、浙江、福建、江西、山东、河南、湖北、湖南、广西、海南、四川、贵州、云南、陕西、台湾（图6-295）；**国外分布**：缅甸、印度、日本、巴基斯坦、马来西亚、斯里兰卡、印度尼西亚、马尔代夫、孟加拉国。

种群：非常常见，数量巨大。

致危因素

　　过去：无；现在：无；将来：无。

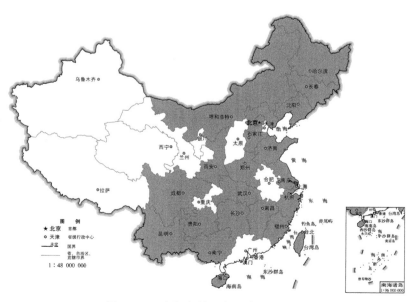

图 6-295　斑翅灰针蟋的国内地理分布

评述：尚未发现明显致危因素。

保护措施

已有：无；建议：无。

评论：无须刻意保护的一种昆虫。

参考文献：刘宪伟等，1993；殷海生和刘宪伟，1995；殷海生等，2001；王音，2002；谢令德和刘宪伟，2004；刘宪伟和毕文烜，2010；刘浩宇和石福明，2012；刘浩宇和石福明，2014a；刘浩宇和石福明，2014b；卢慧等，2018；Walker，1869；Kirby，1906；Hsu，1928；Shiraki，1930；Chopard，1933；Chopard，1936c；Bei-Bienko，1956；Vasanth，1993；Storozhenko & Paik，2007；Kim & Pham，2014；Liu & Shi，2014a；Han et al.，2015；Storozhenko et al.，2015；Liu et al.，2016；Tan，2017；Gu et al.，2018；Xu & Liu，2019；Yang et al.，2019。

（296）云南灰针蟋 *Polionemobius yunnanus* Liu & Shi，2014

分类地位：蟋蟀总科 Grylloidea 蛉蟋科 Trigonidiidae 针蟋亚科 Nemobiinae 异针蟋族 Pteronemobiini。

同物异名：无。

中文别名：滇西灰针蟋。

中国种群占全球种群的比例：中国特有。

分析等级：无危 LC。

依据标准：未达到极危、濒危、易危和近危标准。

理由：虽然本种为新近发现，但现已知分布地点不多于 10 个，但野外调查记录显示种群稳定，认为处于无危状态。

生境：1.6，3.6。

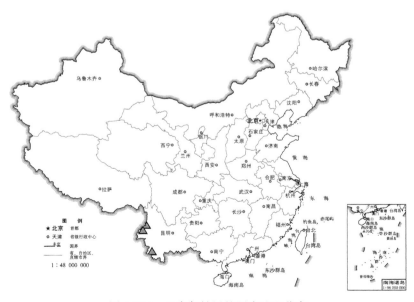

图 6-296　云南灰针蟋的国内地理分布

生物学：栖息于林缘地区的杂草、灌木或碎石间。

国内分布：云南（澜沧、泸水、腾冲）（图 6-296）；**国外分布**：无。

种群：在滇西地区常见。

致危因素

过去：9.9；现在：9.9；将来：不详。

评述：通过较详细野外调查，显示其分布范围狭窄，主要集中在云南西部山区。

保护措施

已有：无；建议：3.2。

评论：野外调查显示在云南西部种群稳定，但由于分布相对狭窄，其种群状况仍需要关注。

参考文献：Liu & Shi，2014a；Liu，et al.，2016。

---

(297) 尾异针蟋 *Pteronemobius*（*Pteronemobius*）*caudatus*（**Shiraki，1911**）

分类地位：蟋蟀总科 Grylloidea 蛉蟋科 Trigonidiidae 针蟋亚科 Nemobiinae 异针蟋族 Pteronemobiini。

同物异名：无。

中文别名：长翅异针蟋。

中国种群占全球种群的比例：中国特有。

分析等级：极危 CR。

依据标准：CR B2ab（ii，iii）。

理由：已知 1 个分布地点，占有面积小于 $10km^2$，为原始记录，无新的种群记录，推测其栖息地面积和质量都发生了明显衰退。

生境：1.6，3.6。

生物学：不详。

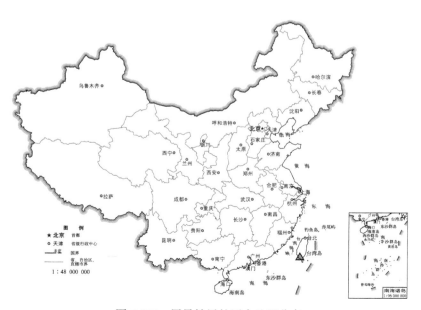

图 6-297　尾异针蟋的国内地理分布

国内分布：台湾（屏东）（图 6-297）；**国外分布**：无。

种群：仅有原始记录。

致危因素

　　过去：1.1，1.3，9.1，9.10；**现在**：1.1，1.3，9.1，9.10；**将来**：1.1，1.3，9.1，9.10。

　　评述：对种群认知还停留在多年前，缺少新的调查与评估数据。

保护措施

　　已有：无；**建议**：3.1，3.2，3.3，3.4。

　　评论：通过科学研究，首先对模式产地进行调查，了解本种的种群组成，掌握它的生物学特性，阐述造成当前评估状况的各种因素，并厘定一些错误鉴定。

参考文献：殷海生和刘宪伟，1995；尤平等，1997；Shiraki，1911；Karny，1915；Hsu，1928；Shiraki，1930；Chopard，1937；Liu et al.，1998；Liu et al.，2016。

（298）岐阜异针蟋 *Pteronemobius*（*Pteronemobius*）*gifuensis*（**Shiraki，1911**）

分类地位：蟋蟀总科 Grylloidea 蛉蟋科 Trigonidiidae 针蟋亚科 Nemobiinae 异针蟋族 Pteronemobiini。

同物异名：无。

中文别名：无。

中国种群占全球种群的比例：中国为主要分布区。

分析等级：近危 NT。

依据标准：几近符合易危 VU A4ac。

理由：生境破坏较严重。

生境：1.4，3.4，4.4，11.3。

生物学：栖息于林缘、田园的空地、杂草及枯枝落叶中。

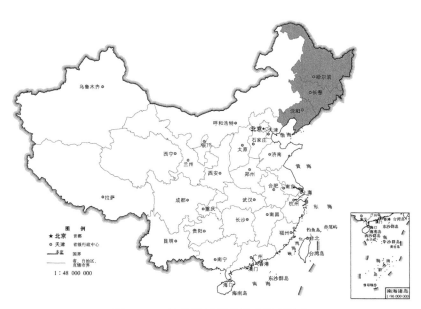

图 6-298　岐阜异针蟋的国内地理分布

国内分布：辽宁、吉林、黑龙江（图6-298）；**国外分布**：日本。

种群：比较常见。

致危因素

过去：1.1，9.10，10.6；**现在**：1.1，9.10，10.6；**将来**：1.1，9.10，10.6。

评述：栖息地减少，生存环境面临破坏，种群数量有减少的趋势。

保护措施

已有：无；**建议**：2.2，3.1。

评论：有效区分近缘种，加强科普知识的宣传，提高人们的保护意识。

参考文献：殷海生和刘宪伟，1995；Shiraki，1911；Shiraki，1930；Ichikawa et al.，2000；Li et al.，2011；Li et al.，2016。

（299）赫氏异针蟋素色亚种 *Pteronemobius*（*Pteronemobius*）*heydenii concolor*（**Walker，1871**）

分类地位：蟋蟀总科 Grylloidea 蛉蟋科 Trigonidiidae 针蟋亚科 Nemobiinae 异针蟋族 Pteronemobiini。

同物异名：*Nemobius ceylonicus* Saussure，1877；*Pteronemobius gravelyi* Chopard，1924；*Nemobius heydeni* var. *rhenanus* Krauss，1909；*Nemobius saussurei* Burr，1898；*Nemobius tartarus* var. *schelkovnikovi* Stshelkanovtzev，1917；*Pteronemobius vitteneti* Berland & Chopard，1922。

中文别名：褐拟针蟋、同色拟针蟋、素色异针蟋。

中国种群占全球种群的比例：中国为主要分布区。

分析等级：无危 LC。

依据标准：未达到极危、濒危、易危和近危标准。

理由：在欧亚大陆尤其是我国分布广泛。

生境：1.4，1.6，3.4，3.6，4.4，4.6，11.1，11.2，11.3，11.4。

生物学：栖息于各种杂草或灌木丛。

国内分布：内蒙古、吉林、海南、贵州、云南、西藏、陕西、新疆（图6-299）；**国外分布**：越南、印度、斯里兰卡、尼泊尔、马其顿、土耳其、罗马尼亚、奥地利。

种群：常见。

致危因素

过去：无；**现在**：无；**将来**：无。

评述：适应能力强，尚未发现明显致危因素。

保护措施

已有：无；**建议**：无。

评论：目前尚无须刻意保护的一种昆虫。

参考文献：吴福桢和郑彦芬，1992；刘宪伟等，1993；殷海生和刘宪伟，1995；尤平等，1997；王音，2002；谢令德，2005；刘浩宇和石福明，2007b；刘浩宇等，2010；刘浩宇和石福明，2012；Walker，1871；Kirby，1906；Chopard，1931；Chopard，1936c；Harz，1969；Gorochov，1985c；Ingrisch，2001；Kim & Pham，2014；Liu et al.，2016；Yang et al.，2019。

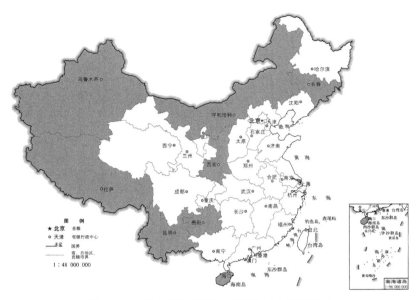

图 6-299　赫氏异针蟋素色亚种的国内地理分布

(300) 印度异针蟋 *Pteronemobius*（*Pteronemobius*）*indicus*（Walker，1869）

分类地位： 蟋 蟀 总 科 Grylloidea 蛉 蟋 科 Trigonidiidae 针 蟋 亚 科 Nemobiinae 异 针 蟋 族 Pteronemobiini。

同物异名： *Nemobius vagus* Walker，1871。

中文别名： 印度拟针蟋。

中国种群占全球种群的比例： 中国为主要分布区。

分析等级： 无危 LC。

依据标准： 未达到极危、濒危、易危和近危标准。

理由： 广泛分布，种群数量大。

生境： 3.4，3.6，4.4，4.6，11.1，11.2，11.3，11.4。

生物学： 栖息于林缘、田园的空地、杂草及枯枝落叶中。

国内分布： 湖北、广西、海南、云南（图 6-300）；**国外分布：** 越南、缅甸、印度、马来西亚、斯里兰卡、印度尼西亚。

种群： 常见。

致危因素

　　过去： 无；**现在：** 无；**将来：** 无。

　　评述： 适应能力较强，尚未发现明显致危因素。

保护措施

　　已有： 无；**建议：** 3.1。

　　评论： 除去上述已知分布区，在我国很多省区仍有疑似种分布，应通过科学研究解决分类问题。

参考文献： 刘宪伟等，1993；殷海生和刘宪伟，1995；王音，2002；谢令德和刘宪伟，2004；Walker，1869；Vasanth，1993；Ichikawa et al.，2000；Kim & Pham，2014；Liu et al.，

2016；Tan，2017。

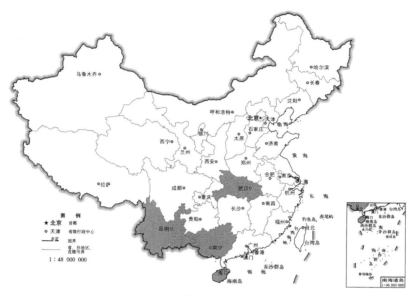

图 6-300　印度异针蟋的国内地理分布

(301) **尖峰岭异针蟋** *Pteronemobius*（*Pteronemobius*）*jianfenglingensis* **Liu & Shi，2016**

分类地位：蟋蟀总科 Grylloidea 蛉蟋科 Trigonidiidae 针蟋亚科 Nemobiinae 异针蟋族 Pteronemobiini。

异物同名：*Pteronemobius*（*Pteronemobius*）*ruficeps* Liu & Shi，2014。

中文别名：海南异针蟋、红头异针蟋。

中国种群占全球种群的比例：中国特有。

分析等级：无危 LC。

依据标准：未达到极危、濒危、易危和近危标准。

理由：被发现并记录的时间较晚，野外调查显示，在尖峰岭及邻近地区种群稳定，数量大，分布区有扩大趋势。

生境：1.6，3.6。

生物学：喜潮湿环境，生活在森林间小路及附近。

国内分布：海南（霸王岭、尖峰岭）（图 6-301）；**国外分布**：无。

种群：在尖峰岭较常见。

致危因素

　　过去：9.9，10.1；**现在**：9.9；**将来**：9.9。

　　评述：扩散能力弱，分布范围狭窄。

保护措施

　　已有：4.4.2，4.4.3；**建议**：2.2，4.4.4。

　　评论：加强科普知识的宣传，提高人们的保护意识。

参考文献：Liu & Shi，2014c；Liu et al.，2016。

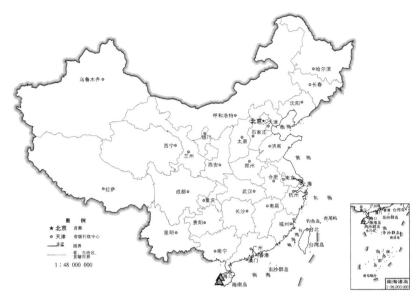

图 6-301　尖峰岭异针蟋的国内地理分布

(302)　康定异针蟋 *Pteronemobius*（*Pteronemobius*）*kangdingensis* **Liu & Shi，2014**

分类地位： 蟋蟀总科 Grylloidea 蛉蟋科 Trigonidiidae 针蟋亚科 Nemobiinae 异针蟋族 Pteronemobiini。

同物异名： 无。

中文别名： 无。

中国种群占全球种群的比例： 中国特有。

分析等级： 易危 VU。

依据标准： CR A4cd ＋ B2ab（ii，iii）；评价等级标准调整。

理由： 已知仅有 1 个分布地点，占有面积小于 10km²，分布地处于潜在开发状态，符合极危标准，但由于本种为新近发现，降级评价为易危。

生境： 1.4。

生物学： 生活在高海拔山区。

国内分布： 四川（康定）（图 6-302）；**国外分布：** 无。

种群： 少见。

致危因素

　　过去： 9.9，9.11，10.1；**现在：** 9.9，9.11，10.1；**将来：** 9.9。

　　评述： 已知分布区狭窄。

保护措施

　　已有： 4.4.2；**建议：** 3.2。

　　评论： 这个种的记录仅知原始记录，其分布区位于国家大型动物保护区内，受人为干扰较小，其体型明显大于同属其他种类，应加强科学研究。

参考文献： Liu & Shi，2014c；Liu et al.，2016。

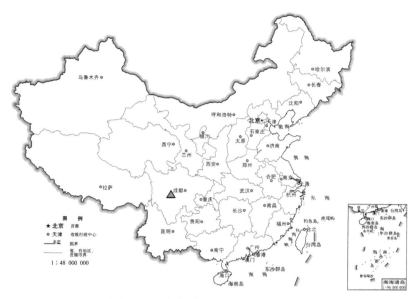

图 6-302　康定异针蟋的国内地理分布

（303）克努异针蟋 *Pteronemobius*（*Pteronemobius*）*kinurae*（**Shiraki，1911**）

分类地位：蟋蟀总科 Grylloidea 蛉蟋科 Trigonidiidae 针蟋亚科 Nemobiinae 异针蟋族 Pteronemobiini。

同物异名：无。

中文别名：无。

中国种群占全球种群的比例：疑似中国特有。

分析等级：数据缺乏 DD。

依据标准：物种是否在中国分布无法确认。

理由：这种蟋蟀在台湾的模式地点（Ako）记录信息模糊，后无任何学者进行有效考证和研究，推测其原始记录文献可能记录有误。

生境：不详。

生物学：不详。

国内分布：台湾（疑似）（图 6-303）；**国外分布：**不详。

种群：仅有模式记录。

致危因素

　　过去：不详；**现在：**不详；**将来：**不详。

　　评述：所知物种信息太少，致危因素无法推断。

保护措施

　　已有：无；**建议：**3.1，3.2。

　　评论：首先需要确认物种的分类学特征，其次确认分布区，才能进行评估工作。

参考文献：Shiraki，1911；Chopard，1967；Hsiung，1993；Liu et al.，2016。

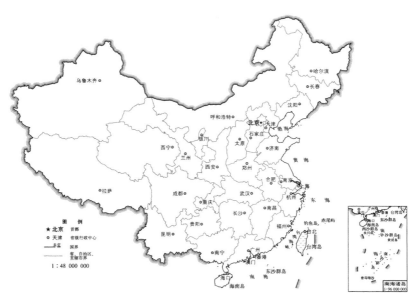

图 6-303　克努异针蟋的国内地理分布

（304）内蒙异针蟋 *Pteronemobius*（*Pteronemobius*）*neimongolensis* **Kang & Mao，1990**

分类地位：蟋蟀总科 Grylloidea 蛉蟋科 Trigonidiidae 针蟋亚科 Nemobiinae 异针蟋族 Pteronemobiini。

同物异名：无。

中文别名：无。

中国种群占全球种群的比例：中国特有。

分析等级：易危 VU。

依据标准：VU A4ac ＋ B1ab（i，iii）。

理由：研究信息记录少，物种分布点片段化，推测分布区小于 20000km²，栖息地存在质量下降或潜在开发等问题。

生境：3.4，4.4。

生物学：草地、人工或天然园林林园底层栖息。

国内分布：内蒙古、吉林、山东（图 6-304）；**国外分布**：无。

种群：少见。

致危因素

　　过去：1.1.4，9.11，10.7；**现在**：1.1.4，9.11，10.7；**将来**：1.1.4，9.11，10.7。

　　评述：栖息地质量衰退，推测可能还有其他未知因素。

保护措施

　　已有：无；**建议**：3.1，3.2。

　　评论：通过科学研究，了解本种的种群组成和地理分布，提高物种认知水平。

参考文献：康乐和毛文华，1990；殷海生和刘宪伟，1995；Liu et al.，2016。

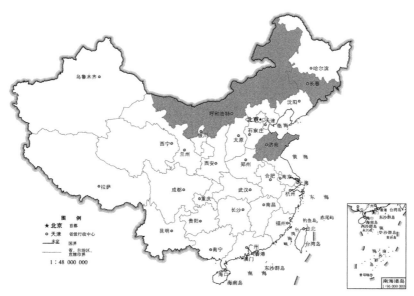

图 6-304 内蒙异针蟋的国内地理分布

(305) **暗黑异针蟋** *Pteronemobius*（*Pteronemobius*）*nigriscens*（**Shiraki，1911**）

分类地位：蟋蟀总科 Grylloidea 蛉蟋科 Trigonidiidae 针蟋亚科 Nemobiinae 异针蟋族 Pteronemobiini。

同物异名：无。

中文别名：无。

中国种群占全球种群的比例：可能中国无分布。

分析等级：数据缺乏 DD。

依据标准：物种是否在中国分布有争议。

理由：本种最早由 Shiraki 在 1911 年发表于 *Monographie der Grylliden Formosa*，很多文献将其原产地列为台湾，但它的模式产地是日本岐阜，至今在我国未见明确种群记录，且自本种发表后，超过 100 年无新的种群记载。

生境：1.4，3.4。

生物学：不详。

国内分布：台湾（疑似）（图 6-305）；**国外分布**：日本。

种群：仅有原始记录。

致危因素

过去：1.3，9.1，9.5，10.7；现在：1.3，9.1，9.5，10.7；将来：1.3，9.1，9.5，10.7。

评述：缺少调查与评估数据，致危因素不详。

保护措施

已有：无；建议：2.2，3.2，3.3，3.4。

评论：通过科学研究，首先解决物种的可靠性，即通过检视模式标本考察其是否为有效种，其次根据模式标本信息再次确认分布地。

参考文献: Shiraki, 1911; Chopard, 1967; Ichikawa et al., 2000; Liu et al., 2016; He, 2018。

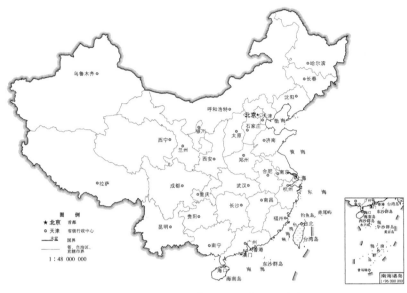

图 6-305　暗黑异针蟋的国内地理分布

(306) 亮褐异针蟋 *Pteronemobius*（*Pteronemobius*）*nitidus*（**Bolívar，1901**）

分类地位: 蟋蟀总科 Grylloidea 蛉蟋科 Trigonidiidae 针蟋亚科 Nemobiinae 异针蟋族 Pteronemobiini。

同物异名: *Nemobius filchnerae* Karny，1908。

中文别名: 亮拟针蟋、亮褐拟针蟋。

中国种群占全球种群的比例: 中国为主要分布区。

分析等级: 无危 LC。

依据标准: 未达到极危、濒危、易危和近危标准。

理由: 在东亚、东南亚和俄罗斯远东地区分布广泛。

生境: 1.4，1.6，3.4，3.6，11.1，11.2，11.3，11.4。

生物学: 栖息于林缘、田园的空地、杂草及枯枝落叶中。

国内分布: 北京、河北、上海、江苏、浙江、福建、江西、山东、湖北、湖南、广东、广西、海南、四川、云南、陕西、宁夏（图 6-306）；**国外分布:** 朝鲜、日本、俄罗斯（远东）。

种群: 非常常见，数量巨大。

致危因素

　　过去: 无；**现在:** 无；**将来:** 无。

　　评述: 尚未发现明显致危因素。

保护措施

　　已有: 无；**建议:** 无。

　　评论: 无须刻意保护的一种昆虫。

参考文献：夏凯龄和刘宪伟，1992；刘宪伟等，1993；殷海生和刘宪伟，1995；尤平等，1997；王音等，1999；林育真等，2001；王音，2002；谢令德和刘宪伟，2004；刘宪伟和毕文烜，2010；刘浩宇，2013；刘浩宇等，2013；刘浩宇和石福明，2014a；Bolívar，1901；Hsu，1928；Chopard，1933；Bei-Bienko，1956；Han et al.，2015；Storozhenko et al.，2015；Liu et al.，2016；Gu et al.，2018；Xu & Liu，2019。

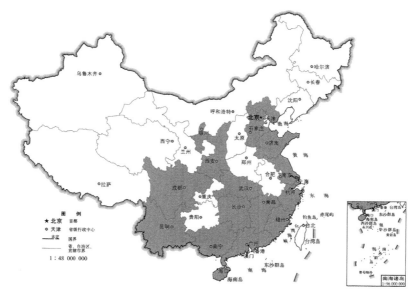

图 6-306　亮褐异针蟋的国内地理分布

〔307〕 **欧姆异针蟋** *Pteronemobius（Pteronemobius）ohmachii*（**Shiraki，1930**）

分类地位：蟋蟀总科 Grylloidea 蛉蟋科 Trigonidiidae 针蟋亚科 Nemobiinae 异针蟋族 Pteronemobiini。

同物异名：无。

中文别名：无。

中国种群占全球种群的比例：中国为次要分布区。

分析等级：近危 NT。

依据标准：地区水平指南应用。

理由：在国外分布十分广泛，种群数量可观，但我国台湾仅有 1 笔记录，其当前分布情况需要关注。

生境：1.4，3.4，4.4，5.4。

生物学：栖息于较潮湿环境及邻近草地。

国内分布：台湾（图 6-307）；**国外分布：**韩国、日本、俄罗斯。

种群：我国仅知 1 笔纪录。

致危因素

　　过去：1.1.1，1.1.2，9.11，10.7；现在：1.1.1，1.1.2，9.11，10.7；将来：1.1.1，1.1.2，9.11，10.7。

评述：推测台湾可能是该种向南的分布边缘。

保护措施

已有：无；**建议**：2.2，3.2，3.3，3.4，5.8。

评论：建议先了解本种在我国的种群组成和地理分布情况，有针对性地维持其生境并进行保护。

参考文献：Shiraki，1930；Liu et al.，1998；Ichikawa et al.，2000；Storozhenko，2004；Storozhenko & Paik，2007；He，2018。

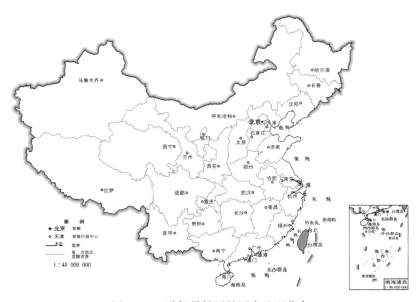

图 6-307   欧姆异针蟋的国内地理分布

(308) 毛角异针蟋 *Pteronemobius*（*Pteronemobius*）*pilicornis* Chopard，1969

分类地位：蟋蟀总科 Grylloidea 蛉蟋科 Trigonidiidae 针蟋亚科 Nemobiinae 异针蟋族 Pteronemobiini。

同物异名：无。

中文别名：毛角拟针蟋。

中国种群占全球种群的比例：中国为次要分布区。

分析等级：易危 VU。

依据标准：VU A4ac；地区水平指南应用。

理由：在国外分布较广泛，国内仅有 1 笔记录，而且离模式产地较远。

生境：1.6，3.6。

生物学：不详。

国内分布：福建（沙县）（图 6-308）；**国外分布**：缅甸、印度。

种群：我国少见。

致危因素

过去：1.1.1，1.1.2，9.9，9.11，10.7；**现在**：1.1.1，1.1.2，9.9，9.11，10.7；**将来**：1.1.1，

1.1.2，9.9，9.11，10.7。

评述：在我国分布狭窄，容易受到栖息地减少的影响和生存环境面临破坏的压力，可能还有一些未知因素。

保护措施

已有：无；**建议**：2.2，3.2，3.3，3.4。

评论：通过科学研究，了解本种的种群组成和地理分布，掌握生物学特性，加强科普知识的宣传，提高人们的保护意识。

参考文献：王音等，1999；Chopard，1969；Bhowmik，1985；Vasanth，1993；Shishodia et al.，2010；Liu et al.，2016。

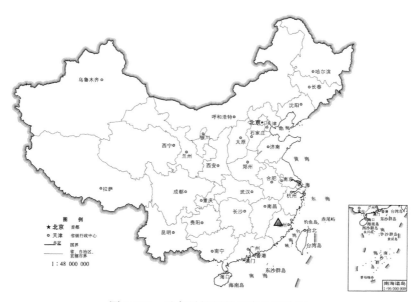

图 6-308　毛角异针蟋的国内地理分布

(309)　青海异针蟋 *Pteronemobius*（*Pteronemobius*）*qinghaiensis* Yin，1998

分类地位：蟋蟀总科 Grylloidea 蛉蟋科 Trigonidiidae 针蟋亚科 Nemobiinae 异针蟋族 Pteronemobiini。

同物异名：无。

中文别名：无。

中国种群占全球种群的比例：中国特有。

分析等级：濒危 EN。

依据标准：CR A4cd ＋ B2ab（ii，iii）；评价等级标准调整。

理由：已知 1 个分布地点，占有面积小于 10km²，仅知原始记录，符合极危标准，但由于本种发现时间较晚，降级评价为濒危。

生境：3.4，4.4。

生物学：不详。

国内分布：青海（乐都）（图 6-309）；**国外分布**：无。

种群：非常少见。

致危因素

过去：1.1.4，9.1，9.9；现在：1.1.4，9.1，9.9；将来：9.1，9.9。

评述：扩散能力弱，分布范围狭窄，生物学信息不详。

保护措施

已有：无；建议：2.2，3.2，3.3，3.4，5.3。

评论：掌握它的生物学特性，加强科普知识的宣传和野外调查力度。

参考文献：殷海生，1998a；Liu et al.，2016；He，2018。

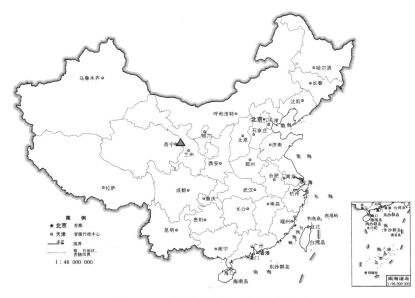

图 6-309　青海异针蟋的国内地理分布

(310) 太白异针蟋 *Pteronemobius*（*Pteronemobius*）*taibaiensis* Deng & Xu，2006

分类地位：蟋蟀总科 Grylloidea 蛉蟋科 Trigonidiidae 针蟋亚科 Nemobiinae 异针蟋族 Pteronemobiini。

同物异名：无。

中文别名：无。

中国种群占全球种群的比例：中国特有。

分析等级：易危 VU。

依据标准：EN B1ab（i，iii）；评价等级标准调整。

理由：已知 3 个分布地点，分布区面积不到 5000km^2，分布范围狭窄，符合濒危标准，但由于本种发现时间较晚，降级评价为易危。

生境：1.4，3.4。

生物学：栖息于林缘、灌木丛旁。

国内分布：陕西（宁陕、太白）、甘肃（文县）（图 6-310）；**国外分布：**无。

种群：较常见。

致危因素

过去：1.1，1.3；现在：1.1，1.3；将来：1.1，1.3。

评述：推测本种在秦岭地区分布较广，需要加强野外调查，以了解种群和分布情况。

保护措施

已有：4.4.2；建议：3.2，3.4。

评论：通过野外调查和科学研究，了解本种的种群组成和地理分布，进行再评价，以明确其致危状况。

参考文献：邓素芳和许升全，2006；卢慧等，2018；Liu et al.，2016。

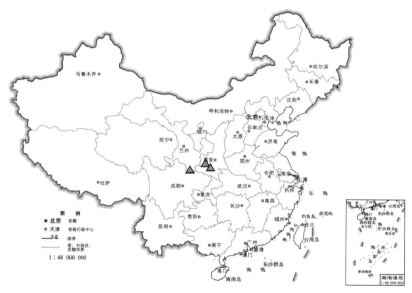

图 6-310　太白异针蟋的国内地理分布

（311）北海道异针蟋 *Pteronemobius*（*Pteronemobius*）*yezoensis*（**Shiraki，1911**）

分类地位：蟋蟀总科 Grylloidea 蛉蟋科 Trigonidiidae 针蟋亚科 Nemobiinae 异针蟋族 Pteronemobiini。

同物异名：无。

中文别名：无。

中国种群占全球种群的比例：中国为次要分布区。

分析等级：无危 LC。

依据标准：未达到极危、濒危、易危和近危标准。

理由：分布范围较广。

生境：1.4，3.4，11.1，11.2。

生物学：栖息于林缘、灌木丛旁。

国内分布：吉林、黑龙江（图 6-311）；**国外分布**：朝鲜、日本、俄罗斯。

种群：较常见。

致危因素

　　过去：无；**现在**：无；**将来**：无。

　　评述：分布较广，尚未发现明显致危因素。

保护措施

　　已有：无；**建议**：无。

　　评论：无须刻意保护的一种昆虫。

参考文献：Shiraki，1911；Shiraki，1930；Ichikawa et al.，2000；Storozhenko，2004；Storozhenko & Paik，2007；Storozhenko et al.，2015；He，2018。

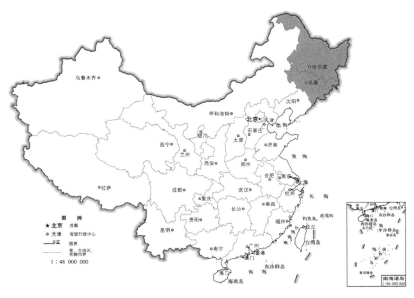

图 6-311　北海道异针蟋的国内地理分布

（312）**云南异针蟋** *Pteronemobius*（*Pteronemobius*）*yunnanicus* Li，He & Liu，2010

分类地位：蟋蟀总科 Grylloidea 蛉蟋科 Trigonidiidae 针蟋亚科 Nemobiinae 异针蟋族 Pteronemobiini。

同物异名：无。

中文别名：无。

中国种群占全球种群的比例：中国特有。

分析等级：近危 NT。

依据标准：几近符合易危。

理由：被发现并记录时间较晚，虽然在云南东南地区种群稳定且数量大，但分布范围较狭窄，未来可能存在风险。

生境：3.6。

生物学：栖息于林缘、灌木丛旁。

国内分布：云南（金平）（图 6-312）；**国外分布**：无。

种群：在云南东南部较常见。

致危因素

过去：1.1，1.4，9.9；**现在**：1.1，1.4，9.9；**将来**：1.1，1.4，9.9。

评述：已知分布范围较狭窄，主要集中于云南东南部。

保护措施

已有：无；**建议**：2.2。

评论：加强科普知识的宣传，提高人们的保护意识。

参考文献：Li et al.，2010b；Liu et al.，2016；He，2018。

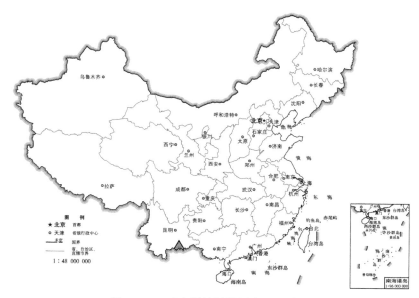

图 6-312　云南异针蟋的国内地理分布

（313）双带奇针蟋 *Speonemobius bifasciatus* He，Lu，Wang & Li，2016

分类地位：蟋蟀总科 Grylloidea 蛉蟋科 Trigonidiidae 针蟋亚科 Nemobiinae 布针蟋族 Burcini。

同物异名：无。

中文别名：无。

中国种群占全球种群的比例：中国特有。

分析等级：易危 VU。

依据标准：CR A4cd ＋ B1ab（i，iii）；评价等级标准调整。

理由：分布区面积可能小于 100km²，近年模式产地的基础设施建设较频繁，符合极危标准，但由于本种为新近发现，降级评价为易危。

生境：1.6，3.6。

生物学：不详。

国内分布：云南（贡山）（图 6-313）；**国外分布**：无。

种群：少见。

致危因素

过去：1.4，9.1，9.9，9.11；**现在**：1.4，9.1，9.9，9.11；**将来**：1.4，9.1，9.9，9.11。

评述：通过检视标本，表明已知分布范围狭窄。

保护措施

已有：无；建议：2.1，2.2，3.1。

评论：这是一类不引起人们重视的蟋蟀，体型非常小，应加强科普知识的宣传，提高人们的保护意识。

参考文献：He et al.，2016。

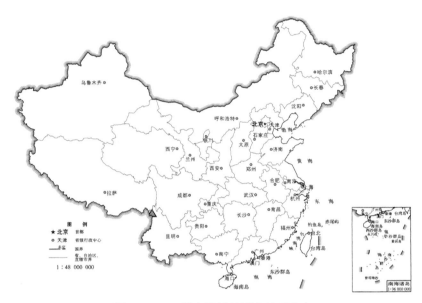

图 6-313　双带奇针蟋的国内地理分布

（314）黄褐奇针蟋 *Speonemobius fulvus* He，Lu，Wang & Li，2016

分类地位：蟋蟀总科 Grylloidea 蛉蟋科 Trigonidiidae 针蟋亚科 Nemobiinae 布针蟋族 Burcini。

同物异名：无。

中文别名：无。

中国种群占全球种群的比例：中国特有。

分析等级：易危 VU。

依据标准：CR A4cd ＋ B1ab（i，iii）；评价等级标准调整。

理由：分布区面积可能小于 $100 \mathrm{km}^2$，近年模式产地基础设施建设较频繁，符合极危标准，但由于本种为新近发现，降级评价为易危。

生境：1.6，3.6。

生物学：不详。

国内分布：云南（贡山）（图 6-314）；国外分布：无。

种群：少见。

致危因素

过去：1.4，9.1，9.9，9.11；现在：1.4，9.1，9.9，9.11；将来：1.4，9.1，9.9，9.11。

评述：通过野外调查和检视标本，发现已知分布范围狭窄。

保护措施

　　已有：无；建议：2.1，2.2，3.1，3.2，3.3，3.4。

　　评论：本种与双带奇针蟋外形近似，分布区也近似。这是一类不引起人们重视的蟋蟀，体型非常小，应注意区分近缘种，加强科普知识的宣传，提高人们的保护意识。

参考文献：He et al.，2016。

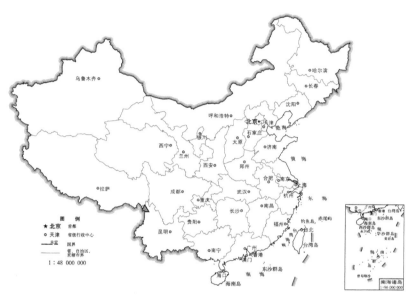

图 6-314　黄褐奇针蟋的国内地理分布

---

(315) 中国奇针蟋 *Speonemobius sinensis* Li，He & Liu，2010

分类地位：蟋蟀总科 Grylloidea 蛉蟋科 Trigonidiidae 针蟋亚科 Nemobiinae 布针蟋族 Burcini。

同物异名：无。

中文别名：中华细针蟋。

中国种群占全球种群的比例：中国特有。

分析等级：易危 VU。

依据标准：CR A4cd + B1ab（i，iii）；评价等级标准调整。

理由：分布区面积可能小于 100km²，近年部分栖息地质量衰退，符合极危标准，但由于本种为新近发现，降级评价为易危。

生境：1.6，3.6。

生物学：栖息于杂草丛间。

国内分布：浙江（清凉峰）（图 6-315）；**国外分布：**无。

种群：非常少见。

致危因素

　　过去：1.4，9.1，9.9，9.11；现在：1.4，9.1，9.9，9.11；将来：1.4，9.1，9.9，9.11。

　　评述：通过野外调查和检视标本发现，已知种群小且分布范围狭窄。

保护措施

已有：4.4.2；建议：2.2，3.2，3.3，3.4，4.4.4。

评论：分布地的近缘属种较多，非专业人员很难区分，应该通过科学研究，说明有效区别特征，维持其生境和保护其自然繁殖。

参考文献：Li et al.，2010b；Liu et al.，2016；He，2018；Xu & Liu，2019。

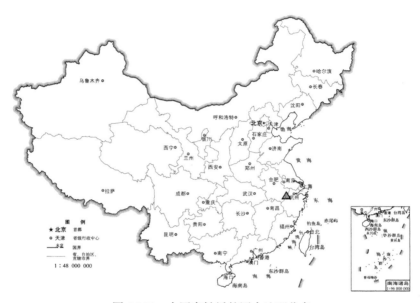

图 6-315　中国奇针蟋的国内地理分布

（316）双色细针蟋指名亚种 *Stenonemobius*（*Ocellonemobius*）*bicolor bicolor*（**Saussure，1877**）

分类地位：蟋蟀总科 Grylloidea 蛉蟋科 Trigonidiidae 针蟋亚科 Nemobiinae 异针蟋族 Pteronemobiini。

同物异名：无。

中文别名：黑胸异针蟋、双色拟针蟋。

中国种群占全球种群的比例：中国为次要分布区。

分析等级：近危 NT。

依据标准：地区水平指南应用。

理由：在国外分布广泛，而在中国可能是分布的边缘，分布狭窄，存在环境变差风险。

生境：1.6，3.6。

生物学：栖息于杂草丛间。

国内分布：海南（图 6-316）；**国外分布**：越南、缅甸、印度。

种群：国内种群少见。

致危因素

过去：1.1.2，1.1.3，1.4，10.1；现在：1.1.2，1.1.3；将来：1.1.2，1.1.3。

评述：栖息地减少，生存环境面临破坏，种群数量有减少的趋势。

保护措施

已有：4.4.2；**建议**：2.2，3.2，3.3，3.4。

评论：应了解本种的种群组成和地理分布，通过形态或者生物学研究，有效区别与近缘种差异。

参考文献：殷海生和刘宪伟，1995；王音，2002；Saussure，1877；Liu et al.，2016；He，2018。

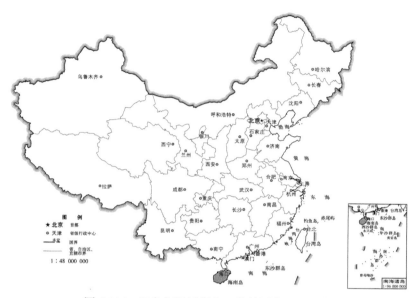

图 6-316　双色细针蟋指名亚种的国内地理分布

(317) 台湾台针蟋 *Taiwanemobius formosanus* Yang & Chang，1996

分类地位：蟋蟀总科 Grylloidea 蛉蟋科 Trigonidiidae 针蟋亚科 Nemobiinae 布针蟋族 Burcini。

同物异名：无。

中文别名：台湾砂滩蟋。

中国种群占全球种群的比例：中国特有。

分析等级：濒危 EN。

依据标准：EN A4cd ＋ B1ab（i，iii）。

理由：本种分布范围非常狭窄，容易受到人为干扰，虽然发现并记录时间较晚，但由于台湾学者黄致玠近年进行了深入调查后认为未来存在风险较大，故此处并未降级评价。

生境：5.18，10.2。

生物学：群居性，栖息在海岸边砂石带，白天躲避在石缝间，活动地与栖息地相似。

国内分布：台湾（花莲、台东、宜兰）（图 6-317）；**国外分布**：无。

种群：常见。

致危因素

过去：7.2，9.1，9.9，10.1；**现在**：7.2，9.1，9.9，10.1；**将来**：7.2，9.1，9.9，10.1。

评述：栖息地特殊，分布范围狭窄，容易受到人类干扰。

保护措施

已有：无；建议：2.2，3.2，3.3，3.4，4.4。

评论：建议设立保护区，用于保护此类珍贵而又稀少的独特物种。

参考文献：台湾生物多样性资讯入口网；Yang & Chang，1996；Liu et al.，2016。

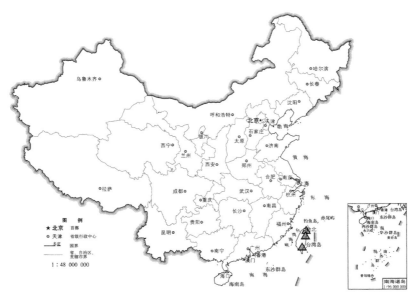

图 6-317　台湾台针蟋的国内地理分布

14. 蛉蟋亚科 Trigonidiinae

（318）双刺突蛉蟋 *Amusurgus*（*Amusurgus*）*bispinosus* He，Li，Fang & Liu，2010

分类地位：蟋蟀总科 Grylloidea 蛉蟋科 Trigonidiidae 蛉蟋亚科 Trigonidiinae 蛉蟋族 Trigonidiini。

同物异名：无。

中文别名：两刺突蛉蟋。

中国种群占全球种群的比例：中国特有。

分析等级：近危 NT。

依据标准：EN A4cd ＋ B2ab（ⅱ，ⅲ）；评价等级标准调整。

理由：已知仅有 1 个分布区，占有面积小于 500km^2，局部栖息地有质量下降趋势，符合濒危标准，但由于本种为近 10 年才发现，降级评价为易危。

生境：1.6，3.6。

生物学：栖息于杂草及灌木丛中。

国内分布：云南（勐腊）（图 6-318）；**国外分布**：无。

种群：记录极少。

致危因素

过去：1.1.2，1.2.3，1.1.9，1.4，9.1，9.9；**现在**：1.1.2，1.2.3，1.1.9，1.4，9.1，9.9；**将来**：1.1.2，1.2.3，1.1.9，1.4，9.1，9.9。

评述：仅知分布范围狭窄，更多致危因素不详。

保护措施

已有：4.1；**建议**：3.1，3.2，3.3，3.4。

评论：应该对模式产地和潜在分布区进行野外调查与近缘种鉴别，才能了解致危因素或重新评价等级。

参考文献：He et al.，2010；He，2018。

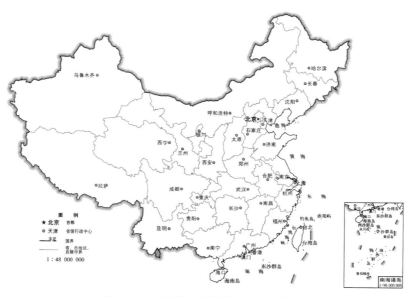

图 6-318 双刺突蛉蟋的国内地理分布

（319） 侧突蛉蟋 *Amusurgus*（*Amusurgus*）*fulvus* **Brunner von Wattenwyl，1893**

分类地位：蟋蟀总科 Grylloidea 蛉蟋科 Trigonidiidae 蛉蟋亚科 Trigonidiinae 蛉蟋族 Trigonidiini。

同物异名：*Amusurgus lateralis* Chopard，1969。

中文别名：侧斑突蛉蟋、黄褐突蛉蟋。

中国种群占全球种群的比例：中国为次要分布区。

分析等级：无危 LC。

依据标准：未达到极危、濒危、易危和近危标准。

理由：在东南亚、南亚及我国部分地区分布广泛。

生境：1.6，3.6，11.1，11.3。

生物学：栖息于林缘杂草及灌木丛中。

国内分布：浙江、海南、云南（图 6-319）；**国外分布**：缅甸、印度、马来西亚、斯里兰卡、印度尼西亚。

种群：较常见。

致危因素

过去：1.1，1.4；**现在**：1.1，1.4；**将来**：1.1，1.4。

评述：栖息地面积减少，生存环境面临破坏，种群数量有减少的趋势。

保护措施

已有：无；建议：3.2，3.3，3.4。

评论：应进一步了解本种的种群组成和地理分布。

参考文献：Brunner von Wattenwyl，1893；He et al.，2010；Shishodia et al.，2010；Tan & Kamaruddin，2016；He，2018；Xu & Liu，2019。

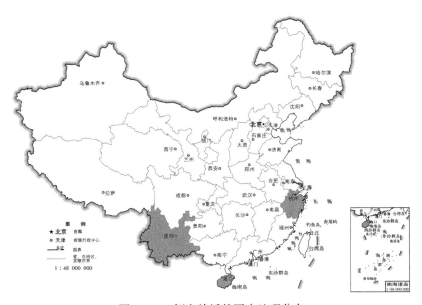

图 6-319　侧突蛉蟋的国内地理分布

（320）奥迪突蛉蟋 *Amusurgus*（*Amusurgus*）*oedemeroides*（Walker，1871）

分类地位：蟋蟀总科 Grylloidea 蛉蟋科 Trigonidiidae 蛉蟋亚科 Trigonidiinae 蛉蟋族 Trigonidiini。

同物异名：无。

中文别名：无。

中国种群占全球种群的比例：可能不在中国分布。

分析等级：数据缺乏 DD。

依据标准：物种是否在中国分布有争议。

理由：最早由殷海生和刘宪伟（1995）作为中国新记录，但之后的蟋蟀研究工作者均未见到研究标本，推测可能不在中国分布。

生境：1.4，1.6。

生物学：不详。

国内分布：云南（疑似）（图 6-320）；**国外分布**：斯里兰卡。

种群：不详。

致危因素

过去：不详；**现在**：不详；**将来**：不详。

评述：缺少调查和评估数据，致危因素不详。

保护措施

　　已有：无；建议：3.1，3.2。

　　评论：首要问题是解决物种的在中国分布的可靠性。

参考文献：殷海生和刘宪伟，1995；Walker，1871；Chopard，1969；Shishodia et al.，2010。

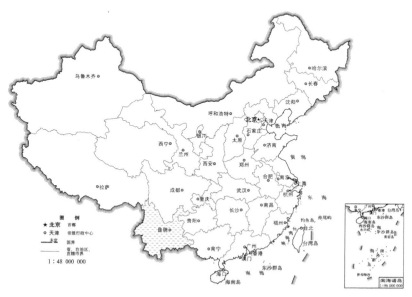

图 6-320　奥迪突蛉蟋的国内地理分布

(321)　福建突蛉蟋 *Amusurgus*（*Paranaxipha*）*fujianensis* Wang，Zheng & Woo，1999

分类地位：蟋蟀总科 Grylloidea 蛉蟋科 Trigonidiidae 蛉蟋亚科 Trigonidiinae 蛉蟋族 Trigonidiini。

同物异名：无。

中文别名：福建毛蛞蛉。

中国种群占全球种群的比例：中国特有。

分析等级：无危 LC。

依据标准：未达到极危、濒危、易危和近危标准。

理由：在我国部分地区分布广泛。

生境：1.6，3.6，11.3。

生物学：主要栖息于林缘杂草及灌木丛中。

国内分布：浙江、福建、海南、云南（图 6-321）；**国外分布**：无。

种群：较常见。

致危因素

　　过去：1.1，1.4；现在：1.1，1.4；将来：1.1，1.4。

　　评述：栖息地面积减少，生存环境面临破坏。

保护措施

　　已有：4.4.2；建议：1.1，2.2，3.2。

　　评论：应进一步了解本种的种群组成和地理分布。

参考文献：王音等，1999；刘浩宇和石福明，2014b；He et al.，2010；He，2018；Xu & Liu，2019。

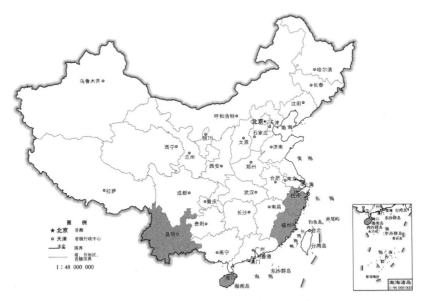

图 6-321　福建突蛉蟋的国内地理分布

(322)　凹缘突蛉蟋 *Amusurgus*（*Usgmona*）*excavatus* Liu，Shi & Zhou，2015

分类地位：蟋蟀总科 Grylloidea 蛉蟋科 Trigonidiidae 蛉蟋亚科 Trigonidiinae 蛉蟋族 Trigonidiini。

同物异名：无。

中文别名：根式突蛉蟋。

中国种群占全球种群的比例：中国特有。

分析等级：近危 NT。

依据标准：几近符合易危。

理由：本种为福建红树林地区新发现的物种，种群稳定，但面临生境破坏，分布范围狭窄等问题。

生境：1.7。

生物学：栖息于红树林中，可以使用梨小食心虫性引诱剂进行诱捕。

国内分布：福建（云霄）（图 6-322）；**国外分布**：无。

种群：常见。

致危因素

　　过去：1.1.2，1.1.9，1.4，5.1，9.9；**现在**：1.1.2，1.1.9，1.4，5.1，9.9；**将来**：1.1.2，1.1.9，1.4，5.1，9.9。

　　评述：栖息地环境特殊，扩散能力弱，分布范围狭窄。

保护措施

　　已有：无；**建议**：2.2，3.2，3.3，3.4，4.4。

　　评论：建议沿海岸建立完整的生态保护体系。

参考文献：Liu et al., 2015。

图 6-322　凹缘突蛉蟋的国内地理分布

(323)　源氏聋突蛉蟋 *Amusurgus*（*Usgmona*）*genji*（Furukawa，1970）

分类地位：蟋蟀总科 Grylloidea 蛉蟋科 Trigonidiidae 蛉蟋亚科 Trigonidiinae 蛉蟋族 Trigonidiini。

同物异名：无。

中文别名：根式突蛉蟋。

中国种群占全球种群的比例：中国为次要分布区。

分析等级：无危 LC。

依据标准：未达到极危、濒危、易危和近危标准。

理由：日本分布广泛，而在我国的已知分布区也不断扩大。

生境：1.6，1.7，3.6。

生物学：栖息于较潮湿杂草及灌木丛中。

国内分布：上海、江苏、浙江（图 6-323）；**国外分布：**日本。

种群：有持续的种群记录。

致危因素

　　过去：1.1.2，1.2.3，1.1.9，1.4，5.1；**现在：**1.1.2，1.2.3，1.1.9，1.4，5.1；**将来：**1.1.2，1.2.3，1.1.9，1.4，5.1。

　　评述：已知栖息地生存环境可能面临破坏。

保护措施

　　已有：无；**建议：**2.2。

　　评论：加强科普知识的宣传，提高人们的保护意识，必要时建立完整生态保护体系。

参考文献：Furukawa，1970；He et al.，2010；He，2018。

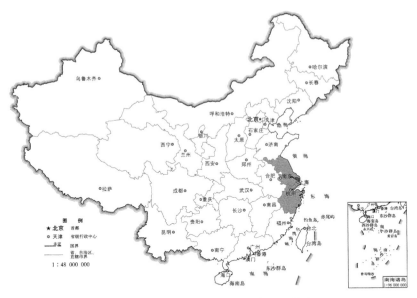

图 6-323　源氏聋突蛉蟋的国内地理分布

(324) 暗带黄蛉蟋 *Anaxipha nigritorquis* Ma & Pan，2019

分类地位：蟋蟀总科 Grylloidea 蛉蟋科 Trigonidiidae 蛉蟋亚科 Trigonidiinae 蛉蟋族 Trigonidiini。

同物异名：无。

中文别名：褐围拟蛉蟋、黑脖黄蛉蟋。

中国种群占全球种群的比例：中国特有。

分析等级：近危 NT。

依据标准：EN B1ab（i，iii）；评价等级标准调整。

理由：在瑞丽市有 4～5 小分布地点，分布区面积可能小于 5000km^2，符合濒危标准，但由于本种为新近发现，降级评价为近危。

生境：1.6，3.6。

生物学：栖息于林缘灌木丛或草丛中。

国内分布：云南（瑞丽）（图 6-324）；**国外分布**：无。

种群：较常见。

致危因素

过去：1.1，1.4，9.1，9.9，9.11；现在：1.1，1.4，9.1，9.9，9.11；将来：1.1，1.4，9.1，9.9，9.11。

评述：当前已知信息表明本种分布狭窄。

保护措施

已有：无；建议：2.2，3.2，3.4。

评论：分布区及邻近地区有近缘种，应注意进行区分，提高人们的保护意识。

参考文献：Ma & Pan，2019。

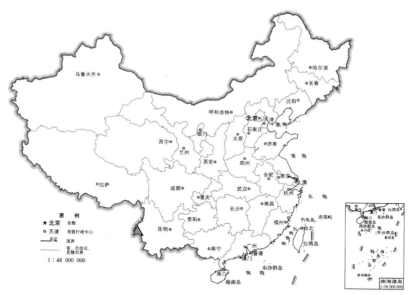

图 6-324　暗带黄蛉蟋的国内地理分布

(325) 短齿拟黄蛉蟋 *Anaxiphomorpha biserratus* Liu & Shi，2015

分类地位： 蟋 蟀 总 科 Grylloidea 蛉 蟋 科 Trigonidiidae 蛉 蟋 亚 科 Trigonidiinae 蛉 蟋 族 Trigonidiini。

同物异名： 无。

中文别名： 无。

中国种群占全球种群的比例： 中国特有。

分析等级： 近危 NT。

依据标准： 几近符合易危 VU A4ac。

理由： 被发现并记录时间较晚，但后续有采集记录，已知分布范围较狭窄，未来可能存在风险。

生境： 1.6，3.6。

生物学： 栖息于林缘、灌木丛及杂草间。

国内分布： 海南（乐东）（图 6-325）；**国外分布：** 无。

种群： 模式产地常见。

致危因素

　　过去： 1.1，1.4，9.9；**现在：** 1.1，1.4，9.9；**将来：** 1.1，1.4，9.9。

　　评述： 无飞行能力，扩散能力弱，分布范围狭窄。

保护措施

　　已有： 4.4.2；**建议：** 2.2，3.1，3.2。

　　评论： 拟黄蛉蟋属内物种大多外表近似，应注意区分近缘种，加强保护区管理。

参考文献： Liu & Shi，2015a；He，2018。

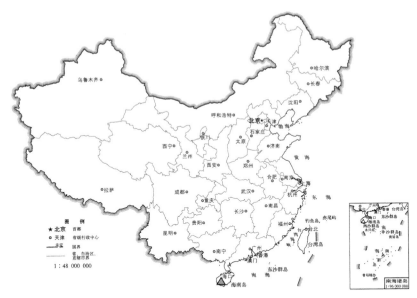

图 6-325　短齿拟黄蛉蟋的国内地理分布

（326）短突拟黄蛉蟋 *Anaxiphomorpha brevisparamerus* Liu & Shi，2015

分类地位：蟋蟀总科 Grylloidea 蛉蟋科 Trigonidiidae 蛉蟋亚科 Trigonidiinae 蛉蟋族 Trigonidiini。

同物异名：无。

中文别名：无。

中国种群占全球种群的比例：中国特有。

分析等级：近危 NT。

依据标准：几近符合易危 VU A4ac。

理由：被发现并记录时间较晚，后续有采集记录，已知分布范围较狭窄，未来可能存在风险。

生境：1.6，3.6。

生物学：栖息于林缘、灌木丛及杂草间。

国内分布：云南（马关）（图 6-326）；**国外分布**：无。

种群：模式产地常见。

致危因素

　　过去：1.1，1.4，9.9；**现在**：1.1，1.4，9.9；**将来**：1.1，1.4，9.9。

　　评述：无飞行能力，扩散能力弱，分布范围狭窄。

保护措施

　　已有：无；**建议**：2.2，3.2，3.4，4.4.1。

　　评论：拟黄蛉蟋属内物种大多外表近似，应注意区分近缘种，并加强科普知识的宣传，提高人们的保护意识。

参考文献：Liu & Shi，2015a；He，2018。

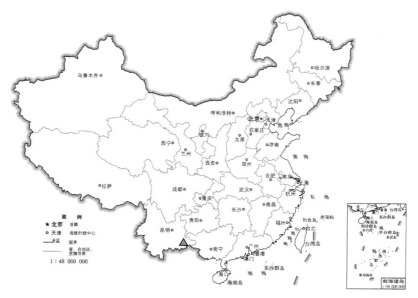

图 6-326 短突拟黄蛉蟋的国内地理分布

（327）六突拟黄蛉蟋 *Anaxiphomorpha hexagona* Ma，2018

分类地位：蟋蟀总科 Grylloidea 蛉蟋科 Trigonidiidae 蛉蟋亚科 Trigonidiinae 蛉蟋族 Trigonidiini。
同物异名：无。
中文别名：无。
中国种群占全球种群的比例：中国特有。
分析等级：近危 NT。

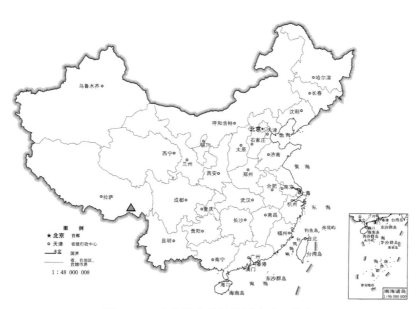

图 6-327 六突拟黄蛉蟋的国内地理分布

依据标准：几近符合易危 VU A4ac。

理由：被发现并记录的时间较晚，但在模式产地发现其他采集记录，由于已知分布范围较狭窄，未来可能存在风险。

生境：1.6，3.6。

生物学：栖息于林缘、灌木丛及杂草间。

国内分布：西藏（墨脱）（图 6-327）；**国外分布：**无。

种群：模式产地常见。

致危因素

过去：1.1，1.4，9.9；**现在：**1.1，1.4，9.9；**将来：**1.1，1.4，9.9。

评述：无飞行能力，扩散能力弱，分布范围狭窄。

保护措施

已有：4.4.2；**建议：**3.2，3.4。

评论：拟黄蛉蟋属内物种大多外表近似，应注意区分近缘种。

参考文献：Ma，2018。

（328）长齿拟黄蛉蟋 *Anaxiphomorpha longiserratus* Liu & Shi，2015

分类地位：蟋蟀总科 Grylloidea 蛉蟋科 Trigonidiidae 蛉蟋亚科 Trigonidiinae 蛉蟋族 Trigonidiini。

同物异名：无。

中文别名：无。

中国种群占全球种群的比例：中国特有。

分析等级：近危 NT。

依据标准：EN B2ab（ii，iii）；评价等级标准调整。

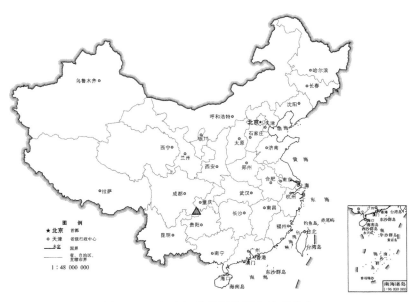

图 6-328　长齿拟黄蛉蟋的国内地理分布

理由：已知 2 个分布地点，占有面积小于 500km²，分布区生境有衰退趋势，符合濒危标准，但由于为新近发现，降级评价为近危。

生境：1.6，3.6。

生物学：栖息于林缘、灌木丛及杂草间。

国内分布：贵州（赤水）（图 6-328）；**国外分布**：无。

种群：仅有原始 2 笔记录。

致危因素

　　过去：1.1，1.4，9.9；**现在**：1.1，1.4，9.9；**将来**：1.1，1.4，9.9。

　　评述：无飞行能力，扩散能力弱，分布范围狭窄。

保护措施

　　已有：4.4.2；**建议**：3.1，3.2，4.4.3。

　　评论：拟黄蛉蟋属内外表物种大多近似，应注意区分近缘种，并加强科普知识的宣传和保护区管理。

参考文献：Liu & Shi，2015a；He，2018。

（329）齿突拟黄蛉蟋 *Anaxiphomorpha serratiprotuberus* **Liu & Shi，2015**

分类地位：蟋蟀总科 Grylloidea 蛉蟋科 Trigonidiidae 蛉蟋亚科 Trigonidiinae 蛉蟋族 Trigonidiini。

同物异名：无。

中文别名：无。

中国种群占全球种群的比例：中国特有。

分析等级：无危 LC。

依据标准：未达到极危、濒危、易危和近危标准。

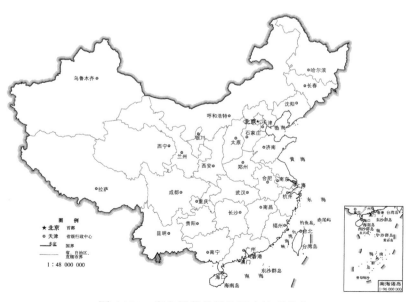

图 6-329　齿突拟黄蛉蟋的国内地理分布

理由：虽然为新发表物种，但通过近年持续调查，发现在云南勐腊种群稳定，小分布地点较多。

生境：1.6，3.6。

生物学：栖息于林缘、灌木丛及杂草间。

国内分布：云南（勐腊）（图 6-329）；**国外分布**：无。

种群：常见。

致危因素

　　过去：8.8，9.11；**现在**：8.8，9.11；**将来**：8.8，9.11。

　　评述：当前调查表明无危，仍需要观察。

保护措施

　　已有：4.4.2；**建议**：无。

　　评论：拟黄蛉蟋属内物种大多外表近似，应注意区分近缘种。

参考文献：Liu & Shi，2015a；He，2018。

（330）宽叶墨蛉蟋 *Homoeoxipha eurylobus* **Ma，Liu & Zhang，2016**

分类地位：蟋蟀总科 Grylloidea 蛉蟋科 Trigonidiidae 蛉蟋亚科 Trigonidiinae 蛉蟋族 Trigonidiini。

同物异名：无。

中文别名：无。

中国种群占全球种群的比例：中国特有。

分析等级：近危 NT。

依据标准：几近符合易危 VU A4ac。

理由：被发现并记录的时间较晚，已知分布范围较狭窄，未来可能存在风险。

生境：1.6，3.6。

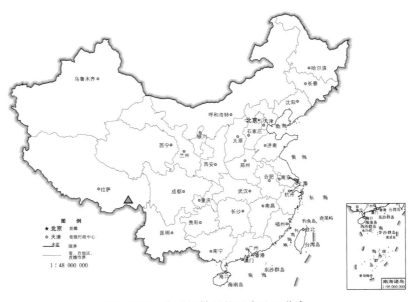

图 6-330　宽叶墨蛉蟋的国内地理分布

生物学：栖息于林缘、灌木丛及杂草间。

国内分布：西藏（墨脱）（图6-330）；**国外分布**：无。

种群：在模式产地常见。

致危因素

    过去：1.1，1.4，9.9；**现在**：1.1，1.4，9.9；**将来**：1.1，1.4，9.9。

    评述：无飞行能力，扩散能力弱，分布范围狭窄。

保护措施

    已有：4.4.2；**建议**：2.2，3.1。

    评论：墨蛉蟋属内物种的外生殖器非常近似，颜色差异大，应注意区分近缘种，加强保护区管理。

参考文献：Ma et al.，2016；He，2018。

（331）赤胸墨蛉蟋 *Homoeoxipha lycoides*（Walker，1869）

分类地位：蟋蟀总科 Grylloidea 蛉蟋科 Trigonidiidae 蛉蟋亚科 Trigonidiinae 蛉蟋族 Trigonidiini。

同物异名：*Homoeoxiphus histrio* Saussure，1878；*Cyrtoxiphus ritsemae* Saussure，1878。

中文别名：细长剑蛞蛉、赤胸墨蛉。

中国种群占全球种群的比例：中国为次要分布区。

分析等级：无危 LC。

依据标准：未达到极危、濒危、易危和近危标准。

理由：分布广泛，适应能力强。

生境：4.6，7.1，7.2。

生物学：植食性鸣虫，栖息于天然林或者人工林间草地或灌木丛。

国内分布：上海、江苏、浙江、安徽、福建、江西、广东、广西、海南、四川、云南、西

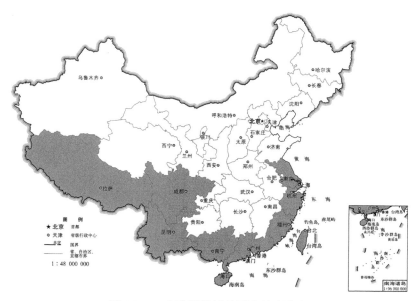

图6-331　赤胸墨蛉蟋的国内地理分布

藏、台湾（图 6-331）；**国外分布**：越南、缅甸、印度、泰国、斯里兰卡、马来西亚、新加坡、印度尼西亚、巴基斯坦、马尔代夫、澳大利亚。

种群：常见。

致危因素

　　过去：无；**现在**：无；**将来**：无。

　　评述：尚未发现明显致危因素。

保护措施

　　已有：无；**建议**：无。

　　评论：无须刻意保护的一种昆虫。

参考文献：刘宪伟等，1993；殷海生和刘宪伟，1995；王音等，1999；王音，2002；谢令德和刘宪伟，2004；刘宪伟，2009；Walker，1869；Hsu，1928；Shiraki，1930；Bei-Bienko，1956；Hsiung，1993；Ichikawa et al.，2000；Tan，2012；Shishodia et al.，2010；Kim & Pham，2014；Ma et al.，2016；Tan，2017；Xu & Liu，2019。

（332）黑足墨蛉蟋 *Homoeoxipha nigripes* **Xia & Liu，1993**

分类地位：蟋蟀总科 Grylloidea 蛉蟋科 Trigonidiidae 蛉蟋亚科 Trigonidiinae 蛉蟋族 Trigonidiini。

同物异名：无。

中文别名：黑足墨蛉。

中国种群占全球种群的比例：中国为主要分布区。

分析等级：无危 LC。

依据标准：未达到极危、濒危、易危和近危标准。

理由：在东亚分布较为广泛。

生境：1.4，1.6，3.4，3.6，4.4，4.6，11.3，11.4。

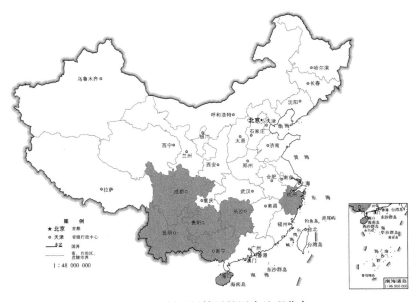

图 6-332　黑足墨蛉蟋的国内地理分布

生物学：植食性，善鸣叫，栖息于天然林或者人工林间草地或灌木丛。

国内分布：浙江、湖南、广西、海南、四川、贵州、云南（图6-332）；**国外分布：**日本。

种群：在我国南方地区非常常见，数量巨大。

致危因素

　　过去：无；**现在：**无；**将来：**无。

　　评述：尚未发现明显致危因素。

保护措施

　　已有：无；**建议：**无。

　　评论：无须刻意保护的一种昆虫。

参考文献：夏凯龄和刘宪伟，1992；刘宪伟等，1993；殷海生和刘宪伟，1995；殷海生等，2001；刘浩宇和石福明，2007b；刘浩宇和石福明，2014a；刘浩宇和石福明，2014b；Ichikawa et al.，2000；Ma et al.，2016；Gu et al.，2018；Xu & Liu，2019。

（333）黑头墨蛉蟋 *Homoeoxipha obliterata*（Caudell，1927）

分类地位：蟋蟀总科 Grylloidea 蛉蟋科 Trigonidiidae 蛉蟋亚科 Trigonidiinae 蛉蟋族 Trigonidiini。

同物异名：无。

中文别名：无。

中国种群占全球种群的比例：中国为次要分布区。

分析等级：无危 LC。

依据标准：未达到极危、濒危、易危和近危标准。

理由：在东亚分布广泛。

生境：1.4，3.4，11.4。

生物学：栖息于天然林或者人工林间草地或灌木丛。

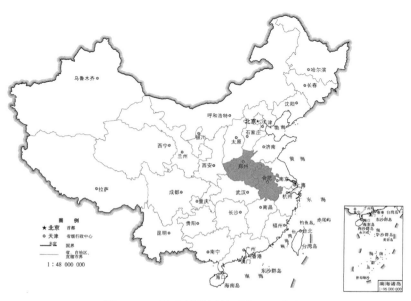

图 6-333　黑头墨蛉蟋的国内地理分布

国内分布：安徽、河南（图6-333）；**国外分布**：朝鲜、日本。

种群：非常常见，数量巨大。

致危因素

　　过去：无；**现在**：无；**将来**：无。

　　评述：适应能力较强，尚未知明显致危因素。

保护措施

　　已有：无；**建议**：3.1。

　　评论：本种与黑足墨蛉蟋非常近似，在其他省区还存在疑似种需要进一步厘定，我国未来很可能是主要分布区。

参考文献：Caudell，1927；Ichikawa et al.，2000；Kim，2013；Storozhenko et al.，2015；Ma et al.，2016；He，2018。

（334）双色斜蛉蟋 *Metioche*（*Metioche*）*bicolor*（Stål，1861）

分类地位：蟋蟀总科 Grylloidea 蛉蟋科 Trigonidiidae 蛉蟋亚科 Trigonidiinae 蛉蟋族 Trigonidiini。

同物异名：无。

中文别名：双色哑蛣蛉。

中国种群占全球种群的比例：中国为次要分布区。

分析等级：无危 LC。

依据标准：未达到极危、濒危、易危和近危标准。

理由：在我国海南等地区常见，国内疑似分布区较多，推测有更广泛分布。

生境：1.6，3.6，11.4。

生物学：栖息于林缘路边的杂草间。

国内分布：广西、海南（图6-334）；**国外分布**：印度、马来西亚。

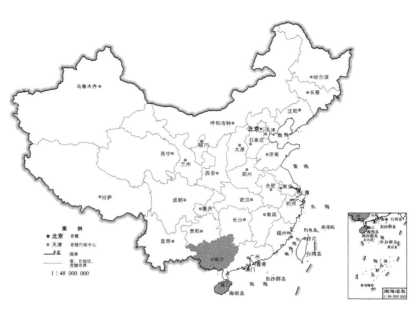

图 6-334　双色斜蛉蟋的国内地理分布

种群：较常见。

致危因素

过去：1.1.1，1.1.2，9.10；现在：1.1.1，1.1.2；**将来**：不详。

评述：部分栖息地生境质量下降。

保护措施

已有：4.4.2；**建议**：3.1。

评论：这是一种极小的蛉蟋，需要具备专业的分类知识才能准确鉴定。

参考文献：殷海生和刘宪伟，1995；王音，2002；Stål，1861［1860］；Shishodia et al.，2010；He，2018。

（335）查马斜蛉蟋 *Metioche*（*Metioche*）*chamadara*（**Sugimoto，2001**）

分类地位：蟋蟀总科 Grylloidea 蛉蟋科 Trigonidiidae 蛉蟋亚科 Trigonidiinae 蛉蟋族 Trigonidiini。

同物异名：无。

中文别名：无。

中国种群占全球种群的比例：中国可能为次要分布区。

分析等级：数据缺乏 DD。

依据标准：本种在中国分布数据缺乏。

理由：本种可能在中国分布，且标本信息久远。

生境：1.6，3.6。

生物学：不详。

国内分布：浙江（舟山）（图 6-335）；**国外分布**：日本。

种群：少见。

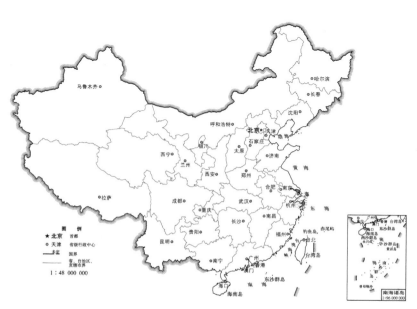

图 6-335　查马斜蛉蟋的国内地理分布

致危因素

　　过去：9.10，10.6；现在：9.10，10.6；将来：9.10，10.6。

　　评述：缺少调查与评估数据，致危因素不详。

保护措施

　　已有：无；建议：3.1，3.2。

　　评论：建议对疑似分布地舟山进行野外考察，进而明确其是否在中国分布。

参考文献：何祝清，2010；Sugimoto，2001。

---

(336) 黄足斜蛉蟋 *Metioche*（*Metioche*）*flavipes*（Brunner von Wattenwyl，1878）

分类地位：蟋蟀总科 Grylloidea 蛉蟋科 Trigonidiidae 蛉蟋亚科 Trigonidiinae 蛉蟋族 Trigonidiini。

同物异名：无。

中文别名：无。

中国种群占全球种群的比例：中国为主要分布区。

分析等级：易危 VU。

依据标准：VU A4ac ＋ B1ab（i，iii）。

理由：分布范围狭窄，面积可能小于 20000km^2，数量较少，已知分布地生境有衰退趋势。

生境：1.6，3.6。

生物学：栖息于林缘路边灌木丛。

国内分布：上海、贵州（图 6-336）；**国外分布**：斐济。

种群：少见。

致危因素

　　过去：1.1.1，1.1.2，9.9，9.10；现在：1.1.1，1.1.2，9.9；将来：1.1.1，1.1.2，9.9。

　　评述：扩散能力弱，分布范围狭窄，是人们经常忽视的物种。

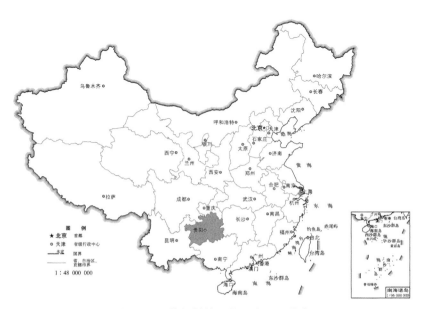

图 6-336　黄足斜蛉蟋的国内地理分布

保护措施

已有：无；建议：3.1，3.2。

评论：这是一种极小的蛉蟋，需要具备专业的分类知识才能准确鉴定，模式产地为太平洋岛屿，与我国的分布产地很远，需要厘定思考。

参考文献：殷海生和刘宪伟，1995；Brunner von Wattenwyl，1893；Hollier & Maehr，2012；He，2018。

（337）　哈尼斜蛉蟋 *Metioche*（*Metioche*）*haanii*（Saussure，1878）

分类地位：蟋蟀总科 Grylloidea 蛉蟋科 Trigonidiidae 蛉蟋亚科 Trigonidiinae 蛉蟋族 Trigonidiini。

同物异名：无。

中文别名：哈尼蟋蛉。

中国种群占全球种群的比例：中国为主要分布区。

分析等级：无危 LC。

依据标准：未达到极危、濒危、易危和近危标准。

理由：在东亚和东南亚分布较广泛。

生境：4.4，4.6，7.1，11.1，11.2。

生物学：栖息于林缘路边灌木丛或草丛。

国内分布：上海、浙江、江西、湖北、湖南、四川、贵州、台湾（图 6-337）；**国外分布：**马来西亚。

种群：非常常见，数量巨大。

致危因素

过去：无；现在：无；将来：无。

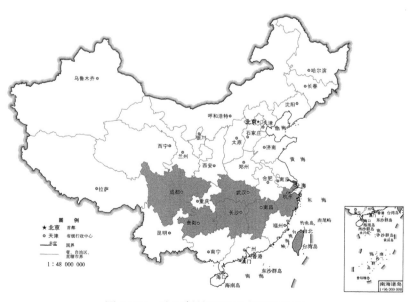

图 6-337　哈尼斜蛉蟋的国内地理分布

　　评述：适应能力较强，未发现明显致危因素。
保护措施
　　已有：无；**建议**：无。
　　评论：无须刻意保护的一种昆虫。
参考文献：夏凯龄和刘宪伟，1992；殷海生和刘宪伟，1995；殷海生等，2001；刘浩宇和石福明，2014a；Saussure，1878；Shiraki，1930；Gu et al.，2018；He，2018；Xu & Liu，2019。

（338）日本斜蛉蟋 *Metioche*（*Metioche*）*japonica*（Ichikawa，2001）

分类地位：蟋蟀总科 Grylloidea 蛉蟋科 Trigonidiidae 蛉蟋亚科 Trigonidiinae 蛉蟋族 Trigonidiini。
同物异名：无。
中文别名：无。
中国种群占全球种群的比例：中国为次要分布区。
分析等级：近危 NT。
依据标准：地区水平指南应用。
理由：本种在东亚分布广泛，但在我国仅记录1个分布地点，而且记录时间非常晚，值得后续关注。
生境：1.4，1.6，3.4，3.6。
生物学：栖息林间草丛和灌木丛中。
国内分布：云南（勐腊）（图6-338）；**国外分布**：朝鲜、日本。
种群：在朝鲜和日本非常常见，数量巨大，我国仅记录1笔。
致危因素
　　过去：1.1，9.10；**现在**：1.1，9.10；**将来**：1.1，9.10。
　　评述：在我国的已知分布区非常狭窄。

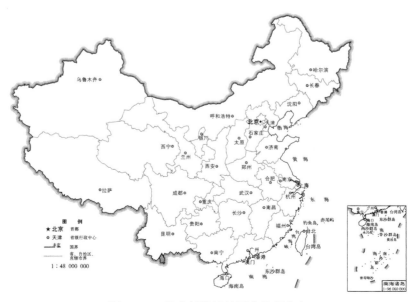

图 6-338　日本斜蛉蟋的国内地理分布

保护措施

　　已有：无；建议：3.1，3.2。

　　评论：通过科学分类和系统野外调查，以明确在我国的受威胁情况。

参考文献：Ichikawa，2001；Mal et al.，2014a；Mal et al.，2014b；Storozhenko et al.，2015；He，2018。

（339）兰屿斜蛉蟋 *Metioche*（*Metioche*）*kotoshoensis*（**Shiraki，1930**）

分类地位： 蟋蟀总科 Grylloidea 蛉蟋科 Trigonidiidae 蛉蟋亚科 Trigonidiinae 蛉蟋族 Trigonidiini。

同物异名： 无。

中文别名： 无。

中国种群占全球种群的比例： 中国特有。

分析等级： 极危 CR。

依据标准： CR B2ab（ii，iii）。

理由： 已知 1 个分布地点，占有面积不到 $10km^2$，分布特殊且范围狭窄；自物种发表后，近 90 年无有效记录。

生境： 1.6，3.1，3.6。

生物学： 不详。

国内分布： 台湾（兰屿）（图 6-339）；**国外分布：** 无。

致危因素

种群： 1.3，4.1.3，5.1，9.1，9.9，10.1；**现在：** 1.3，4.1.3，5.1，9.1，9.9，10.1；**将来：** 1.3，4.1.3，5.1，9.1，9.9，10.1。

　　评述： 为岛屿分布，本种扩散能力弱，分布范围狭窄。

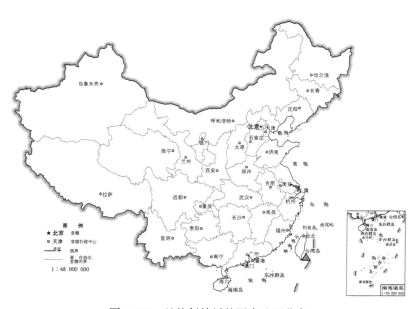

图 6-339　兰屿斜蛉蟋的国内地理分布

保护措施

已有：无；**建议**：2.1，2.2，3.2，3.3，3.4，4.4。

评论：通过深入研究，对模式产地进行调查，掌握其生物学特性，阐述造成当前评估状况的各种因素。

参考文献：Shiraki，1930；He，2018。

（340）淡角斜蛉蟋 *Metioche（Metioche）pallidicornis*（Stål，1861）

分类地位：蟋蟀总科 Grylloidea 蛉蟋科 Trigonidiidae 蛉蟋亚科 Trigonidiinae 蛉蟋族 Trigonidiini。

同物异名：无。

中文别名：无。

中国种群占全球种群的比例：中国特有。

分析等级：极危 CR。

依据标准：CR A4cd ＋ B1ab（i，iii）。

理由：仅知在香港分布，分布面积可能小于100km²，已超过100年未见种群记录；香港的自然生态环境与百年之前相比已经发生了翻天覆地的变化。

生境：1.6，3.6。

生物学：不详。

国内分布：香港（图6-340）；**国外分布**：无。

种群：仅有原始记录。

致危因素

过去：1.1.2，1.3.4，9.1，9.10；**现在**：1.1.2，1.3.4，9.1，9.10；**将来**：1.1.2，1.3.4，9.1，9.10。

评述：种群数量稀少、适应能力差及自然环境变化，应该是致危的主要原因。

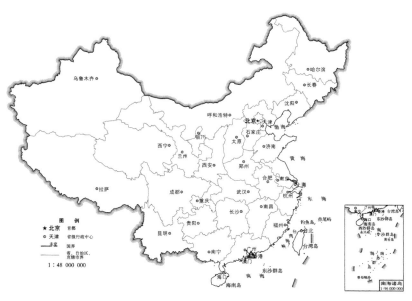

图6-340　淡角斜蛉蟋的国内地理分布

保护措施

已有：无；**建议**：2.2，3.2，3.3，3.4。

评论：通过连续4年在香港的野外调查，至今未发现新的种群，更加证实这个物种的濒危程度，应引起高度重视，加强科普知识的宣传，提高人们的保护意识。

参考文献：Stål，1861 [1860]；He，2018。

（341）灰斜蛉蟋 *Metioche*（*Metioche*）*pallipes*（**Stål，1861**）

分类地位：蟋蟀总科 Grylloidea 蛉蟋科 Trigonidiidae 蛉蟋亚科 Trigonidiinae 蛉蟋族 Trigonidiini。

同物异名：无。

中文别名：灰哑蛄蛉。

中国种群占全球种群的比例：中国为主要分布区。

分析等级：无危 LC。

依据标准：未达到极危、濒危、易危和近危标准。

理由：在东亚、东南亚分布广泛。

生境：1.6，3.6，11.3，11.4。

生物学：栖息在林间草丛、灌木丛中。

国内分布：广东、广西、海南、陕西（图6-341）；**国外分布**：越南、日本、菲律宾、马来西亚、新加坡。

种群：在海南、广东等地常见，种群数量大。

致危因素

过去：无；**现在**：无；**将来**：无。

评述：个体非常小，容易被忽略，可能有更广泛的分布范围。

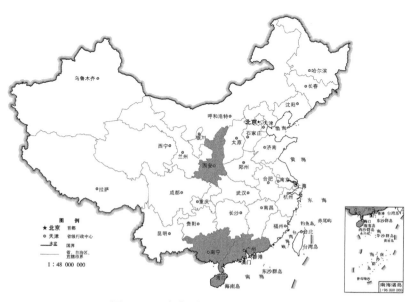

图 6-341　灰斜蛉蟋的国内地理分布

保护措施

已有：无；建议：无。

评论：探索斜岭蟋属内近缘种的有效识别方法。

参考文献：殷海生和刘宪伟，1995；尤平等，1997；王音，2002；谢令德，2005；Stål，1861［1860］；Ichikawa et al.，2000；Shishodia et al.，2010；Tan et al.，2012；Kim & Pham，2014；He，2018；Yang et al.，2019。

(342) 条胸斜岭蟋指名亚种 *Metioche*（*Metioche*）*vittaticollis vittaticollis*（**Stål，1861**）

分类地位：蟋蟀总科 Grylloidea 岭蟋科 Trigonidiidae 岭蟋亚科 Trigonidiinae 岭蟋族 Trigonidiini。

同物异名：*Metioche lepidula* Stål，1877。

中文别名：小哑蛄岭。

中国种群占全球种群的比例：中国为次要分布区。

分析等级：近危 NT。

依据标准：地区水平指南应用。

理由：在国外分布广泛，处于无危状态，但是在国内的分布区分割严重。

生境：1.6，3.6。

生物学：栖息在林间草丛、灌木丛中。

国内分布：上海、福建、广西、海南、台湾（图 6-342）；**国外分布**：越南、印度、菲律宾。

种群：不详。

致危因素

过去：1.1.1，1.1.2，9.11，10.7；现在：1.1.1，1.1.2，9.11，10.7；将来：1.1.1，1.1.2，9.11，10.7。

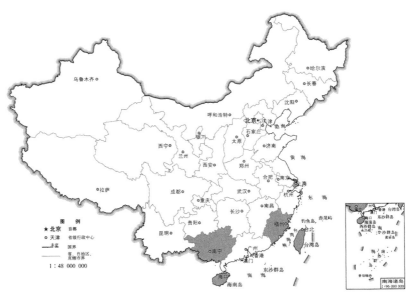

图 6-342　条胸斜岭蟋指名亚种的国内地理分布

评述：体形非常小，需要厘定与近缘种的差异。

保护措施

　　已有：无；**建议**：3.2，3.3，5.8。

　　评论：建议先了解本种在我国的种群组成和地理分布情况，有针对性地维持和保护其生境。

参考文献：殷海生和刘宪伟，1995；王音等，1999；王音，2002；Stål，1861［1860］；Gorochov，1987；Shishodia et al.，2010；Kim & Pham，2014；He，2018。

（343）尖突哑蛉蟋 *Metiochodes acutiparamerus* Li，He & Liu，2010

分类地位：蟋蟀总科 Grylloidea 蛉蟋科 Trigonidiidae 蛉蟋亚科 Trigonidiinae 蛉蟋族 Trigonidiini。

同物异名：无。

中文别名：无。

中国种群占全球种群的比例：中国特有。

分析等级：近危 NT。

依据标准：几近符合易危 VU A4ac。

理由：被发现并记录的时间较晚，但在乐东尖峰岭种群稳定且数量大，但分布范围较狭窄，未来可能存在风险。

生境：1.6，3.6。

生物学：栖息于林缘灌木丛或草丛中。

国内分布：海南（乐东）（图 6-343）；**国外分布**：无。

种群：模式产地常见。

致危因素

　　过去：1.4，4.1，9.9；**现在**：1.4，4.1，9.9；**将来**：1.4，4.1，9.9。

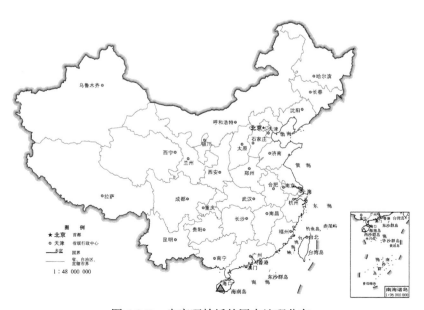

图 6-343　尖突哑蛉蟋的国内地理分布

　　评述：已知分布范围狭窄。

保护措施

　　已有：4.4.2；建议：2.2，3.2，3.3，3.4。

　　评论：加强科普知识的宣传，提高人们的保护意识。

参考文献：Li et al.，2010a；He，2018。

（344）**细齿哑蛉蟋** *Metiochodes denticulatus* **Liu & Shi，2011**

分类地位：蟋蟀总科 Grylloidea 蛉蟋科 Trigonidiidae 蛉蟋亚科 Trigonidiinae 蛉蟋族 Trigonidiini。

同物异名：无。

中文别名：无。

中国种群占全球种群的比例：中国特有。

分析等级：易危 VU。

依据标准：CR B1ab（i，iii）；评价等级标准调整。

理由：已知 1 个分布地点，面积不到 100km^2，分布范围狭窄，符合极危标准，但由于本种为新近发现，降级评价为易危。

生境：1.6，3.6。

生物学：栖息于林缘灌木丛或草丛中。

国内分布：贵州（榕江）（图 6-344）；**国外分布**：无。

种群：较少见。

致危因素

　　过去：1.4，9.1，9.9，9.11；**现在**：1.4，9.1，9.9，9.11；**将来**：1.4，9.1，9.9，9.11。

　　评述：发表后的重复调查未再发现此种，扩散能力弱，分布范围狭窄。

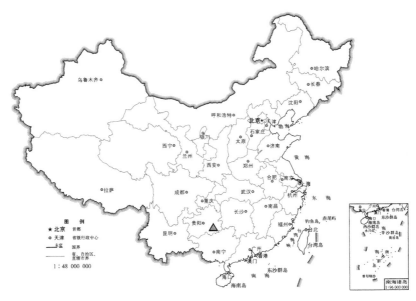

图 6-344　细齿哑蛉蟋的国内地理分布

保护措施

已有：4.4；建议：2.2，3.1，3.2，3.3，3.4。

评论：在邻近自然保护区有疑似物种发现，但由于采集到的标本为雌性，需要通过科学研究进一步掌握本种的种群组成和地理分布。

参考文献： Liu & Shi，2011a；He，2018。

(345) 黄褐哑蛉蟋 *Metiochodes flavescens* Chopard，1932

分类地位： 蟋蟀总科 Grylloidea 蛉蟋科 Trigonidiidae 蛉蟋亚科 Trigonidiinae 蛉蟋族 Trigonidiini。

同物异名： 无。

中文别名： 无。

中国种群占全球种群的比例： 中国为次要分布区。

分析等级： 近危 NT。

依据标准： 地区水平指南应用。

理由： 东南亚分布广泛，我国仅知 1 个分布地点，可能是分布的边缘，分布狭窄，栖息地质量存在变差风险。

生境： 1.6，3.6。

生物学： 栖息于林缘灌木丛或草丛中。

国内分布： 云南（景洪）（图 6-345）；**国外分布：** 越南、新加坡。

种群： 中国种群少见。

致危因素

过去：1.1.2，1.1.3，1.4，10.1；现在：1.1.2，1.1.3，1.4，10.1；将来：1.1.2，1.1.3，1.4，10.1。

评述：扩散能力弱，在我国分布范围狭窄。

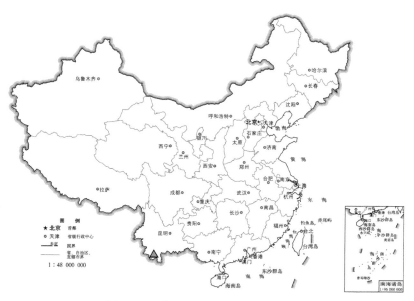

图 6-345 黄褐哑蛉蟋的国内地理分布

保护措施

已有：无；建议：2.2，3.1，3.2。

评论：应通过调查了解种群组成和地理分布情况，特别是邻近的自然保护区情况，并有效区别与近缘种的差异。

参考文献：Chopard，1932；Chopard，1968；Kim & Pham，2014；He，2018。

（346）细哑蛉蟋 *Metiochodes gracilus* Ma & Pan，2019

分类地位：蟋蟀总科 Grylloidea 蛉蟋科 Trigonidiidae 蛉蟋亚科 Trigonidiinae 蛉蟋族 Trigonidiini。

同物异名：无。

中文别名：弯曲哑蛉蟋。

中国种群占全球种群的比例：中国特有。

分析等级：易危 VU。

依据标准：VU A4cd + B2ab（ii，iii）；评价等级标准调整。

理由：已知 1 个分布地点，占有面积不到 10km^2，分布范围狭窄，但由于本种为新近发现，降级评价为易危。

生境：1.6，3.6。

生物学：栖息于林缘灌木丛或草丛中。

国内分布：云南（沧源）（图 6-346）；**国外分布：**无。

种群：不详。

致危因素

过去：1.4，9.1，9.9，9.11；**现在：**1.4，9.1，9.9，9.11；**将来：**1.4，9.1，9.9，9.11。

评述：本种为新近发表，致危因素不清晰。

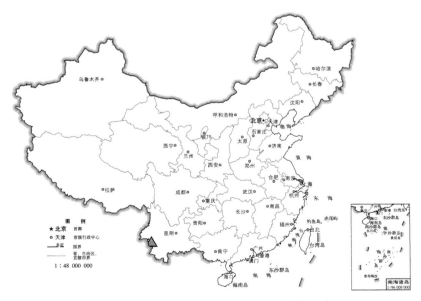

图 6-346 细哑蛉蟋的国内地理分布

保护措施

　　已有：无；**建议**：3.1，3.2。

　　评论：模式产地及邻近地区有疑似物种分布，应有效区别近缘种，了解本种的种群组成和地理分布情况。

参考文献：Ma & Pan，2019。

（347）格氏哑蛉蟋 *Metiochodes greeni*（Chopard，1925）

分类地位：蟋蟀总科 Grylloidea 蛉蟋科 Trigonidiidae 蛉蟋亚科 Trigonidiinae 蛉蟋族 Trigonidiini。

同物异名：无。

中文别名：无。

中国种群占全球种群的比例：疑似分布。

分析等级：数据缺乏 DD。

依据标准：物种是否在中国分布有争议。

理由：本种的模式产地为斯里兰卡，在 1995 年被作为新发现记录在西藏，但之后的研究者多未采用，疑似记录地有近缘新种被发现。

生境：3.6。

生物学：不详。

国内分布：西藏（疑似）（图 6-347）；**国外分布**：印度、斯里兰卡。

种群：不详。

致危因素

　　过去：1.3，9.1，9.5，10.7；**现在**：1.3，9.1，9.5，10.7；**将来**：1.3，9.1，9.5，10.7。

　　评述：缺少调查和评估数据，致危因素不详。

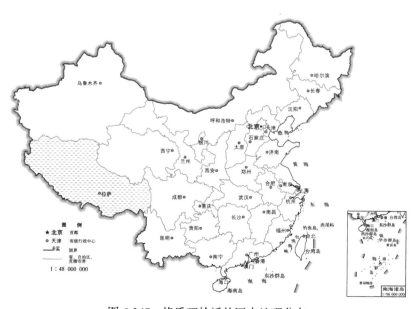

图 6-347　格氏哑蛉蟋的国内地理分布

保护措施

　　已有：无；建议：3.1，3.2。

　　评论：首先应通过分类学和比较形态学研究解决物种的准确识别问题，进而确认其实际分布情况。

参考文献：殷海生和刘宪伟，1995；Chopard，1925b；Chopard，1936c；Chopard，1968；Chopard，1969。

---

(348) **小哑蛉蟋** *Metiochodes minor* **Li，He & Liu，2010**

分类地位：蟋蟀总科 Grylloidea 蛉蟋科 Trigonidiidae 蛉蟋亚科 Trigonidiinae 蛉蟋族 Trigonidiini。

同物异名：无。

中文别名：无。

中国种群占全球种群的比例：中国特有。

分析等级：易危 VU。

依据标准：CR A4cd ＋ B2ab（ii，iii）；评价等级标准调整。

理由：已知 1 个分布地点，占有面积可能小于 $10km^2$，符合极危标准，但由于本种为新近发现，降级评价为易危。

生境：1.6，3.6。

生物学：栖息于林缘灌木丛或草丛中。

国内分布：福建（明溪）（图 6-348）；**国外分布**：无。

种群：少见。

致危因素

　　过去：1.4，9.1，9.9，9.11；**现在**：1.4，9.1，9.9，9.11；**将来**：1.4，9.1，9.9，9.11。

　　评述：推测种群小且分布范围狭窄。

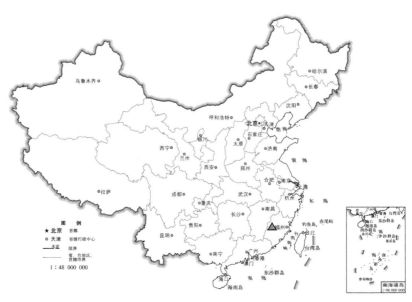

图 6-348　小哑蛉蟋的国内地理分布

保护措施

　　已有：4.4；**建议**：2.2，3.1。

　　评论：加强分类识别，提高人们的保护意识。

参考文献：Li et al.，2010a；He，2018。

(349) 西藏哑蛉蟋 *Metiochodes tibeticus* **Li，He & Liu，2010**

分类地位：蟋蟀总科 Grylloidea 蛉蟋科 Trigonidiidae 蛉蟋亚科 Trigonidiinae 蛉蟋族 Trigonidiini。

同物异名：无。

中文别名：无。

中国种群占全球种群的比例：中国特有。

分析等级：近危 NT。

依据标准：几近符合易危 VU A4ac。

理由：本种虽为近年发表，但野外调查显示种群稳定，而分布区狭窄仍需关注。

生境：1.6，3.6。

生物学：栖息于林缘灌木丛或草丛。

国内分布：西藏（墨脱）（图 6-349）；**国外分布**：无。

种群：较常见。

致危因素

　　过去：1.3，1.4，9.1，9.10；**现在**：1.3，1.4，9.1，9.10；**将来**：9.1，9.10。

　　评述：栖息地容易受到人类干扰，物种分布范围狭窄。

保护措施

　　已有：无；**建议**：2.2，3.2。

　　评论：加强潜在分布区的调查和科普知识的宣传，提高人们的保护意识。

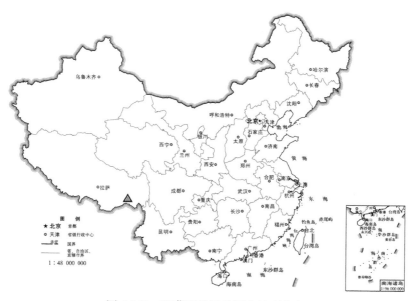

图 6-349　西藏哑蛉蟋的国内地理分布

参考文献：Li et al., 2010a；He, 2018。

(350) 截突哑蛉蟋 *Metiochodes truncatus* Li，He & Liu，2010

分类地位：蟋蟀总科 Grylloidea 蛉蟋科 Trigonidiidae 蛉蟋亚科 Trigonidiinae 蛉蟋族 Trigonidiini。

同物异名：无。

中文别名：截叶哑蛉蟋。

中国种群占全球种群的比例：中国特有。

分析等级：无危 LC。

依据标准：VU B2ab（ii，iii）；评价等级标准调整。

理由：现已知分布点不多于 10 个，占有面积小于 2000km²，符合易危标准，但由于本种为新近发现，且野外调查记录显示种群稳定，降级评价为无危。

生境：1.6，3.6。

生物学：栖息于林缘灌木丛或草丛中。

国内分布：云南（金平）（图 6-350）；**国外分布**：无。

种群：较常见。

致危因素

过去：1.4，9.9；**现在**：1.4，9.9；**将来**：1.4，9.9。

评述：分布范围狭窄。

保护措施

已有：无；**建议**：3.2。

评论：调查显示种群稳定，但由于分布区狭窄，仍需要关注。

参考文献：Li et al., 2010a；He, 2018。

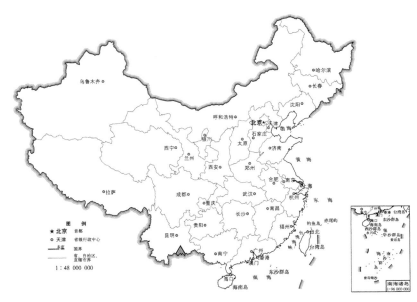

图 6-350 截突哑蛉蟋的国内地理分布

(351) 长翅真蛉蟋 *Natula longipennis*（Serville，1838）

分类地位：蟋蟀总科 Grylloidea 蛉蟋科 Trigonidiidae 蛉蟋亚科 Trigonidiinae 蛉蟋族 Trigonidiini。
同物异名： *Anaxipha manipurensis* Bhowmik，1968；*Cyrtoxiphus pusillus* Saussure，1878；
Cyrtoxiphus straminula Brunner von Wattenwyl，1893。
中文别名：长翅真蛄蛉、长翅黄蛉。
中国种群占全球种群的比例：中国为主要分布区。
分析等级：无危 LC。
依据标准：未达到极危、濒危、易危和近危标准。
理由：国内外分布范围较广。
生境：1.6，3.6。
生物学：栖息于林缘灌木丛或草丛中，偶有趋光性。
国内分布：海南、贵州、云南、西藏（图 6-351）；**国外分布：**越南、缅甸、马来西亚、新加坡、斯里兰卡。
种群：常见。
致危因素
　　过去：无；**现在：**无；**将来：**3.5。
　　评述：尚未发现明显致危因素。
保护措施
　　已有：无；**建议：**无。
　　评论：目前尚无须刻意保护的一种昆虫，有些地区将其作为鸣虫。
参考文献：刘宪伟等，1993；殷海生和刘宪伟，1995；王音，2002；刘浩宇等，2010；Serville，1838［1839］；Shishodia et al.，2010；Kim & Pham，2014；Tan，2017；He，2018。

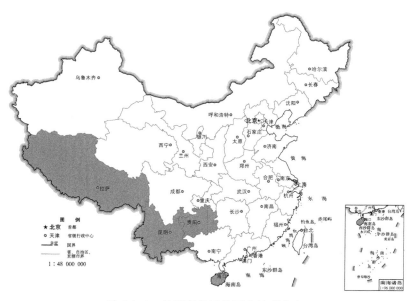

图 6-351　长翅真蛉蟋的国内地理分布

（352）松浦真蛉蟋 *Natula matsuurai* Sugimoto，2001

分类地位：蟋蟀总科 Grylloidea 蛉蟋科 Trigonidiidae 蛉蟋亚科 Trigonidiinae 蛉蟋族 Trigonidiini。
同物异名：无。
中文别名：松浦氏小黄蛉蟋。
中国种群占全球种群的比例：中国为次要分布区。
分析等级：近危 NT。
依据标准：地区应用水平指南。
理由：分布区广泛且紧邻中国，在我国可能分布非常狭窄，栖息地环境存在变差风险。
生境：1.4，1.6，3.4，3.6。
生物学：栖息于林缘灌木丛或草丛中。
国内分布：上海（图 6-352）；**国外分布**：朝鲜、印度、日本。
种群：国外较常见，国内仅见 1 笔记录。
致危因素
    过去：1.1.2，1.1.3，1.4，10.1；**现在**：1.1.2，1.1.3，1.4，10.1；**将来**：1.1.2，1.1.3。
    评述：分布区容易受到人类干扰。
保护措施
    已有：无；**建议**：2.2，3.2，3.4。
    评论：了解本种的种群组成和地理分布，提高人们的保护意识。
参考文献：Sugimoto，2001；Mal et al.，2014a；Mal et al.，2014b；Storozhenko et al.，2015；He，2018。

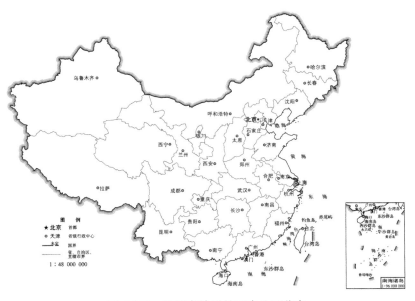

图 6-352　松浦真蛉蟋的国内地理分布

(353) 灰真蛉蟋 *Natula pallidula*（Matsumura，1910）

分类地位： 蟋蟀总科 Grylloidea 蛉蟋科 Trigonidiidae 蛉蟋亚科 Trigonidiinae 蛉蟋族 Trigonidiini。

同物异名： 无。

中文别名： 无。

中国种群占全球种群的比例： 中国特有。

分析等级： 无危 LC。

依据标准： 未达到极危、濒危、易危和近危标准。

理由： 分布范围较广，推测在我国可能有更广泛的分布。

生境： 1.6，3.6。

生物学： 栖息于林缘灌木丛或草丛中。

国内分布： 上海、江苏、台湾（图 6-353）；**国外分布：** 无。

种群： 较常见。

致危因素

　　过去： 无；**现在：** 无；**将来：** 无。

　　评述： 尚未发现明显致危因素。

保护措施

　　已有： 无；**建议：** 无。

　　评论： 无须刻意保护的一种昆虫。

参考文献： 殷海生和刘宪伟，1995；Matsumura，1910；Shiraki，1911；Ichikawa et al.，2000；He，2018。

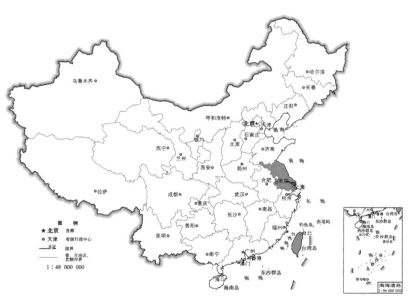

图 6-353　灰真蛉蟋的国内地理分布

(354) 普拉德真蛉蟋 *Natula pravdini*（Gorochov，1985）

分类地位：蟋蟀总科 Grylloidea 蛉蟋科 Trigonidiidae 蛉蟋亚科 Trigonidiinae 蛉蟋族 Trigonidiini。

同物异名：无。

中文别名：长翅小黄蛉蟋、德小黄蛉蟋、弯带真蛞蛉、普拉德黄蛉。

中国种群占全球种群的比例：中国为主要分布区。

分析等级：无危 LC。

依据标准：未达到极危、濒危、易危和近危标准。

理由：分布范围较广，推测在我国可能有更广泛的分布。

生境：1.6，3.6。

生物学：栖息于林缘灌木丛或草丛中。

国内分布：上海、福建、广西、海南、云南（图 6-354）；**国外分布**：越南。

种群：较常见。

致危因素

　　过去：无；**现在**：无；**将来**：无。

　　评述：尚未发现明显致危因素。

保护措施

　　已有：无；**建议**：无。

　　评论：无须刻意保护的一种昆虫。

参考文献：刘宪伟等，1993；殷海生和刘宪伟，1995；王音等，1999；王音，2002；谢令德和刘宪伟，2004；Gorochov，1985；Kim & Pham，2014；Kim & Pham，2014；He，2018。

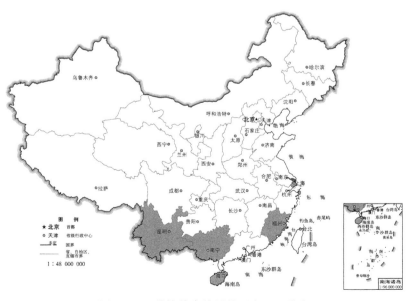

图 6-354　普拉德真蛉蟋的国内地理分布

（355）海南叉蛉蟋 *Sectus hainanensis*（He，Li，Fang & Liu，2010）

分类地位：蟋蟀总科 Grylloidea 蛉蟋科 Trigonidiidae 蛉蟋亚科 Trigonidiinae 蛉蟋族 Trigonidiini。

同物异名：无。

中文别名：无。

中国种群占全球种群的比例：中国特有。

分析等级：易危 VU。

依据标准：CR A4cd + B2ab（ii，iii）；评价等级标准调整。

理由：已知仅有 1 个分布地点，推测占有面积小于 10km²，部分栖息地环境有衰退风险，符合极危标准，但由于本种为新近发现，降级评价为易危。

生境：1.6，3.6。

生物学：不详。

国内分布：海南（乐东）（图 6-355）；**国外分布：**无。

种群：较少见。

致危因素

过去：1.4，9.1，9.9，9.11；**现在：**1.4，9.1，9.9，9.11；**将来：**1.4，9.1，9.9，9.11。

评述：通过野外调查和检视标本，发现当前分布范围狭窄。

保护措施

已有：4.4.2，4.4.3；**建议：**2.2，3.1，3.3，3.4，4.4.4。

评论：本种与蛉蟋族内很多种的外表近似，应注意区分近缘种，加强科普知识的宣传，提高人们的保护意识。

参考文献：He et al.，2010；He，2018；Ma & Pan，2019。

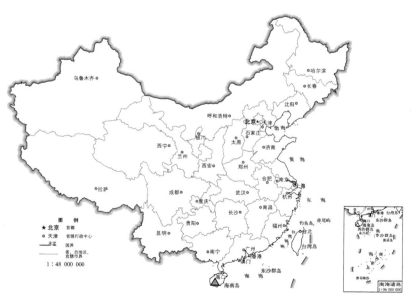

图 6-355 海南叉蛉蟋的国内地理分布

（356）啼叉蛉蟋 *Sectus integrus* Ma & Pan，2019

分类地位：蟋蟀总科 Grylloidea 蛉蟋科 Trigonidiidae 蛉蟋亚科 Trigonidiinae 蛉蟋族 Trigonidiini。

同物异名：无。

中文别名：鸣叉蛉蟋。

中国种群占全球种群的比例：中国特有。

分析等级：无危 LC。

依据标准：未达到极危、濒危、易危和近危标准。

理由：本种虽然为新发表物种，但通过检视馆藏标本，发现在云南西部和南部种群稳定，小分布地点较多，推测处于无危状态。

生境：1.6，3.6。

生物学：栖息于林缘、灌木丛及杂草间。

国内分布：云南（沧源、勐腊）（图 6-356）；**国外分布：**无。

种群：常见。

致危因素

　　过去：8.8，9.11；**现在：**8.8，9.11；**将来：**8.8，9.11。

　　评述：尚未发现明显致危因素，仍需要观察。

保护措施

　　已有：4.4.2；**建议：**无。

　　评论：本种与蛉蟋族内很多种外表近似，应注意区分近缘种。

参考文献：Ma & Pan，2019。

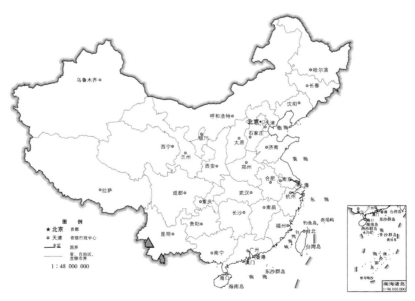

图 6-356　啼叉蛉蟋的国内地理分布

(357) **安徽斯蛉蟋** *Svistella anhuiensis* He，Li & Liu，2009

分类地位： 蟋蟀总科 Grylloidea 蛉蟋科 Trigonidiidae 蛉蟋亚科 Trigonidiinae 蛉蟋族 Trigonidiini。
同物异名： 无。
中文别名： 无。
中国种群占全球种群的比例： 中国特有。
分析等级： 无危 LC。
依据标准： 未达到极危、濒危、易危和近危标准。
理由： 本种虽发表时间较近，但在安徽分布较广，甚至在邻近的一些省市鸣虫市场也可见。
生境： 1.4，3.4，1.6，3.6。
生物学： 栖息于林缘灌木丛或草丛中。
国内分布： 安徽（屯溪）（图 6-357）；**国外分布：** 无。
种群： 较常见。
致危因素
　　过去： 无；**现在：** 无；**将来：** 无。
　　评述： 推测有更广泛的分布范围。
保护措施
　　已有： 无；**建议：** 无。
　　评论： 通过鸣虫市场调查，发现潜在的分布区，并了解人工繁殖情况。
参考文献： He et al.，2009；He，2018；Lu et al.，2018。

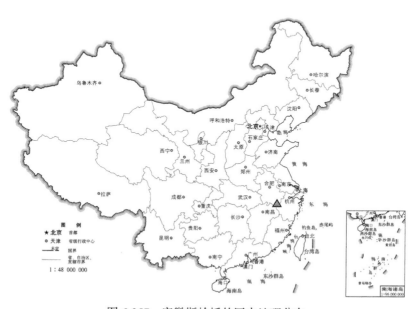

图 6-357　安徽斯蛉蟋的国内地理分布

(358) **白基斯蛉蟋** *Svistella argentata* Ma，Jing & Zhang，2019

分类地位： 蟋蟀总科 Grylloidea 蛉蟋科 Trigonidiidae 蛉蟋亚科 Trigonidiinae 蛉蟋族 Trigonidiini。

同物异名：无。

中文别名：银翅金蛉蟋。

中国种群占全球种群的比例：中国特有。

分析等级：近危 NT。

依据标准：EN B1ab（i，iii）；评价等级标准调整。

理由：云南勐腊有至少 3 个分布地点，分布面积不到 5000km^2，符合濒危标准，但由于本种为新近发现，降级评价为近危。

生境：1.6，3.6。

生物学：栖息于林缘灌木丛或草丛中。

国内分布：云南（勐腊）（图 6-358）；**国外分布：**无。

种群：局部地区较常见。

致危因素

过去：1.1，1.4，9.1，9.9，9.11；现在：1.1，1.4，9.1，9.9，9.11；将来：1.1，1.4，9.1，9.9，9.11。

评述：当前已知信息表明本种分布狭窄。

保护措施

已有：无；建议：2.2，3.1，3.2。

评论：应注意区分近缘种，提高人们的保护意识。

参考文献：Ma et al.，2019。

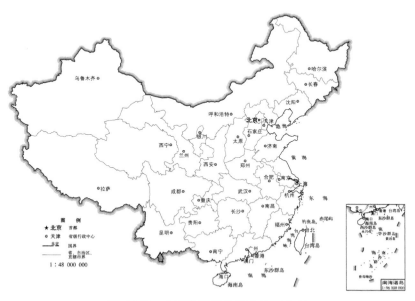

图 6-358　白基斯蛉蟋的国内地理分布

---

(359) **双带斯蛉蟋 *Svistella bifasciata*（Shiraki，1911）**

分类地位：蟋蟀总科 Grylloidea 蛉蟋科 Trigonidiidae 蛉蟋亚科 Trigonidiinae 蛉蟋族 Trigonidiini。

同物异名：*Anaxiphus vittatipes* Matsumura，1913。

中文别名：双带拟蛉蟋、双带拟蛉、二条拟蛞蛉、双带唧蛉蟋。

中国种群占全球种群的比例：中国为主要分布区。

分析等级：无危 LC。

依据标准：未达到极危、濒危、易危和近危标准。

理由：在东亚和东南亚分布广泛。

生境：1.4，1.6，3.4，3.6，11.1，11.2，11.3，11.4。

生物学：植食性鸣虫，白天鸣叫，鸣声清脆嘹亮，栖息于林缘灌木丛或草丛中。

国内分布：上海、江苏、浙江、安徽、江西、河南、湖南、广西、海南、四川、贵州、云南、陕西、台湾（图 6-359）；**国外分布**：朝鲜、越南、日本。

种群：非常常见，数量巨大。

致危因素

　过去：无；**现在**：无；**将来**：无。

　评述：适应能力较强，尚未发现明显致危因素。

保护措施

　已有：无；**建议**：无。

　评论：无须刻意保护的一种昆虫。

参考文献：夏凯龄和刘宪伟，1992；殷海生和刘宪伟，1995；殷海生等，2001；王音，2002；刘浩宇和石福明，2007b；刘浩宇和石福明，2014a；刘浩宇和石福明，2014b；卢慧等，2018；Shiraki，1911；Bei-Bienko，1956；Shiraki，1930；He et al.，2009；Ichikawa et al.，2000；Kim & Pham，2014；Storozhenko et al.，2015；Gu et al.，2018；Lu et al.，2018；Xu & Liu，2019；Yang et al.，2019。

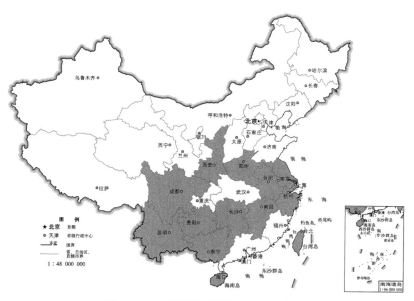

图 6-359　双带斯蛉蟋的国内地理分布

(360) 疑斯蛉蟋 *Svistella dubia*（Liu & Yin，1993）

分类地位： 蟋蟀总科 Grylloidea 蛉蟋科 Trigonidiidae 蛉蟋亚科 Trigonidiinae 蛉蟋族 Trigonidiini。

同物异名： 无。

中文别名： 疑黄蛉。

中国种群占全球种群的比例： 中国特有。

分析等级： 无危 LC。

依据标准： 未达到极危、濒危、易危和近危标准。

理由： 在云南省中西部分布广泛。

生境： 1.6，3.6。

生物学： 栖息于林缘灌木丛或草丛中。

国内分布： 云南（百花岭、保山、景东、瑞丽、漾濞、盈江、镇沅）（图 6-360）；**国外分布：** 无。

种群： 较常见。

致危因素

　　过去： 无；**现在：** 无；**将来：** 无。

　　评述： 尚未发现明显致危因素。

保护措施

　　已有： 无；**建议：** 无。

　　评论： 无须刻意保护的一种昆虫。

参考文献： 刘宪伟等，1993；殷海生和刘宪伟，1995；He et al.，2009；He，2018。

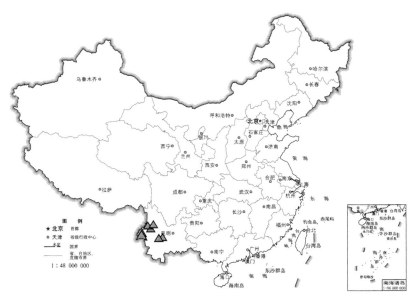

图 6-360　疑斯蛉蟋的国内地理分布

（361） **似斯蛉蟋** *Svistella fallax* He，Li & Liu，2009

分类地位： 蟋蟀总科 Grylloidea 蛉蟋科 Trigonidiidae 蛉蟋亚科 Trigonidiinae 蛉蟋族 Trigonidiini。

同物异名： 无。

中文别名： 无。

中国种群占全球种群的比例： 中国特有。

分析等级： 濒危 EN。

依据标准： CR A4cd ＋ B1ab（i，iii）；评价等级标准调整。

理由： 仅有原始记录1个分布地点，分布面积可能小于100km²，符合极危标准，但由于本种发现时间较晚，降级评价为濒危。

生境： 1.6，3.6。

生物学： 栖息于林缘灌木丛或草丛中。

国内分布： 四川（南江）（图6-361）；**国外分布：** 无。

种群： 仅有原始记录。

致危因素

过去： 1.1，1.4，9.1，9.9，9.11；**现在：** 1.1，1.4，9.1，9.9，9.11；**将来：** 1.1，1.4，9.1，9.9，9.11。

评述： 已知分布范围狭窄，了解的信息有限，致危具体因素不详。

保护措施

已有： 无；**建议：** 2.2，3.2。

评论： 四川省的很多地区是蟋蟀多样性调查的盲区，需要加大本底调查力度，了解本种地理分布情况。

参考文献： He et al.，2009；He，2018。

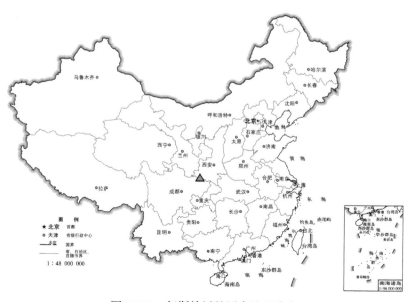

图 6-361　似斯蛉蟋的国内地理分布

（362）褐端斯蛉蟋 *Svistella fuscoterminata* He & Liu，2018

分类地位：蟋蟀总科 Grylloidea 蛉蟋科 Trigonidiidae 蛉蟋亚科 Trigonidiinae 蛉蟋族 Trigonidiini。

同物异名：无。

中文别名：无。

中国种群占全球种群的比例：中国特有。

分析等级：近危 NT。

依据标准：EN A4cd ＋ B1ab（i，iii）；评价等级标准调整。

理由：已知勐腊县 5 个分布地点，分布面积不到 5000km²，分布范围狭窄，符合濒危标准，但由于本种为新近发现，降级评价为近危。

生境：1.6，3.6。

生物学：栖息于林缘灌木丛或草丛中。

国内分布：云南（勐腊）（图 6-362）；**国外分布**：无。

种群：较常见。

致危因素

　　过去：1.1，1.4，9.1，9.9，10.1；**现在**：1.1，1.4，9.1，9.9，10.1；**将来**：1.1，1.4，9.1，9.9，10.1。

　　评述：已知分布地位于人类干扰大的地区，而且分布范围狭窄。

保护措施

　　已有：4.4.2；**建议**：4.4.3，4.4.4。

　　评论：目前发现的区域均位于自然保护区内，但同时也受人为干扰较大，建议保护区加强管理与协调。

参考文献：Lu et al.，2018。

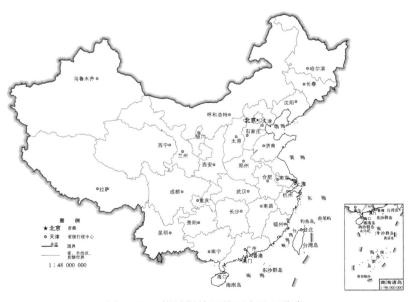

图 6-362　褐端斯蛉蟋的国内地理分布

（363）**红胸斯蛉蟋** *Svistella rufonotata*（Chopard，1932）

分类地位： 蟋蟀总科 Grylloidea 蛉蟋科 Trigonidiidae 蛉蟋亚科 Trigonidiinae 蛉蟋族 Trigonidiini。

同物异名： *Svistella tympanalis* He，Li & Liu，2009。

中文别名： 小耳斯蛉蟋、红胸黄蛉、小耳金蛉蟋、红胸金蛉蟋。

中国种群占全球种群的比例： 中国为主要分布区。

分析等级： 无危 LC。

依据标准： 未达到极危、濒危、易危和近危标准。

理由： 在东亚和东南亚分布广泛。

生境： 4.4，4.6，7.1，7.2，11.1，11.2，11.3，11.4。

生物学： 栖息于林缘灌木丛或草丛中。

国内分布： 浙江、安徽、湖南、广东、广西、贵州、云南、西藏（图 6-363）；**国外分布：** 越南、马来西亚、印度尼西亚。

种群： 非常常见。

致危因素

过去：无；现在：无；将来：无。

评述：分布广泛，尚未发现明显致危因素。

保护措施

已有：无；建议：无。

评论：无须刻意保护的一种昆虫。

参考文献： 夏凯龄和刘宪伟，1992；殷海生和刘宪伟，1995；He et al.，2009；Kim & Pham，2014；Gu et al.，2018；He，2018；Ma et al.，2019；Xu & Liu，2019。

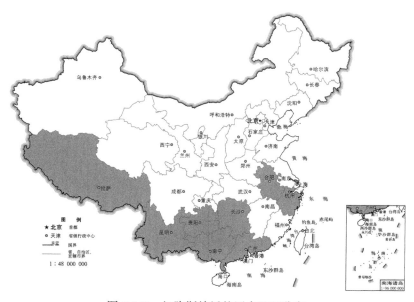

图 6-363　红胸斯蛉蟋的国内地理分布

（364）绿足拟蛉蟋 *Trigonidium（Paratrigonidium）chloropodum*（He，2017）

分类地位：蟋蟀总科 Grylloidea 蛉蟋科 Trigonidiidae 蛉蟋亚科 Trigonidiinae 蛉蟋族 Trigonidiini。

同物异名：无。

中文别名：褐围拟蛉蟋。

中国种群占全球种群的比例：中国特有。

分析等级：无危 LC。

依据标准：未达到极危、濒危、易危和近危标准。

理由：虽然本种为新近发现，但近年野外调查已有多笔记录，表明种群和分布区稳定。

生境：4.6，7.1，7.2，11.1，11.3。

生物学：常栖息于禾本科和天南星科等植物上。

国内分布：广东、海南（图 6-364）；**国外分布**：无。

种群：较常见。

致危因素

　　过去：无；**现在**：无；**将来**：无。

　　评述：尚未发现明显致危因素。

保护措施

　　已有：4.4.2；**建议**：无。

　　评论：目前在海南和广东发现的种群，均来自国家或省级自然保护区。

参考文献：He et al.，2017；He，2018。

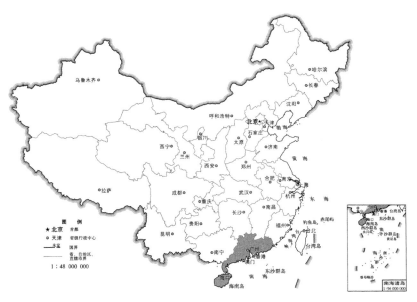

图 6-364　绿足拟蛉蟋的国内地理分布

（365）粗拟蛉蟋 *Trigonidium*（*Paratrigonidium*）*majusculum*（Karny，1915）

分类地位：蟋蟀总科 Grylloidea 蛉蟋科 Trigonidiidae 蛉蟋亚科 Trigonidiinae 蛉蟋族 Trigonidiini。

同物异名：无。

中文别名：无。

中国种群占全球种群的比例：中国特有。

分析等级：极危 CR。

依据标准：CR B2ab（ii，iii）。

理由：已知 1 个分布地点，占有面积小于 10km²，自发表后近一百年无有效种群记录。

生境：1.6，3.6。

生物学：推测栖息于林缘灌木丛或草丛中。

国内分布：台湾（图 6-365）；**国外分布：**无。

种群：仅有原始记录。

致危因素

过去：1.1，1.3，9.1，9.10；**现在：**1.1，1.3，9.1，9.10；**将来：**1.1，1.3，9.1，9.10。

评述：栖息地减少，生存环境面临破坏，扩散能力较差。

保护措施

已有：无；**建议：**3.1，3.2，3.3，3.4。

评论：首先应进行野外调查明确地理分布，了解本种的种群组成，掌握其栖息地状况，阐述造成当前评估状况的各种因素。

参考文献：殷海生和刘宪伟，1995；Karny，1915；Hsiung，1993；He，2018。

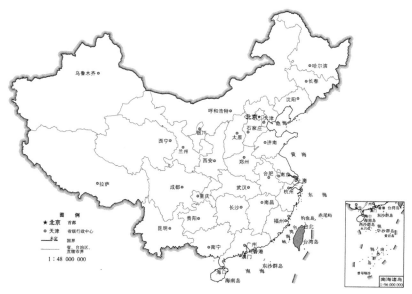

图 6-365 粗拟蛉蟋的国内地理分布

(366) 亮黑拟蛉蟋 *Trigonidium*（*Paratrigonidium*）*nitidum*（**Brunner von Wattenwyl，1893**）

分类地位：蟋蟀总科 Grylloidea 蛉蟋科 Trigonidiidae 蛉蟋亚科 Trigonidiinae 蛉蟋族 Trigonidiini。

同物异名：无。

中文别名：单纹拟蛄蛉、亮黑拟蛉。

中国种群占全球种群的比例：中国为主要分布区。

分析等级：无危 LC。

依据标准：未达到极危、濒危、易危和近危标准。

理由：分布广泛，种群数量大，适应能力强。

生境：1.4，1.6，3.4，3.6，11.3，11.4。

生物学：栖息于林缘灌木丛或草丛中。

国内分布：福建、江西、广西、海南、贵州、云南、西藏（图 6-366）；**国外分布**：越南、缅甸、泰国、日本、印度。

种群：常见。

致危因素

　　过去：无；**现在**：无；**将来**：无。

　　评述：尚未发现明显致危因素。

保护措施

　　已有：无；**建议**：无。

　　评论：无须刻意保护的一种昆虫。

参考文献：刘宪伟等，1993；殷海生和刘宪伟，1995；王音等，1999；刘宪伟，2009；刘浩宇等，2010；刘浩宇和石福明，2013；Brunner von Wattenwyl，1893；Shishodia et al.，2010；Kim & Pham，2014；He et al.，2017；He，2018；Lu et al.，2018；Xu & Liu，2019。

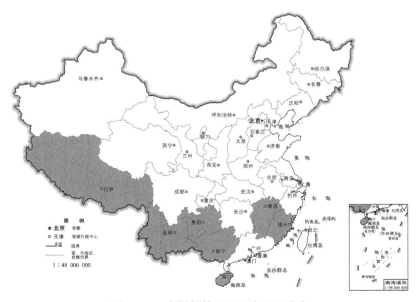

图 6-366　亮黑拟蛉蟋的国内地理分布

（367）条斑拟蛉蟋 *Trigonidium（Paratrigonidium）striatum*（**Shiraki，1911**）

分类地位：蟋蟀总科 Grylloidea 蛉蟋科 Trigonidiidae 蛉蟋亚科 Trigonidiinae 蛉蟋族 Trigonidiini。

同物异名：无。

中文别名：无。

中国种群占全球种群的比例：中国特有。

分析等级：极危 CR。

依据标准：CR B2ab（ii，iii）。

理由：仅知原始记录 1 个分布地点，占有面积小于 $10km^2$，百余年无新的有效种群记录。

生境：1.6，3.6。

生物学：不详，推测与该属其他种类近似。

国内分布：台湾（图 6-367）；**国外分布**：无。

种群：仅有原始记录。

致危因素

　　过去：1.1，1.3，9.1，9.10，10.1；**现在**：1.1，1.3，9.1，9.10，10.1；**将来**：1.1，1.3，9.1，9.10，10.1。

　　评述：对种群认知极少，推测人为干扰因素较大，缺少新的调查和评估数据。

保护措施

　　已有：无；**建议**：3.1，3.2，3.4。

　　评论：应检视模式标本获得关键形态特征，再通过调查研究了解具体分布地及种群组成，进而阐述造成当前评估状况的各种因素。

参考文献：殷海生和刘宪伟，1995；Shiraki，1911；Shiraki，1930；He，2018。

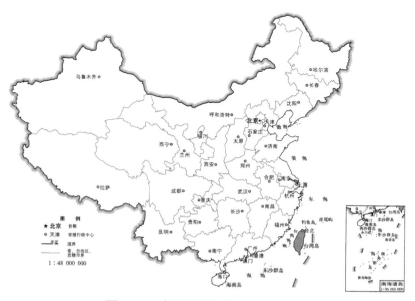

图 6-367　条斑拟蛉蟋的国内地理分布

（368）阔胸拟蛉蟋 *Trigonidium*（*Paratrigonidium*）*transversum*（**Shiraki，1930**）

分类地位：蟋蟀总科 Grylloidea 蛉蟋科 Trigonidiidae 蛉蟋亚科 Trigonidiinae 蛉蟋族 Trigonidiini。

同物异名：无。

中文别名：无。

中国种群占全球种群的比例：中国特有。

分析等级：极危 CR。

依据标准：CR B1ab（i，iii）。

理由：仅知原始记录 1 个分布地点，再无有效种群记录。

生境：1.6，3.6。

生物学：不详，推测与该属其他种类近似。

国内分布：台湾（图 6-368）；**国外分布**：无。

种群：仅有原始记录。

致危因素

过去：1.1，1.3，9.1，9.10，10.1；现在：1.1，1.3，9.1，9.10，10.1；将来：1.1，1.3，9.1，9.10，10.1。

评述：对种群认知极少，推测受人为干扰因素较大。

保护措施

已有：无；建议：3.1，3.2，3.4。

评论：需要通过调查了解本种的具体分布地及种群组成，掌握栖息地生境状况。

参考文献：殷海生和刘宪伟，1995；Shiraki，1930；Hsiung，1993；He，2018。

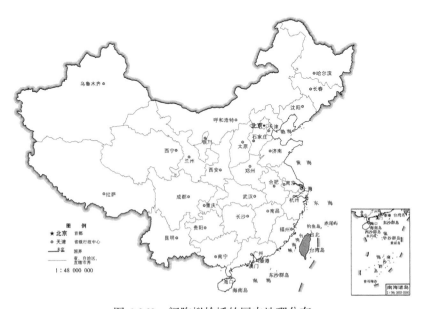

图 6-368　阔胸拟蛉蟋的国内地理分布

（369）维妞拟蛉蟋 *Trigonidium*（*Paratrigonidium*）*venustulum*（**Saussure，1878**）

分类地位： 蟋 蟀 总 科 Grylloidea 蛉 蟋 科 Trigonidiidae 蛉 蟋 亚 科 Trigonidiinae 蛉 蟋 族 Trigonidiini。

同物异名： *Paratrigonidium vittatum* Brunner von Wattenwyl，1893。

中文别名： 斑翅拟蛉蟋、斑翅蛉蟋、维妞黄蛉。

中国种群占全球种群的比例： 中国为次要分布区。

分析等级： 无危 LC。

依据标准： 未达到极危、濒危、易危和近危标准。

理由： 分布广泛，在已知分布地种群多，在鸣虫市场有销售，推测在我国西南地区可能有更广泛的分布区。

生境： 1.6，3.6，11.4。

生物学： 栖息于林缘灌木丛或草丛中。

国内分布： 云南（沧源、勐海）（图 6-369）；**国外分布：** 缅甸、印度、泰国、马来西亚。

种群： 较常见。

致危因素

　　过去： 无；**现在：** 无；**将来：** 无。

　　评述： 尚未发现明显致危因素。

保护措施

　　已有： 无；**建议：** 无。

　　评论： 无须刻意保护的一种昆虫。

参考文献： 刘宪伟等，1993；殷海生和刘宪伟，1995；刘举鹏等，1995；Saussure，1878；Shishodia et al.，2010；He et al.，2017；Lu et al.，2018。

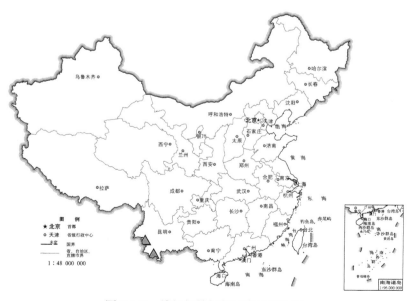

图 6-369　维妞拟蛉蟋的国内地理分布

（370） 虎甲蛉蟋 _Trigonidium_（_Trigonidium_）_cicindeloides_ Rambur，1838

分类地位： 蟋蟀总科 Grylloidea 蛉蟋科 Trigonidiidae 蛉蟋亚科 Trigonidiinae 蛉蟋族 Trigonidiini。

同物异名： _Scleropterus atrum_ Walker，1869；_Trigonidium coleoptratum_ Stål，1861；_Trigonidium madecassum_ Saussure，1878；_Trigonidium paludicola_ Serville，1838；_Piestoxiphus simiola_ Karsch，1893；_Trigonidium tibiale_ Stål，1861。

中文别名： 黑胫草蟋蟀、虎甲蛄蛉。

中国种群占全球种群的比例： 中国为次要分布区。

分析等级： 无危 LC。

依据标准： 未达到极危、濒危、易危和近危标准。

理由： 在东亚、东南亚、南亚、欧洲南部及非洲北部分布广泛。

生境： 1.4，1.6，3.4，3.6，11.1，11.2，11.3，11.4。

生物学： 栖息于灌木丛或草丛中。

国内分布： 上海、江苏、浙江、福建、湖北、湖南、广东、广西、海南、四川、贵州、云南、陕西、台湾（图 6-370）；**国外分布：** 越南、印度、马来西亚、斯里兰卡、欧洲南部、非洲北部。

种群： 非常常见。

致危因素

　　过去： 无；**现在：** 无；**将来：** 无。

　　评述： 适应能力较强，尚未发现明显致危因素。

保护措施

　　已有： 无；**建议：** 3.1。

　　评论： 无须刻意保护的一种昆虫，但需要有效区分近缘种。

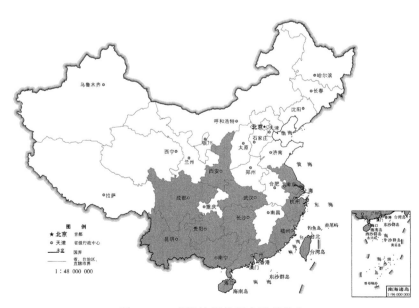

图 6-370　虎甲蛉蟋的国内地理分布

参考文献：吴福桢和郑彦芬，1992；刘宪伟等，1993；殷海生和刘宪伟，1995；王音等，1999；王音，2002；谢令德和刘宪伟，2004；刘浩宇和石福明，2012；刘浩宇和石福明，2013；卢慧等，2018；Rambur，1838；Shiraki，1930；Bei-Bienko，1956；Ichikawa et al.，2000；Skejo et al.，2018；Willemse et al.，2018；Gu et al.，2018；Lu et al.，2018；Xu & Liu，2019。

（371）长翼蛉蟋 *Trigonidium*（*Trigonidium*）*humbertianum*（**Saussure，1878**）

分类地位：蟋蟀总科 Grylloidea 蛉蟋科 Trigonidiidae 蛉蟋亚科 Trigonidiinae 蛉蟋族 Trigonidiini。

同物异名：无。

中文别名：长翼蛄蛉。

中国种群占全球种群的比例：中国为次要分布区。

分析等级：无危 LC。

依据标准：未达到极危、濒危、易危和近危标准。

理由：在南亚和我国南方分布广泛。

生境：3.4，3.6，11.1，11.2，11.3，11.4。

生物学：栖息于灌木丛或草丛中。

国内分布：福建、广西、海南、四川、云南（图 6-371）；**国外分布**：印度、斯里兰卡、马尔代夫。

种群：常见。

致危因素

　　过去：无；**现在**：无；**将来**：无。

　　评述：尚未发现明显致危因素。

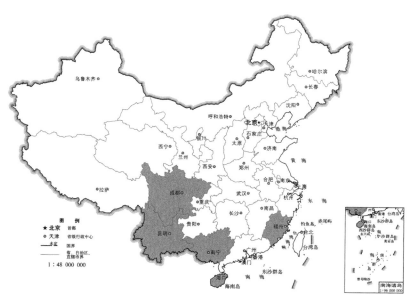

图 6-371　长翼蛉蟋的国内地理分布

保护措施

已有：无；建议：3.1。

评论：无须刻意保护的一种昆虫，但需要有效区分近缘种。

参考文献：刘宪伟等，1993；刘宪伟和殷海生，1995；王音，2002；谢令德和刘宪伟，2004；刘浩宇和石福明，2012；Saussure，1878；Shishodia et al.，2010；Mal et al.，2014a；Han et al.，2015。

二、蝼蛄总科 Gryllotalpoidea

（五）蝼蛄科 Gryllotalpidae

15. 蝼蛄亚科 Gryllotalpinae

（372）短腹蝼蛄 *Gryllotalpa breviabdominis* Ma & Zhang，2011

分类地位：蝼蛄总科 Gryllotalpoidea 蝼蛄科 Gryllotalpidae 蝼蛄亚科 Gryllotalpinae 蝼蛄族 Gryllotalpini。

同物异名：无。

中文别名：无。

中国种群占全球种群的比例：中国特有。

分析等级：易危 VU。

依据标准：CR A4cd ＋ B2ab（ii，iii）；评价等级标准调整。

理由：已知 1 个分布地点，占有面积小于 10km²，符合极危标准，但由于本种为新近发现，评价为易危。

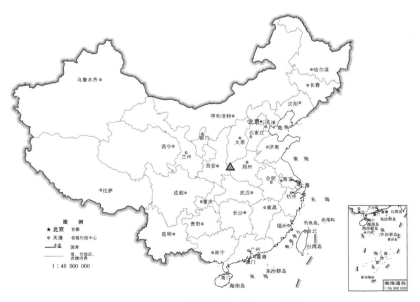

图 6-372　短腹蝼蛄的国内地理分布

生境：1.4，3.4。

生物学：未知，推测与蝼蛄属其他种类近似。

国内分布：河南（卢氏）（图 6-372）；国外分布：无。

种群：种群数量非常少，仅有原始记录。

致危因素

过去：1.1.1，1.3.4，4.1.2.3，5.1，8.1；现在：1.1.1，4.1.2.3，5.1，8.1；将来：1.1.1，5.1，8.1。

评述：通常来说蝼蛄属的适应能力较强，但本种仅知 1 笔记录，可能是其他种挤占了其栖息空间，也可能是相关调查者没能有效区别近缘种。除此之外，也有可能被作为重要农业害虫被错误捕杀。

保护措施

已有：无；建议：2.2，3.1，3.2，3.3，3.4。

评论：建议加强蝼蛄属近缘种分类学研究，明确可行的科学分类特征，明确种群与分布。

参考文献：Ma & Zhang，2011a；Tan，2016；He，2018。

（**373**） **中华蝼蛄** *Gryllotalpa chinensis* **Westwood，1838**

分类地位：蝼蛄总科 Gryllotalpoidea 蝼蛄科 Gryllotalpidae 蝼蛄亚科 Gryllotalpinae 蝼蛄族 Gryllotalpini。

同物异名：无。

中文别名：无。

中国种群占全球种群的比例：中国特有。

分析等级：数据缺乏 DD。

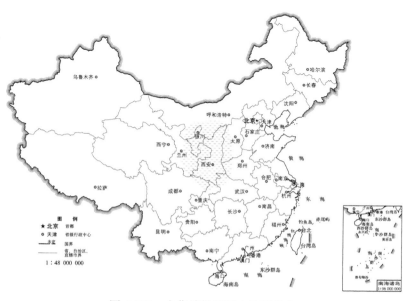

图 6-373　中华蝼蛄的国内地理分布

依据标准： 物种在中国的分布地不详。

理由： 本种发表距今超过 100 年，自发布新种后再无发现记录，详细模式产地不详。

生境： 1.6，3.6。

生物学： 未知，推测与蝼蛄属其他种类近似。

国内分布： 不详（图 6-373）；**国外分布：** 无。

种群： 不详。

致危因素

　　过去： 不详；**现在：** 不详；**将来：** 不详。

　　评述： 通常来说蝼蛄属的适应能力较强，但本种自 1838 年发布新种后再无记录，距今已超过 100 年，本种的实际分布地点有待进一步考察。

保护措施

　　已有： 无；**建议：** 3.1。

　　评论： 物种发表时描述过于简单，建议加强分类研究，有效明确物种分类特征。

参考文献： Westwood，1838；Wu，1935；Tan，2016。

（374）周氏蝼蛄 *Gryllotalpa choui* Ma & Zhang，2010

分类地位： 蝼蛄总科 Gryllotalpoidea 蝼蛄科 Gryllotalpidae 蝼蛄亚科 Gryllotalpinae 蝼蛄族 Gryllotalpini。

同物异名： 无。

中文别名： 无。

中国种群占全球种群的比例： 中国特有。

分析等级： 易危 VU。

依据标准： CR A4cd ＋ B2ab（ii，iii）；评价等级标准调整。

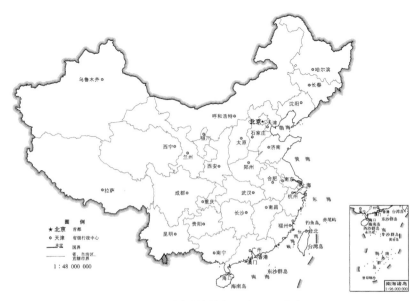

图 6-374　周氏蝼蛄的国内地理分布

理由：已知 1 个分布地点，占有面积小于 $10km^2$，符合极危标准，但由于本种为新近发现，降级评价为易危。

生境：1.6，3.6。

生物学：未知，推测与蝼蛄属其他种类近似。

国内分布：云南（勐腊）（图 6-374）；**国外分布：**无。

种群：少见。

致危因素

　　过去：1.1.1，1.3.4，5.1，8.1；**现在：**1.1.1，1.3.4，5.1，8.1；**将来：**5.1，8.1。

　　评述：可能是其他种挤占了其栖息空间，也可能是相关调查者没能有效区别近缘种。除此之外，也有可能被作为重要农业害虫被错误捕杀。

保护措施

　　已有：无；**建议：**2.2，3.1。

　　评论：建议在科学研究的基础上，区别蝼蛄属内近缘种，加强科普宣传，有效明确种群与分布地后再制定相关有效措施。

参考文献：Ma & Zhang，2010a；Tan，2016；He，2018。

---

(375) **圆翅蝼蛄 *Gryllotalpa cycloptera* Ma & Zhang，2011**

分类地位：蝼蛄总科 Gryllotalpoidea 蝼蛄科 Gryllotalpidae 蝼蛄亚科 Gryllotalpinae 蝼蛄族 Gryllotalpini。

同物异名：无。

中文别名：无。

中国种群占全球种群的比例：中国特有。

分析等级：近危 NT。

依据标准：EN B1ab（i，iii）；评价等级标准调整。

理由：分布区面积可能小于 $5000km^2$，并存在栖息地衰退现象，符合濒危标准，但由于本种为新近发现，降级评价为近危。

生境：1.5，3.5。

生物学：杂食性，取食多种植物的根或茎。

国内分布：浙江（天目山）、江西（庐山）（图 6-375）；**国外分布：**无。

种群：较少见。

致危因素

　　过去：1.1.1，1.3.4，5.1；**现在：**1.1.1，1.3.4，5.1；**将来：**1.1.1，1.3.4，5.1。

　　评述：建议在科学研究的基础上，区别本种与东方蝼蛄的外部形态特征，尽快明确种群与分布地。

保护措施

　　已有：4.4.2；**建议：**3.1，3.2。

　　评论：已有浙江省蝼蛄属标本中，有较多与本种形态近似的材料，建议加强科学研究力度，明确种群与分布地信息。

参考文献：Ma & Zhang，2011a；Tan，2016；He，2018。

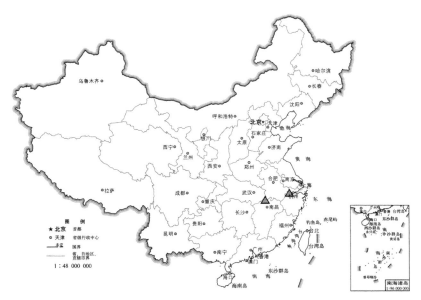

图 6-375　圆翅蝼蛄的国内地理分布

（376）齿突蝼蛄 *Gryllotalpa dentista* Yang，1995

分类地位：蝼蛄总科 Gryllotalpoidea 蝼蛄科 Gryllotalpidae 蝼蛄亚科 Gryllotalpinae 蝼蛄族 Gryllotalpini。

同物异名：无。

中文别名：无。

中国种群占全球种群的比例：中国特有。

分析等级：易危 VU。

依据标准：EN A4ac ＋ B2ab（ii，iii）；评价等级标准调整。

理由：已知 2 个分布地点，占有面积小于 500km^2，符合濒危标准，但由于本种发现时间较晚，降级评价为易危。

生境：1.6，3.6，11.3。

生物学：杂食性，取食农作物的根或茎。

国内分布：台湾（台北、台中）（图 6-376）；**国外分布**：无。

种群：较少见。

致危因素

　　过去：4.1，5.1，8.1；**现在**：4.1，5.1，8.1；**将来**：4.1，5.1，8.1。

　　评述：通常来说蝼蛄属的适应能力较强，但本种种群记录较少，可能是其他种挤占了其栖息空间，也可能是被当作有害昆虫灭杀。

保护措施

　　已有：无；**建议**：2.2，3.1。

　　评论：建议加强科学研究，有效区别蝼蛄属内近缘种，再制定相关有效措施。

参考文献：Yang，1995；Tan，2016；He，2018。

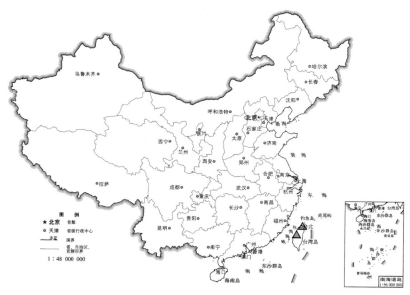

图 6-376　齿突蝼蛄的国内地理分布

（377）台湾蝼蛄 *Gryllotalpa formosana* Shiraki，1930

分类地位：蝼蛄总科 Gryllotalpoidea 蝼蛄科 Gryllotalpidae 蝼蛄亚科 Gryllotalpinae 蝼蛄族 Gryllotalpini。

同物异名：无。

中文别名：无。

中国种群占全球种群的比例：中国特有。

分析等级：近危 NT。

依据标准：几近符合易危 VU A4acd。

理由：分布范围较狭窄，文献资料表明，近 30 年缺少种群信息记录，未来可能存在风险。

生境：1.6，3.6，11.3。

生物学：杂食性，取食农作物的根或茎。

国内分布：广西、台湾（图 6-377）；**国外分布**：无。

种群：较少见。

致危因素

过去：1.1，1.4，4.1，5.1，8.1；**现在**：4.1，5.1，8.1；**将来**：4.1，5.1，8.1。

评述：通常来说蝼蛄属的适应能力较强，但本种在原产地台湾缺少有效记录，在广西也仅有 1 笔记录。其外形与东方蝼蛄近似，既可能是因为东方蝼蛄适应能力强而挤占了台湾蝼蛄的栖息空间，也可能被当作东方蝼蛄而遭到误杀。

保护措施

已有：无；**建议**：2.2，3.1，3.2，3.3，3.4。

评论：建议在科学研究的基础上，加强科普宣传，区别蝼蛄属内近缘种，如在广东、广西、江西等地有少量疑似种的记录，待明确种群与分布地后再制定相关有效措施。

参考文献：尤其儆和黎天山，1990；殷海生和刘宪伟，1995；Shiraki，1930；Yang，1995；

Tan，2016；He，2018。

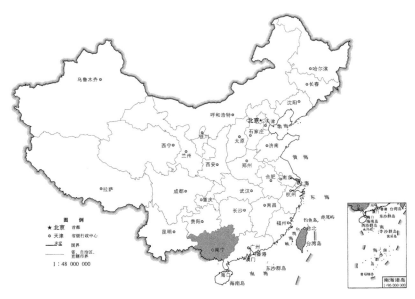

图 6-377　台湾蝼蛄的国内地理分布

(378) 河南蝼蛄 *Gryllotalpa henana* **Cai & Niu，1998**

分类地位： 蝼蛄总科 Gryllotalpoidea 蝼蛄科 Gryllotalpidae 蝼蛄亚科 Gryllotalpinae 蝼蛄族 Gryllotalpini。

同物异名： 无。

中文别名： 无。

中国种群占全球种群的比例： 中国特有。

分析等级： 无危 LC。

依据标准： 未达到极危、濒危、易危和近危标准。

理由： 文献资料表明，近 20 年种群信息记录较少，但本种的命名人认为在河南省邻近安徽、湖北和陕西等省的山区都有可能分布。

生境： 1.4，3.4。

生物学： 推测与蝼蛄属其他种类近似，取食农林作物的根或茎。

国内分布： 河南（图 6-378）；**国外分布：** 无。

种群： 推测局部地区常见。

致危因素

　　过去： 无；**现在：** 无；**将来：** 无。

　　评述： 根据相关专家推测应该分布相对广泛，未阐明有致危因素。

　　保护措施

　　已有： 4.4.2；**建议：** 3.1，3.2。

　　评论： 建议在科学研究的基础上，区别蝼蛄属内近缘种，明确种群与分布地后，再制定相关有效措施。

参考文献：蔡柏岐和牛瑶，1998；蔡柏岐和牛瑶，2002；Ma & Zhang，2011a；Tan，2016。

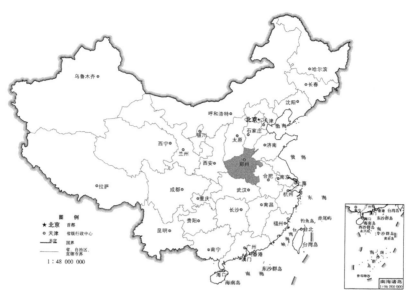

图 6-378　河南蝼蛄的国内地理分布

（379）金秀蝼蛄 *Gryllotalpa jinxiuensis* You & Li，1990

分类地位：蝼蛄总科 Gryllotalpoidea 蝼蛄科 Gryllotalpidae 蝼蛄亚科 Gryllotalpinae 蝼蛄族 Gryllotalpini。

同物异名：无。

中文别名：无。

中国种群占全球种群的比例：中国特有。

分析等级：极危 CR。

依据标准：CR A4cd ＋ B2ab（ii，iii）。

理由：已知 1 个分布地点，占有面积小于 $10km^2$，自本种发表后，近 30 年尚无新的种群记载，分布区有衰退迹象。

生境：1.6，3.6。

生物学：不详，推测与蝼蛄属其他种类近似。

国内分布：广西（金秀）（图 6-379）；**国外分布**：无。

种群：罕见，仅有原始记录。

致危因素

　　过去：1.1，1.3.3，1.3.4，1.4，5.1，8.1；现在：1.1，1.3，5.1，8.1；将来：1.1，1.3，5.1，8.1。

　　评述：通常来说蝼蛄属的适应能力较强，但本种在金秀以外的地区未有分布，可能其栖息空间被其他蝼蛄所挤占；同时，其外形与东方蝼蛄近似，也存在被当作东方蝼蛄误杀的可能。

保护措施

　　已有：4.4.3；建议：2.2，3.1，3.2。

评论：建议在科学研究的基础上，有效区别蝼蛄属内近缘种，加强科普宣传，尽快明确种群与分布地，提高保护意识并采取有效措施。

参考文献：尤其儆和黎天山，1990；殷海生和刘宪伟，1995；Ma & Zhang，2011a；Tan，2016。

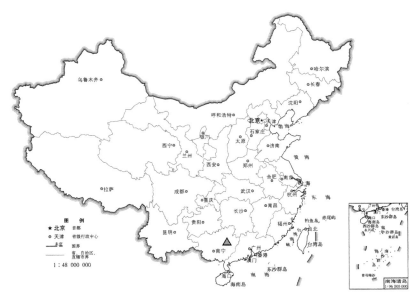

图 6-379　金秀蝼蛄的国内地理分布

(380) 马边蝼蛄 *Gryllotalpa mabiana* Ma，Xu & Takeda，2008

分类地位：蝼蛄总科 Gryllotalpoidea 蝼蛄科 Gryllotalpidae 蝼蛄亚科 Gryllotalpinae 蝼蛄族 Gryllotalpini。

同物异名：无。

中文别名：无。

中国种群占全球种群的比例：中国特有。

分析等级：近危 NT。

依据标准：几近符合易危 VU A4cd。

理由：虽然被发现和记录的时间较晚，缺少公开的有效研究记录，但其外部形态与东方蝼蛄部分地区种群很近似，推断其可能分布较广。

生境：1.6，3.5。

生物学：推测与东方蝼蛄近似，取食农林作物的根或茎。

国内分布：四川（马边）（图 6-380）；**国外分布**：无。

种群：推测种群较常见。

致危因素

过去：不详；**现在**：不详；**将来**：不详。

评述：暂不评述。

保护措施

已有：无；**建议**：3.1。

评论：建议在科学研究的基础上，区别蝼蛄属内近缘种，明确种群与分布地后再制定相关有效措施。

参考文献： Ma et al.，2008；Tan，2016；He，2018。

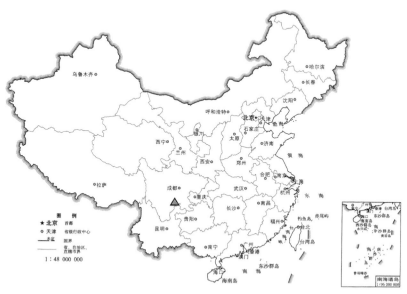

图 6-380　马边蝼蛄的国内地理分布

（381）东方蝼蛄 *Gryllotalpa orientalis* Burmeister，1838

分类地位： 蝼蛄总科 Gryllotalpoidea 蝼蛄科 Gryllotalpidae 蝼蛄亚科 Gryllotalpinae 蝼蛄族 Gryllotalpini。

同物异名： *Gryllotalpa oryctes* Scudder，1869。

中文别名： 非洲蝼蛄、南方蝼蛄。

中国种群占全球种群的比例： 中国为主要分布区。

分析等级： 无危 LC。

依据标准： 未达到极危、濒危、易危和近危标准。

理由： 在东亚和东南亚分布广泛。

生境： 1.1、1.4、1.5、1.6、3.3、3.4、3.5、3.6、4.4、4.5、4.6、7.2、11.1、11.2、11.3、11.4、11.5。

生物学： 北方通常 2 年 1 代，南方每年 1 代。食性杂，咬食各类作物的种子和幼苗，损坏幼根和嫩茎结构组织，造成幼苗发育不良甚至死亡，成虫、若虫均危害，若虫期具有集群性，夜晚有趋光性。

国内分布： 北京、天津、河北、山西、内蒙古、辽宁、吉林、黑龙江、上海、江苏、浙江、安徽、福建、江西、山东、河南、湖北、湖南、广东、广西、海南、重庆、四川、贵州、云南、西藏、陕西、甘肃、青海、宁夏、台湾、香港、澳门（图 6-381）；**国外分布：** 朝鲜、韩国、日本、菲律宾、印度尼西亚、尼泊尔、俄罗斯。

种群： 非常常见，数量巨大。

致危因素

过去：无；**现在**：无**将来**：无。

评述：一种危害农作物非常严重的害虫，分布非常广泛，适应能力强，尚无有效手段彻底防治。

保护措施

已有：无；**建议**：无。

评论：无须刻意保护的一种昆虫，应有效控制大种群发生，防止其对农田等生态系统造成破坏，其中我国大陆和台湾学者均曾将其错误鉴定为非洲蝼蛄（*Gryllotalpa Africana* Palisot，1805）。

参考文献：尤其儆和黎天山，1990；陈德良等，1995；殷海生和刘宪伟，1995；俞立鹏和卢庭高，1998；殷海生等，2001；蔡柏岐和牛瑶，2002；刘浩宇，2013；刘浩宇和石福明，2013；刘浩宇和石福明，2014a；刘浩宇和石福明，2014b；卢慧等，2018；Burmeister，1838；Shiraki，1930；Ichikawa et al，2000；Shishodia et al.，2010；Storozhenko et al.，2015；Han et al.，2015；Tan，2016。

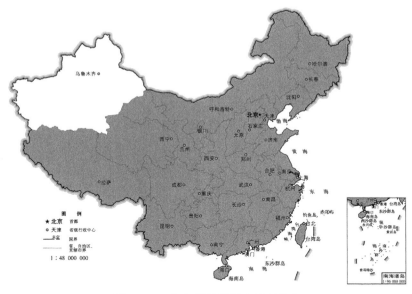

图 6-381　东方蝼蛄的国内地理分布

(382) 单刺蝼蛄 *Gryllotalpa unispina* Saussure，1874

分类地位：蝼蛄总科 Gryllotalpoidea 蝼蛄科 Gryllotalpidae 蝼蛄亚科 Gryllotalpinae。

同物异名：*Gryllotalpa manschurei* Shiraki，1930。

中文别名：华北蝼蛄。

中国种群占全球种群的比例：中国为主要分布区。

分析等级：无危 LC。

依据标准：未达到极危、濒危、易危和近危标准。

理由：在东亚、西亚、中亚和东欧分布广泛。

生境： 1.1，1.4，1.5，3.3，3.4，4.4，4.5，7.2，11.1，11.2，11.3，11.4，11.5。

生物学： 主要分布在北方，约3年1代。食性杂，咬食各类作物的种子和幼苗，损坏幼根和嫩茎结构组织，造成幼苗发育不良甚至死亡，成虫、若虫均危害，夜晚有趋光性。

国内分布： 北京、河北、山西、内蒙古、辽宁、吉林、江苏、安徽、江西、湖北、西藏、甘肃、宁夏、新疆（图6-382）；**国外分布：** 蒙古、俄罗斯、伊朗、哈萨克斯坦、阿富汗、乌兹别克斯坦、罗马尼亚。

种群： 较为常见，数量巨大。

致危因素

　　过去： 无；**现在：** 无；**将来：** 无。

　　评述： 在我国是一种危害农作物较为严重的害虫，分布非常广泛，适应能力较强。

保护措施

　　已有： 无；**建议：** 无。

　　评论： 在我国单刺蝼蛄的种群数量和分布范围小于东方蝼蛄，但仍时常造成对农业生态系统的危害。

参考文献： 殷海生和刘宪伟，1995；蔡柏岐和牛瑶，2002；刘浩宇，2013；Saussure，1874；Hsu，1928；Shiraki，1930；Storozhenko，2004；Gholami et al.，2015；Iorgu et al.，2016。

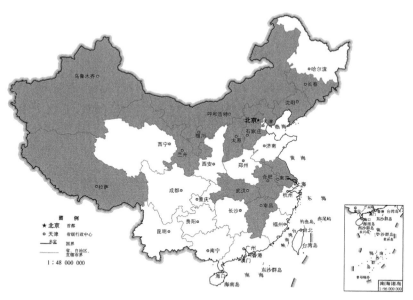

图6-382　单刺蝼蛄的国内地理分布

---

(383)　武当蝼蛄 _Gryllotalpa wudangensis_ Li，Ma & Xu，2007

分类地位： 蝼蛄总科 Gryllotalpoidea 蝼蛄科 Gryllotalpidae 蝼蛄亚科 Gryllotalpinae 蝼蛄族 Gryllotalpini。

同物异名： 无。

中文别名： 无。

中国种群占全球种群的比例：中国特有。

分析等级：易危 VU。

依据标准：EN A4cd ＋ B2ab（ii，iii）；评价等级标准调整。

理由：已知 1 个分布区，占有面积小于 500km²，栖息地存在质量衰退或开发现象，符合濒危标准，但由于本种发现时间较晚，降级评价为易危。

生境：1.6，3.5。

生物学：不详，推测取食农林作物的根或茎。

国内分布：湖北（武当山）（图 6-383）；**国外分布：**无。

种群：较少见。

致危因素

　　过去：1.1.1，1.3.4，9.5；**现在：**1.1.1，1.3.4，9.5；**将来：**1.1.1，1.3.4。

　　评述：生境退化和种群密度低，可能是主要致危因素。

保护措施

　　已有：无；**建议：**3.1，3.2。

　　评论：还有部分采自湖北省近似种的标本未鉴定，建议加强科学研究力度，明确种群与分布地信息。

参考文献：李晓东等，2007；Tan，2016。

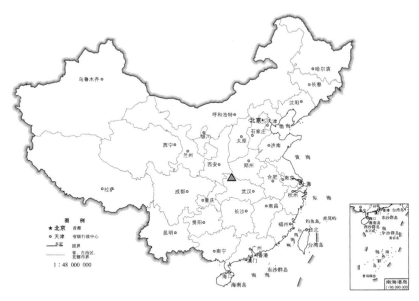

图 6-383　武当蝼蛄的国内地理分布

（六）蚁蟋科 Myrmecophilidae

16. 蚁蟋亚科 Myrmecophilinae

(384) 台湾蚁蟋 Myrmecophilus（Myrmecophilus）formosanus Shiraki，1930

分类地位：蝼蛄总科 Gryllotalpoidea 蚁蟋科 Myrmecophilidae 蚁蟋亚科 Myrmecophilinae 蚁蟋

族 Myrmecophilini。

同物异名：无。

中文别名：无。

中国种群占全球种群的比例：中国为主要分布区。

分析等级：易危 VU。

依据标准：VU B2ab（ii，iii）。

理由：我国已知占有面积可能小于2000km²，分布狭窄，近年在琉球群岛多次被发现记录。

生境：1.6，3.6，4.6，7.2。

生物学：可寄生在多类蚂蚁的蚁巢中，其与蚂蚁的密切关系目前尚不清楚，但可以影响蚂蚁的幼虫密度。

国内分布：上海、台湾（图6-384）；**国外分布**：日本。

种群：国内近年少见。

致危因素

　　过去：1.3，9.1，9.5，10.2；**现在**：1.3，9.1，9.5，10.2；**将来**：1.3，9.1，9.5，10.2。

　　评述：本种扩散能力弱，分布范围狭窄，人类对其生物学认识有限。

保护措施

　　已有：无；**建议**：2.2，3.1，3.2，3.3，3.4。

　　评论：通过科学研究，了解物种种群组成和地理分布，掌握其生物学特性，维持生境和保护其自然繁殖，提高人们的保护认知能力。

参考文献：殷海生和刘宪伟，1995；Shiraki，1930；Ichikawa et al.，2000；He，2018；Komatsu et al.，2018a；Komatsu et al.，2018b。

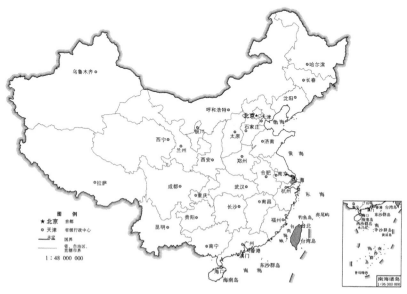

图6-384　台湾蚁蟋的国内地理分布

（385）四刺蚁蟋 *Myrmecophilus*（*Myrmecophilus*）*quadrispinus* **Perkins，1899**

分类地位： 蝼蛄总科 Gryllotalpoidea 蚁蟋科 Myrmecophilidae 蚁蟋亚科 Myrmecophilinae 蚁蟋族 Myrmecophilini。

同物异名： 无。

中文别名： 无。

中国种群占全球种群的比例： 疑似分布。

分析等级： 数据缺乏 DD。

依据标准： 物种是否在中国分布有争议。

理由： 本种原产地为夏威夷，只在早期《中国昆虫名录》（1935）中记载，自殷海生和刘宪伟于 1995 年提出质疑后，至今未见种群记录。

生境： 1.6，3.6，4.6，7.1，7.2。

生物学： 不详。

国内分布： 香港（疑似）（图 6-385）；**国外分布：** 夏威夷。

种群： 国内未见有效种群记录。

致危因素

　　过去： 1.3，9.1，9.5，10.2；**现在：** 1.3，9.1，9.5，10.2；**将来：** 1.3，9.1，9.5，10.2。

　　评述： 推测致危因素与蚁蟋属其他种类近似。

保护措施

　　已有： 无；**建议：** 3.1，3.2，3.3。

　　评论： 需要通过对疑似记录产地进行深入调查，涵盖不同年度和时间，尤其是与蚁科昆虫调查相结合，确认其是否有分布是首要任务，进而了解本种的种群组成和地理分布状况。

参考文献： 殷海生和刘宪伟，1995；Perkins，1899；Hebard，1922；Chopard，1929a；

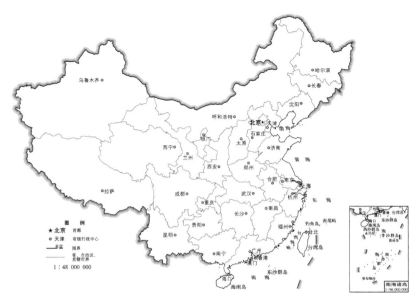

图 6-385　四刺蚁蟋的国内地理分布

Zimmerman，1948；Otte，1994；He，2018。

（386）中华蚁蟋 *Myrmecophilus*（*Myrmecophilus*）*sinicus* Bey-Bienko，1956

分类地位：蝼蛄总科 Gryllotalpoidea 蚁蟋科 Myrmecophilidae 蚁蟋亚科 Myrmecophilinae 蚁蟋族 Myrmecophilini。

同物异名：无。

中文别名：无。

中国种群占全球种群的比例：中国特有。

分析等级：极危 CR。

依据标准：CR A4cd ＋ B2ab（ii，iii）。

理由：已知 1 个分布地点，占有面积小于 $10km^2$，自本种发表后，60 余年尚无新的种群记载。

生境：1.6，3.6，4.6，7.1，7.2。

生物学：不详。

国内分布：重庆（北碚）（图 6-386）；**国外分布**：无。

种群：极少见。

致危因素

过去：1.3，9.1，9.5，10.2；**现在**：1.3，9.1，9.5，10.2；**将来**：1.3，9.1，9.5，10.2。

评述：已知分布范围非常狭窄，具体致危因素不详。

保护措施

已有：无；**建议**：2.2，3.1，3.2，3.3，3.4。

评论：大部分蚁蟋与某种或者某类蚂蚁关系密切，应通过科学研究，了解本种寄生蚂蚁类型，进而深入探索种群组成和地理分布特点。

参考文献：殷海生和刘宪伟，1995；Bei-Bienko，1956；Chopard，1968；He，2018。

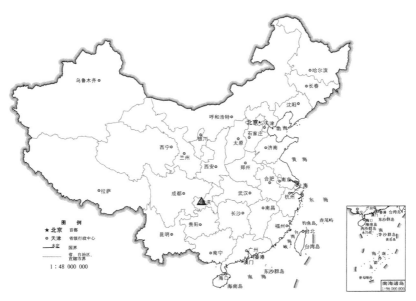

图 6-386　中华蚁蟋的国内地理分布

第七章 蟋蟀物种受威胁现状分析

本书对中国的蟋蟀物种濒危程度进行了分析，并依据当前蟋蟀研究概况拟定了等级。在已有的蟋蟀物种地理分布研究中，有学者在缺乏有效研究记录的情况下，将北京、天津、上海、香港、澳门等小面积行政区，并入近邻省份，既缺少科学性，也会影响物种濒危等级标准规范的运用，这在一些物种等级分析中已有体现，因此我们依据了一些较原始文献进行了修正。我们深知 IUCN 濒危物种红色名录和中国物种红色名录的意义，是确定保护优先项目，制定保护法规和保护物种名录、保护规划，规划或建立不同级别自然保护区，甚至是申报世界自然遗产、开展科学研究和普及教育，培养专业人员，履行生物多样性公约、濒危物种公约、世界遗产公约、湿地公约等多项国际条约等的重要依据。

正是因为有如此重要意义，本书在完成物种地理分布的基础上，分析了物种的受威胁状况，也明确了分析等级不同于正式的评估等级，但可以为后者服务。本书在进行中国蟋蟀物种分布、受威胁程度和多样性研究过程中，发现有部分物种评估条件还不成熟，目前不宜准确定级。另外，在使用修订调整的标准后，可以达到较准确反映物种受威胁现状的目的；重要的是本书中的地理信息数据为今后准确评估等级奠定了工作基础。

第一节 物种濒危结果分析

在第六章中，依据物种地理分布、依据标准、致危因素等信息，分析了不同物种受威胁状况，进而得到一个拟评估等级，即分析等级。本研究工作共涉及中国蟋蟀次目 386 种，包括 2 总科 6 科 16 亚科。表 7-1 详细列出了对各个亚科的分析结果，依据现有资料对所有物种均进行了分析，被归入极危、濒危、易危、近危、无危和数据缺乏，共 6 个等级。

表 7-1 中国蟋蟀亚科级阶元等级数量统计

分类阶元	极危 CR	濒危 EN	易危 VU	近危 NT	无危 LC	数据缺乏 DD	总数
蛣蟋亚科	0	1	0	4	2	1	8
纤蟋亚科	0	2	2	4	10	1	19
蟋蟀亚科	6	14	9	16	68	5	118
额蟋亚科	0	0	1	1	8	0	10
兰蟋亚科	2	0	4	1	5	2	14
树蟋亚科	1	1	2	0	7	1	12
长蟋亚科	0	0	2	3	7	1	13
距蟋亚科	2	3	14	3	21	5	48

续表

分类阶元	极危 CR	濒危 EN	易危 VU	近危 NT	无危 LC	数据缺乏 DD	总数
铁蟋亚科	0	1	0	0	2	0	3
癞蟋亚科	2	2	6	1	5	0	16
扩胸蟋亚科	0	0	2	1	1	1	5
亮蟋亚科	2	1	3	3	2	0	11
针蟋亚科	2	3	15	4	14	2	40
蛉蟋亚科	5	1	5	16	24	3	54
蝼蛄亚科	1	0	4	3	3	1	12
蚁蟋亚科	1	0	1	0	0	1	3
总数	24	29	70	60	179	24	386

1. 物种的门类统计

图 7-1 中可以看到，此次分析的物种中，蟋蟀亚科比例最高，高达 30.57%，明显高于其他亚科，表明蟋蟀亚科是我国蟋蟀物种多样性最丰富的类群；其次为蛉蟋亚科、距蟋亚科和针蟋亚科，所占比例依次为 13.99%、12.43% 和 10.36%，也是物种较丰富的类群；其他亚科类群的物种多样性水平非常低，大多比例为 1%～5%，而铁蟋亚科和蚁蟋亚科物种比例最低，不足 1%。

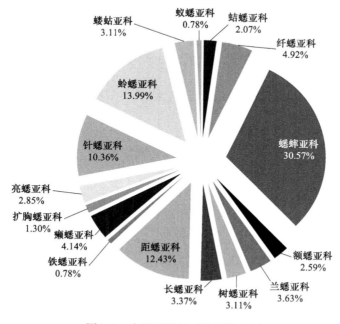

图 7-1 中国蟋蟀各亚科评估比例

2. 受威胁物种现状分析

本次评估的中国蟋蟀有 386 种，分析等级结果显示：中国蟋蟀极危（CR）24 种、濒危

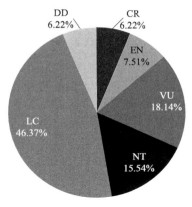

图 7-2 中国蟋蟀物种评估等级及比例

（EN）29 种、易危（VU）70 种、近危（NT）60 种、无危（LC）179 种、数据不足（DD）24 种。

本次研究结果表明中国蟋蟀受威胁物种（包括极危、濒危、易危）共 123 个，占被评估物种总数的 31.87%（图 7-2）。此外，近危等级的蟋蟀占被评估物种总数的 15.54%，数据不足等级的蟋蟀占被评估物种总数的 6.22%。受威胁、近危以及数据缺乏的物种均为需要保护或关注的物种。因此，中国需保护和关注的蟋蟀类昆虫达 207 种，占被评估物种总数的 53.63%。

据 2019 年 12 月《IUCN 濒危物种红色名录》网站中的蟋蟀数据统计，蟋蟀次目共有 118 种被收录在内，受威胁物种有 38 种，占蟋蟀次目所有被收录物种数量的 32.20%，如统计近危和数据不足的种类，需要保护和关注的蟋蟀达 71 种，占被评估物种总数的 60.17%。可以看出，我们的研究结果与国外的研究结果无论是受威胁种类比例，还是受威胁和需要关注之和的比例，都非常近似，证明我们的基础研究数据虽然具有时间阶段性，但很可能表明我国的蟋蟀多样性研究阶段与世界水平已经非常接近。

3. 不同亚科受威胁物种分析

不同亚科中受威胁物种（包括极危、濒危、易危）的比例差异非常大，无明显规律性，详见图 7-3。其中，蟋蟀亚科物种数最多，达 118 种，其受威胁物种数也最多（29 种），但仅占本亚科总数的 24.58%，而癞蟋亚科总数仅知 16 种，受威胁物种已多达 10 种，可见其受威胁率是非常高的，达 62.50%。此外，受威胁率最高的是蚁蟋亚科，3 种中的 2 种处于受威胁状态，受威胁率达 66.67%；受威胁率最低的是额蟋亚科，10 种中的 1 种处于受威胁状态，受威胁率仅为 10.00%。

这 123 个受威胁物种在整个蟋蟀次目昆虫各亚科中的分布，是有一定分布规律的，见

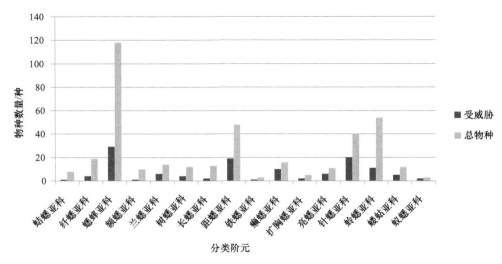

图 7-3 中国蟋蟀不同亚科受威胁物种与总物种

图 7-4。与评估物种总数对比发现，总数越大，通常受威胁的种类越多，如蟋蟀亚科、针蟋亚科、距蟋亚科和蛉蟋亚科，分别占受威胁物种比例的 23.57%、16.26%、15.45% 和 8.94%。受威胁物种比例最低的是额蟋亚科、蛞蟋亚科和铁蟋亚科，均为 0.81%。这三个亚科的物种总数较少，且物种地理分布相对广泛。

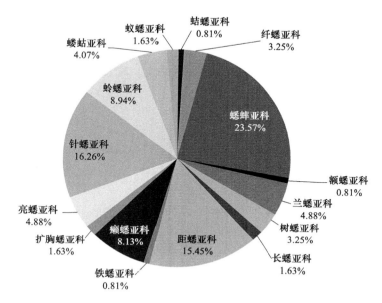

图 7-4　中国蟋蟀各亚科受威胁物种比例

第二节　极危和濒危物种统计

1. 极危物种名录

（1）蟋蟀亚科

黑胫甲蟋 *Acanthoplistus nigritibia* Zheng & Woo，1992
分布：浙江（丽水）。

云南短翅蟋 *Callogryllus yunnanus* Wu & Zheng，1992
分布：云南（云龙）。

斑拟姬蟋 *Comidoblemmus maculatus*（Shiraki，1930）
分布：台湾（南投）。

多毛哑蟋 *Goniogryllus pubescens* Wu & Wang，1992
分布：四川（德格）。

脏珀蟋 *Plebeiogryllus spurcatus*（Walker，1869）
分布：香港、澳门。

法拉油葫芦 *Teleogryllus*（*Teleogryllus*）*fallaciosus*（Shiraki，1930）
分布：台湾。

（2）兰蟋亚科

耿氏多兰蟋 *Duolandrevus*（*Eulandrevus*）*guntheri*（Gorochov，1988）

分布：台湾。

兰屿多兰蟋 *Duolandrevus*（*Jorama*）*kotoshoensis* Oshiro，1989

分布：台湾（兰屿）。

（3）树蟋亚科

宽翅树蟋 *Oecanthus latipennis*［temporary name］Liu，Yin & Xia，1994

分布：北京。

（4）距蟋亚科

奥克阔胫蟋 *Mnesibulus*（*Mnesibulus*）*okunii* Shiraki，1930

分布：台湾（兰屿）。

斑伪玛蟋 *Pseudomadasumma maculata* Shiraki，1930

分布：台湾（阿里山）。

（5）癞蟋亚科

短蛛首蟋 *Arachnocephalus brevissimus* Shiraki，1911

分布：台湾（屏东）。

长翅奥蟋 *Ornebius longipennis longipennis*（Shiraki，1930）

分布：台湾。

（6）亮蟋亚科

卡尼亮蟋 *Phaloria*（*Phaloria*）*karnyello*（Chopard，1968）

分布：台湾（高雄）。

兰屿亮蟋 *Phaloria*（*Phaloria*）*kotoshoensis*（Shiraki，1930）

分布：台湾（兰屿）。

（7）针蟋亚科

郑氏双针蟋 *Dianemobius zhengi* Chen，1994

分布：四川（冕宁）。

尾异针蟋 *Pteronemobius*（*Pteronemobius*）*caudatus*（Shiraki，1911）

分布：台湾（屏东）。

（8）蛉蟋亚科

兰屿斜蛉蟋 *Metioche*（*Metioche*）*kotoshoensis*（Shiraki，1930）

分布：台湾（兰屿）。

淡角斜蛉蟋 *Metioche*（*Metioche*）*pallidicornis*（Stål，1861）

分布：香港。

粗拟蛉蟋 *Trigonidium*（*Paratrigonidium*）*majusculum*（Karny，1915）

分布：台湾。

条斑拟蛉蟋 *Trigonidium*（*Paratrigonidium*）*striatum*（Shiraki，1911）

分布：台湾。

阔胸拟蛉蟋 *Trigonidium*（*Paratrigonidium*）*transversum*（Shiraki，1930）

分布：台湾。

（9）蝼蛄亚科

金秀蝼蛄 *Gryllotalpa jinxiuensis* You & Li，1990

分布：广西（金秀）。

（10）蚁蟋亚科

中华蚁蟋 *Myrmecophilus*（*Myrmecophilus*）*sinicus* Bey-Bienko，1956

分布：重庆（北碚）。

这些物种共涉及 10 亚科 24 种，它们有 2 个主要共同点。

1）物种种群罕见，除去模式标本种群外，再也没有其他种群被有效记录；这些物种经历了时间考验，少则 25 年，多则 100 年，历经不同时期和不同目的的野外调查者，都没有再发现它们。

2）通过模式信息统计，除脏珀蟋外，均只有一个分布点，可以说分布非常狭窄。在这些物种中，甚至很多都不知道详细的分布地，假如将疑似灭绝或者灭绝概念引入本书中，我们根本无法开展有效调查。

除去这些共同点，它们当中大多数物种还存在模式标本丢失或破损、单性发表或缺少重要特征等问题，给物种准确鉴别，尤其是近缘种鉴别带来很多困难。

统计这 24 个极危物种分布地发现，全部为中国特有种，其中 15 个物种分布在台湾，其余分布地较为零散，这是因为台湾地区拥有非常悠久的蟋蟀分类历史，参与研究学者较多，拥有相对完善的生物多样性网站，在依据相关标准判断等级时理由更充分。

2. 濒危物种名录

（1）蛣蟋亚科

兰屿乐脉蟋 *Lebinthus lanyuensis* Oshiro，1996

分布：台湾（兰屿）。

（2）纤蟋亚科

长翅贝蟋 *Beybienkoana longipennis*（Liu & Yin，1993）

分布：云南（勐海）。

小贝蟋 *Beybienkoana parvula* Shi & Liu，2007

分布：广西（南丹）。

（3）蟋蟀亚科

赤褐甲蟋 *Acanthoplistus testaceus* Zheng & Woo，1992

分布：云南（景洪、勐腊）。

细须毛蟋 *Capillogryllus exilipalpis* Xie & Zheng，2003

分布：广东（封开）。

波密哑蟋 *Goniogryllus bomicus* Wu & Wang，1992

分布：西藏（波密）。

陈氏哑蟋 *Goniogryllus cheni* Xie & Zheng，2003

分布：甘肃（康县）。

环纹哑蟋 *Goniogryllus cirilinears* Xie，2005

分布：甘肃（文县）。

甘肃哑蟋 *Goniogryllus gansuensis* Xie，Yu & Tang，2006

分布：甘肃（康县）。

庐山哑蟋 *Goniogryllus lushanensis* Chen & Zheng，1995

分布：江西（庐山）。

齿瓣裸蟋 *Gymnogryllus odonopetalus* Xie & Zheng，2003

分布：云南（勐腊）。

平突棺头蟋 *Loxoblemmus applanatus* Wang，Zheng & Woo，1999

分布：福建。

双线黑蟋 *Melanogryllus bilineatus* Yang & Yang，1994

分布：台湾（屏东、宜兰）。

极小素蟋 *Mitius minutulus* Yang & Yang，1995

分布：台湾（高雄）。

恒春特蟋 *Turanogryllus koshunensis*（Shiraki，1911）

分布：台湾（恒春）。

弧脉斗蟋 *Velarifictorus*（*Velarifictorus*）*curvinervis* Xie，2004

分布：广西（防城港）。

黑色越蟋 *Vietacheta picea* Gorochov，1992

分布：云南（勐腊）；越南。

（4）树蟋亚科

光滑小莎蟋 *Xabea levissima* Gorochov，1992

分布：云南（景谷、腾冲）；越南。

（5）距蟋亚科

大隐蟋 *Sonotrella*（*Sonotrella*）*major* Liu，Yin & Wang，1993

分布：云南（景洪、勐腊）；越南。

柯氏啼蟋 *Trelleora kryszhanovskiji* Gorochov，1988

分布：云南（河口、景东）；越南。

双刺片蟋 *Truljalia bispinosa* Wang & Woo，1992

分布：西藏（墨脱）。

（6）铁蟋亚科

单耳铁蟋 *Sclerogryllus tympanalis* Yin & Liu，1996

分布：海南（尖峰岭）。

（7）癞蟋亚科

海南小须蟋 *Micrornebius hainanensis* Yin，1998

分布：海南（陵水）。

珍稀小须蟋 *Micrornebius perrarus* Yang & Yen，2001

分布：台湾（屏东）。

（8）亮蟋亚科

梁氏拟亮蟋 *Vescelia liangi*（Xie & Zheng，2003）

分布：广东（封开）。

（9）针蟋亚科

乌来双针蟋 *Dianemobius wulaius* Liu & Yang，1998

分布：台湾（台北）。

青海异针蟋 *Pteronemobius*（*Pteronemobius*）*qinghaiensis* Yin，1998

分布：青海（乐都）。

台湾台针蟋 *Taiwanemobius formosanus* Yang & Chang，1996

分布：台湾（花莲、台东、宜兰）。

（10）蛉蟋亚科

似斯蛉蟋 *Svistella fallax* He，Li & Liu，2009

分布：四川（南江）。

这些物种的情况与极危物种部分近似，但灭绝的风险相对低一些。有些物种仅有模式标本种群，但由于被发现较晚，本书中被降级处理；有些物种，虽然也仅有模式标本种群，但在物种发表时至少涉及 2 个或 2 个以上分布地点（含境外）；还有些物种虽然仅知在模式产地有分布，但后续调查中仍有少量有效记录；另外有些物种发表较晚，而依据的模式标本时间非常久远，也是在分析评价时的考虑因素。当然，我们也尽量依据分布区面积或占有面积情况，以及栖息地生态环境质量情况进行评估。

统计这 29 个濒危物种分布地发现，7 个物种分布在台湾，物种信息情况与极危近似。还有 7 个物种分布在云南，有些是与越南共有种，其他物种主要是在华南、西南和西北地区零星分布。这些物种大多发现时间虽不算太久远，但调查力度有限，运用的评价依据也没有其他等级充分，可能存在一定偶然性，推测不久的将来有些物种等级会出现波动。

第三节　物种致危因素分析

本书中使用的物种致危因素采用的是《IUCN 濒危物种红色名录》中关于致危因素的分类和代码，所有因素已在第五章中列出。总体来说，蟋蟀的致危因素在过去、现在和将来的差异不大，但在部分类群中差异也是非常明显的。

人为原因导致的生境退化或丧失，是对我国蟋蟀威胁最大的因素。在农业方面，主要是大规模农业活动，大面积天然林被人为毁灭，大规模种植人工经济林，或者种植经济作物。非规模性的木材或非林业植被采伐，经常伴有长期性和随意性，通常会造成栖息环境的破碎化。另外，伴随着我国经济快速发展，尤其是公共交通设施发展，会造成道路两侧生境恶化，而林缘地区正是很多蟋蟀喜欢的栖息地，但这种破坏是短暂性的，也是可恢复的。当然，这些因素通常是伴随着人类多样的干扰活动。

内在因素也是非常重要的致危因素，主要体现在物种扩散能力非常弱和地理分布区狭窄。有些物种无后翅，一旦其他致危因素出现，应对能力较差，灭绝风险就会非常高；有些物种虽然具有飞行能力，但已知分布区依然狭窄，除了调查度不足外，也可能是由我们未知的其他因素造成的。

除了生境和内在因素外，还有一些因素也会造成部分蟋蟀种类致危。一是与文化、科研或休闲活动相关的采捕活动，这是因为在我国各地都有着相似的蟋蟀文化活动，捉蟋蟀、斗蟋蟀、养蟋蟀、听鸣叫等，这些蟋蟀爱好者的捕捉对象是按基本体型划分，很难区分近缘属种，很可能会伤害到一些受威胁种类；二是意外致死和灭杀，蟋蟀中的一些物种外形与蝗虫近似，易因错误判断而被捕杀，还有一些物种容易集群暴发而被人们误认为是害虫。当然在蝼蛄亚科和蟋蟀亚科中确实有少量是农业害虫，人们在有害生物防治过程中，经常会对其栖息地进行大面积灭杀，一些近缘种或栖息地的其他物种也面临误杀风险。

第四节　物种保护措施分析

本书中使用的物种保护措施，也是采用IUCN红色名录中的分类和代码，被分为政策性保护行为、沟通与教育、科学研究行动、生境与实地保护行动、物种保护行动和其他6类。但是，受威胁的螽蟋迄今还没有任何直接的保护措施。依据《国家重点保护野生动物名录》记载，即使是在昆虫纲中，我国的一级保护动物也仅有中华蚱蝉和金斑喙凤蝶，二级保护动物有尖板曦箭蜓、宽纹北箭蜓、中华缺翅虫、墨脱缺翅虫、拉步甲、硕步甲、彩臂金龟（所有种）、双尾褐凤蝶、三尾褐凤蝶、中华虎凤蝶和阿波罗绢蝶。在已有的生物多样性保护措施中，很多措施或多或少起到了保护作用，尤其是对生境与实地保护方面。

1. 间接保护措施

1）在政策性保护行动方面，《生物多样性公约》、《中国生物多样性保护战略与行动计划》（2011—2030年）、《中国生物多样性保护优先区域范围》等文件的发布和实施，均具有一定的法律约束力，其中确定的生物多样性保护优先区涵盖了很多螽蟋多样性分布和分化中心，间接进行了螽蟋多样性的就地保护。此外，与国家层次立法也密不可分，如《中华人民共和国野生动物保护法》《中华人民共和国森林法》《中华人民共和国草原法》《中华人民共和国自然保护区条例》等，在保护其他动物或保护动物栖息地的同时，也间接加强了螽蟋多样性就地保护工作。

2）在沟通与教育方面，常规教育与素质教育密不可分，生物多样性的价值与意义编入了各级别教科书，相关知识贴入了社区宣传栏。每年5月22日为"生物多样性国际日"，全国各地都会举行各种活动，进行科普宣传以增强人们对生物多样性问题的理解和认识。但在此方面，大型濒危动植物更受关注，应该通过综合能力提升，将沟通教育工作深入化，使公众认识到生物多样性的主体之一包括庞大的无脊椎动物，地球生物物种数量最繁盛的生物类群是昆虫，包括螽蟋在内的很多微小动物也是地球生物多样性组成的重要组成部分。

3）科学研究行动是目前包括螽蟋在内的昆虫类保护措施开展较广泛的保护措施，其中分类学、分布范围调查、生物学及生态学、生境状况等方面的研究，为螽蟋的多样性保护和物种受威胁程度分析提供了重要依据。物种的动态监测，应该是未来科学保护行动的主要发展方向，某个地区一种或一类昆虫的种群动态变化数据，就像一面生态镜子，时刻反映着整体生态系统健康状态。

4）在生境与实地保护行动方面，正如在2014年发布的IUCN红色名录中，发现新评估的近一半物种来自保护地。在本书分析的物种中，连同一些未明确标出的广布种，也有近一半物种来自各级自然保护区。在自然保护地的管理方面，栖息地生境质量恢复及其间的走廊保持畅通，这对于很多不会飞翔的螽蟋类群尤为重要。自然保护区的管理与扩建也非常重要，尤其是加强缓冲区和实验区管理，防止核心区功能萎缩。

5）在物种保护行动及其他方面，相关保护措施选项与螽蟋类昆虫关系不大，但少数螽蟋种类的半人工化养殖，对真正的极危和濒危种类保护有借鉴意义。

2. 建议的保护措施

从全局角度，加强政策性保护行动是最主要的，是世界各国各级组织达成的共识，也是当前正在进行的重要工作之一。但相关的科学研究行动、生境与实地保护行动在具体实施过程中是非常重要的环节，也是很多独立昆虫工作者贡献力量的主要途径。

（1）分类学为自然保护区提供名录

现有的各级自然保护区，不管是保护生态系统、自然遗迹，还是优先保护某种野生动植物，我们在进行蟋蟀物种濒危调查或多样性调查时，应尽量为保护区提供一个较完整蟋蟀名录。这对于调查者可能是举手之劳，但这项工作却为保护区明确了一类保护对象，同时在评估时为 B1a 和 B2a 标准使用提供最直接依据。

（2）加强物种分布、种群数量、生物学及生态学信息采集

当前多数昆虫野外调查工作的主要目的还停留在发现物种和认识物种阶段，蟋蟀也是如此。由于一些研究处于初级阶段，通常会忽略栖息地生境状况、种群数量、分布范围等方面的信息采集，而栖息地丧失和退化是蟋蟀最主要的致危因素。加强这些方面的调查与分析工作，有利于保护地建设和督促从业者管理水平提高，更是为所有物种的濒危等级分析标准提供更多有效依据。

（3）进行蟋蟀类文化昆虫市场监测，提高能力建设

近年来，伴随着人们生活水平的提高，文化娱乐活动的多样化，民间养鸣虫、斗蟋蟀等古老风俗又兴盛起来，蟋蟀文化节、斗蟋蟀大赛等活动层出不穷。在拥有众多蟋蟀爱好者的民俗基础上，蟋蟀交易市场在很多城市随处可见。从当前情况来看，蟋蟀交易商业化带动了部分地区经济发展，但野外采捕也带来众多风险，因为通常同属的不同种蟋蟀，其生物学角度鸣叫、斗性等特点近似而有差异，但从赏玩角度其间并无异处。在自然条件或人类干扰情况下，不同近缘种的受威胁程度不同，需要相关部门提高监测质量，能及时发现潜在风险，防止误捕误杀。

（4）强化保护地概念，人虫和谐相处

虽然人类主宰着地球，但人类离不开地球万物。包括蟋蟀在内所有自然界生物，若依据能否与人类和平相处来区分，认为可以明显分为 2 类：第一类是生物学特点决定了其栖息地生境状况要求高，在人类干扰情况下种群会严重萎缩，这就需要强化自然保护地概念，保持距离互不打扰，给予这些物种相对独立自然环境空间，例如一些树栖性蟋蟀；第二类是适应能力强，对栖息地质量要求不高，通常为杂食性且夜间活动，能够适应人工生态系统，而且也不影响人类生活，能够和谐相处，例如一些地栖蟋蟀种类。人虫应该和谐相处，因为地球不仅是人类的地球，也是所有生物的地球，他们之间由各种直接或间接关系而相互联系。

第八章　蟋蟀多样性保护研究展望

世界已命名的昆虫种类超过 107 万种（Zhang，2013），我国也记载约 10 万种（申效诚等，2014），这么庞大的数字不应该被忽视，而是应该引起人们更多的重视。截至 2019 年年底，蟋蟀类昆虫世界已知 5900 余种，我国已记载 386 种，并以每年约 20 个新种的速度增加，同时也有物种因同物异名或以前鉴定错误而被排除中国区系。我们进行濒危等级分析和多样性研究时，面临的众多待思考和解决的问题，可以推测这些问题在其他昆虫类群中也可能存在，在此充分探讨有利于为保护工作服务。

第一节　当前蟋蟀濒危评价问题分析

本书的研究自规划到完稿历经两年半的时间，其中在第六章花费的时间最多。我们在使用《IUCN 濒危物种红色名录》濒危等级标准及地区水平应用指南时遇到了各种问题，因此在第四章的研究方法部分，对部分条款进行厘定或重新解释，尽可能客观地阐述相关研究问题。在此，对面临的问题进行阐述并分析。

1. 物种的可靠性问题

对物种的正确鉴定是物种濒危等级评价的先决条件，部分蟋蟀类昆虫确实存在很多未知因素。首先，物种发表时是否有效？在探讨濒危和极危物种致危因素时提过，一些种类的模式标本或丢失、或破损、或单性，致使后人无法深入研究，甚至无法判断其有效性，但依据《国际动物命名法规》，认为其是有效种，对于这类物种，我们也认为是可靠的；其次，学者发表了一系列中国新记录种，但有效研究标本也会发生或丢失、或破损、或单性，致使后人无法查找，特别是依据生物地理学标准，被大多数学者质疑在中国分布的，我们也遵从大多数学者意见，认为其有鉴定问题，在此列为数据不足。

2. 野外调查信息缺乏

很多分类学著作提供的科学信息简单，常常会忽略种群数、分布范围、生物学、栖息地状况等信息，其在比较濒危标准时没有可比性。当发生这种情况时，我们尽量收集更多零散的信息，使评价更具客观性。在分布面积和占有面积的判断中，也参考了时间、植被、地域的连续性，检视或参考了更多采集标签信息和查看了分布地生境状况。

3. 无法开展动态监测

在《IUCN 濒危物种红色名录》濒危等级的 A 类标准中，可以根据规定的任何一方面资料，通过观察、估计、推断或猜测，在过去 10 年或 3 个世代（最长 100 年），依据减少原因和减少程度判断等级。到目前还没有明确任何蟋蟀的动态监测工作，所以这项重要指标没有被广泛使用，只有少数物种有连续野外调查记录，因而进行了适当推断。

4. 多样性保护优先区与受威胁内在因素

　　我国划定的 32 个内陆陆地生物多样性保护优先区域（李俊生等，2016），基本涵盖了绝大多数蟋蟀物种的分布范围，尤其是西南山区，不仅是全球范围内划定的 25 个生物多样性热点区域（Myers et al.，2000）之一，而且是我国蟋蟀物种最丰富的区域和受威胁物种最多的地区。这个区域的很多地方生态环境原始，人口稀疏且人为干扰小，但生态系统多样与微环境复杂，孕育了更多特有种类。该地区蟋蟀受威胁的内在因素除了扩散能力有限和分布区狭窄外，也可能伴随着若虫死亡率高、种群密度低、性比失衡、种群波动等因素，甚至是近缘种的种间各种竞争，但仅通过简单野外调查分析很难确定。因此，即使本书认为有些种类是受威胁的，并确立了评估等级，但仍需要更详尽证据支持和论证。

5. 大部分物种被发现时间较晚

　　记录在中国的物种包括模式产地为中国和中国新记录两类，由于后者的最早被记录时间有些无法考证，无法准确统计时间段内记录在中国的物种。物种的受威胁程度评价需考虑物种的发表时间，新近发表的物种很可能评估依据不足。因此，本书按照发表时间，并依据中国蟋蟀研究历史的阶段性进行了统计。

　　从图 8-1 中可以明显看到，2010～2019 年发表的蟋蟀物种数量最多，已达 109 种，占已知蟋蟀总数的 28.24%。1995 年之后发表的蟋蟀物种数量共 170 种，占已知蟋蟀总数的44.04%。在这些发表较晚的物种中，部分种类可能会在评价时出现数据不足的情况，但为保证工作的完整性，我们适当调整了这部分蟋蟀的等级。虽然我们得到的蟋蟀最终受威胁比例与《IUCN 濒危物种红色名录》中的蟋蟀次目昆虫数据近似，但如此操作是否合理，还需要今后不断研究以验证。1910 年之前发表的蟋蟀物种，绝大多数是后来学者发现的中国新记录

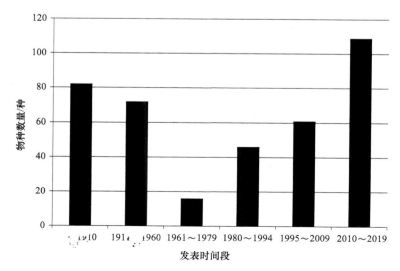

图 8-1　中国蟋蟀按发表时间段统计物种数量

种，模式产地为境外国家或地区，呈现跨国家多样化分布，在物种地区水平应用方面，有时也无法有效定性定量科学调整相关等级。

第二节　蟋蟀物种多样性保护价值与意义

科学探索是无止境的，任何一项研究都有阶段性。本书对蟋蟀物种多样性保护的价值与意义主要体现在以下几个方面。

1. 探索蟋蟀次目昆虫受威胁评价标准和方法

近些年，我国蟋蟀类物种数量增速较快，与其他很多昆虫类群一样，各类物种信息时时更新，不能因此而停止阶段性工作总结。《IUCN 濒危物种红色名录》中濒危等级和标准的方法及依据面向所有生物类群，A～E 类评级依据使不同类的生物都可以找到适合的评估选项。在物种评估（或评价）过程中，B 类标准是最适合昆虫纲使用的，当然不同的昆虫类群研究基础不一样，其他评级依据也可以适当运用。

对于新近发表的物种，可能会遇到评价信息不足的情况。本书依据蟋蟀研究历史的阶段性，进行了适度降级，但尺度是否合理，或者说是否具有代表性，在今后的工作中我们将搜集其他类群数据进行对比验证。另外，在地区水平上，依据物种灭绝威胁程度，分析等级应调整为一个更为适当的水平，通常调整 1 个等级，但确定为分布区边缘或明显严重分割，有必要调整 2 个级别。

2. 科学研究工作的灵活性

物种红色名录的制定工作，虽然不具有法律效力，但其重要意义之一是为制定野生动植物保护行动和保护名录提供科学依据，有助于确定中国濒危物种的保护优先顺序，确定重点保护物种（臧春鑫等，2016）。然而如果严格执行物种红色名录濒危等级和标准的依据，我们会发现很多昆虫物种都处于受威胁状态，极危和濒危种类的比例会非常大。这是因为人类对于昆虫认识，除了数千种对人类经济、卫生和文化密切相关的种类外，对大多数种类的认知还是非常有限的，如果将来以此确定保护物种，会对评估人员心理造成巨大压力。

另外，正式的评估过程包括数据收集整理、初评、函评、会评、复审、形成评估说明书等步骤。研究组织工作烦琐而严谨，但基于中国昆虫分类研究队伍现状，每个类群邀请10～20 位专家共同完成，显然是不现实的。自然人的科学研究，流程与方法更灵活简单，在相关组织机构需要时，这些结果可以为物种红色名录工作提供依据和参考。

3. 相关结果对未来蟋蟀研究的导向影响

可以预见这些评级结果应该会面临来自不同方面的质疑，尤其是同行学者。相比于对大型动植物的认知，我们对很多蟋蟀种类的认识还处于初级阶段。伴随着本书的出版，将有更多蟋蟀采集者和分类专家，不自觉地关注蟋蟀物种的野外种群数、分布范围、生物学、生态学、生境状况、威胁状态、利用及采捕程度、蟋蟀市场、文化因素、保护措施和动态监测等方面的科学研究行动，并带有批判精神审视每个蟋蟀物种的评价等级。

我们对此持开放态度，这也是我们希望达到的目的之一，将有利于全面促进蟋蟀各方面研究的蓬勃发展。

4．10 年后的蟋蟀多样性研究展望

10 年对于蟋蟀次目昆虫来说，大多数种类要经历 10 个世代，而对于昆虫学工作者来说，可以积累的知识和收集的研究材料会使研究步入一个新阶段。信息技术和生物技术的广泛应用不断影响我们对各分类阶元间亲缘关系的理解。我们期望红色名录保护措施中的科学研究行动方面不断完善，可以基于支序系统学原理和方法明确各级阶元系统发育关系，寻找蟋蟀进化的关键节点类群或物种，也可以基于生物地理学原理和方面，寻找蟋蟀物种分化和扩散的关键节点地区，将两者有效融入生物多样性保护工作中。重要的是，希望看到本书的专家和学者们，能在 10 年后提醒和督促我们完成这个设想，并支持我们完成这项研究任务，再次审视这些物种的状况。

参 考 文 献

蔡柏岐，牛瑶，1998. 我国河南省蝼蛄属一新种记述（直翅目：蝼蛄科）[M] // 申效诚，时振亚. 河南昆虫分类区系研究，第二卷，伏牛山昆虫（一）. 北京：中国农业科学技术出版社：17-19.

蔡柏岐，牛瑶，2002. 我国三种蝼蛄的雄性生殖器鉴别 [J]. 昆虫知识，39（2）：152-153.

蔡邦华，1956. 昆虫分类学：上册 [M]. 北京：财政经济出版社.

陈阿兰，谢令德，2004. 癞蟋科 4 种蟋蟀发声器的比较（直翅目：癞蟋科）[J]. 华中农业大学学报，23（5）：510-512.

陈德良，鲍新梅，王必元，1995. 蟋蟀科 [M] // 吴鸿. 华东百山祖昆虫. 北京：中国林业出版社：77-78.

陈军，1994. 四川离针蟋属一新种记述（直翅目：蟋蟀总科）[M] // 廉振民. 昆虫学研究，第一辑. 西安：陕西师范大学出版社：66-68.

陈军，郑哲民，1995a. 我国蟋蟀科一新属及两新种记述（直翅目：蟋蟀总科）[J]. 陕西师范大学学报，23（2）：72-76.

陈军，郑哲民，1995b. 中国哑蟋属昆虫三新种记述（直翅目：蟋蟀科）[J]. 动物学研究，16（3）：213-217.

陈军，郑哲民，1996. 哑蟋属两新种及峨眉哑蟋雌虫的发现（直翅目：蟋蟀科）[J]. 昆虫学报，39（3）：289-293.

陈天嘉，2018. 中国传统文化对蟋蟀身体与战斗力关系的认识 [J]. 自然辩证法通讯，40（10）：70-74.

陈天嘉，任定成，2011. 中国古代至民国时期对蟋蟀行为的观察和认识 [J]. 自然科学史研究，30（3）：345-356.

邓素芳，许升全，2006. 中国异针蟋属一新种记述（直翅目：蟋蟀总科）[J]. 动物分类学报，31（3）：577-579.

何祝清，2010. 中国针蟋亚科和蛉蟋亚科系统分类研究（直翅目：蟋蟀科）[D]. 上海：华东师范大学.

环境保护部，2010. 中国生物多样性保护战略与行动计划（2011—2030 年）[M]. 北京：中国环境科学出版社.

环境保护部，2015. 中国生物多样性保护优先区域范围 [R]. 北京：环境保护部办公厅.

环境保护部，中国科学院，2013.《中国生物多样性红色名录：高等植物卷》评估报告 [R]. 北京：环境保护部办公厅.

环境保护部，中国科学院，2015.《中国生物多样性红色名录：脊椎动物卷》评估报告 [R]. 北京：环境保护部办公厅.

环境保护部，中国科学院，2018.《中国生物多样性红色名录：大型真菌卷》评估报告 [R]. 北京：环境保护部办公厅.

IUCN，1997. 生物多样性公约指南 [M]. 北京：科学出版社.

金杏宝，1994. 鸣虫和昆虫保护 [M] // 生物多样性研究进展：首届全国生物多样性保护与持续利用研讨会论文集. 北京：中国科学技术出版社：165-171.

康乐，毛文华，1990. 内蒙古直翅目昆虫二新种记述（直翅目：蝗科、蟋蟀科）[J]. 昆虫分类学报，12（3-4）：199-202.

李闯，2008. 谈中国陶制蟋蟀虫盆 [J]. 美术大观，（1）：170-171.

李俊生，靳勇超，王伟，等，2016. 中国陆域生物多样性保护优先区域 [M]. 北京：科学出版社.

李恺，郑哲民，1998. 陕西特蟋属一新种（直翅目：蟋蟀科）[J]. 陕西师范大学学报，26（1）：119-120.

李恺，郑哲民，2001. 卵翅哑蟋和纹股秦蟋雄性的记述（直翅目：蟋蟀总科）[J]. 昆虫分类学报，23（3）：165-168.

李晓东，马丽滨，许升全，2007. 中国蝼蛄属一新种记述（直翅目：蝼蛄科）[J]. 昆虫分类学报，29（4）：247-250.

李晓强，2011. 吉林省蟋蟀总科昆虫分类学研究 [D]. 长春：东北师范大学.

林育真，杨春贵，战新梅，等，2001. 济南地区蟋蟀总科种类组成与栖息生境的关系 [J]. 昆虫知识，38（1）：43-46.

刘浩宇，2007. 中国蟋蟀科系统学初步研究（直翅目：蟋蟀总科）[D]. 保定：河北大学.

刘浩宇，2013. 蟋蟀科，蝼蛄科［M］//任国栋，郭书彬，张锋. 小五台山昆虫. 保定：河北大学出版社：72-74.

刘浩宇，程紫薇，王慧欣，2013. 保定地区蟋蟀资源调查及开发策略研究［J］. 安徽农业科学，41（1）：145-146.

刘浩宇，石福明，2007a. 维蟋属分类研究及两新种记述（直翅目：蟋蟀科：距蟋亚科）［J］. 昆虫学报，50（3）：281-285.

刘浩宇，石福明，2007b. 蛉蟋科、蟋蟀科、蛛蟋科、癞蟋科、貌蟋科、蛣蟋科［M］//李子忠，杨茂发，金道超. 雷公山景观昆虫. 贵阳：贵州科技出版社：121-125.

刘浩宇，石福明，2012. 蟋蟀科［M］//戴仁怀，李子忠，金道超. 宽阔水景观昆虫. 贵阳：贵州科技出版社：309-314.

刘浩宇，石福明，2013. 蟋蟀科，蝼蛄科［M］//周善义. 广西大明山昆虫. 桂林：广西师范大学出版社：70-74.

刘浩宇，石福明，2014a. 蟋蟀总科［M］//吴鸿，王义平，杨星科，杨淑贞. 天目山动物志（第三卷）. 杭州：浙江大学出版社：339-360.

刘浩宇，石福明，2014b. 蟋蟀总科（蟋蟀科、蝼蛄科）［M］//王义平，童彩亮. 浙江清凉峰昆虫. 北京：中国林业出版社：83-85.

刘浩宇，石福明，2016. 中国长须蟋属分类研究（蟋蟀科：距蟋亚科）［EB/OL］. 北京：中国科技论文在线［2016-06-07］.

刘浩宇，石福明，欧晓红，2006. 中国隐蟋属一新种记述（直翅目：蟋蟀总科：蛣蟋科）［J］. 动物分类学报，31（4）：813-815.

刘浩宇，石福明，吴山，2010. 蟋蟀科［M］//陈祥盛，李子忠，金道超. 麻阳河景观昆虫. 贵阳：贵州科技出版社：72-76.

刘建民，王继良，王英，等，2017. 河北省蟋蟀类昆虫调查与识别［J］. 安徽农业科学，45（10）：19-21.

刘举鹏，殷海生，刘宪伟，1995. 蟋蟀两新种和一新记述种记述（直翅目：蟋蟀总科）［J］. 动物学集刊，12：281-284.

刘宪伟，1999. 直翅目［M］//郑乐怡，归鸿. 昆虫分类，上册. 南京：南京师范大学出版社：245-281.

刘宪伟，2009. 直翅目［M］//王义平等. 浙江乌岩岭昆虫及其森林健康评价. 北京：科学出版社：57-62.

刘宪伟，毕文烜，2010. 直翅目：蟋蟀总科［M］//徐华潮，叶石玄仙. 浙江凤阳山昆虫. 北京：中国林业出版社：92-97.

刘宪伟，毕文烜，2014. 蟋蟀总科［M］//王义平，童彩亮. 浙江清凉峰昆虫. 北京：中国林业出版社：81-82.

刘宪伟，殷海生，夏凯龄，1993. 云南蟋蟀种类的调查［J］. 昆虫学研究集刊，11：85-94.

刘宪伟，殷海生，夏凯龄，1994. 中国树蟋属的研究（直翅目：树蟋科）［J］. 昆虫分类学报，16（3）：165-169.

刘宪伟，殷海生，王云珍，1993. 中国云南金蛣蛉科两新种（直翅目：蟋蟀总科：金蛣蛉科）［J］. 昆虫学研究集刊，11：95-98.

卢慧，何祝清，李恺，2018. 蟋蟀总科［M］//廉振民. 秦岭昆虫志，低等昆虫及直翅类. 西安：世界图书出版公司：484-507.

卢荣胜，杨培林，石福明，等，2002. 历山自然保护区四种蟋蟀鸣声结构的比较研究（直翅目：蟋蟀总科）［J］. 动物分类学报，27（3）：491-497.

马丽滨，2011. 中国蟋蟀科系统学研究（直翅目：蟋蟀总科）［D］. 西安：西北农林科技大学.

马丽滨，何祝清，张雅林，2015. 中国油葫芦属 Teleogryllus Chopard 分类并记外来物种澳洲油葫芦 Teleogryllus commodus（Walker）（蟋蟀科，蟋蟀亚科）［J］. 陕西师范大学学报（自然科学版），43（3）：57-63.

申效诚，刘新涛，任应党，等，2014. 中国昆虫区系的多元相似性聚类分析和地理区划. 昆虫学报，56（8）：896-906.

苏镇，1973. 镇江市郊发现南宋墓［J］. 文物（5）：16.

石福明，刘浩宇，2007. 中国贝蟋属系统学研究（直翅目：蟋蟀科：纤蟋亚科）［J］. 动物分类学报，32（3）：655-658.

TaiBIF，2019. 台湾生物多样性资讯入口网［Z］. http://portal.taibif.tw/［2019-12-10］.

汪松，解焱，2004. 中国物种红色名录，第一卷，红色名录［M］. 北京：高等教育出版社.

汪松，解焱，2005. 中国物种红色名录，第三卷，无脊椎动物［M］. 北京：高等教育出版社.

王世襄，2012. 中国历代蟋蟀谱集成［M］. 上海：上海文化出版社.

王音，2002. 直翅目：蟋蟀科［M］//黄复生. 海南森林昆虫. 北京：科学出版社：75-80.

王音，吴福桢，1992a. 我国油葫芦属种类识别及一中国新纪录种［J］. 植物保护，18（4）：37-39.

王音，吴福桢，1992b. 片蛣蛉属新种及新记录种（直翅目：蟋蟀科）［J］. 昆虫分类学报，14（4）：237-243.

王音，郑彦芬，吴福桢，1999. 蟋蟀总科［M］// 黄邦侃. 福建昆虫志（一）. 福州：福建科学技术出版社：107-119.

吴福桢，1987. 蟋蟀总科［M］// 云南省林业厅，中国科学院动物研究所. 云南森林昆虫. 昆明：云南科技出版社：67-71.

吴福桢，王音，1992. 哑蟋属六新种记述（直翅目：蟋蟀科）［J］. 动物学研究，13（3）：227-233.

吴福桢，郑彦芬，1987. 金蛣蛉科两属两种：中国新记录［J］. 昆虫分类学报，9（2）：90.

吴福桢，郑彦芬，1992. 直翅目：蟋蟀总科［M］// 中国科学院青藏高原综合科学考察队. 横断山区昆虫（第一册）. 北京：
   科学出版社：95-97.

吴继传，1989. 中国斗蟋［M］. 北京：华文出版社.

吴继传，1993. 中国宁津蟋蟀志［M］. 北京：中国广播电视出版社.

吴继传，2001. 中华鸣虫谱［M］. 北京：北京出版社.

夏凯龄，刘宪伟，1992. 直翅目：螽斯总科和蟋蟀总科［M］// 黄复生. 西南武陵山地区昆虫. 北京：科学出版社：103-108.

夏凯龄，刘宪伟，殷海生，1991. 蟋蟀两新种（直翅目：蟋蟀总科）［J］. 昆虫学研究集刊，10：121-123.

谢令德，2003. 中国云南树蟋属1新种记述（直翅目：树蟋科）［J］. 华中农业大学学报，22（2）：123-125.

谢令德，2004. 直翅目：蟋蟀科［M］// 杨星科. 广西十万大山地区昆虫. 北京：中国林业出版社：116-121.

谢令德，2005. 直翅目：蛣蛉科、蟋蟀科、树蟋科、蛣蟋科［M］// 杨星科. 秦岭西段及甘南地区昆虫. 北京：科学出版社：
   79-86.

谢令德，欧晓红，2005. 云南哑蟋属一新种记述（直翅目，蟋蟀科）［J］. 动物分类学报，30（4）：765-767.

谢令德，喻梅，唐国文，2006. 甘肃省哑蟋属一新种记述（直翅目，蟋蟀科）［J］. 动物分类学报，31（4）：816-818.

谢令德，刘宪伟，2004. 直翅目：蟋蟀总科：蛣蛉科、貌蟋科、癞蟋科、树蟋科、蛣蟋科［M］// 杨星科. 广西十万大山地区
   昆虫. 北京：中国林业出版社：111-115.

谢令德，郑哲民，2002. 粗点哑蟋雌性的首次发现（直翅目：蟋蟀总科）［J］. 华中农业大学学报，21（6）：521-522.

谢令德，郑哲民，2003a. 中国亮蟋属1新属种记述（直翅目：蟋蟀总科：蛣蟋科）［J］. 华中农业大学学报，22（6）：538-
   540.

谢令德，郑哲民，2003b. 中国哑蟋属二新种记述（直翅目，蟋蟀科）［J］. 动物分类学报，28（2）：265-267.

谢令德，郑哲民，2003c. 中国裸蟋属一新种记述（直翅目，蟋蟀科）［J］. 动物分类学报，28（3）：496-498.

谢令德，郑哲民，李文柱，2004. 中国亮蟋亚科一新属新种（直翅目，蛣蟋科）［J］. 动物分类学报，29（4）：721-724.

谢令德，郑哲民，梁铬球，2003. 中国蟋蟀科一新属及两新种（直翅目，蟋蟀科）［J］. 动物分类学报，28（1）：95-98.

徐健，2008. 宁阳蟋蟀民俗文化旅游资源的 SWOT 分析［J］. 特区经济，10：175-176.

殷海生，1998a. 中国蟋蟀总科两新种记述（直翅目）［J］. 昆虫分类学报，20（1）：29-31.

殷海生，1998b. 钟蟋属亚洲种类及一新种记述（直翅目：蟋蟀总科：蛛蟋科）［J］. 昆虫分类学报，20（2）：111-114.

殷海生，刘宪伟，1995. 中国蟋蟀总科和蝼蛄总科分类概要［M］. 上海：上海科学技术文献出版社.

殷海生，刘宪伟，1996. 中国铁蟋属一新种记述（直翅目：蟋蟀总科）［J］. 昆虫分类学报，18（4）：239-242.

殷海生，刘宪伟，章伟年，2001. 直翅目：蟋蟀总科、蝼蛄总科［M］// 吴鸿，潘承文. 天目山昆虫. 北京：科学出版社：
   102-108.

殷海生，章伟年，2001. 中国长须蟋属 Aphonoides 一新种（直翅目：蟋蟀总科：蛣蟋科）［J］. 昆虫分类学报，23（2）：
   87-89.

尤平，李延清，郑哲民，1997. 陕西省蟋蟀总科的初步报道［J］. 延安大学学报（自然科学版），16（1）：53-57.

尤其儆，黎天山，1990. 直翅目，蟋蟀科，蝼蛄科［M］// 尤其儆，黎天山，张永强，等. 广西经济昆虫图册（植食性昆虫）.
   南宁：广西科学技术出版社：100-102.

俞立鹏，卢庭高，1998. 蟋蟀科和蛣蟋科 [M] // 吴鸿. 龙王山昆虫. 北京：中国林业出版社：58-59.

臧春鑫，蔡蕾，李佳琦，等，2016.《中国生物多样性红色名录》的制定及其对生物多样性保护的意义 [J]. 生物多样性，24（5）：610-614.

郑彦芬，吴福桢，1992. 中国甲蟋属记述（直翅目：蟋蟀科）[J]. 昆虫学报，35（2）：208-210.

邹树文，1981. 中国昆虫学史 [M]. 北京：科学出版社.

周尧，1980. 中国昆虫学史 [M]. 杨陵：昆虫分类学报社.

ADELUNG E, 1910. Ueber einige bemerkenswerte Orthopteren aus dem palaearktischen Asien [J]. Trudy Pusskago Entomologicheskago Obshchestva, 39: 328-358.

BEI-BIENKO G Y, 1956. Notes on fauna and taxonomy of Gryllidae (Orthoptera) from China [J]. Zoologicheskii Zhurnal, 35: 219-237.

BEY-BIENKO G Y, 1959. One some orthopteroid insects from the preserve forest Tingushan in the province Kwantung, South China [J]. Zoologicheskii Zhurnal, 38: 1813-1820.

BHOWMIK H K, 1977a. Studies on Indian crickets (Orthoptera: Insecta) with description of two new species [J]. Records of the Zoological Survey of India, Calcutta, 73 (1-4): 23-39.

BHOWMIK H K, 1977b. Studies on some Indian crickets with new distributional records of the subfamily Gryllinae (Gryllidae: Orthoptera) [J]. Records of the Zoological Survey of India, Calcutta, 73 (1-4): 229-238.

BHOWMIK H K, 1985. A check-list of the Gryllidae (Orthoptera) , with inter-territorial distribution, from the eastern Himalayas [J]. Bulletin of the Zoological Survey of India, 7 (2-3): 185-193.

BOLÍVAR I, 1889. Enumeración de Grílidos de Filipinas [J]. Anales de la Sociedad Española de Historia Natural, 18: 415-431.

BOLÍVAR I, 1901. Zichy Jenő gróf harmadik ázsiai utazásának állattani eredményei [M]//Zichy. Zoologische Ergebnisse der dritten Asiatischen Forschungsreise des Grafen Eugen Zichy. Budapest: Hornyánszky, 2: 223-243.

BRUES C T, MELANDER A L, 1932. Classification of insects: a key to the known families of insects and other terrestrial arthropods [J]. Bulletin of the Museum of Comparative Zoology at Harvard College, 73: 1-672.

BRUNNER VON WATTENWYL C, 1893. Révision du système des Orthoptères et déscription des espèces rapportées par M [J]. Leonardo Fea de Birmanie. Annali del Museo Civico di Storia Naturale di Genova. 2, 13 (33): 1-230.

BRUNNER VON WATTENWYL C, 1898. Orthopteren des Malayischen Archipels gesammelt von Prof. Dr. W. Kükenthal in den Jahren 1893 and 1894 [J]. Abhandlungen der Senckenbergischen Naturforschenden Gesellschaft, 24 (2): 193-288.

BURMEISTER H, 1838. Kaukerfe, Gymnognatha (Erste Hälfte: Vulgo Orthoptera) [J]. Handbuch der Entomologie, 2, 2 (I-VIII): 397-756.

CARPENTER F M, 1992. Superclass Hexapoda [M]//KAESLER. Part R. Arthropoda 4. Hexapoda 1 & 2. Treatise on Invertebrate Paleontology, 3 & 4. New York : Geological Society of America and University of Kansas Press: 279-655.

CAUDELL A N, 1927. On a collection of orthopteroid insects from Java made by Owen Bryant & William Palmer in 1909 [J]. Proceedings of the United States National Museum, 71 (3): 1-42.

CHEN G Y, SHEN C Z, LIU Y F, et al., 2018. A phylogenetic study of Chinese Velarifictorus Randell, 1964 based on COI gene with describing one new species (Orthoptera: Gryllidae: Gryllinae) [J]. Zootaxa, 4531 (4): 499-506.

CHEN G Y, XU Y, LIAO W, et al., 2019. A new genus with one new species of Phaloriinae from western Yunnan, China (Orthoptera: Phalangopsidae: Phaloriinae) [J]. Zootaxa, 4565 (3): 443-446.

CHEN L, SHEN C Z, TIAN D, et al., 2019. A new species of the subgenus *Duolandrevus* (*Eulandrevus*) Kirby, 1906 from Guangxi, China (Orthoptera: Gryllidae: Landrevinae) [J]. Zootaxa, 4701 (6): 553-562.

CHINTAUAN-MARQUIER I C, LEGENDRE F, HUGEL S, et al., 2016. Laying the foundations of evolutionary and systematic studies in crickets (Insecta, Orthoptera): a multilocus phylogenetic analysis [J]. Cladistics, 32 (1): 54-81.

CHOPARD L, 1925a. Descriptions de Gryllides nouveaux (Orthopteres) [J]. Annales de la Société Entomologique de France, 94: 291-332.

CHOPARD L, 1925b. The Gryllidae of Ceylon in the British Museum Collections [J]. Annals and Magazine of Natural History, London, 9, 15: 505-536.

CHOPARD L, 1927. Description de Gryllides nouveaux [J]. Annales de la Société Entomologique de France, 96: 147-174.

CHOPARD L, 1928a. Additional notes on the Gryllidae of Ceylon [J]. Spolia Zeylanica, 14: 197-208.

CHOPARD L, 1928b. Revision of Indian Gryllidae [J]. Records of the Indian Museum, 30: 1-36.

CHOPARD L, 1929a. Orthoptera [J]. Insects of Samoa and other Samoan terrestrial Arthropoda, 1 (2): 9-58.

CHOPARD L, 1929b. Spolia Mentawiensia: Gryllidae [J]. Bulletin of the Raffles Museum, 2: 98-118.

CHOPARD L, 1931. On the Gryllidae from the Malay Peninsula [J]. Bulletin of the Raffles Museum, 6: 124-149.

CHOPARD L, 1932. Dr. E. Mjoberg's Zoological Collections from Sumatra [J]. Arkiv For Zoologi, 23A (9): 1-17.

CHOPARD L, 1933. Schwedisch-chinesische wissenschafliche Expedition nach den nordwestlichen Provinzen Chinas [J]. Arkiv For Zoologi, 25B (3): 1-4.

CHOPARD L, 1936a. Note sur les Gryllides de Chine [J]. Notes d'Entomologie Chinoise, 3 (1): 1-14.

CHOPARD L, 1936b. Quelques Gryllides, asiatiques de la collection du Muséum d'Entomologie de Lund [J]. Opuscula Entomologica, 1: 42-44.

CHOPARD L, 1936c. The Tridactylidae and Gryllidae of Ceylon [J]. Ceylon Journal of Science (Biological Science) , 20: 9-87.

CHOPARD L, 1937. Notes sur les Gryllides et Tridactylides du Deutsches Entomologisches Institut et descriptions d' especes nouvelles. (Orthoptera) [J]. Arbeiten über Morphologische und Taxonomische Entomologie aus Berlin-Dahlem, 4 (2): 136-152.

CHOPARD L, 1939. Note sur quelques Gryllides de la region orientale [J]. Notes d'Entomologie Chinoise, Musée Heude, 6: 77-80.

CHOPARD L, 1949. Ordre des orthoptères [M]//GRASSÉ. Traité de Zoologie. Anatomie, Systématique, Biologie, 9: 617-722

CHOPARD L, 1954. Gryllides de Sumba, Florès et Timor [J]. Verhandlungen der Naturforschenden Gesellschaft in Basel, 65: 31-45.

CHOPARD L, 1959. Gryllides d'Iran [J]. Stuttgarter Beiträge zur Naturkunde, Serie A (Biologie) , 24: 1-5.

CHOPARD L, 1960. Contribution à l'étude de la faune d'Afghanistan 35 Gryllides [J]. Eos, Revista española de Entomología, 36: 389-401.

CHOPARD L, 1961. Les divisions du genre Gryllus basées sur l'étude de l'appareil copulateur (Orth. Gryllidae) [J]. Eos, Revista española de Entomología, 37 (3): 267-287.

CHOPARD L, 1966. Contribution à l'étude des Orthopteroides du Népal [J]. Annales de la Société Entomologique de France, 2: 601-616.

CHOPARD L, 1967. Gryllides. Fam. Gryllidae; Subfam. Gryllinae (Trib. Grymnogryllini, Gryllini, Gryllomorphini, Nemobiini) [M]// BEIER. Orthopterorum Catalogus, 10: 1-211.

CHOPARD L, 1968, Fam. Gryllidae: Subfam. Mogoplistinae, Myrmecophilinae, Scleropterinae, Cachoplistinae, Pteroplistinae, Pentacentrinae, Phalangopsinae, Trigonidiinae, Eneopterinae; Fam. Oecanthidae, Gryllotalpidae [M]//BEIER. Orthopterorum Catalogus, 12: 213-500.

CHOPARD L, 1969. Orthoptera. Vol. 2. Grylloidea [M]. SEWELL RBS, The Fauna of India and the Adjacent Countries. Calcutta: Baptist Mission Press.

CIGLIANO M M, BRAUN H, EADES D C, et al., 2020. Orthoptera Species File [Z]. Version 5. 0/5. 0. Available from: http: // Orthoptera. SpeciesFile. org [2020-01-20].

DESUTTER-GRANDCOLAS L, 1987. Structure et évolution du complexe phallique de Gryllidea (Orthoptères) et classification des genres néotropicaux de Grylloidea. Première partie [J]. Annales de la Société Entomologique de France, Nouvelle série, 23 (3): 213-239.

DESUTTER-GRANDCOLAS L, 1990. Etude phylogénétique, biogéographique et écologique des Grylloidea néotropicaux (Insectes, Orthoptères) [D]. Paris: University Paris.

DESUTTER-GRANDCOLAS L, 1993. New nemobiine crickets from Guianese and Peruvian Amazonia (Orthoptera, Grylloidea, Trigonidiidae) [J]. Studies on Neotropical Fauna & Environment, 28 (1): 1-37.

FABRICIUS J C, 1775. Systema Entomologiae, Sistens Insectorum Classes, Ordines, Genera, Species, adiectis synonymis, Locis, Descriptionibus, Observationibus [M]. Flensburg and Lipsiae: Libreria Kortii.

FIEBER F X, 1853. Synopsis der europäischen Orthoptera mit besonderer Rücksicht auf die in Böhmen vorkommenden Arten [J]. Lotos, 3: 90-261.

FURUKAWA H, 1935. On a small collection of Orthopteroidea from Miyazaki prefecture (Kyushu) [J]. Mushi, 8: 108-116.

FURUKAWA H, 1970. Two new interesting genera and species of crickets of Japan (Orthoptera) [J]. Kontyu, 38: 59-66.

GARAI G A, 2010. Contribution to the knowledge of the Iranian Orthopteroid insects I [J]. Esperiana, 15: 393-417.

GHOLAMI N, FEKART L, AWAL M M, et al., 2015. To the knowledge of the Ensifera (Insecta: Orthoptera) fauna in Mashhad and vicinity, NE Iran [J]. Entomofauna, 36 (18): 229-236.

GOROCHOV A V, 1981. Review of crickets of subfamily Nemobiinae (Orthoptera) of fauna of USSR [J]. Vestnik Zoologii, 2: 21-26.

GOROCHOV A V, 1983a. Grylloidea (Orthoptera) of the Soviet Far East [M]//BODROVA, SOBOLEVA, MESHCHERYAKOV. Systematics and ecological-faunistic review of the various orders of Insecta of the Far East: 39-47.

GOROCHOV A V, 1983b. To the knowledge of the cricket tribe Gryllini (Orthoptera, Gryllidae) [J]. Entomologicheskoe Obozrenie, 62 (2): 314-330.

GOROCHOV A V, 1984. A new subgenus of the genus *Pteronemobius* Jac. and some new species of the tribe Pteronemobiini (Orthoptera, Gryllidae) [J]. Deutsche Entomologische Zeitschrift. N. F., 31 (4-5): 241-248.

GOROCHOV A V, 1985a. On the Orthoptera subfamilies Itarinae, Podoscirtinae and Nemobiinae (Gryllidae) from eastern Indochina [M]//MEDVEDEV. The fauna and ecology of insects of Vietnam: 17-25.

GOROCHOV A V, 1985b. On the Orthoptera subfamily of Gryllinae (Orthoptera, Gryllidae) from eastern Indochina [M]//MEDVEDEV. The fauna and ecology of insects of Vietnam: 9-17.

GOROCHOV A V, 1985c. Contribution to the cricket fauna of China (Orthoptera, Grylloidea) [J]. Entomologicheskoe Obozrenie, 64 (1): 89-109.

GOROCHOV A V, 1986a. System and morphological evolution of crickets from the family Gryllidae (Orthoptera) with description of new taxa. Communication 1 [J]. Zoologicheskii Zhurnal, 65 (4): 516-527.

GOROCHOV A V, 1986b. System and morphological evolution of crickets from the family Gryllidae (Orthoptera) with description of new taxa. Communication 2 [J]. Zoologicheskii Zhurnal, 65 (6): 851-858.

GOROCHOV A V, 1987. On the fauna of Orthoptera subfamilies Euscyrtinae, Trigonidiinae and Oecanthinae (Orthopera, Gryllidae) from eastern Indochina [M]//MEDVEDEV. Insect fauna of Vietnam: 5-17.

GOROCHOV A V, 1988a. New and little-known crickets of the subfamilies Landrevinae and Podoscirtinae (Orthoptera, Gryllidae) from Vietnam and certain other territories [M]//MEDVEDEV, STRIGANOVA. The fauna and ecology of insects of Vietnam: 5-21.

GOROCHOV A V, 1988b. New and little known tropical Grylloidea (Orthoptera) [J]. Proceedings of the Zoological Institute, 178: 3-31.

GOROCHOV A V, 1990a. New and insufficiently studied crickets (Orthoptera, Gryllidae) from Vietnam and some other territories [J]. Proceedings of the Zoological Institute, 209: 3-28.

GOROCHOV A V, 1992 [1991]. Material on the fauna of Gryllinae (Orthoptera, Gryllidae) of Vietnam [J]. Part 1. Proceedings of the Zoological Institute, 240: 3-19.

GOROCHOV A V, 1992a. Four new grylloid species (Orthoptera, Grylloidea) from Vietnam [M]//MEDVEDEV. Systematization and ecology of insects of Vietnam: 28-33.

GOROCHOV A V, 1992b. On some new and little known crickets (Orthoptera, Gryllidae) from Vietnam (in Russian) [J]. Proceedings of the Zoological Institute of the Russian Academy of Sciences, 245: 3-16.

GOROCHOV A V, 1993. Grylloidea (Orthoptera) of Saudi Arabia and adjacent countries [J]. Fauna of Saudi Arabia, 13: 79-97.

GOROCHOV A V, 1995a. System and evolution of the suborder Ensifera (Orthoptera) [J]. Part 1. Proceedings of the Zoological Institute of the Russian Academy of Sciences, 260 (1): 1-224.

GOROCHOV A V, 1995b. System and evolution of the suborder Ensifera (Orthoptera) [J]. Part II. Proceedings of the Zoological Institute of the Russian Academy of Sciences, 260 (2): 1-213.

GOROCHOV A V, 1996a. New and little known crickets from the collection of the Humboldt University and some other collections (Orthoptera: Grylloidea) [J]. Part 1. Zoosystematica Rossica, 4 (1): 81-114.

GOROCHOV A V, 1996b. New and little known crickets from the collection of the Humboldt University and some other collections (Orthopera: Grylloidea) [J]. Part 1. Zoosystematica Rossica, 5 (1): 29-90.

GOROCHOV A V, 1997. Partial revision of the subfamily Itarinae (Orthoptera: Gryllidae) [J]. Zoosystematica Rossica, 6 (1-2): 47-75.

GOROCHOV A V, 2001 [2000]. Remarkable examples of convergence and new taxa of Gryllini (Orthoptera: Gryllidae) [J]. Zoosystematica Rossica, 9 (2): 316-350.

GOROCHOV A V, 2002 [2001]. Taxonomy of Podoscirtinae (Orthoptera: Gryllidae). Part 1: the male genitalia and Indo-Malayan Podoscirtini [J]. Zoosystematica Rossica, 10 (2): 303-350.

GOROCHOV A V, 2003a. New and little-known Cachoplistinae and Phaloriinae (Orthoptera: Gryllidae) [J]. Zoosystematica Rossica, 12 (1): 79-92.

GOROCHOV A V, 2003b. Taxonomy of Podoscirtinae (Orthoptera: Gryllidae). Part 2: Indo-Malayan and Australo -Oceanian Podoscirtini [J]. Zoosystematica Rossica, 11 (2): 267-303.

GOROCHOV A V, 2004. Third addition to the revision of Itarinae (Orthoptera: Gryllidae) [J]. Zoosystematica Rossica, 12 (2): 184.

GOROCHOV A V, 2007. Taxonomy of Podoscirtinae (Orthoptera: Gryllidae). Part 6: Indo-Malayan Aphonoidini [J]. Zoosystematica Rossica, 5 (2): 237-289.

GOROCHOV A V, 2017. Order Orthoptera, superfamily Grylloidea [J]. Arthropod Fauna of the United Arab Emirates, 6: 21-35.

GOROCHOV A V, HE Z Q, 2017. Review of the cricket genus *Agryllus* (Orthoptera: Gryllidae, Gryllinae) [J]. Far Eastern Entomologist, 340: 18-28.

GOROCHOV A V, TAN M K, LEE C Y, 2018. Taxonomic notes on the cricket subfamilies Nemobiinae and Trigonidiinae (Orthoptera: Gryllidae) from islands and coasts of the Pacific and Indian Ocean [J]. Zoosystematica Rossica, 27 (2): 290-321.

Gu J X, DAI L, HUANG J H, 2018. Crickets (Orthoptera: Grylloidea) from Hunan province, China [J]. Far Eastern Entomologist, 373: 8-18.

HAAN W, 1844. Bijdragen tot de kennis der Orthoptera [J]. Verhandelingen over de Natuurlijke Geschiedenis der Nederlansche Overzeesche Bezittingen, 24: 229-248.

HAN L, LIU H Y, SHI F M, 2015. The investigation of Orthoptera from Huagaoxi Nature Reserve of Sichuan, China [J]. International Journal of Fauna and Biological Studies, 2 (1): 17-24.

HARZ K, 1969. Dir Orthopteren Europas. The Orthoptera of Europe, Vol. 1 [J]. Series Entomologica, 662-738.

HE Z Q, 2012. A new species of *Truljalia* Gorochov 1985 from Taiwan (Orthoptera: Gryllidae; Podoscirtinae; Podoscirtini) [J]. Zootaxa, 3591: 79-83.

HE Z Q, 2018. A checklist of Chinese crickets (Orthoptera: Gryllidea) [J]. Zootaxa, 4369 (4): 515-535.

HE Z Q, GOROCHOV A V, 2015. A new genus for a new species of Podoscirtini from southeast Tibet (Orthoptera: Gryllidae;

Podoscirtinae; Podoscirtini) [J]. Zootaxa, 4033 (2): 259-264.

HE Z Q, LIU Y Q, LU H, et al., 2017. A new species of *Paratrigonidium* Brunner von Wattenwyl, 1893 from Hainan, China (Orthoptera: Trigonidiidae; Trigonidiinae) [J]. Zootaxa, 4363 (1): 124-128.

HE Z Q, LI K, FANG Y, et al., 2010. A taxonomic study of the genus *Amusurgus* Brunner von Wattenwyl from China (Orthoptera, Gryllidae, Trigonidiinae) [J]. Zootaxa, 2423: 55-62.

HE Z Q, LI K, LIU X W, 2009. A taxonomic study of the genus *Svistella* Gorochov (Orthoptera, Gryllidae, Trigonidiinae) [J]. Zootaxa, 2288: 61-67.

HE Z Q, LU H, LIU Y Q, et al., 2017. A new species of *Ornebius* Guérin-Méneville, 1844 from East China (Orthoptera: Mogoplistidae: Mogoplistinae) [J]. Zootaxa, 4303 (3): 445-450.

HE Z Q, LU H, LIU Y Q, et al., 2018. First report of a wingless species of *Ornebius*—a scaly cricket usually with winged males (Orthoptera: Mogoplistidae: Mogoplistinae) [J]. Zootaxa, 4388 (4): 586-591.

HE Z Q, LU H, WANG X Y, et al., 2016. Two new species of *Speonemobius* from Southwest China (Orthoptera: Gryllidae: Nemobiinae) [J]. Zootaxa, 4205 (5): 454-458.

HE Z Q, TAKEDA M, 2014. The influence of developmental days on body size and allometry of head width in male *Loxoblemmus angulatus* (Orthoptera: Gryllidae) [J]. Canadian Entomologist, 146 (6): 590-597.

HE Z Q, WANG X Y, LIU Y Q, et al., 2017. Seasonal and geographical adaption of two field crickets in China (Orthoptera: Grylloidea: Gryllidae: Gryllinae: Teleogryllus) [J]. Zootaxa, 4338 (2): 374-384.

HEBARD M, 1922. Dermaptera and Orthoptera of Hawaii [J]. Occasional papers of Bernice P. Bishop Museum, 7 (14): 305-387.

HEBARD, M, 1928. Studies in the Gryllidae of Panama (Orthoptera) [J]. Transactions of the American Entomological Society, 54: 233-294.

HOLLÍER J A, BRUCKNER H, HEADS S, 2013. An annotated list of the Orthoptera (Insecta) species described by Henri de Saussure, with an account of the primary type material housed in the Muséum d'histoire naturelle de Genève, Part 5: Grylloidea [J]. Revue Suisse de Zoologie, 120 (3): 445-535.

HOLLÍER J A, MAEHR S, 2012. An annotated catalogue of the type material of Orthoptera (Insecta) described by Carl Brunner von Wattenwyl deposited in the Muséum d'histoire naturelle in Geneva [J]. Revue Suisse de Zoologie, 119 (1): 27-75.

HSIUNG C C, 1993. Catalogue of species and type localities of Taiwanese crickets (Gryllodea, Grylloptera) [J]. Yushania, 10: 19-29.

HSU Y C, 1928. Crickets in China [J]. Peking Society of Natural History Bulletin, 3: 5-45.

HSU Y C, 1931. A revised list of known species of crickets from the China coast [J]. Peking Society of Natural History Bulletin, 5 (4): 17-25.

ICHIKAWA A, 1987. A new species of *Goniogryllus* Chopard, with taxonomic comment on the genus (Orthoptera: Gryllidae) [J]. Akitu, 86: 1-10.

ICHIKAWA A, 2001. A new genus and some new species of Japanese Orthoptera with taxonomic notes on some taxa (Phaneropteridae, Catantopidae, Tetrigidae) [J]. Tettigonia: Memoirs of the Orthopterological Society of Japan, 3: 59-68.

ICHIKAWA A, 2006. New status, combinations, synonymy and records of Orthoptera from Japan and Korea (contributions to the knowledge of Orthoptera III) [J]. Tettigonia: Memoirs of the Orthopterological Society of Japan, 8: 23-29.

ICHIKAWA A, MURAI T, HONDA E, 2000. Monograph of Japanese crickets (Orthoptera; Grylloidea) [J]. Bulletin of the Hoshizaki Green Foundation, 4: 257-332.

ICHIKAWA A, ITO F, KANO Y, et al., 2006. Orthoptera of the Japanese archipelago in color [M]. Sapporo: Hokkaido University Press.

INGRISCH S, 1987. Neue Grillen von Borneo und aus Thailand (Insecta: Saltatoria: Grylloidea) [J]. Senckenberg. Biol., 68 (1-3): 163-185.

INGRISCH S, 1997. Taxonomy, stridulation and development of Podoscirtinae from Thailand (Insecta: Ensifera: Grylloidea: Podoscirtidae) [J]. Senckenbergiana biologica, 77 (1): 47-75.

INGRISCH S, 1998. The genera *Velarifictorus*, *Modicogryllus* and *Mitius* in Thailand (Ensifera: Gryllidae, Gryllinae) [J]. Entomologica Scandinavica, 29 (3): 315-359.

INGRISCH S, 2001. Orthoptera of the Nepal expeditions of Prof. J. Martens (Mainz) [J]. Senckenbergiana biologica, 81: 147-186.

INGRISCH S, 2006. New taxa and notes on some previously described species of scaly crickets from South East Asia (Orthoptera, Grylloidea, Mogoplistidae, Mogoplistinae) [J]. Revue Suisse de Zoologie, 113 (1): 133-227.

INGRISCH S, GARAI A, 2001. Orthopteroid insects from Ganesh Himal, Nepal [J]. Esperiana, 8: 755-770.

JAISWARA R, DONG J J, MA L B, et al., 2019. Taxonomic revision of the genus *Xenogryllus* Bolívar, 1890 (Orthoptera, Gryllidae, Eneopterinae, Xenogryllini) [J]. Zootaxa, 4545 (3): 301-338.

JING X, ZHANG T, MA L B, 2018. The cricket genus *Xenogryllus* (Orthoptera: Gryllidae) from China with descriptions of two newly recorded species [J]. Entomotaxonomia, 40 (4): 274-285.

JOST M C, SHAW K L, 2006. Phylogeny of Ensifera (Hexapoda: Orthoptera) using three ribosomal loci, with implications for the evolution of acoustic communication [J]. Molecular Phylogenetics and Evolution, 38: 510-530.

KARNY H H, 1907. Ergebnisse der mit Subvention aus der Erbschaft Treitl unternommen zoologischen Forschungsreise Dr. Franz Werner's nach dem ägyptischen Sudan und Nord-Uganda. IX. Die Orthopterenfauna des ägyptischen Sudans und von Nord-Uganda (Saltatoria, Gressoria, Dermaptera) mit besonderer Berücksichtigung der Acridoideengattung Catantops [J]. Sitzungsberichte der Österreichischen Akademie der Wissenschaften. Mathematisch-Naturwissenschaftliche Klasse (Abt. 1) , 116: 267-378.

KARNY H H, 1915. H. Sauter's Formosa-Ausbeute. Orthoptera et Oothecaria [J]. Supplementa Entomologica, 4: 56-108.

KIM T W, 2011. A taxonomic study of the scaly cricket family Mogoplistidae (Orthoptera: Ensifera: Grylloidea) in Korea [J]. Zootaxa, 2928: 41-48.

KIM T W, 2012. First record of the field-cricket *Turanogryllus eous* (Orthoptera: Gryllidae: Gryllinae) from Korea [J]. Animal Systematics, Evolution and Diversity, 28 (2): 140-144.

KIM T W, 2013. A taxonomic review of the sword-tailed cricket subfamily Trigonidiinae (Orthoptera: Ensifera: Gryllidae) from Korea [J]. Animal Systematics, Evolution and Diversity, 29 (1): 74-83.

KIM T W, PHAM H T, 2014. Checklist of Vietnamese Orthoptera (Saltatoria) [J]. Zootaxa, 3811 (1): 53-82.

KIRBY W F, 1906. A Synonymic Catalogue of Orthoptera [M]. Vol. 2. London: British Museum.

KOMATSU T, MARUYAMA M, HATTORI M, et al., 2018a. Morphological characteristics reflect food sources and degree of host ant specificity in four Myrmecophilus crickets [J]. Insectes Sociaux, 65 (1): 47-57.

KOMATSU T, MARUYAMA M, UEDA S, et al., 2018b. mtDNA phylogeny of Japanese ant crickets (Orthoptera: Myrmecophilidae): diversification in host specificity and habitat use [J]. Sociobiology, 52 (3): 553-565.

KONRAD T, 2003. Der erste Entomologe Tirols: Johann Nepomuk von Laicharting (1754-1797) [J]. Berichte des naturwissenschaftlich-medizinischen Vereins in Innsbruck, 301-308.

LI K, HE Z Q, LIU X W, 2010a. A taxonomic study of the genus *Metiochodes* Chopard from China (Orthoptera, Gryllidae, Trigonidiinae) [J]. Zootaxa, 2506: 43-50.

LI K, HE Z Q, LIU X W, 2010b. Four new species of *Nemobiinae* from China (Orthoptera, Gryllidae, Nemobiinae) [J]. Zootaxa, 2540: 57-64.

LI L M, QI Y Q, LI Y, et al., 2016. A contribution to morphology of the female reproductive organs of five cricket species (Orthoptera: Grylloidea) [J]. Far Eastern Entomologist, 323: 7-13.

LI M M, SUN M L, LIU X W, et al., 2015. A taxonomic study on the species of the genus *Furcilarnaca* (Orthoptera, Gryllacrididae,

Gryllacridinae) [J]. Zootaxa, 4039 (3): 418-430.

LI R T, XU F, LIU H Y, 2019. A contribution to the taxonomy of the genus *Pentacentrus* Saussure. (Orthoptera: Gryllidae: Pentacentrinae) [J]. Zootaxa, 4671 (3): 434-438.

LI X Q, REN B Z, ZOU Y, et al., 2011. The study of proventricular micromorphological characterization of ten Grylloidea species (Orthoptera: Grylloidea) from China [J]. Zootaxa, 2906: 52-60.

LI X Q, ZHANG X, LUO W, et al., 2016. Micromorphological differentiation of left and right stridulatory apparatus in crickets (Orthoptera: Gryllidae) [J]. Zootaxa, 4127 (3): 553-566.

LIU H Y, CHI L C, SHI F M, et al., 2015. A new species of *Amusurgus* (*Usgmona*) Furukawa from China (Orthoptera: Gryllidae: Trigonidiinae) [J]. Zootaxa, 4013 (3): 435-439.

LIU H Y, LI L M, SHI F M, 2016. Checklist of Nemobiinae from China (Orthoptera: Trigonidiidae) [J]. International Journal of Fauna and Biological Studies, 3 (4): 103-108.

LIU H Y, Li Y, YANG Y X, 2013. Descriptions of the male reproductive organs of five cricket species (Orthoptera: Gryllidae) [J]. Far Eastern Entomologist, 261: 13-19.

LIU H Y, MAO S L, SHI F M, 2014. Review of the genus *Pentacentrus* Saussure (Orthoptera: Gryllidae: Pentacentrinae) from China [J]. Zootaxa, 3838 (5): 557-566.

LIU H Y, SHI F M, 2011a. A new species of the genus *Metiochodes* Chopard, 1932 (Orthoptera: Gryllidae) from China [J]. Far Eastern Entomologist, 235: 1-5.

LIU H Y, SHI F M, 2011b. Review of the genus *Truljalia* Gorochov (Orthoptera: Gryllidae: Podoscirtinae: Podoscirtini) from China [J]. Zootaxa, 3021: 32-38.

LIU H Y, SHI F M, 2011c. Two new species of *Pentacentrus* Saussure from China (Orthoptera, Gryllidae, Pentacentrinae) [J]. Entomologica Basiliensia et Collectionis Frey, 33: 3-7.

LIU H Y, SHI F M, 2012a. A contribution to the taxonomy of the genus *Beybienkoana* Gorochov (Orthoptera: Gryllidae: Euscyrtinae) [J]. Zootaxa, 3174: 59-64.

LIU H Y, SHI F M, 2012b. A new species and a new record subspecies of the genus *Truljalia* Gorochov (Orthoptera: Gryllidae) from China [J]. Far Eastern Entomologist, 239: 1-4.

LIU H Y, SHI F M, 2012c. A new species of *Cacoplistes* Brunner von Wattenwyl, 1873 (Orthoptera: Gryllidae: Cachoplistinae) from China [J]. Entomotaxonomia, 34 (2): 123-126.

LIU H Y, SHI F M, 2013. First record of *Noctitrella* Gorochov from China, with description of a new species (Orthoptera: Gryllidae: Podoscirtinae) [J]. Zootaxa, 3683 (1): 95-98.

LIU H Y, SHI F M, 2014a. A key to the Chinese species of *Polionemobius* Gorochov (Orthoptera: Gryllidae) , with description of a new species [J]. Far Eastern Entomologist, 276: 1-6.

LIU H Y, SHI F M, 2014b. First record of *Trelleora fumosa* Gorochov, 1988 (Orthoptera: Gryllidae) from China [J]. Entomotaxonomia, 36 (3): 171-174.

LIU H Y, SHI F M, 2014c. Two new species of the genus *Pteronemobius* Jacobson (Orthoptera: Gryllidae) from China [J]. Far Eastern Entomologist, 284: 19-23.

LIU H Y, SHI F M, 2015a. First record of the genus *Anaxiphomorpha* Gorochov (Orthoptera: Gryllidae) from China, with description of four new species [J]. Zootaxa, 3918 (3): 433-438.

LIU H Y, SHI F M, 2015b. New and little-known species of the genus *Pentacentrus* saussure, 1878 (Orthoptera: Gryllidae) from Guangxi Zhuang Autonomous Region, China [J]. Far Eastern Entomologist, 303: 19-23.

LIU H Y, SHI F M, 2015c. Two new species of the genus *Comidoblemmus* Storozhenko & Paik from China (Orthoptera, Gryllidae) [J].

Zookeys, 504: 133-139.

LIU H Y, ZHANG D X, SHI F M, 2016a. A First record of *Sonotrella* Gorochov (Orthoptera: Gryllidae) from Laos, with description of a new species [J]. Zootaxa, 4114 (2): 189-194.

LIU H Y, ZHANG D X, SHI F M, 2016b. New species of the Genus *Loxoblemmus* Saussure, 1877 (Orthoptera: Gryllidae) from Sichuan Province, China [J]. Far Eastern Entomologist, 315: 7-10.

LIU H Y, ZHANG D X, SHI F M, 2017. *Qingryllus jiguanshanensis* sp. n. from Sichuan, China, the second species of *Qingryllus* (Orthoptera, Gryllidae) [J]. Zookeys, 663: 65-70.

LIU X T, JING J, XU Y, et al., 2018. Revision of the tree crickets of China (Orthoptera: Gryllidae: Oecanthinae) [J]. Zootaxa, 4497 (4): 535-546.

LIU S H, YANG J T, MOK H K, 1998. Acoustics and taxonomy of Nemobiidae (Orthoptera) from Taiwan [J]. Journal of the Taiwan Museum, 51 (1): 55-124.

LIU Y, HE Z Q, MA L B, 2015. A new species of subgenus *Eulandrevus* Gorochov, 1988 (Orthoptera: Gryllidae: Landrevinae) from China [J]. Zootaxa, 4013 (4): 594-599.

LIU Y F, SHEN C Z, ZHANG L, et al., 2019. A new genus of cricket with one new species from western Yunnan, China (Orthoptera: Gryllidae: Gryllinae) [J]. Zootaxa, 4577 (2): 393-394.

LIU Y F, SHEN C Z, XU Y, et al., 2018. A new species of *Teleogryllus* (Teleogryllus) Chopard, 1961 from Yunnan, China (Orthoptera: Gryllidae: Gryllinae) [J]. Zootaxa, 4531 (1): 117-122.

LU H, WANG H Q, LI K, et al., 2018. Settlement of the classification of *Svistella* Gorochov and *Paratrigonidium* Brunner von Wattenwyl using morphology and molecular techniques, with the description of a new species from Yunnan, China (Orthoptera: Trigonidiidae: Trigonidiinae) [J]. Zootaxa, 4402 (1): 175-181.

LU H, WANG X Y, WANG H Q, et al., 2018. A taxonomic study of genus *Teleogryllus* from East Asia (Insecta: Orthoptera: Gryllidae) [J]. Journal of Asia-Pacific Entomology, 21: 667-675.

MA L B, 2015. Taxonomy of Chinese black field crickets *Teleogryllus* Chopard (Grylloidea, Gryllinae) with new distribution record of the exotic species *Teleogryllus commodus* (Walker) [J]. Journal of Shaanxi Normal University (Natural Science Edition) , 43 (3): 57-63.

MA L B, 2018. *Anaxiphomorpha hexagona* sp. n., a new, unusual swordtail cricket collected from Motuo County, Xizang, China (Orthoptera: Grylloidea; Trigonidiidae; Trigonidiinae) [J]. Zootaxa, 4418 (2): 197-200.

MA L B, 2019a. New species of the Latithorax Species Group of *Velarifictorus* Randell, 1964 (Orthoptera: Gryllidae: Gryllinae) from China [J]. Zootaxa, 4612 (2): 282-288.

MA L B, 2019b. Nomenclatural problems in the article new species of the Latithorax Species Group of *Velarifictorus* Randell, 1964 (Orthoptera: Gryllidae: Gryllinae; Gryllinae) from China [J]. Zootaxa, 4646 (3): 591.

MA L B, GOROCHOV A V, 2015. The cricket genus *Abaxitrella* (Orthoptera: Gryllidae: Podoscirtinae) in China, with description of one new species [J]. Zoosystematica Rossica, 24 (1): 85-89.

MA L B, GOROCHOV A V, ZHANG Y L, 2015. A new species of the genus *Duolandrevus* (Orthoptera: Gryllidae: Landrevinae) from China [J]. Zootaxa, 3963 (3): 443-449.

MA L B, JING X, 2018. Revision of the Phaloriini crickets (Orthoptera: Phalangopsidae: Phaloriinae) from China [J]. Canadian Entomologist, 150 (5): 578-593.

MA L B, JING X, ZHANG T, 2019. A new species and synonym of *Svistella* Gorochov, 1987 (Orthoptera: Trigonidiidae: Trigonidiinae) from China [J]. Zootaxa, 4619 (3): 595-600.

MA L B, LIU Y, XU S Q, 2015. The cricket genus *Vietacheta* Gorochov, 1992 (Gryllidae, Gryllinae) with description of a new species from China [J]. Journal of Asia-Pacific Entomology, 18 (4): 741-747.

MA L B, LIU Y, ZHANG Y L, 2016. Revision for the swordtail cricket genus *Homoeoxipha* (Grylloidea: Trigonidiidae: Trigonidiinae) from China [J]. Entomological Science, 19 (4): 323-336.

MA L B, MA G, 2019. The second species of the genus *Gorochovius* Xie, Zheng & Li, 2004 (Orthoptera: Phalangopsidae: Phaloriinae) discovered from China [J]. Zootaxa, 4671 (2): 259-266.

MA L B, PAN Z H, 2019. New taxa of Trigonidiini (Orthoptera: Grylloidea: Trigonidiidae: Trigonidiinae) from China [J]. Zootaxa, 4619 (3): 563-570.

MA L B, QIAO M, ZHANG T, 2019. A new species of *Velarifictorus* Randell, 1964 (Orthoptera: Grylloidea: Gryllidae: Gryllnae: Modicoryllini) bearing similarities to the Landrevinae from China [J]. Zootaxa, 4612 (1): 103-108.

MA L B, XU S Q, TAKEDA M, 2008. Study of the genus *Gryllotalpa* (Orthoptera, Gryllotalpidae) from China with description of a new species [J]. Acta Zootaxonomica Sinica, 33 (1): 14-17.

MA L B, ZHANG T, Qi T, 2015. First record of cricket genus *Caconemobius* (Grylloidea: Nemobiinae) from China with description of a new species [J]. Zootaxa, 3914 (5): 585-590.

MA L B, ZHANG Y L, 2010a. A new species of the mole cricket genus *Gryllotalpa* (Orthoptera, Gryllotalpidae) from China [J]. Transactions of the American Entomological Society, 136 (3-4): 303-306.

MA L B, ZHANG Y L, 2010b. New record of the cricket genus *Cardiodactylus* Saussure (Orthoptera, Grylloidea, Eneopterinae) from Hainan Island, China with description of a new species [J]. Transactions of the American Entomological Society, 136 (3-4): 299-302.

MA L B, ZHANG Y L, 2011a. Redescriptions of two incompletely described species of mole cricket genus *Gryllotalpa* (Grylloidea; Gryllotalpidae; Gryllotalpinae) from China with description of two new species and a key to the known Chinese species [J]. Zootaxa, 2733: 41-48.

MA L B, ZHANG Y L, 2011b. The cricket genus *Gymnogryllus* (Grylloidea: Gryllidae: Gryllinae: Gryllini) from China with description of six new species [J]. Zootaxa, 2733: 31-40.

MA L B, ZHANG Y L, 2012. The crickets of genus *Zvenella* Gorochov, 1988 (Gryllidae: Podoscirtinae) from China [J]. Zootaxa, 3597: 57-67.

MA L B, ZHANG Y L, 2013. Taxonomic study of the cricket genus *Valiatrella* Gorochov (Gryllidae, Podoscirtinae) from China [J]. Zootaxa, 3669 (4): 522-530.

MA L B, ZHANG Y L, 2015a. The Chinese cricket genus *Truljalia* Gorochov (Gryllidae, Podoscirtinae) with description of new species, including morphological and acoustical information [J]. Zoologischer Anzeiger, 257: 10-21.

MA L B, ZHANG Y L, 2015b. Revision of the cricket species of the subfamily Itarinae (Orthoptera: Gryllidae) from China [J]. Canadian Entomologist, 147 (5): 527-540.

MAL J, NAGAR R, SWAMINATHAN R, 2014a. Record of *Natula matsuurai* Sugimoto (Orthoptera: Gryllidae: Trigonidiinae) and other sword-tailed crickets from India [J]. Zootaxa, 3760 (3): 458-462.

MAL J, NAGAR R, SWAMINATHAN R, 2014b. Erratum: record of *Natula matsuurai* Sugimoto (Orthoptera: Gryllidae: Trigonidiinae) and other sword-tailed crickets from India [J]. Zootaxa, 3796 (3): 594-600.

MASSA B, FONTANA P, BUZZETTI F M, et al., 2012. Fauna d'Italia [J]. Orthoptera, 48: 1-563.

MATSUMURA S, 1904. Thousand Insects of Japan [M]. Tokyo: Keiseisha.

MATSUMURA S, 1910. Die schädlichen und nützlichen Insekten vom Zuckerrohr Formosas [J]. Zeitschrift für wissenschaftliche Insektenbiologie, 6: 101-104, 136-139.

MATSUMURA S, 1913. Thousand Insects of Japan (Additamenta) [M]. Tokyo: Keiseisha.

MATSUMURA S, 1917. Ao-matsumushi [M]. Tokyo: Oyo Konchugaku.

MOL A, TAYLAN M S, DEMIR E, et al., 2016. Contribution to the knowledge of Ensifera (Insecta: Orthoptera) fauna of Turkey [J].

Journal of the Entomological Research Society, 18 (1): 75-98.

MYERS N, MITTERMEIER R A, MITTERMEIER C G, et al., 2002. Biodiversity hotspots for conservation priorities [J]. Nature, 403 (6772): 853-858.

NICKLE D A, 1992. The crickets and mole crickets of Panama (Orthoptera: Gryllidae and Gryllotalpidae). In: Quintero & Aiello [Ed.]. Insects of Panama and Mesoamerica [J]. Selected Studies: 185-197.

NICKLE D A, NASKRECKI P A, 1997. Recent developments in the systematics of Tettigoniidae and Gryllidae [M]//GANGWERE, MURALIRANGAN, MURALIRANGAN. The Bionomics of Grasshoppers, Katydids and Their Kin: 41-58.

OHMACHI F, FURUKAWA H, 1929. *Nemobius furumagiensis*, a new species of Grylloidea [J]. Proceedings of the Imperial Academy of Japan, 5 (8): 374-376.

OHMACHI F, MATSUURA I, 1951. On the Japanese large field cricket and allied species [J]. Bulletin of the Faculty of Agriculture, Mie University, 2: 63-72.

OSHIRO Y, 1989. Description of a new species of the genus *Duolandrevus* Kirby from Ransho (Kotosho) Island, Taiwan (Orthoptera, Gryllidae) [J]. Akitu, 103: 1-6.

OSHIRO Y, 1990. A new species *Velarifictorus* (Orthoptera, Gryllidae) from Okinawa Island, Japan [J]. Japanese Journal of Entomology, 58 (2): 355-360.

OSHIRO Y, 1996. Description of a new species of the genus *Lebinthus* Stal (Orthoptera, Gryllidae) from Lan Yu Island, Taiwan [J]. Japanese Journal of Systematic Entomology, 2 (2): 117-121.

OTTE D, 1994. Crickets of Hawaii: origin, systematics and evolution [M]. Philadephia: Academy of Natural Sciences of Philadelphia.

OTTE D, 2006. Eighty-four new cricket species (Orthoptera: Grylloidea) from La Selva, Costa Rica [J]. Transactions of the American Entomological Society, 132 (3-4): 299-418.

OTTE D, ALEXANDER R D, 1983. The Australian crickets (Orthoptera: Gryllidae) [J]. Monographs of the Academy of Natural Sciences of Philadelphia, 22: 1-477.

OTTE D, COWPER, 2007. New cricket species from the Fiji Islands (Orthoptera: Grylloidea) [J]. Proceedings of the Academy of Natural Sciences of Philadelphia, 156: 217-303.

PALLAS P S, 1771. Reise durch verschiedene Provinzen des Russischen Reiches [M] St Petersburg: Kayserliche Akademie der Wissenschaften.

PERKINS R C L, 1899. Orthoptera [J]. Fauna Hawaiiensis, Orth., 2: 1-30.

PEREZ-GELABERT D E, 2009. Synonymy in Caribbean Tetrigidae (Orthoptera) [J]. Proceedings of the Entomological Society of Washington, 111 (4): 900-901.

RAMBUR J P, 1838. Orthoptères [J]. Faune entomologique de l'Andalousie, 2: 12-94.

REN D, 1998. First record of fossil crickets (Orthoptera: Trigonidiidae) from China [J]. Entomologia Sinica, 5 (2): 101-105.

ROBILLARD T, 2014. Review and revision of the century-old types of *Cardiodactylus* crickets (Grylloidea, Eneopterinae, Lebinthini) [J]. Zoosystema, 36 (1): 101-125.

ROBILLARD T, ICHIKAWA A, 2009. Redescription of two *Cardiodactylus* species (Orthoptera, Grylloidea, Eneopterinae): the supposedly well-known *C. novaeguineae* (Haan, 1842) , and the semi-forgotten *C. guttulus* (Matsumura, 1913) from Japan [J]. Zoological Science, 26: 878-891.

ROBILLARD T, GOROCHOV, A V, POULAIN S, et al., 2014. Revision of the cricket genus *Cardiodactylus* (Orthoptera, Eneopterinae, Lebinthini): the species from both sides of the Wallace line, with description of 25 new species [J]. Zootaxa, 3854: 1-104.

SAEED A, SAEED M, YOUSOF M, 2000. New species and records of some crickets (Gryllinae: Gryllidae: Orthoptera) from Pakistan [J]. International Journal of Agriculture and Biology, 2 (3): 175-182.

SAUSSURE H, 1874. Orthoptera [M]//FEDCHENKO. Puteshestvie v Turkestan, Zoogeographicheskia izsledovania [Researches in Turkestan, Zoogeographical observations]. Memoirs of the Imperial Society of friends of Natual Sciences, Anthropology and Ethnography, St. Petersburg & Moscow, 2 (4): 1-52.

SAUSSURE H, 1877. Mélanges orthoptérologiques V. fascicule Gryllides [J]. Mémoires de la Société de Physique et d'Histoire Naturelle de Genève, 25 (1): 169-504.

SAUSSURE H, 1878. Mélanges orthoptérologiques. VI. fascicule Gryllides [J]. Mémoires de la Société de Physique et d'Histoire Naturelle de Genève, 25 (2): 369-704.

SEMENOV A, 1915. Revue critico-bibliographique: Uvarov: Ueber die Orthopterenfauna Transcapiens [J]. Revue Russe d'Entomologie, 15: 449-455.

SERVILLE J G A, 1838 [1839]. Histoire naturelle des insectes, Orthoptères [M]. Paris: Librairie encyclopédique de Roret.

SHIRAKI T, 1911. Monographie der Grylliden Formosa, mit der Uebersicht der Japanischen Arten [M]. Taihoku: General Government von Formosa.

SHIRAKI T, 1930. Orthoptera of the Japanese Empire. Part I. (Gryllotalpidae and Gryllidae) [J]. Insecta Matsumurana, 4: 181-252.

SHISHODIA K, 2000. Insecta: Orthoptera: Grylloidea and Tridactyloidea [J]. Fauna of Tripura-Part 2, 247-262.

SHISHODIA K, CHANDRA S K, GUPTA M S, 2010. An annotated checklist of Orthoptera (Insecta) from India [J]. Records of the Zoological Survey of India, Miscellaneous Publication, Occasional Paper, 314: 1-366.

SKEJO J, REBRINA F, SZÖVÉNYI G, et al., 2018. The first annotated checklist of Croatian crickets and grasshoppers (Orthoptera: Ensifera, Caelifera) [J]. Zootaxa, 4533 (1): 1-95.

SONG H, AMÉDÉGNATO C, CIGLIANO M M, et al., 2015. 300 million years of diversification: elucidating the patterns of orthopteran evolution based on comprehensive taxon and gene sampling [J]. Cladistics, 31: 621-651.

STÅL C, 1861 [1860]. Orthoptera species novas descripsit. Kongliga Svenska fregatten Eugenies Resa omkring jorden under befäl af C. A [J]. Virgin åren 1851-1853 (Zoologi), 2 (1): 299-350.

STEIN J P E F, 1881. Ein neuer Gryllide aus Japan [J]. Berliner Entomologische Zeitschrift, 25: 95-96.

STOROZHENKO S Y, 2004. Long-horned orthopterans (Orthoptera: Ensifera) of the Asiatic part of Russia [M]. Vladivostok: Dalnauka.

STOROZHENKO S Y, KIM T W, Jeon M J, 2015. Monograph of Korean Orthoptera [M]. Incheon: National Institute of Biological Resources.

STOROZHENKO S Y, PAIK J C, 2007. Orthoptera of Korea [M]. Vladivostok: Dalnauka.

STOROZHENKO S Y, PAIK J C, 2009. A new genus of cricket (Orthoptera: Gryllidae; Gryllinae) from East Asia [J]. Zootaxa, 80 (1): 61-64.

SUGIMOTO M, 2001. Taxonomic study of Trigonidiinae (Orthoptera: Trigonidiidae) of the Ryukyus, SW Japan, with descriptions of two new species [J]. Tettigonia: Memoirs of the Orthopterological Society of Japan, 3: 81-87.

SUN K, LIU H Y, 2019. Review of the genus *Phyllotrella* Gorochov, with descriptions of three new species from China (Orthoptera: Gryllidae: Podoscirtinae: Podoscirtini) [J]. Zootaxa, 4629 (3): 441-447.

TAN M K, 2012. Orthoptera in the Bukit Timah and Central Catchment Nature Reserves (Part 1): Suborder Caelifera [M]. Singapore: Orthoptera in the Bukit Timah and Central Catchment Nature Reserves.

TAN M K, 2016. Annotated checklist and key to species of *Gryllotalpa* (Orthoptera: Gryllotalpidae) from the Oriental region [J]. Zootaxa, 4132 (1): 77-86.

TAN M K, 2017. Orthoptera in the Bukit Timah and Central Catchment Nature Reserves (Part 2): Suborder Ensifera [M]. 2nd Edition, Singapore: Orthoptera in the Bukit Timah and Central Catchment Nature Reserves.

TAN M K, KAMARUDDIN K N, 2016. A contribution to the knowledge of Orthoptera diversity from Peninsular Malaysia: Bukit Larut,

Perak [J]. Zootaxa, 4111 (1): 21-40.

TAN M K, NGIAM R W J, IAMAIL M R B, 2012. A checklist of Orthoptera in Singapore parks [J]. Nature in Singapore, 5: 61-67.

TIAN D, SHEN C Z, CHEN L, et al., 2019. An integrative taxonomy of *Vescelia pieli pieli* species complex based on morphology, genes and songs from China (Orthoptera: Grylloidea: Phalangopsidae: Phaloriinae) [J]. Zootaxa, 4694 (2): 67-75.

TINGHITELLA R M, ZUK M, BEVERIDGE M, et al., 2011. Island hopping introduces Polynesian field crickets to novel environments, genetic bottlenecks and rapid evolution [J]. Journal of Evolutionary Biology, 24 (6): 1199-1211.

UVAROV B P, 1912. Ueber die Orthopterenfauna Transcaspiens [J]. Trudy Russkago Entomologicheskago Obshchestva, 40 (3): 1-54.

UVAROV B P, 1943. Orthoptera of the Siwa Oases [J]. Proceedings of the Linnean Society of London, 155: 8-30.

VASANTH M, 1993. Studies on crickets (Insecta: Orthoptera: Gryllidae) of northeast India [J]. Records of the Zoological Survey of India, Miscellaneous Publication, Occasional Paper, 132 (1-6): 1-178.

VASANTH M, LAHIRI A R, BISWAS S, et al., 1975. Three new species of Gryllidae (Insecta: Orthoptera) [J]. Oriental Insects, 9: 221-228.

VICKERY V R, 1977. Taxon ranking in Grylloidea and Gryllotalpoidea [J]. Lyman Entomological Museum and Research Laboratory Memoir, Supplement 4: 32-43.

VICKERY V R, Johnstone D E, 1973. The Nemobiinae (Orthoptera: Gryllidae) of Canada [J]. Canadian Entomologist, 105 (4): 623-645.

WALKER F, 1859. Characters of some apparently undescribed Ceylon insects [M]. London: Annals and Magazine of Natural History.

WALKER F, 1869. Catalogue of the specimens of Dermaptera Saltatoria in the collection of the British Museum [M]. London: British Museum.

WALKER F, 1871. Catalogue of the specimens of Dermaptera Saltatoria in the collection of the British Museum, Part V [M]. London: Printed for the Trustees of the British Museum: 1-116.

WALKER T J, 1962. The taxonomy and calling songs of United States tree crickets (Orthoptera: Gryllidae: Oecanthinae). I. The genus Neoxabea and the niveus and varicornis groups of the genus *Oecanthus* [J]. Annals of the Entomological Society of America, 55: 303-322.

WALKER T J, 2010. New world thermometer crickets: the *Oecanthus rileyi* species group and a new species from North America [J]. Journal of Orthoptera Research, 19 (2): 371-376.

WANG J L, ZHANG D X, WER X, et al., 2017. *Cacoplistes (Laminogryllus) brevisparamerus* sp. nov., a new species of Cachoplistinae (Orthoptera: Phalangopsidae) from Guangxi, China [J]. Zootaxa, 4269 (2): 296-300.

WESTWOOD J O, 1838. Natural history of the insects of China: founded on the natural habits and corresponding organisation of the different families [M]. London: Robert Havell.

WILLEMSE L P M, KLEUKERS R M J C, ODÉ B, 2018. The grasshoppers of Greece [DB/OL]. Leiden: Naturalis Biodiversity Center.

WU C F, 1935. Catalogus Insectirum Sinensium. Vol. 1 [M]. Peiping: Yunching University.

WU L, LIU H Y, 2017. A new species of the genus *Comidoblemmus* Storozhenko & Paik (Orthoptera: Gryllidae) from Xizang, China [J]. Zootaxa, 4294 (1): 137-140.

XU F, LIU H Y, 2019. Crickets (Orthoptera: Grylloidea) from Zhejiang Province, China [J]. Far Eastern Entomologist, 394: 25-36.

XU Y, GAO X D, LIU Y F, et al., 2018. A new species of genus *Agryllus* Gorochov, 1994 from Yunnan, China (Orthoptera: Gryllidae: Gryllinae) [J]. Zootaxa, 4497 (3): 447-450.

YAMASAKI T, 1979. Discovery of the second species of the mangrove cricket, *Apteronemobius* (Orthoptera, Gryllidae), in the Ryukyus [J]. Annotationes Zoologicae Japonenses, 52 (1): 79-85.

YANG C, WEI Z D, LIU T. et al., 2019. Crickets (Orthoptera: Gryllidae) of the Yang County, Shaanxi province of China [J]. Far Eastern Entomologist, 376: 15-22.

YANG J T, 1995. Gryllotalpidae (Orthoptera) of Taiwan [J]. Journal of Taiwan Museum, 48 (1): 11-24.

YANG J T, 1998. Lectotypes designation and notes on Dr. T. Shiraki's types of the genus *Loxoblemmus* Saussure (Orthoptera: Gryllidae) [J]. Transactions of the American Entomological Society, 124 (1): 35-41.

YANG J T, CHANG Y L, 1996. A new genus *Taiwanemobius* (Orthoptera: Grylloidea: Gryllidae: Nemobiinae) of ground crickets from Taiwan [J]. Journal of Orthoptera Research, 5: 61-64.

YANG J T, YANG C S, 2012. The slim mute crickets, Euscyrtinae (Orthoptera: Grylloidea; Gryllidae; Euscyrtinae) of Taiwan with three new species and lectotype designations of three of SHIraki's species [J]. Zootaxa, 3226 (1): 1-45.

YANG J T, YANG C T, 1994. A new species of the genus *Melanogryllus* (Orthoptera: Gryllidae) from Taiwan [J]. Chinese Journal of Entomology, 14 (3): 379-386.

YANG J T, YANG C T, 1995a. The genus *Mitius* Gorochov (Orthoptera: Gryllidae) from Taiwan [J]. Journal of the Taiwan Museum, 48 (1): 1-9.

YANG J T, YANG, C T, 1995b. Morphology and male calling sound of *Brachytrupes portentosus* (Licht.) (Orthoptera: Gryllidae) from Taiwan [J]. Journal of the Taiwan Museum, 48 (2): 1-9.

YANG J T, YEN F S, 2001. Mogoplistidae (Orthoptera: Grylloidea) of Taiwan with lectotype designations of Shiraki's species [J]. Oriental Insects, 35: 207-246.

ZHANG D X, LIU H Y, SHI F M, 2017a. A new species of the genus *Velarifictorus* Randell, 1964 (Orthoptera: Gryllidae) from Yunnan, China [J]. Far Eastern Entomologist, 347: 25-28.

ZHANG D X, LIU H Y, SHI F M, 2017b. First record of the subgenus *Duolandrevus* (*Duolandrevus*) (Orthoptera: Gryllidae: Landrevinae) from China, with description of a new species [J]. Zootaxa, 4254 (5): 589-592.

ZHANG D X, LIU H Y, SHI F M, 2017c. Taxonomy of the subgenus *Duolandrevus* (*Eulandrevus*) Gorochov (Orthoptera: Gryllidae: Landrevinae: Landrevini) from China, with descriptions of three new species [J]. Zootaxa, 4311 (1): 145-150.

ZHANG L, SHEN C Z, TIAN D, et al., 2019. New and little-known crickets from Southern Guangxi, China (Orthoptera: Grylloidea: Gryllidae: Phalangopsidae; Trigonidiidae) [J]. Zootaxa, 4674 (5): 544-550.

ZHANG Z Q, 2013. Animal biodiversity: an outline of higher of higher-level classification survey of taxonomic richness (Addenda 2013) [J]. Zootaxa, 3703 (1): 1-82.

ZIMMERMAN E C, 1948. Apterygota to Thysanoptera (Order Orthoptera Olivier 1789) [J]. Insects of Hawaii, 2: 73-158.

ZONG L, QIU T F, LIU H Y, 2017. Description of two new species of the genus *Pentacentrus* Saussure from China (Orthoptera: Gryllidae) [J]. Zootaxa, 4317 (2): 310-320.